5G移动网络的同步

（上册）

丹尼斯·哈加蒂（Dennis Hagarty）
[美] 沙希德·阿杰梅里（Shahid Ajmeri） 著
安舒尔·坦瓦尔（Anshul Tanwar）

郭宇春 赵永祥 李纯喜 张立军 郑宏云 译

SYNCHRONIZING 5G MOBILE NETWORKS

机械工业出版社
CHINA MACHINE PRESS

Authorized translation from the English language edition, entitled Synchronizing 5G Mobile Networks, ISBN:978-0-13-683625-4, by Dennis Hagarty, Shahid Ajmeri, Anshul Tanwar, published by Pearson Education, Inc., Copyright©2021 Cisco Systems, Inc.

All rights reserved. No part of this book may be reproduced or transmitted in any form or by any means, electronic or mechanical, including photocopying, recording or by any information storage retrieval system, without permission from Pearson Education, Inc.

Chinese simplified language edition published by China Machine Press, Copyright © 2024.

Authorized for sale and distribution in Chinese Mainland only (excluding Hong Kong SAR, Macao SAR and Taiwan).

本书中文简体字版由 Pearson Education（培生教育出版集团）授权机械工业出版社在中国大陆地区（不包括香港、澳门特别行政区及台湾地区）独家出版发行。未经出版者书面许可，不得以任何方式抄袭、复制或节录本书中的任何部分。

本书封底贴有 Pearson Education（培生教育出版集团）激光防伪标签，无标签者不得销售。

北京市版权局著作权合同登记　图字：01-2022-3155 号。

图书在版编目（CIP）数据

5G 移动网络的同步. 上册 /（美）丹尼斯·哈加蒂（Dennis Hagarty），（美）沙希德·阿杰梅里（Shahid Ajmeri），（美）安舒尔·坦瓦尔（Anshul Tanwar）著；郭宇春等译. —北京：机械工业出版社，2024.5
（通信网络前沿技术丛书）
书名原文：Synchronizing 5G Mobile Networks
ISBN 978-7-111-75827-3

Ⅰ. ①5… Ⅱ. ①丹… ②沙… ③安… ④郭… Ⅲ. ①第五代移动通信系统　Ⅳ. ① TN929.538

中国国家版本馆 CIP 数据核字（2024）第 098910 号

机械工业出版社（北京市百万庄大街 22 号　邮政编码 100037）
策划编辑：王　颖　　　　　　　责任编辑：王　颖
责任校对：张慧敏　李　婷　　　责任印制：邸　敏
三河市宏达印刷有限公司印刷
2024 年 7 月第 1 版第 1 次印刷
186mm×240mm・19.75 印张・418 千字
标准书号：ISBN 978-7-111-75827-3
定价：99.00 元

电话服务　　　　　　　　　　网络服务
客服电话：010-88361066　　　机 工 官 网：www.cmpbook.com
　　　　　010-88379833　　　机 工 官 博：weibo.com/cmp1952
　　　　　010-68326294　　　金　书　网：www.golden-book.com
封底无防伪标均为盗版　　　　机工教育服务网：www.cmpedu.com

|The Translator's Words| 译 者 序

保持高质量的同步对电信网络来说非常重要。移动通信网络对同步的要求更高，它不仅要求频率同步，而且要求相位同步，这将是更大的技术挑战。随着 4G/5G 移动通信技术在各种工业场景中的普遍应用，除了通信网络，工厂自动化、音频/视频系统、同步无线传感器和物联网等各类应用都需要同步技术的支持，同步标准也在不断发展，以适应不同的应用需求。

本书英文版 Synchronizing 5G Mobile Networks 将同步理论与实际测试相结合，阐述了同步技术的发展演进、技术原理、标准规范和实际部署应用，对技术挑战、方案设计选择测试等问题进行了充分的讨论，并对不同应用领域的特定需求进行了具体分析，给出了相应的解决方案。因篇幅较大，我们将中文翻译版分为上册和下册，本书是上册，涵盖了同步和定时基础（第 1～3 章），标准制定组织、时钟和定时协议（第 4～7 章），以及 ITU-T 定时建议和 PTP 部署考虑因素（第 8～9 章）。

本书的三位作者丹尼斯·哈加蒂（Dennis Hagarty）、沙希德·阿杰梅里（Shahid Ajmeri）和安舒尔·坦瓦尔（Anshul Tanwar）都是信息技术和电信领域的资深技术专家，对于同步技术的研发应用和标准化都具有深厚的经验并取得了卓越成就。在本书中，他们将这些真知灼见以深入浅出的方式进行呈现，为读者提供了 5G 网络中同步技术研发应用的丰富经验和深刻洞见。

通过阅读本书可以系统地了解各种同步方案的设计原理、利弊细节、技术挑战以及相关部署经验，对于专业技术人员、管理人员或者通信专业的学生来说，这无疑是一本很好的参考书。

推 荐 序 |Foreword|

自 20 世纪 70 年代数字网络出现以来，电信网络就有了同步分发的需求。最初，语音呼叫转移需要频率同步。随着多年的发展，多代设备标准逐步提高了对频率同步的要求，并于近些年扩展到时间同步（或者更精确地说是相位同步），以使移动基站可与其他基站进行相位校准，支持重叠的无线电覆盖范围。

处理网络同步时遇到的一个典型现象是，当网络同步出现错误时，最初反映的问题看起来并不是同步问题。我的工程生涯是从一名数字设计工程师开始的，在进行印制电路板（PCB）布局设计时，我学到的第一课就是要始终先制定时钟分发计划，并使分发尽可能健壮。直到现在这都是最好的经验，因为当 PCB 组件发生时钟问题时，表现出来的却是逻辑设计问题，而不是时钟问题，解决这类问题非常具有挑战性。

网络中的同步问题会导致零星的中断或数据丢失事件，这些事件往往相隔数小时或数天，看起来可能是流量加载/管理问题引起的，因此追溯起来非常困难。这就是为什么网络架构师总是非常注重同步网络的设计质量，确保同步是通过设计而不是通过试错来稳健分发的。

随着移动网络的发展，对同步的要求从频率扩展到相位。对设计人员来说，相位同步中除了有设备和网络频率分布的挑战，还有一系列额外的挑战。国际电信联盟远程通信标准化组（ITU-T）最近制定的国际标准为相位传输规定了更严格的性能要求。结合精确的相位同步对移动网络的重要性日益增加（根据预测，无线电台数量将大大增加，从而导致广播覆盖范围重叠增加），以及时间/相位在一些新兴领域中的使用，确保在生命周期的每个阶段都能设计良好的质量和性能变得尤为重要。如今，一些应用领域（例如工厂自动化、音频/视频系统、利用机器交易的金融网络等）对准确性的要求越来越高，且关键是理解对时间/相位传输的变化，以及这些变化带来的挑战和可能产生的问题。

对设计师而言，最重要的是理解如何减轻阻碍可靠时间/相位传输的问题。一旦掌握了相关知识，就能够利用这些知识和技能设计同步网络，以满足对时间/相位的特定需求。无论你是需要特定的知识还是想成为专家，本书都能满足你的需求并能够帮助你广泛而深刻地理解同步。阅读愉快！

——汤米·库克
Calnex 解决方案公司创始人兼首席执行官

Preface 前　　言

保持高质量的同步对于各种形式的通信都是非常重要的。对于移动网络而言，同步是良好性能一个特别关键的前提条件。如果定时分发网络的设计、部署和管理不当，同步将对网络的效率、可靠性和容量产生巨大的负面影响。

这些网络对时钟准确性和精确度有严格的要求，需要网络工程师对同步协议、同步行为和部署需求具有深刻的认识和理解。

同步标准也在不断发展，以适应广泛的实时网络技术的应用需求。同步技术应用广泛，除了 4G/5G 移动和无线电系统，还包括工厂自动化、音频/视频系统、同步无线传感器和物联网等。

本书不仅介绍了移动通信，还给出了当今移动运营商面临的关键技术趋势和决策要点的背景知识，更是讨论了使用同类最佳设计实践的几种部署方法、案例的实现和定时特征。

本书前面章节给出的技术术语将在后面章节给出更多的技术细节，并对这些主题进行更深入的讨论。随着细节的描述，术语的定义也变得更加精确。

例如，在开始时，本书会在某种程度上交替使用日常术语，如时钟、同步和定时。有些章节谈到了携带时间或传输同步、为无线电提供时钟或对网络设备进行定时，而事实上，有些同步方法根本不涉及实际时间。

本书并未对应该部署哪些技术给出建议，也没有为移动运营商提供过渡计划。每个移动运营商可以根据自己的标准和情况对这些技术进行评估和决策。然而，本书确实涵盖了每种方法背后的利弊细节，让工程师能够进行更明智的决策。

写作目标

随着新技术的出现，定时和同步变得越来越复杂。关于这个主题的学习资源较为分散，本书包括定时标准和协议、时钟设计、操作和测试方面、解决方案设计和部署权衡等主题，并在基础层面和高阶层面提供了有关定时和同步的信息，旨在更好地满足读者的学习需求。

虽然 5G 移动是本书的重点，但本书的编写也与其他行业和用例有关。这是因为在越来越多的场景中，对定时解决方案的需求变得越来越重要——移动网络只是一个非常具体的例子。许多概念和原则同样适用于其他用例。

面向读者

本书适合任何技术水平的读者阅读，包括以下人员：
- 希望设计和部署移动网络的传输设计工程师和无线电工程师。
- 准备验证时钟设备或认证生产网络中的同步解决方案的测试工程师。
- 有兴趣了解时间同步技术演变及其对移动服务提供商客户影响的网络顾问。
- 准备在移动服务提供商或私人 5G 网络领域工作的学生。
- 希望进一步了解时间同步为移动网络所赋予价值的首席技术官。

本书还包括了一些实际的例子，如工程师如何构建一个解决方案，从而提供符合准确度要求的定时。本书内容由浅入深，即使对本书主题零基础的网络工程师，也可以轻松学习和掌握。

内容组织

本书从基本概念入手，逐步构建实施定时解决方案所需的知识体系。对于那些刚进入该领域的读者来说，推荐按顺序逐章阅读本书，以获得最大收益。

如果你对某一特定领域感兴趣，可以根据你所需要的技术深度选择本书相应章节阅读。本书特色如下：
- 将烦琐的技术处理和数学公式限制在较少的章节中，而且只在必要时才使用。
- 全面涵盖了技术和产品特性层面的主题，包括设备设计、选择和测试。
- 覆盖了完整的移动定时领域，包括分组传输、卫星系统、无线前传网络、网络定时冗余等。
- 帮助网络和传输工程师、无线电工程师和管理人员了解如何验证他们对 5G 定时解决方案的选择和设计。
- 对任何选择或设计定时解决方案的人都有帮助，特别是那些使用 PTP 电信配置文件的人。
- 涵盖了标准制定组织和行业的最新标准和功能。
- 对不同的部署方法进行了比较和对比——对供应商保持客观、中立态度。

使用的图标

图标	名称
	频率信号
	机顶盒（STB）
	语音网关
	时间/相位定时信号
	手机/用户设备（UE）
	时间源
	基站
	路由器
	用于数据用户线的家庭路由器
	无线电装置
	卫星
	CMTS/DOCSIS头端设备
	变电站
	内容获取器
	中央移动核心

致 谢 | Acknowledgements |

编写一本书需要耐心、自律，当然还有大量的时间。我们要特别感谢 Cisco 内部员工对我们编写工作的巨大支持，还要感谢我们的管理团队和同事。

我们对审稿人 Peter 和 Mike 深表感谢，他们惊人的工作效率和洞察力使我们的文本及时得到了改进，并纠正了书中的错误和误解。他们花费了大量的时间和精力来理解和审视我们的书稿材料，这确实令人印象深刻。

同样，我们要感谢来自不同公司的贡献者，特别是 Calnex Solutions 团队，尤其是他们的首席执行官 Tommy Cook，谢谢他愿意为我们撰写推荐序。

我们要对本书的编辑 James Manly 表示感谢，感谢他对不断变化的截止日期的耐心，以及他为使本书写作与我们日常工作相适应付出的努力。我们还要感谢开发编辑 Chris Cleveland，感谢他自始至终的坚实指导。他们在整个过程中的协助，使得本书的写作成了一次有趣和有益的经历。

最后，我们要感谢许多标准制定组织、技术专家和移动专家，他们为移动通信和时间同步领域——特别是 5G 移动领域做出了巨大的贡献。这些专业人士中，有些人设计和生产硬件，有些人设计和编写软件，还有许多人为标准制定组织做出了有价值的贡献。如果没有他们的努力工作，精益求精，就不会有本书的编写和出版。

Contents 目 录

译者序

推荐序

前言

致谢

第1章 同步和定时概要 ·············· 1

1.1 时间同步的由来 ················ 1

1.2 同步的概念和必要性 ············ 2

   1.2.1 频率同步 ················ 3

   1.2.2 相位同步 ················ 4

   1.2.3 时间同步 ················ 6

1.3 时间的概念 ····················· 6

   1.3.1 国际原子时 ·············· 7

   1.3.2 协调世界时 ·············· 8

1.4 GPS 如何提供定时和同步 ······ 9

1.5 准确度、精确度与稳定度 ······ 10

参考文献 ·························· 11

第2章 同步和定时的应用 ········ 12

2.1 同步在电信中的应用 ············ 12

   2.1.1 传统同步网络 ············ 12

   2.1.2 传统移动网络的频率同步 ··· 14

   2.1.3 传统移动网络的相位同步 ··· 16

   2.1.4 电缆和无源光网络 ········ 17

2.2 时间同步在金融、商业和企业中的应用 ························ 18

   2.2.1 电路仿真 ················ 20

   2.2.2 视听同步 ················ 22

2.3 定时在电力行业的应用 ········ 23

参考文献 ·························· 24

第3章 同步网络和定时分发网络 ························ 25

3.1 同步网络 ······················ 25

   3.1.1 同步网络概述 ············ 26

   3.1.2 定义频率 ················ 27

   3.1.3 定义相位同步 ············ 29

   3.1.4 分组同步 ················ 31

   3.1.5 抖动和漂移 ·············· 32

   3.1.6 时钟质量可追溯性 ········ 34

3.2 时钟 ·························· 36

   3.2.1 振荡器 ·················· 37

   3.2.2 时钟模式 ················ 38

   3.2.3 ANSI 频率时钟的层级 ······ 40

3.2.4　时钟类型 ·············· 42
　3.3　频率、相位和时间源 ·········· 45
　　　3.3.1　卫星的频率、相位和
　　　　　　时间源 ·············· 46
　　　3.3.2　频率来源 ·············· 52
　　　3.3.3　频率、相位和时间源：
　　　　　　PRTC ················ 54
　3.4　定时分发网络 ················ 57
　　　3.4.1　时间传输和同步 ······ 58
　　　3.4.2　质量级别的传输和信令 ··· 62
　3.5　定时和同步的终端应用 ······ 62
　参考文献 ·························· 63

第4章　标准制定组织 ············ 66
　4.1　国际电信联盟 ················ 67
　　　4.1.1　国际电信联盟无线电
　　　　　　通信部门 ············ 67
　　　4.1.2　国际电信联盟电信标准化
　　　　　　部门 ·················· 68
　　　4.1.3　国际电信联盟电信发展
　　　　　　部门 ·················· 70
　　　4.1.4　国际移动通信 ········ 71
　4.2　第三代合作伙伴计划 ········ 73
　4.3　电气和电子工程师协会 ······ 75
　　　4.3.1　IEEE 精确时间协议 ··· 75
　　　4.3.2　IEEE 时间敏感网络 ··· 76
　　　4.3.3　电气和电子工程师协会与
　　　　　　国际电工委员会 ······ 79
　4.4　欧洲电信标准协会 ············ 80
　4.5　互联网工程任务组 ············ 81
　4.6　无线接入网 ···················· 83
　　　4.6.1　公共无线接口 ········ 84
　　　4.6.2　xRAN 和 O-RAN 联盟 ··· 85
　　　4.6.3　TIP OpenRAN ········ 87
　4.7　MEF 论坛 ······················ 88

　4.8　电影电视工程师协会和音频
　　　工程学会 ······················ 89
　参考文献 ·························· 90

第5章　时钟、时间误差和噪声 ··· 94
　5.1　时钟 ····························· 94
　　　5.1.1　振荡器 ·············· 95
　　　5.1.2　锁相环 ·············· 96
　　　5.1.3　低通和高通滤波器 ···· 99
　　　5.1.4　抖动和漂移 ········ 100
　　　5.1.5　频率误差 ·········· 104
　5.2　时间误差 ······················ 105
　　　5.2.1　最大绝对时间误差 ··· 107
　　　5.2.2　时间间隔误差 ······ 107
　　　5.2.3　恒定与动态时间误差 ··· 110
　　　5.2.4　最大时间间隔误差 ··· 110
　　　5.2.5　时间偏差 ·········· 111
　　　5.2.6　噪声 ·············· 113
　5.3　保持性能 ······················ 116
　5.4　瞬态响应 ······················ 118
　5.5　测量时间误差 ················ 119
　参考文献 ·························· 121

第6章　物理频率同步 ············ 122
　6.1　频率同步的演进 ·············· 122
　6.2　BITS 和 SSU ·················· 123
　6.3　时钟层级结构 ················ 126
　6.4　同步以太网 ···················· 127
　6.5　增强同步以太网 ·············· 129
　6.6　时钟可追溯性 ················ 129
　　　6.6.1　同步状态信息 ······ 130
　　　6.6.2　以太网同步消息信道 ··· 131
　　　6.6.3　增强型 ESMC ········ 133
　6.7　同步网络链 ···················· 133
　6.8　时钟选择过程 ················ 135

6.9 定时循环……………………… 136
6.10 标准化………………………… 141
参考文献…………………………… 141

第7章 精确时间协议……………… 143

7.1 PTP 概述……………………… 143
7.2 PTP 与 NTP…………………… 144
7.3 IEEE 1588—2008
　　（PTPv2）…………………… 145
　　7.3.1 总体概述…………………… 146
　　7.3.2 PTP 时钟概述……………… 147
　　7.3.3 PTP 时钟域………………… 148
　　7.3.4 消息速率…………………… 148
　　7.3.5 消息类型和流……………… 149
　　7.3.6 相关的数学知识…………… 151
　　7.3.7 不对称性与消息延迟……… 153
　　7.3.8 不对称性校正……………… 153
　　7.3.9 校正字段…………………… 154
　　7.3.10 PTP 端口和端口类型…… 155
　　7.3.11 传输和封装……………… 156
　　7.3.12 一步时钟和两步时钟…… 157
　　7.3.13 点对点与端到端延迟
　　　　　机制………………………… 157
　　7.3.14 单向与双向 PTP………… 158
　　7.3.15 时间戳和时间表………… 159
　　7.3.16 声明消息………………… 160
　　7.3.17 最佳主时钟算法………… 161
　　7.3.18 PTP 数据集……………… 163
　　7.3.19 虚拟 PTP 端口…………… 164
　　7.3.20 协商……………………… 165
7.4 PTP 时钟……………………… 167
　　7.4.1 GM（普通）时钟………… 167
　　7.4.2 从（普通）时钟…………… 168
　　7.4.3 边界时钟…………………… 169
　　7.4.4 透明时钟…………………… 170

7.4.5 管理节点…………………… 173
7.5 配置文件……………………… 174
　　7.5.1 默认配置文件……………… 174
　　7.5.2 电信配置文件……………… 175
　　7.5.3 其他行业配置文件………… 182
　　7.5.4 IEEE 802.1AS—2020：时间
　　　　　敏感应用的定时和同步：
　　　　　广义 PTP（gPTP）………… 184
　　7.5.5 IEC 62439-3（2016）PTP
　　　　　行业配置文件（PIP）……… 186
　　7.5.6 IEC 61850-9-3（2016）电
　　　　　力设施自动化配置文件
　　　　　（PUP）……………………… 187
　　7.5.7 IEEE C37.238—2011 和
　　　　　2017 电力配置文件………… 188
　　7.5.8 SMPTE ST-2059-2 和
　　　　　AES67 媒体配置文件……… 189
　　7.5.9 PTP 企业配置文件
　　　　　（RFC 草案）………………… 190
　　7.5.10 分布式同步授时技术
　　　　　　（WR）……………………… 191
7.6 PTP 安全……………………… 192
7.7 IEEE 1588—2019
　　（PTPv2.1）…………………… 194
　　7.7.1 从 PTPv2 到 PTPv2.1
　　　　　的更改……………………… 194
　　7.7.2 v2.1 中的新特性…………… 195
　　7.7.3 IEEE 1588 的下一步工作… 196
参考文献…………………………… 197

第8章 ITU-T 定时建议…………… 201

8.1 ITU 概述……………………… 201
　　8.1.1 ITU-T 研究组 15 和
　　　　　问题 13……………………… 202
　　8.1.2 建议的产生………………… 203

8.1.3 建议的说明 …………… 204
8.1.4 物理和TDM与分组建议 …………… 205
8.1.5 建议的类型 …………… 206
8.2 ITU-T 物理和TDM定时建议 …………… 208
8.2.1 物理同步标准的种类 …… 208
8.2.2 定义、架构和要求 …………… 209
8.2.3 端到端网络性能 …………… 210
8.2.4 节点和时钟性能 …………… 212
8.2.5 其他文件 …………… 214
8.3 分组网络频率的ITU-T建议 … 215
8.3.1 基于分组的频率和电路仿真 …………… 215
8.3.2 同步以太网 …………… 217
8.3.3 以太网同步消息信道（ESMC） …………… 219
8.4 ITU-T 基于分组的定时建议 … 220
8.4.1 基于分组的同步标准类型 … 220
8.4.2 定义、架构和要求 …………… 220
8.4.3 端到端解决方案和网络性能 …………… 223
8.4.4 节点与时钟性能建议 …… 226
8.4.5 电信配置文件 …………… 232
8.4.6 其他文件 …………… 234
8.5 定时建议未来的变化趋势 …… 236
参考文献 …………… 236

第9章 PTP 部署考虑因素 …… 237

9.1 部署和使用 …………… 237
9.1.1 物理输入和输出信号 …… 238
9.1.2 分组网络中的频率分发 … 246
9.1.3 基于分组的相位分发 …… 253
9.1.4 完整定时支持与部分定时支持 …………… 255
9.1.5 混合模式与分组模式 …… 255
9.1.6 PTP 感知节点与PTP无感知节点 …………… 256
9.1.7 辅助部分定时支持 …………… 258
9.1.8 闰秒和时间尺度 …………… 259
9.2 影响定时性能的因素 …………… 261
9.2.1 基于分组的频率分发性能 … 261
9.2.2 基于分组的相位分发性能 … 263
9.3 定时性能参数 …………… 263
9.3.1 最大绝对时间误差 …………… 264
9.3.2 恒定时间误差 …………… 264
9.3.3 动态时间误差 …………… 265
9.3.4 不对称性 …………… 267
9.3.5 分组延迟变化 …………… 272
9.3.6 分组选择和延迟下限 …… 274
9.3.7 分组/消息速率 …………… 275
9.3.8 双向时间误差 …………… 276
9.4 时钟性能 …………… 277
9.4.1 PRTC 和 ePRTC …………… 278
9.4.2 T-BC 和 T-TSC …………… 279
9.4.3 T-TC …………… 285
9.4.4 T-BC-A 和 T-TSC-A …… 286
9.4.5 T-BC-P 和 T-TSC-P …… 289
9.5 端到端时间误差预算 …………… 290
9.6 网络保持 …………… 292
9.7 分组网络拓扑 …………… 294
9.8 分组传输 …………… 295
9.8.1 在传输系统中携带频率 … 295
9.8.2 在传输系统中携带相位/时间 …………… 296
9.9 非移动部署 …………… 299
9.9.1 DOCSIS 电缆和远程物理层设备 …………… 299
9.9.2 电力行业和变电站自动化 … 301
参考文献 …………… 302

| Chapter 1 | 第 1 章

同步和定时概要

本章首先介绍当今时间的定义以及定义时间的方式。在介绍时间之后，将重点介绍为什么需要同步以及同步出错时会发生什么。术语"同步"涵盖了几种不同的类型（频率、相位和时间），因此，对于一个特定用例，了解它需要哪种类型的同步、为什么需要这种同步以及如何实现同步，都是十分重要的。

1.1 时间同步的由来

通常，太阳的位置是用来制作钟表（日晷）的基准；但是，这也意味着每个地区都有"本地"版本的时间（因为在任何时候，地球上每个地方的太阳在天空中都处于不同的位置）。太阳在特定时间的位置，例如正午（当太阳在天空中最高时），用于设定当地社区时钟的时间。由于正午时间在很大程度上与位置有关（特别是经度），因此每个国家的时钟会有很大的差别（从西到东移动，时钟显示的时间将会越来越晚）。

随着铁路等快速交通方式的出现，铁路线上的每个车站需要就共同的时间达成一致，这导致了标准化时间的采用，并最终催生了格林尼治标准时间（GMT）和时区系统的使用。随着更精确的机械时钟的出现，特别是通过电报进行通信，使得在更广阔的区域内同步时钟也成为可能。

GMT 于 1884 年在华盛顿特区举行的国际子午线会议上得以建立，会议上将穿过格林尼治（伦敦附近）的子午线定为经度和计时的初始或本初子午线。鉴于一天有 24 小时，经度为 360°，很明显世界可以有 24 个时区，平均单个时区覆盖经度为 15°（360°/24）。

这一方案实施后，世界各地的政府可以根据自身情况，选择采用一个或多个时区（甚至是四分之一小时和半小时时区）。这样做的结果是，一个时区内的所有时钟都与同一个时间参考对齐，而不再采用本地定义的版本。这样，当地社区就可以对火车时刻表等预定活动有一个共同的理解。较大的国家可以采用多个时区，以使当地时间不会与太阳的日常运动偏离太远。

1.2 同步的概念和必要性

时间同步是一种在下列情形中需要协调和对齐的机制。
- 工作流程中的同步，例如工厂中的机器人处理单个小部件过程中的同步。
- 彼此独立运行的时钟在特定情境中的同步，例如铁路网络中的时钟同步（包括夏令时的更改）。
- 计算机应以正确时间顺序处理信息的同步，例如计算机在股票交易系统中执行交易时的同步。
- 多个信息流应按严格的顺序呈现时相互协调的同步——电视信号中的音频和视频就是一个很好的例子。
- 在多个位置观察到的事件同步。如果多个闪电探测器可以利用紧密对齐的时钟记录检测时间，那么观察者就可以确定事件发生的位置（例如，通过雷击追溯风暴）。
- 传感器的监控同步。如果能够针对一个事件记录准确的时间戳，操作员则可以确定导致关键状态的一系列事件的正确顺序（例如，监控电网的稳定度）。

准确的时序也是现代移动网络的关键属性。这些网络需要一个精心设计且部署完善的同步系统，以最大限度地提高效率、可靠性和容量，否则移动用户可能会遭遇呼叫掉线、数据使用中断以及较差的用户体验。同时，运营商将面临网络不稳定、无线电频谱使用效率低下和客户不满意等问题。

现代 5G 网络采用了非常复杂的无线电技术，以提高数据速率和可靠性，增强用户体验，最大限度地提高频谱的利用率，但这些频率资源的购买成本往往很高。无线电中使用的技术依赖于彼此相距很远的发射设备和接收设备之间的协调，如大规模广域宏小区、本地小基站和移动用户设备（如手机）之间必须协同工作。这种有效的协调依赖于 5G 无线电系统中各个组件之间的紧密同步，如图 1-1 所示。

图 1-1　5G 网络中无线电系统的同步

利用多种技术组合来获取和传递时序信息可实现成功部署同步。因此，成功的同步解决方案的关键在于选择能够灵活支持多种网络拓扑和设计的技术。通常，这需要结合策略性定位的时间源网络（比如全球定位系统 GPS 这种卫星导航系统的接收机）和精心设计的传输网络，将时序信息传送到需要的地方。

如前所述，有时并没有严格地区分计时、同步和定时这三个术语，但现在是时候更具体地了解不同形式的同步了。

频率同步是确保一个乐器中两个振动声源演奏同一音符的过程。例如，演奏者在一个乐器上演奏音符"中音 C 上的 A"（携带中音 C 上的 A 或 A4 的声波，振荡频率为 440.00Hz）。而在另一种乐器（如钢琴）上演奏相同的音符时应该产生相同频率的声波。

另一方面，相位同步指确保两个或多个单独的进程仅在规划好的时间执行计划的操作。换个角度说明这种同步方式，比如两个时钟能以相同的速度运行（频率同步），但如果它们的秒针没有同时滴答作响，那就说明它们的相位没有对齐。相位同步（或相位对齐）是以确保遵循正确顺序的方式理解时间，并且保证同时发生的事件在同一时刻发生。

在这个类比的音乐部分，节拍器或管弦乐团的指挥将负责确保演奏者以正确的节拍或节奏演奏，而且每个演奏者同时演奏相同的音乐片段，合唱团需要"演唱同一张乐谱"。如果演奏者没有以正确的时间或节奏演奏音符，那么音乐将立即变得刺耳且没有旋律。

当两个进程相位同步时，相位精度描述了两个进程在理解事件何时发生时彼此之间的距离。相位精度通常以几分之一秒表示，例如，当一个时钟比另一个快 100ms 时，两个时钟在 100ms 内是相位对齐的。

请注意，频率同步和相位同步都不涉及一天中的实际时间。最后一个术语是时间同步，指提供人们一致认可的日期和时间。如果每个人都认可时间的起点（纪元）和时间流逝的速率（频率），那么每个人的日期和时间都是同步的。

现在再回头看前面的音乐类比，会发现一些问题。假设音乐会定于 7 月 15 日 19∶00 点开始，因此音乐会的观众都应该在 19∶00 点之前到场。但这需要就当前的日期和时间达成一致意见，以便每个人都知道音乐会何时开始。因此，时间同步对于通过赋值来传达绝对时间点是非常有用的；对通过记录事件并将其与其他事件按顺序排列（构建时间轴）也很有用。

因此，晚间新闻在当地时间每天 22∶00 开始，英国脱欧发生在 2020 年 1 月 31 日 23∶00（GMT）。当然，要使这个方案起作用，我们所有的时钟都必须与一个商定的参考时间同步。从日常使用的手机、计算机和智能手表的经验来看，我们对时间同步非常熟悉，因为它们会自动从网络进行时间同步，这与老式手表完全不同。

1.2.1 频率同步

如前所述，频率同步只是使两个物体以相同的频率或速率振动或振荡的能力。这正是钢琴调音师所做的事情，也是管弦乐团中所有演奏者在音乐会开始前会调整他们乐器的原因——他们正在"频率同步"他们的乐器。那些被正确频率同步的乐器就称为"调谐"，而有些专家会说它们是"频率同步"或共振的（正确的技术术语）。

如果你正在同步计算机、收音机甚至时钟等的频率，那么你几乎在做与钢琴调音师相同的事情。每个设备，如石英腕表、家用计算机或手机，都包含一个振荡器（也可能不止一个）。芯片工程师设计的振荡器以非常精确的频率运行，称为标称频率。该标称频率为特定应用而设计，同时满足功耗等其他要求，因此标称频率可能会有所不同，例如，网络路由器的标称频率为 20.00MHz，而石英手表的标称频率为 32 768Hz。

首先我们要意识到，由于物理效应的影响，实际上设备并不会以准确的标称频率自然振荡。在第一次使用时，它的振荡频率可能比标称频率快或慢，尽管只是快或慢了很小的数量。振荡器的预期偏差量（频率精度）是振荡器规范的一部分，可以用百万分之一（10^{-6}）或十亿分之一（10^{-9}）来表示。振荡器越好，该数字就越低——Cisco 路由器中 20MHz 振荡器的典型值可能为 $\pm 4.6 \times 10^{-6}$，这意味着测量的频率可能介于 19 999 908Hz 和 20 000 092Hz 之间。

此外，由于许多因素会导致实际输出频率动态变化，因此不能简单地测量振荡器的实际输出频率并以对其进行某种校正。输出频率不仅会根据温度而变化，还会随着设备逐渐老化而发生变化。在第 5 章中将深入讨论振荡器。

频率同步是一个过程，在此过程中，一个频率源使用另一个更准确、更稳定的频率源，使振荡器的工作频率更接近其标称设计频率。例如，振荡器的精度可能会提高，如从 $\pm 4.6 \times 10^{-6}$ 提高到 $\pm 16 \times 10^{-9}$（现在介于 19 999 999.68Hz 和 20 000 000.32Hz 之间）。但频率漂移仍然存在，但比独立振荡器在没有其他更准确的频率源辅助的情况下低得多。

1.2.2 相位同步

如前所述，可以将相位同步描述为在时钟上秒针对齐的过程。在日常生活中，如果我们所有的时钟都没有在相同的时刻滴答作响，没有人会注意到。但是，许多过程却需要更准确的对齐。

为了说明这一点，比如有两个工业机器人，它们在都不具有视觉能力的情况下，在工厂装配过程中需要将物体传递给对方。其中一个机器人是（物体的）发送方，另一个是接收方。如果要为这两个机器人配对编程，则其步骤以及开始执行这些步骤的时间可如下所示。

发送方机器人的时间线（以秒为单位）：

步骤 1. 在 + 0.000 时刻：将机器人手臂移动到位置 (x, y, z)。

步骤 2. 在 + 0.350 时刻：检查机械臂是否位于位置 (x, y, z)。

步骤 3. 在 + 0.400 时刻：张开手指释放物体。

步骤 4. 在 + 0.600 时刻：合上手指。

步骤 5. 在 + 0.650 时刻：将机器人手臂移动到位置（0，0，0）。

步骤 6. 在 + 0.850 时刻：检索另一个物体。

步骤 7. 在 + 1.000 时刻：重新启动该过程。

接收机器人的时间线（以秒为单位）：

步骤 1. 在 + 0.000 时刻：将机器人手臂移动到位置（x, y, z-100）（另一个机器人下方 100 mm）。

步骤 2. 在 + 0.350 时刻：检查机械臂是否位于位置（x, y, z-100）。

步骤 3. 在 + 0.400 时刻：张开手指接住物体。

步骤 4. 在 + 0.600 时刻：合上手指。

步骤 5. 在 + 0.650 时刻：将机器人手臂移动到位置（0，0，0）。

步骤 6. 在 + 0.850 时刻：释放物体。

步骤 7. 在 + 1.000 时刻：重新启动该过程。

为了使这两个机器人协调工作，它们必须对开始时间 0.000（无论是一天中的什么时间）达成一致；否则，一个机器人会将物体丢在地板上，因为另一个机器人还没有准备好接住它们。一旦这两个机器人就零时间点达成一致，它们就会相位同步。现在，当看到机器人在汽车工厂中协同工作组装汽车的视频时，你就会了解它们需要相位同步，以确保它们在完成工作的同时不会相互碰撞。

提示：*在这种情况下，你可能会发现一些微小的缺陷，因为发送方机器人在 0.400 时刻放下物体，而接收机器人同时张开手指。如果我们的机器人仅以较低精度进行相位同步（例如，只有 50ms），那么发送机器人可能会在时间上超前接收机器人 50ms。因此，发送方机器人可以在接收方机器人将手放在适当位置之前最多 50ms 将物体释放，并且物体可能会掉落在地板上。解决方案可以是减少机器人之间所允许的时间差，或者在程序中设置一个更长的等待时间，以防一个机器人比另一个机器人超前太长时间。*

由此导致的生产速度下降会产生资金浪费。因此，对齐越紧，处理过程就越快，因为这样可以避免额外的等待时间。在第 2 章中将会看到通信系统中也存在同样的问题。

可以发现，许多过程的设备组虽然相距一段距离，但需要就相位达成一致，并以高度精确的方式进行相位同步或相位对齐。这种对齐精度通常定义为两个设备之间的相位偏移，用希腊字母 θ 表示。

为了使机器人正常工作，机器人可能需要在大约 5ms 内进行相位对齐，以消除物体掉落在地板上的风险。这种程度的对齐看起来似乎不太困难，因为机器人彼此非常接近，并且都与高速局域网（LAN）的基础设施相连接。但在现代 5G 无线网络中，这个问题变得更难解决，因为运营商必须将分布在全国各地的无线电设备的相位在几微秒内与任何相邻设备对齐。

1.2.3 时间同步

在日常生活中很容易就可以找到时间同步的例子。如果孩子承诺在约好的时间和父母碰面，父母可能会允许孩子自己去逛购物中心。在让孩子去闲逛之前，父母通常会问："你的手表现在几点了？"这是一种确保他们的"手表同步"的粗略方法。当然，现在他们都会携带手机，因此设置见面时间几乎已成为过去，手机都会自动为我们同步时间。

但是，一旦将手表设置为准确的时间，手表必须依靠其自身的振荡器来尽可能保持时间的准确。对于石英手表中的 32 768Hz 振荡器，意味着晶体每经过 32 768 次振荡，计数器就会转动一秒，表盘上的秒针也将移动一个刻度。因此，振荡器的频率精度越好（越接近 32 768Hz），手表的准确性越高。在高端技术的领域，具有出色频率精度的振荡器被称为原子钟。

时间漂移的概念通常是指设备报告时间的准确度以及它在固定时间段内的移动量，例如，石英腕表的精度可能表示为每天 1.5s。这意味着，假设父母和孩子们在购物中心调好手表上的时间后，预计一个月后，他们手表上的时间差异会达到 45s 左右。

如果一组设备需要在较长的一段时间内保持更准确的时间，它们需要一个自动同步时间的机制，以补偿振荡器频率的不准确性。有很多机制都可以做到这一点，最常见的是笔记本电脑或手机，还有那些通过无线电信号同步的用于公共场所的时钟（例如铁路时钟）。

准确性是有代价的。高精度振荡器（如原子钟）一旦被设置好，它将会在很长的一段时间内保持非常准确的时间；然而，购买和维护这种类型的振荡器是非常昂贵的。一个性价比更高的解决方案是在我们的设备中放置更便宜的"足够好"振荡器，并使用某种形式的时间同步定期将它们重置为正确的时间。这种折中方案将在稍后重新讨论，因为它是构建同步网络的一个重要因素：本质上是更好的时钟与更好的校正机制。

现在可以看到，想要准确地对齐时间，就需要频率、相位和时间同步的组合。振荡器必须以准确的频率旋转，时钟必须在准确的时刻滴答作响，表盘上的日期必须准确显示每个人都认可的正确时间。这就引出了下一个问题。每个人都认可的时间究竟是什么？

1.3 时间的概念

最直接影响我们所有人的基本时间单位是"日"，它由地球的自转及围绕太阳的公转决定。即使有像"日"一样不变的事物，关于时间也没有什么是绝对的。相反，它是我们所有人对时间达成的一种共识——就像每个人都接受米或千克是什么一样。这种共识涵盖了我们如何定义较大的时间段（日历）和较小的时间段（如秒）。

最初，制定测量单位标准的计量学家，（1956 年之前）将秒定义为平均太阳日值的

1/86 400，并开发了所谓的世界时（UT）。将秒的定义与地球的自转联系起来的主要问题是，地球的"日"长短可能会有所不同（这就是为什么计量学家关注平均太阳日）。但是，即使"日"的变慢或加快的程度很细微，但基于这种变化来定义秒的长度，对于某些应用来说非常不准确。

一段时间后，计量学家了解到"年"比"日"更稳定，因此他们将秒的定义改为一年的 1/31 556 925.974 7。当然，年份实际上也是一个不稳定的时间衡量标准，因为地球围绕太阳的公转轨道一直在缓慢变化，无论如何，对太阳的观测可能会有些困难和不准确。如今，世界时是通过对遥远天体的观测来确定的（从技术上讲，有三种形式的 UT，分别称为 UT0、UT1 和 UT2，但这超出了此处解释时间所需的范围）。

到 20 世纪 50 年代，科学家发明了原子钟，它比地球的自转（或轨道）更稳定，因此 1967 年计量学家将秒的定义改为"铯 133 原子基态的两个超精细能级之间跃迁的 9 192 631 770 个辐射周期对应的时长"。自 1967 年以来，铯原子钟一直是定义秒的标准，尽管未来可能会被新一代的极其精确的光学时钟所取代。

监督和管理这些单位定义的组织是位于巴黎的国际计量局（Bureau International des Poids et Mesures，BIPM）。BIPM 网站（https://www.bipm.org）上有非常详细的计量学和国际单位制（SI）的各种单位的信息，其中也包括秒的定义，因此，如果你希望更好地了解 SI 单位的定义，这会是一个很好的资源。

提示：自 2019 年 5 月起，BIPM 改变了秒的定义。现在描述如下：

秒，以符号 s 表示，是时间的 SI 单位。秒定义为取铯 133 原子的无扰动基态超精细跃迁频率，采用频率单位 Hz 时，表示为 9 192 631 770 等于 s^{-1}。

前文简单介绍了使用原子钟定义秒。下面要讨论是现在正在经历的一日、一小时中的确切秒数。

1.3.1 国际原子时

国际原子时（Temps Atomique International，TAI），是由全球原子钟网络（80 个国家实验室中的 400 多个）的加权平均值确定的世界时间。这些实验室的科学家们使用多种技术非常精确地测量时钟之间的时间差，并且让每个实验室将其时钟的时间与其他实验室的时钟时间进行比较。BIPM 每月会在其 Circular T 中发布这些比较（在下一节中将对此进行更多介绍）。

TAI 是所谓的单调时间尺度，这意味着自从它在 1958 年 1 月 1 日 00：00：00（其"时间零"，称为纪元）与世界时对齐以来，从未跳过时间（如某种形式的闰事件），并持续一次向前计数一秒。它是均匀且非常稳定的，这意味着它与地球略微不规则的自转和公转并不完全同步。出于这个原因，需要一种超越 TAI 的时间尺度，一种与我们的日期和年份对齐的时间尺度（尽管差异很小）。

1.3.2 协调世界时

为了有一个反映世界现实的时间尺度（看看在闰年问题得到纠正之前，时钟发生了什么），科学家们发明了协调世界时（UTC）。UTC 与 TAI 相同，不过它是一个不连续的时间尺度，因为它偶尔会插入闰秒，以确保反映地球自转的变化，从而与现实的日期和年份一致。闰秒是从 TAI 中添加或扣除的额外秒数，以使 UTC 保持在地球轨道的 0.9s 内，这一过程由负责监测地球自转的国际地球自转和参考系统（IERS）提供服务管理。

IERS 大约提前 5 个月（在一份名为 *Bulletin C* 的文档中）宣布即将到来的闰秒的日期。通常，IERS 会宣布它将在 6 月 30 日或 12 月 31 日插入一个额外秒数（因为地球的自转速度总体上在减慢）。截至 2017 年 1 月 1 日，UTC 已有 37 个闰秒，这意味着 UTC 时间比 TAI 晚 37s。在正常情况下，每隔几年就会增加一个闰秒。

有趣的是，加上或减去这些额外的秒数意味着闰秒发生当天的最后一分钟可能有 58s、59s、61s 或 62s。因此，假设添加一个闰秒，在预计插入时间时，显示 UTC 的时钟可以读取 23：59：60（若是添加两个闰秒将会读取 23：59：61）。但是，另一个显示 TAI 的时钟在该分钟内仍然只有 60s，这意味着如果增加一个闰秒，UTC 将比 TAI 晚 1s。

经过调整后的 UTC 时间正是我们日常生活中使用的日期和时间的基础，并且可以替代更常用的 GMT。从技术上讲，全世界只有一个 UTC，每个原子钟的时间只是 UTC 的局部近似值，称为 UTC（k）（其中 k 是管理时钟的实验室的名称）。

关于 UTC 的有趣事实是，可以实时得到的只有一个近似值。唯一的"官方" UTC 是由一个月结束后几周内对从原子钟收集的大量数据进行后处理来确定的。每个月，BIPM 的 *Circular T* 会提供一个读数，能反映参与该方案的所有原子钟与"真实" UTC 的对齐程度。下面是引用 BIPM 网站的内容：

> BIPM 的 Circular T 是时间部门出版的月刊，为国家机构所维护的本地实现 UTC（k）提供协调世界时（UTC）的可追溯性。Circular T 每五天提供一次差值 [UTC-UTC（k）]，大约有 80 个机构定期向 BIPM 提供时钟和时钟比较数据。

因此，*Circular T* 宣布了什么是"真实"的 UTC，然后提供了有关每个原子钟 UTC（k）与新计算的 UTC 进行比较的准确性信息。以下是 *Circular T* 报表中的几行示例（删除了一些日期列和标题以适合整个页面）：

```
日期  2019/20  0时 UTC              12月  7    12月  12   12月  17
实验室 k                                  [UTC-UTC(k)]/ns
澳大利亚（悉尼）                      -369.4    -381.2    -378.4
俄罗斯（莫斯科）                         2.6       2.4       2.6
美国（华盛顿特区）                       0.6       0.9       0.4
```

这个 *Circular T* 片段显示了三个版本的 UTC（k）和"真实" UTC 之间的差异。这三个版本来自位于悉尼、莫斯科和华盛顿特区的实验室。这三个值显示了该实验室在

2019 年 12 月的三个不同日期估计的 UTC 和实际 UTC 之间的差异（以纳秒为单位）。

最后一行：该版本的 UTC，即 UTC（USNO），显示与 UTC 相差在一个纳秒以内，这是一件好事，因为 UTC（USNO）（United States Naval Observatory，美国海军天文台）是由 GPS 星座分发的时间。

1.4 GPS 如何提供定时和同步

全球导航卫星系统（GNSS）是非常强大的时间信息（频率、相位和时间）的发布工具，其中最著名的是 GPS。许多关于定时的文献都特别提到了 GPS，但重要的是要知道有许多类似的系统，因此本书使用了通用术语 GNSS，除非特指任何一个系统。表 1-1 给出了常见的全球导航卫星系统，包括一些区域系统。

表 1-1 常见的全球导航卫星系统

名称	国家
GPS	美国
GLONASS	俄罗斯联邦
伽利略	欧盟
北斗	中华人民共和国
INRSS	印度共和国
QZSS	日本

从概念上讲，GNSS 非常简单，尽管它们成功的背后有很多复杂性，这已经超出了本书的范围。你可以把 GNSS 想象成一个在轨道上飞行的原子钟网络，实际也是如此（对于 GPS 来说，在地球表面上方 20 200km 处）。卫星上的发射机使用机载时钟向地球广播定时信号，以便下面的接收机可以确定时间、位置和速度。

控制这些卫星是地面监测站，以确保卫星处于正确的位置、传输正确的数据，以及时钟被准确定时。GPS 使用的时间尺度基于 UTC（USNO），正如之前所读到的，UTC 是美国海军天文台的 UTC 版本，并且与"真实"UTC 对齐在纳秒之内。因此，使用合适的接收机从 GPS 恢复非常准确的 UTC 时间是很容易的。

手机中的 GPS 接收机（现在通常还包含伽利略接收机）可以同时锁定来自多个卫星的 GPS 信号，并快速确定位置和速度。也可以从 GPS 获取 UTC（USNO）时间，尽管大多数手机是从蜂窝网络或互联网获取时间同步的。

然而，还有更专业的接收机，它们不是为了确定位置或帮助环游世界而构建的，而是专门为提供准确的时间来源而设计的。若是想要恢复准确的时间信息，这些设备只需要连接到位于外部的天线即可（因为 GNSS 信号不会穿透墙壁）。通常，这些接收机还有多达三个物理连接器，允许电缆将定时信息传送到任何需要它的设备。这三个信号包括：

- 频率（某种正弦波或方波）。
- 脉冲（表示秒的开始或相位的开始）。
- 日期时间（表示 UTC 日期和时间的字符串）。

然后就可以使用这三个信号为附近的任何设备提供频率、相位和时间同步。因为 GPS 是一个全球性系统，它由许多位于重叠轨道上的卫星（目前为 31 颗）组成，因此覆盖范围是全球性的，并且可以在地球上的任何地方工作。由于接收机的天线放置在室外或屋顶上，因此接收机和发射机之间几乎没有任何东西阻挡（除了在密集的城市峡谷中）。因此，每个人都理所当然地认为 GPS 非常可靠并且"始终存在"，因为它几十年来一直运行良好，许多时间和导航用户都依赖于它，包括无数的移动运营商。

这些 GNSS 的主要缺点是地面上接收到的信号非常弱，因此非常容易受到干扰。由于传输的信息（至少对于民用用户）未加密，因此来自不良行为者欺骗信号的危险也越来越大，从而欺骗接收机接受虚假的时间数据。

许多专家担心，每个人都过于自信地认为 GPS 将永远存在，而实际上它非常脆弱。在讨论跨广域网部署同步的主题时，将重新讨论这个问题。

关于 GNSS 系统的更多信息，请参阅第 3 章，有关使用智能 GNSS 的有趣背景文件见 ITU-T 技术报告 GSTR-GNSS，该技术报告将在本章末尾的参考文献中给出。

1.5 准确度、精确度与稳定度

准确度定义为测量值与实际（或可接受）值的接近程度。例如，准确度可指示时钟与实际 UTC 时间的接近程度，或者振荡器与其标称频率的接近程度。如前所述，时间准确度可以表示为一段时间内的时间误差（每天 1s）或与标称频率相比的频率误差（20MHz 振荡器为 20Hz 或 1×10^{-6}）。

精确度定义为测量某些数量的值彼此之间的接近程度，换句话说，精确度是指测量值的可重复性和可再现性。另一个用来描述精确度的词是稳定度，因为它表示测量值继续显示相同值的程度——无论该值是否准确（意味着反映真实值）。

例如，测量一个 20MHz 的振荡器时，每次都测量到它以 20.200 000MHz 的频率振荡。因为它大约快了 1%，所以它几乎不是一个准确的振荡器，如果将它用在时钟中，得到的时间也不会准确，因为你知道它大约快 1%（或每天 864s）。虽然不准确，但它的精确之处在于其性能是一致或稳定的。

如果振荡器之类的东西是稳定的，那么它就是一个良好的候选频率源，因为它可以随着时间的推移提供同样的输出。稳定度仅指频率（或任何其他特性）是否保持不变且不漂移。铯原子的行为非常稳定，这就是计量学家将其作为秒的来源并保持 UTC 时间的原因。

使用这个始终以 20.2MHz 旋转的振荡器，可以构建一个非常精确的时钟，因为设计人员可以补偿 1% 的过度频率。这可以通过减慢速度（例如，降低输入电压）或计算 2020 万个周期而不是 2000 万个周期来确定一秒钟。围绕该振荡器设计一个时钟，并对不准确（但稳定）的频率进行补偿，可以得到一个非常精确的时钟。

当稳定的时钟一整天甚至每天的行为表现都相同时，应该可以补偿任何不准确度，并使设备既准确又稳定。相比之下，每天在正确时间的 ±5 分钟内波动的时钟是不稳定的，尽管偶尔它可能是正确的时间，但它永远无法变得准确。正如他们所说，即使是停止的（模拟）手表每天也会显示两次正确的时间。

参考文献

Bizouard, C. "Information on UTC – TAI." *International Earth Rotation and Reference Systems Service (IERS)*, Bulletin C 61, 2021. https://datacenter.iers.org/data/latestVersion/16_BULLETIN_C16.txt

IEEE Standards Association. Annex B, "Timescales and Epochs in PTP," from IEEE Standard for Precision Clock Synchronization Protocol for Networked Measurement and Control Systems. *IEEE Std. 1588:2008*. https://standards.ieee.org/standard/1588-2008.html

Sobel, D. *Longitude: The True Story of a Lone Genius Who Solved the Greatest Scientific Problem of His Time.* New York: Walker, 1995.

The 13th Conférence Générale des Poids et Mesures. "Resolution 1 of the 13th Conférence Générale des Poids et Mesures (CGPM)." *The International Bureau of Weights and Measures (BIPM)*, 1967. https://www.bipm.org/en/CGPM/db/13/1/

The International Bureau of Weights and Measures Time Department. "Circular T." *The International Bureau of Weights and Measures (BIPM)*. https://www.bipm.org/jsp/en/TimeFtp.jsp?TypePub=Circular-T

GSTR-GNSS. "Considerations on the use of GNSS as a primary time reference in telecommunications " *ITU-T Technical Report*, 2020-02. https://handle.itu.int/11.1002/pub/815052de-en

第 2 章 |Chapter 2|

同步和定时的应用

第 1 章介绍了一些基本的时间概念,包括同步的不同形式及其应用方式。本章将介绍时间同步的更多实际应用,包括一些历史背景,然后再介绍已经使用的 5G 之前的移动用例。

同步标准是从几十年前开始定义的,它们仍然适用于今天许多广泛部署的用例。例如,同步以太网(SyncE)标准可以直接追溯至针对传统网络发布的标准,如 ITU-T 的同步数字体系(SDH)和 ANSI 的同步光纤网(SONET)。如果应用领域是电路仿真,即用 IP/MPLS 分组技术取代时分复用(TDM)网络,那么这些"传统"TDM 标准仍然适用。第 4 章将分享有关标准组织及其作用的更多信息。

2.1 同步在电信中的应用

随着 TDM 数字电路(如 E1 和 T1)用于设备的远程互连,同步通信应运而生。为了提高这些电路的吞吐量和质量,工程师们开发并采用了同步通信形式。同时还引入了同步,以允许将多路信道(例如单个语音连接)复用到单个通信媒体上。因此,网络工程师需要对时钟有充分的了解,因为他们的日常工作就是使用此类电路配置路由器。与此相比,现代网络工程师可能从未配置过 E1/T1 电路,所以并不熟悉同步通信持续的重要性。

当今电信行业中,例如在基于 E1/T1 或 SDH 和 SONET 的传统 TDM 电路中,数字传输的高效运行仍然是频率同步最常见的应用。然而,频率(有时是相位)定时广泛应用在有线、无源光网络(PON)和移动等其他数据传输中,以及以太网(所谓的同步以太网)等现代分组网络和光技术方面。

2.1.1 传统同步网络

下面将介绍传统网络的基本思想和历史以及频率来源和传输频率的精度级别,以帮助读者更好地理解 SyncE 背后的标准化。

对于当年设计 SDH 和 SONET 等光网络的工程师而言，频率同步带来了好处，与以前的方案（如准同步数字系列 PDH）相比，频率同步能以更少的开销传输更多的数据。它也明显优于其他方法，例如那些使用专用的开始（Start）位和停止（Stop）位来指示数据字节开始和结束的方法，或位填充等其他技术。频率同步的特别之处在于，同步用以实现传输，而不是作为如电话语音信道等使用传输的应用的要求。

同步网络（如 SDH 和 SONET）通过将网络的物理层与公共频率同步来在整个网络中发送数据。为此，工程师需要为整个网络中的所有单元提供准确的频率源，因为振荡器需要帮助才能保持精确对齐。这样，就可以使路由器中的数据接收机读取的传入数据流频率与发射机发送数据所用频率保持一致。

工程师使用数据电路本身作为时钟源（线路时钟）来实现这种对齐，或者使用带有稳定振荡器的专用定时设备作为每个路由器的外部频率源来构建专用的独立网络。图 2-1 说明了如何在网络中分发频率以使每个设备对齐。为清晰起见，这里省略了定义这些组件的 ITU-T 和 ANSI（现为 ATIS）标准。

还必须了解，SDH 和 SONET 在每个系统中使用不同的术语来表示等效项。例如，频率源（例如，原子钟）在 SDH 中称为主参考时钟（PRC），而 SONET 中称之为主参考源（PRS）。同样，在 SDH 中称中间节点为同步供给单元（SSU），在 SONET 中称之为大楼综合定时供给（BITS）。为清晰起见，在讨论两个系统中的项目时，本书在斜杠之前使用 SDH 术语，在斜杠之后使用 SONET 术语（例如，对于中间定时节点，使用 SSU/BITS）。

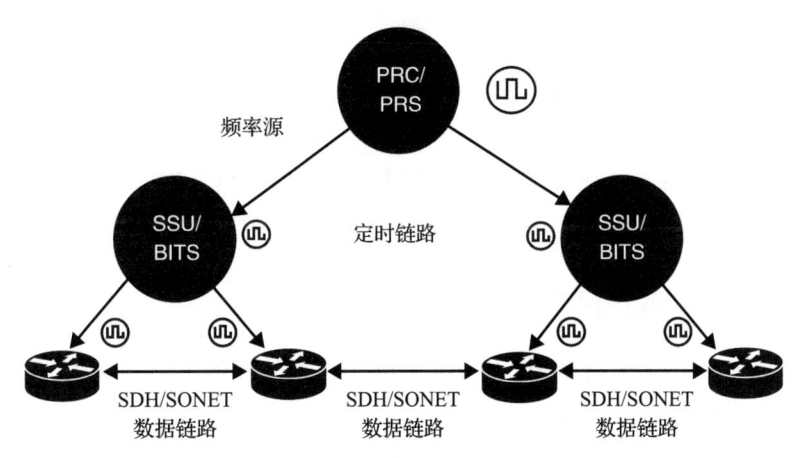

图 2-1 频率分发网络

PRC/PRS 的频率源可以是原子钟，或是将全球导航卫星系统（GNSS）接收机与稳定振荡器相结合的设备。基于原子钟的 PRC/PRS 设备可以在长时间内准确地保持频率，因为它们是稳定的频率源（基于铯原子的基本物理原理）。GNSS 接收机通常包括一个高质量（稳定）的振荡器，以便在暂时丢失来自太空信号时能够保持准确的频率（这一过程称为保持）。

典型的 SSU/BITS 设备还包括硬件，如果与 PRC/PRS 源失去连接，该硬件可以在周期内保持更高精度的时钟信号。工程师通常使用数字锁相环（DPLL）来实现 SSU/BITS 设备，DPLL 由非常稳定的铷振荡器或高质量石英振荡器驱动。因此，SSU/BITS 设备在周期内保持频率的能力优于普通的 SDH/SONET 传输节点，但不如 PRC/PRS 好。

第 6 章和第 7 章将更详细地探讨频率和时间的来源。

如果数据链路两端的频率未与另一端的频率准确对齐，则接收设备的频率可能低于或高于发射设备的频率。出现这种情况时，接收机读取和存储其缓冲区数据的速率将无法与发射机发送速率保持一致。最终，接收机要么在空缓冲区中等待尚未到达的数据（称为下溢），要么无法在其缓冲区中足够快地存储数据并会导致数据丢失（称为溢出）。这些事件会导致数据电路质量的下降，并表现为网络工程师所熟知的滑动，如图 2-2 所示。

滑动率与发射机和接收机之间的频率差成正比，因此如果测量出信号间的差异，则可以算出一段时间内预期的滑动次数。高度稳定、紧密对齐的频率源可能每隔几个月才会发生一次滑动，而没有任何精确频率源的网络设备可能每秒会发生多次滑动。

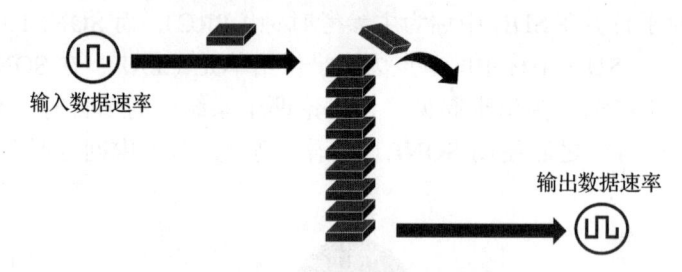

图 2-2 TDM 网络中的滑动

对于高质量的网络，每个节点的频率紧密对齐至关重要。滑动会损害用户体验的质量，从而导致音频流噪声、视频质量差、卡顿等问题。尽管 TDM 的使用正在逐渐减少，但构建频率源并将其分布在整个网络中仍然与现代通信中的许多用例息息相关。

2.1.2 传统移动网络的频率同步

在前几代移动电信（大约在 4G/LTE 前）中，基站的无线电设备只需要频率同步。幸运的是，对于早期的 2G 系统来说，这很容易实现，因为基站通过 TDM 电路（如 E1 或 T1）连接到移动核心网络。由于回传电路是同步的，因此无线电可以使用来自输入线路的信号恢复稳定的频率源。

图 2-3 所示为使用 TDM 电路的频率同步，显示了网络的频率同步是如何实现的。

由于往返基站的回传电路的频率来自 SDH/SONET 网络的准确频率源，因此它是基站设备的准确频率源。除了用于同步回传电路，频率同步还有一个重要用途。基站设备需要频率同步，因为其内置的振荡器是无线电传输频率的来源。这意味着，如果无线电中的振荡器偏离其频率，则无线电会以错误的频率发射，而且会干扰邻近小区，或者在许可无线电频段之外传输信号。

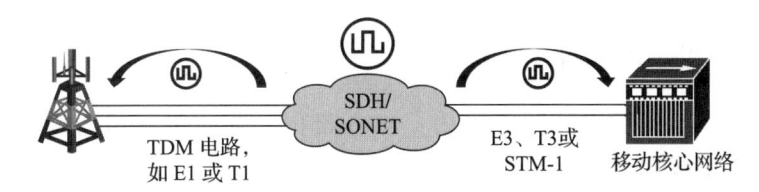

图 2-3　使用 TDM 电路的频率同步

因此采用频率同步"调谐"无线电，以便它们以移动运营商预期的确切频率进行传输。因此，硬件工程师在设计无线电时，使用了从外部信号源恢复频率的振荡器。

随着时间的推移，3G 及之后的无线电从使用 TDM 传输技术发展到基于分组的方法（例如以太网、IP 和 IP/MPLS）来传输移动通信。但由于分组网络中的数据传输不是同步的，因此以太网电路不需要频率同步。这就造成了一个问题，因为（默认情况下）这些指向基站的链路不再为无线电设备提供频率同步源。一些运营商通过保留一个单独的 E1/T1 电路连接到无线电设备，专门为其提供频率源来解决这个问题。

正是基于分组技术的应用，使得 SyncE 变得流行，因为它为分组网络增添了在以太网的电层和光层中传输频率同步的功能。图 2-4 展示了如何使用单个 TDM 电路或启用 SyncE 来实现这些网络的频率同步（两个选项中选择一个即可）。

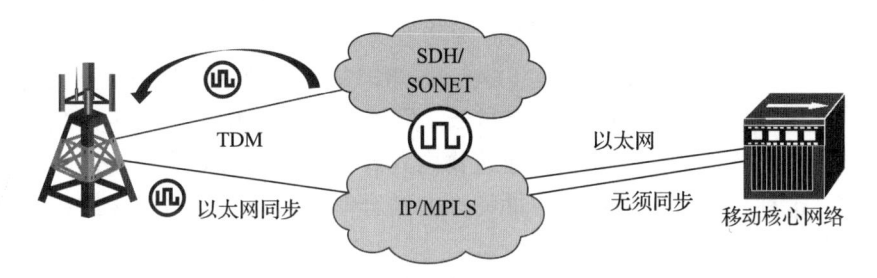

图 2-4　使用分组回传的频率同步

要使以太网能够通过网络逐跳传播频率需要硬件支持，而非仅通过更改软件就能实现。但是，随着设备制造商越来越多地将 SyncE 支持集成到移动回传路由器中，运营商开始停用所有昂贵的 TDM 链路，并通过以太网连接提供移动同步（对于许多运营商来说，这个过程基本上已经实现）。

本章后面的"电路仿真"部分以及第 7 章和第 9 章将介绍基于分组的解决方案如何解决跨 IP/MPLS 回传网络（而不是使用 SyncE）的频率同步问题。当运营商无法部署支持 SyncE 的设备并且需要另一种方法时，此方案很有意义。

如今，许多长期演进（LTE）网络只需要频率同步，虽然这取决于运营商决定部署的服务和无线电技术。许多运营商之所以决定不启用这些高级服务，是因为他们的网络还没有准备好提供这些服务所需的相位同步。但随着移动标准的后续不断更新，这种方案越来越不可取，而相位同步正在成为强制性要求。

2.1.3 传统移动网络的相位同步

在 20 世纪 80 年代后期，监管机构、制造商和运营商正在努力设计和部署 2G 网络，以取代已有的模拟系统。当时在欧洲，欧洲电信标准协会（ETSI）基于时分多址（TDMA）无线电技术制定了全球移动通信系统（GSM）移动标准。最终，世界上大多数国家都采用了 GSM 作为标准化的数字移动系统，但美国等国家选择了一种不同的系统，以与原有的模拟系统更为兼容。美国运营商采用了几种竞争性系统，但其中一种是基于码分多址（CDMA）的无线电技术，并以 cdmaOne 为名上市销售。

移动通信市场中早期对 2G 技术的分歧一直持续到后来的 3G 标准决策。虽然世界上大多数国家将其 GSM 系统发展为 3GPP 标准组织开发的 3G 系统，称为通用移动通信系统（UMTS），但美国的运营商选择了另一种基于 CDMA 的系统。该 CDMA 系统在信令层与美国运营商原有 2G 网络更兼容，因此更有利于互操作性和系统过渡。该系统名为 CDMA2000，由第三代合作伙伴项目 2（3GPP2）协作设计，也被其他多个国家的运营商采用。

虽然 CDMA 无线技术具有一些优点，但它需要相位同步以确保正确操作，特别是对手机从一个基站的无线信号转移到下一个基站的过程（此过程称为切换）来说。这给运营商带来了挑战，即如何与遍布北美广阔陆地的基站实现非常精确的相位同步。

简单的办法是使用全球定位系统（GPS）。当时的大多数基站都是大型发射塔，也称为宏小区。由于原始 2G 频谱的频率相当低（为 800～850MHz），这些无线电在大范围内提供了非常好的覆盖能力，并且在建筑物内具有良好的接收效果——因为低频往往不容易被吸收。这种长程覆盖与良好传播特性的结合使运营商在定位其无线基站时具有相当大的灵活性。

由于位置开放，运营商只需将 GPS 天线放在基站塔顶上并将 GPS 接收机连接到 CMDA 无线电即可。这是当时在北美广泛实施的方法。当后几代移动设备需要相位同步时，美国以外的运营商对采用定时解决方案（GPS）有些犹豫不决。由于不想过度依赖 GPS，运营商和标准组织开发了替代系统来分发相位和频率。

决定移动网络是否需要相位还有另一个因素。有两种技术（见图 2-5）用于分离无线电系统的全双工信道（一个上行链路和一个下行链路）。一种技术（也是历史上最常见的）是频分双工（FDD），其中（从手机发射的）上行链路和（从塔台接收的）下行链路使用不同的频段——频率用于划分双工信道。该系统只需要普通的频率同步，尽管在 FDD 无线电上运行的某些应用程序可能需要相位同步。

图 2-5　FDD 无线电与 TDD 无线电

另一种技术称为时分双工（TDD），其中上行链路和下行链路信道共享相同的频段，但链路的两端轮流发送或接收——基于时间划分双工信道。由于 TDD 涉及时间，因此该系统需要相位同步也就不足为奇了。TDD 是 5G 部署的主要无线电类型。

2.1.4　电缆和无源光网络

有几种传输技术必须采用相位同步才能有效运行。例如，用于向家庭消费者提供宽带服务的混合光纤同轴电缆（HFC）和 PON 系统。这些系统的设计反映了大多数宽带用户下载的流量比上传的流量多得多，因此流量本质上是不对称的。

由于这一要求，这些系统通常在下行方向和上行方向传输数据的方式不同。例如，宽带路由器可能会向每个接收机顶盒（STB）广播相同的下行信号，但在上行方向上采用单播传输技术。由于消费者的机顶盒与许多其他用户共享电缆或光纤，因此在传输时需要对电缆进行独占访问。因此，在相互竞争的上行发射机之间需要仲裁，以确保它们不会相互覆盖彼此的信号。

虽然细节因传输的具体实现而略有不同，但在共享媒体宽带网络中，机顶盒必须申请使用时隙（或类似资源）并得到许可才能进行传输。传输时，该媒体上的所有其他设备必须保持仅接收状态。为确保机顶盒在不干扰其邻居的情况下进行传输，必须满足三个先决条件：

- 同一段共享媒体上的所有设备必须相位对齐，以便前端为机顶盒分发传输时隙后，能够在正确的时刻开始和结束传输。
- 不同机顶盒的传输之间必须有一个保护间隔或保护时间，以确保在相位对齐出现小误差时，传输不会相互干扰。
- 必须测量从前端到机顶盒的距离（这一过程称为测距），以帮助计算信号从发射机到前端所需的时间。一旦机顶盒知道到前端接收机的距离，它将提前发送其数据，以补偿前端接收它之前的时间延迟（在光纤中，这种提前量约为每米提高 5ns）。

图 2-6 显示了机顶盒正确同步传输的情况，即使相比 2 号和 3 号机顶盒，到 1 号机顶盒的距离更远，但信号也能正确对齐地到达前端。

采用准确测量测距来对系统进行严格校准的好处：可以调整传输长度和保护间隔宽度等参数，以提高共享电缆/媒体的有效吞吐量和响应能力。例如，相位对齐越精确，需要的保护间隔就越小，因为需要提前或延迟传输的窗口更小。

图 2-6　共享媒体上正确同步的信号

图 2-7 描述了共享媒体上出现较大的相位误差和范围误差时可能发生的情况。

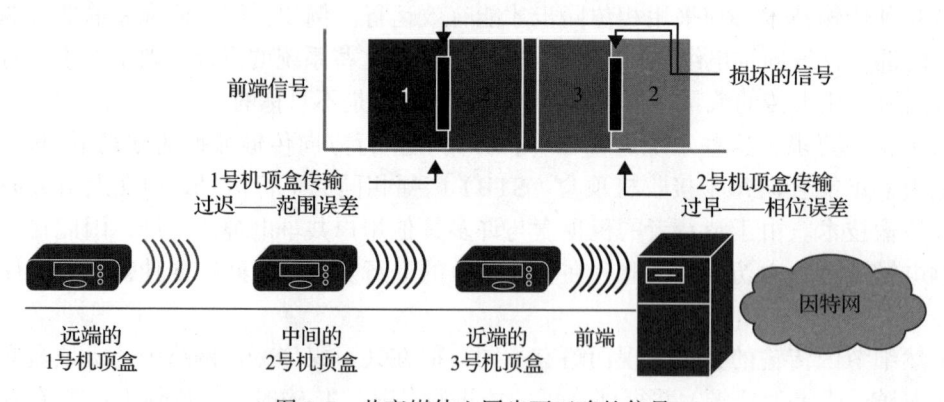

图 2-7　共享媒体上同步不正确的信号

前端的接收机将难以破译电缆上损坏的传输信号，因为信号没有在正确的时间到达前端接收机。在第一种情况下，1 号机顶盒的距离测量不正确（数值过低），因此机顶盒没有提前足够的传输来补偿电缆上的延迟，导致其传输到达太迟，而此时 2 号机顶盒早已开始传输。

同样，2 号机顶盒具有相位对齐误差，导致它过早开始传输，与 3 号机顶盒传输的尾端发生了重叠。对于这种情况，一个快速解决方案是增加保护间隔的宽度，但这会浪费在电缆上的传输时间，也就是浪费金钱——因为这些时间可以用来传输用户数据。

2.2　时间同步在金融、商业和企业中的应用

同步，特别是时间同步，一直是 IT 系统和网络正常运行的重要组成部分。你可能知道网络时间协议（NTP），该协议已使用数十年，用于协调网络中计算机的时间。NTP 使用双向时间协议来传输协调计算机层级结构中的世界时（UTC），如图 2-8 所示。图中连接到时间源的路由器（例如，GNSS 或原子钟）称为第一层，距离增加一跳层数就增

加一层，以表明该节点上的时间准确性可能下降。

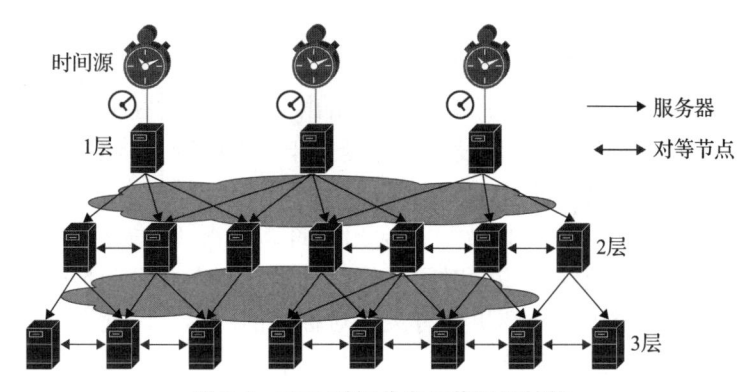

图 2-8　NTP 时间分发网络层级结构

除了用于业务处理（例如，记录用户拨打电话的时间以进行计费），NTP 还有有价值的实际用途，例如事件关联、故障隔离和全网故障排除。网络工程师依靠 NTP 以适度精度（10～100ms）分发时间的能力，可以重建整个网络中的故障（例如，从系统日志事件通知中）并确定一系列事件发生的顺序。

但是，随着机器和网络发展得越来越快、越来越复杂，时间同步必须从毫秒级升级到微秒级。一个恰当的例子是欧盟为应对 2008 年金融危机而发布的 2014/65/EU 金融业指令。该指令通常被称为"金融工具市场指令"或 MiFID Ⅱ。

MiFID Ⅱ 的目的是通过交易系统运营商来规范金融工具的交易，特别是那些高频交易者。想象一下，一个交易者处于一个有利的位置，与交易所交易系统的连接延迟非常低，同时一家保险公司发出了一份非常大的证券买单。从技术上讲，高频交易者可能会先发制人，先廉价购买证券，然后以溢价将其出售给保险公司，从而获得方便但非法的利润。

要捕获这样做的交易者，一种方法是为每个商业交易准确地添加时间戳，这就是欧盟在 MiFID Ⅱ 中强制要求准确时间同步的原因之一。大型交易者需要将所有业务和贸易交易的时间戳设置为毫秒，并且必须能够追溯该时间戳的来源（例如，来自 GPS 的 UTC），并记录该时间点来源的准确性。更多相关信息，请参阅 2016 年 6 月 7 日发布的委员会委托法规（EU）2017/574，这是条例中有关时间准确性的部分。

NTP 通常实现得不够好，难以提供这种级别的精度，因为许多服务器和路由器仅仅是协议的软件实现，这限制了 NTP 可以达到的分发时间的准确度。为了实现微秒级或更高的精度，时间传输需要更准确的执行方案，例如在 PTP 中所用的方案。PTP 是一种更准确的时间传输实现，因为它采用了内置的硬件支持和准确的时间戳部署。关于 PTP 的更多内容将在第 7 章中详细介绍。

另一个常见用例是网络管理中的操作、管理和维护（OAM）功能。除了链路利用率，网络管理者感兴趣的信息之一是链路延迟。基于网络中每个链路延迟的完整快照，网络管理者可以使用高级路由协议，如分段路由（SR）和Flex-Algo，根据最低延迟路径进行路由分组。

有一些机制可以使用带有时间戳的分组来确定链路延迟。基本上，路由器会发送带有时间戳的分组，并测量返回所需的时间。这给出了该分组的往返时间估计值，称为双向时延测量（2DM）。因此，通过假设正向时延等于反向时延并将2DM值减半，可以估计两个节点之间的单向时延测量（1DM）。

前面的假设可能是错误的，因为可能会出现许多情况（比如拥塞），其中一个方向的分组比另一个方向的分组链路传输时间更快。分组在正向和反向传输时间之间的差异称为不对称性，后续章节中将介绍更多有关不对称性的内容。因此，不对称性使假设无效，从而导致单向时延估计不准确。

测量1DM更准确的方法是将带时间戳的分组发送到目标节点。接收方/侦听器在接收分组时为其打上时间戳并告之于发送方。为了使此方法提供准确的1DM值，需要发送方的时间与接收机的时间同步。

假设发送方发送一个分组，并将其时间戳设置为12:30之后过去了14.100 100s。那么在一个快速而短的链路上，比如10μs后，接收方看到分组并为其添加时间戳。如果接收方的时钟与发送方准确对齐，那么正确的时间戳为14.100 110（14.100 100+0.000 010）。但是，如果接收方的时钟比发送方的时钟慢50μs，会怎么样呢？这种情况下，接收方添加的时间戳为14.100 060，这也意味着接收方会显示分组在发送前40μs就已经到达了！

因此，时延测量的基本规则是2DM不需要时间同步，因为发送和接收的时间戳来自具有相同时钟的同一设备。然而，1DM测量方法却要求两个添加时间戳的设备之间具有非常精确的时间同步。要获得准确的测量值，预期时延越低，时钟就必须同步得越紧密。

如果要测量的时延为几十微秒的链路，则时间准确度必须以微秒（或更短）为单位，否则可能会出现无意义、不准确的结果。

这个问题的答案在于将GNSS时间源和精心设计的保证时间同步到微秒级的PTP网络相结合的解决方案。

2.2.1 电路仿真

尽管如今大多数网络工程师都习惯于处理光和以太网传输系统，但现实情况是，世界各地的许多设备仍然使用传统TDM电路（例如基于SDH或SONET的TDM电路）进行互连。不仅是终端用户和大型企业，还包括主流服务提供商，都仍然提供大量基于TDM类型技术的数据电路，建筑物中几乎都是此类设备。

使用TDM技术的服务提供商面临的问题是，这些设备大部分已经超出了其使用寿命，而且设备制造商也不再支持或生产。但是，将其客户群转移到另一种传输技术上，将是一个颠覆性且昂贵的迁移项目。不仅如此，客户站点中的许多设备可能仅支持 E1/T1 类型的 TDM 电路。例如，PABX 上的语音电路、应急服务的集群数字无线电以及铁路轨道上的信号设备。改用非 TDM 数据电路也需要迁移客户的设备。

解决方案是使用分组技术和 IP/MPLS 仿真传统的 TDM 电路。从终端用户的角度来看，传统边缘设备仍在提供服务，尽管它们现在通过核心 IP/MPLS 网络进行连接。底层的 E1/T1 电路连接到一个特定的路由器上，传输则由基于分组的解决方案所取代，这种技术称为电路仿真（CEM），如图 2-9 所示。

电路仿真使用具有专用 TDM 接口模块的分组路由器，并在这些接口卡上使用专用处理器执行 TDM 和分组之间的打包和解包程序。传统连接可以称为接入电路（AC），连接到 TDM 接口模块，TDM 电路正常启动。板载处理器读取传入的数据流，每隔几毫秒就会将该数据以 IP/MPLS 分组的形式发送到远端的 CEM 路由器。在远端，IP/MPLS 分组的数据被推送到成帧器中，并在远端 AC 上继续传输。当然，这是一个双工过程，因此传输和接收在电路的两端同时发生。

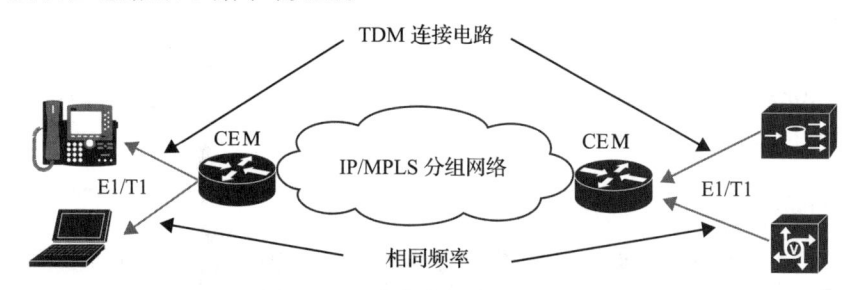

图 2-9　电路仿真取代 TDM 电路

从前面的讨论中，已经知道 TDM 电路需要频率同步，以确保接收机和发射机以相同的速率处理数据。现在我们仿真以前的同步电路，分组网络可以打破发射机和接收机之间的频率链。因此，我们需要另一种机制来确保两端的接入电路以相同的频率运行。

有两种解决方案（见图 2-10）可以在 IP/MPLS 分组交换网络中引入频率同步。一种方案是使用 SyncE，另一种是使用专门为将基于分组的频率定时替换为 TDM 频率定时而设计的 PTP 方案。这两种解决方案及其组合方案都得到了广泛的部署应用。

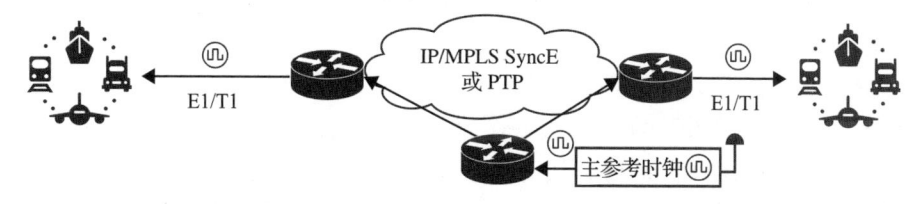

图 2-10　电路仿真的定时解决方案

不仅商业、政府和企业客户已经在用基于分组的 CEM 路由器替换所有 SDH/SONET

基础设施，而且数据服务提供商也是如此。他们的数据电路客户甚至从未意识到他们购买的 T1/E1 电路已经迁移到了服务提供商（SP）核心网络内的分组传输中。他们的 TDM 链路只能到达最近的接入点（POP）或本地交换机，在那里转换为使用分组传输，通过服务提供商的 IP/MPLS 网络传送到远端。

此外还有两种通过分组网络传输时钟的技术，即自适应时钟恢复（Adaptive Clock Recovery，ACR）和差分时钟恢复（Differential Clock Recovery，DCR）。第 9 章将在基于分组的频率分发的背景下详细介绍这些技术。

2.2.2 视听同步

经常被忽视的一个同步的例子是视听制作和分发中的同步，至少在它失败之前会被忽略。视听同步中最重要的是视频流和音频信道之间的同步。人们会很快发现听到的语音与嘴型不一致或声音与动作不一致。

图 2-11 说明了对齐音频和视频到达时间的重要性，以及观看者可以发现的偏差程度。随着音频和视频信号开始出现偏差，越来越多的观众可以很快注意到这种不匹配。当音频提前 40ms 时，就有 20% 的观众或早或晚发觉，随着提前量的增加，这种音画偏差迅速变得不可接受、分散注意力，甚至令人厌烦。

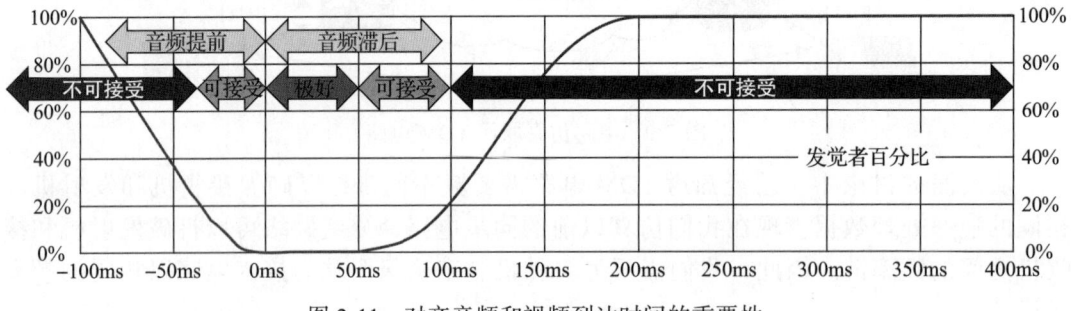

图 2-11 对齐音频和视频到达时间的重要性

工程师需要在整个创建过程中提供音频和视频之间的同步：内容捕获（摄像机等）、编辑、分发和广播。同样，对于向用户分发基于分组的 A/V，例如，使用 IPTV 和数字视频广播（DVB），需要保持音频和视频与观看屏幕（无论是在家中、剧院、主题公园还是体育场馆）的同步。

用于维护同步的工具之一是基于电影电视工程师协会（SMPTE）的另一个名为 ST2059-2 的 PTP 配置文件。实现 A/V 定时的另一个常用 PTP 配置文件是电气和电子工程师协会（IEEE）标准，即 802.1AS。此外，还有一个来自音频工程学会（AES）的配置文件，称为 AES67，也用于音频处理。有关 SMPTE 和 AES 组织和文件的更多信息，请参见第 4 章和第 7 章。

2.3 定时在电力行业的应用

除了前面提到的示例,同步还有许多其他应用,例如在工业自动化和机械加工中的应用。时间同步的一个常见示例是工厂装配线上使用多个机器人和机器,PTP 的第一个标准化版本就是为工业案例设计的。

另一个值得介绍的实际示例是广域定时分发,这不仅仅是一个 5G 通信的问题,更是一个移动通信的问题。实际上,在移动回传网络中设计定时所遇到的许多问题也同样存在于电力行业,因此我们显然可以借鉴一些经验教训。通常,一个行业中使用的很多工具和部署经验都可以直接应用于其他行业。

在电力行业中,人们越来越关注提高配电网络或"电网"的稳健性和稳定性,特别是因为它需要应对可再生能源等间歇性电源的挑战。你可能听过"智能电网"这个词,泛指通过数字化技术来提高电网"智能"。

北美同步相位倡议(North American SynchroPhasor Initiative,NASPI)是美国改善电网的措施之一,该倡议要求在电网周围放置一种称为相位测量单元(Phasor Measurement Units,PMU)的监测设备。这些设备测量同步相位,即精确测量携带电能的正弦波的大小和相位。这些测量以高速率进行(>30 次每秒),并且每次测量都根据公共时间参考加盖时间戳,从而在整个网格中对这些测量值进行相关性分析。

PMU 设备的同步通常使用特定于行业的 PTP 配置文件(称为"电力配置文件")来完成,其中本地 GPS 接收机作为公共时间参考的来源。变电站中有许多需要同步的应用,这些应用对同步的精度要求差别很大。其中一些应用,如监控和数据采集(SCADA),在其他行业也有类似部署,例如电气化铁路轨道网中的电网监控。

电网运营商目前面临的问题是,如何在本地 GPS 系统发生中断的情况下(例如由干扰事件引起的中断)做好准备。解决方案是通过数据传输网络从远程位置携带备份时间源(见图 2-12)。这个解决方案的技术选择显然是 PTP(虽然电力配置文件并不是此任务的最佳选择,但是有专为此应用而设计的 PTP 配置文件——更多内容将在第 7 章讨论 PTP 时详细介绍)。

虽然这个例子突出了北美的一个项目,但全球范围内也有类似的项目正在进行中。有关当前和未来电网同步方法的更多信息,请参见第 3 章和第 9 章。

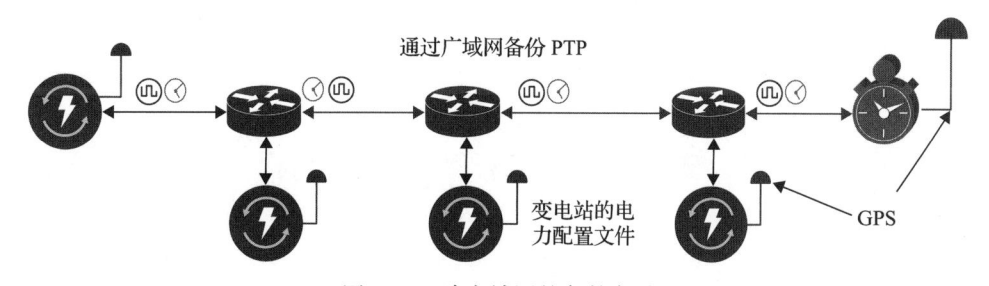

图 2-12 跨广域网的备份定时

移动运营商也存在类似的问题，即蜂窝无线电通常由 GNSS 接收机同步，但容易受到干扰和欺骗。因此，运营商正在推出类似的解决方案，以便在一些本地化 GNSS 中断的情况下提供备份。

参考文献

European Commission. "Markets in Financial Instruments (MiFID II) – Directive 2014/65/EU." European Commission, 2018. https://ec.europa.eu/info/law/markets-financial-instruments-mifid-ii-directive-2014-65-eu_en

Ferrant, J. et al, *Synchronous Ethernet and IEEE 1588 in Telecoms: Next Generation Synchronization Networks*. John Wiley & Sons, 2013.

Juncker, J. "Commission Delegated Regulation (EU) 2017/574." *Official Journal of the European Union*, 2017. http://data.europa.eu/eli/reg_del/2017/574/oj

McNamara, J. *Technical Aspects of Data Communications*. Digital Press, 3rd Edition, 1988.

Mizrahi, T., N. Sprecher, E. Bellagamba, and Y. Weingarten. RFC 7267, "An Overview of Operations, Administration, and Maintenance (OAM) Tools." *Internet Engineering Task Force (IETF) Informational*, RFC 7267, 2014. https://tools.ietf.org/html/rfc7276

Mouly, M. and M. Pautet. *The GSM System for Mobile Communications*. Bay Foreign Language Books, 1992.

SMPTE. "SMPTE Profile for Use of IEEE-1588 Precision Time Protocol in Professional Broadcast Applications." *SMPTE ST 2059-2:2015*, 2015. https://ieeexplore.ieee.org/stamp/stamp.jsp?tp=&arnumber=7291608

The International Telecommunication Union Telecommunication Standardization Sector (ITU-T). "G.8271: Time and phase synchronization aspects of telecommunication networks." *ITU-T Recommendation*, Appendix VII, 2020. https://www.itu.int/rec/T-REC-G.8271-202003-I/en

| Chapter 3 | 第 3 章

同步网络和定时分发网络

如第 2 章所述，同步是将两个或多个时钟与相同频率或时间对齐的过程，通常的做法是将每个时钟与公共参考时钟对齐。同步支持以下服务：

- 定位、导航和定时（PNT）。
- 在单频网络（SFN）上广播的发射机。
- 用于物联网（IoT）或基于云的应用的控制指挥系统。
- 移动网络中的协调传输和干扰控制。
- 相控阵天线应用，例如波束成形。

本章重点介绍理解同步网络所需的众多概念以及构建定时分发网络所需的组件。本章介绍时钟的定义、不同类型的时钟和时钟信号源，以及时钟的不同工作模式。你将了解网络链层级结构中的各种时钟类型；追溯参考时钟的方法；以及如何利用不同的定时参考接口进行精确的定时分发和测量。本章还将介绍频率和相位同步之间的差异以及各种时间分发技术。

3.1 同步网络

同步网络涉及利用网络在不同地理位置之间分发时间、频率或同步时钟。可以采用各种不同的网络传输技术，如基于光纤、电缆甚至无线电的技术，将定时信息作为物理信号或数据进行传输。主要目标是将连接到网络的所有时钟同步到单个公共频率和（或）时间参考。

分布式时钟对齐问题得到了广泛的研究，人们采用各种方法来保持精确的同步，比如可采用组合技术实现这一目标。在这种情况下，首先通过基于卫星的系统分发参考时钟，接着使用某种形式的网络在地面上传输。

对于很多在电信网络中传输数据的技术而言，同步也可能是基本要求。在同步数字通信中，网络要求帧在正确的时刻到达接收节点，以便正确填充和处理分发的时隙，而不会丢弃数据。

由于连接到同步网络的节点之间要交换数据帧，因此在这些节点上运行的时钟必须紧密同步。否则，最终数据会在最慢的节点开始排队，并且数据将会丢失或丢弃。

但另一方面，还有其他使用异步方法的传输技术。

3.1.1 同步网络概述

在介绍同步网络之前，先回顾一下异步网络。

在异步网络中，每个节点都维护自己的时钟，而且没有协调网元中时钟操作的重写控制机制。异步链路上的通信往往是面向字节或分组的，而不是面向帧的。这些网络使用某种方法（例如开始和停止位或前导码）来描绘数据段的传输。还使用流量控制等机制来防止电路被数据淹没。

例如，较旧的通信标准（如 RS-232）使用启动位和停止位来分别指示数据字节的开始和结束。这种方法在拨号调制解调器时代被广泛使用，并且经常用于铜线上的低速连接。

后来的一些通信技术，如很多类型的以太网，采用前导码使得接收电路的接收机与输入比特模式的频率对齐。根据 IEEE 802.3—2018 标准第 3.2.1 条的定义：

> 前导码字段是一个含 7 个 8 位字节的字段，用于使（物理信令子层）PLS 电路与接收分组的定时达到其稳态同步。

这种机制可以实现接收电路与输入信号的对齐；但是，对于此类链路，还有其他重要的同步要求。例如，一个电路可能需要在两个方向上具有相同的传输速度，以减少相邻铜线上两个数据流之间的串扰或干扰。

为了实现这一点，使用铜线的以太网形式可以选择电路的一端作为主端，另一端作为从端。主端的发射机使用其本地自由运行振荡器将数据传输到从端。然后，从端的接收机使用前导码将其接收频率与输入信号的频率对齐（恢复频率）。从端使用从输入信号中学习到的频率作为其向主端返回的传输频率。

提示："主"和"从"术语的使用仅与行业规范和标准中使用的官方术语相关联。

因此，链路本身是频率对齐的，没有任何集中的节点时钟概念。有关详细信息，请参阅 IEEE 802.3 第 28 条、第 40.4 条，以及第 40.4.2.6 条。

就以太网而言，对频率精度的要求相当宽松，通常只要求精度在 $\pm 100 \times 10^{-6}$ 以内。不同的以太网技术和速度可以使用不同的频率——例如，用于非屏蔽铜双绞线（1000BASE-T）的千兆以太网的符号速率为 125MHz。

但请记住，每个链路都需要根据该链路主端口的自由运行振荡器来协商自己的频率。因此，如果没有中央覆盖时钟作为源，多端口交换机最终可能会陷入这样的一个拓扑结构，即每个端口都是从端口，并且以略微不同的时钟频率运行（尽管彼此之间的频率差在 $\pm 100 \times 10^{-6}$ 以内）。实际上，交换机上的每个端口都成为了一个点对点的同步链路。

从概念上讲，这就是不使用同步以太网（SyncE）的以太网交换机所发生的情况——每个端口都与相邻交换机上的端口协商自己的传输和接收速度。这意味着所有用于传输的振荡器都是自由运行的（不与任何参考频率信号对齐）。

SyncE 通过将每个端口上的发射机连接到设备的公共振荡器来纠正这种情况，并允许该振荡器与参考时钟频率同步。参考信号通过 SyncE 链路或外部频率源获得，例如输入到交换机的大楼综合定时供给（BITS）端口的正弦波信号。有关 SyncE 的更多详细信息，请参阅第 6 章中有关同步以太网的部分。

在同步网络中，所有时钟与公共时钟参考同步。同步网络中的时钟有多种方法，大致分为两类——集中式和分散式控制方法。

如图 3-1a 所示，在集中控制方法中，工程师根据网络时钟和远程主时钟之间的主从关系将时钟组成一个层级结构。在这种方法中，最大的主时钟［某些情况下称为全局主（Grandmaster）时钟］是网络中每个节点的绝对参考时钟。

此外，在分散式控制方法（见图 3-1b）中，每个时钟与其对等时钟进行同步以确定最佳质量。例如，在相互同步方法中，没有主时钟概念，每个时钟都有助于维持网络定时。

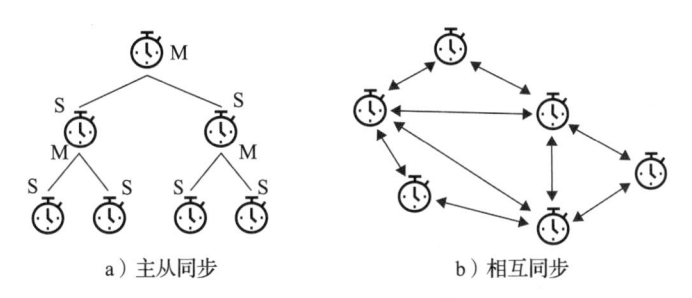

a）主从同步　　　　　　b）相互同步

图 3-1　同步时钟

如第 2 章所述，在同步网络中，频率同步允许两个连接的系统以公共的同步频率（或比特率）运行。传统的时分复用（TDM）网络使用频率同步来确保比特的传输速率对齐，以避免节点之间的帧丢失或滑动。构建一个高效且价格合理的传输网络，首先需要将频率从少量昂贵的设备（具有高质量的组件，如振荡器）分发到大量使用实惠组件制造的设备。本章 3.4 节介绍了更多详细信息。

3.1.2　定义频率

任何具有规律周期的旋转、摆动或滴答声都可以用来定义时间间隔。如果运动是有规律的，并且重复的间隔保持稳定，则可以构成一个构建时钟的基础。以特定频率自然发生运动或其他现象的设备（或电气部分）称为共振器。在电子学中，将能量供应电路添加到共振器中，这种周期性动作会无限期地持续，该器件就成为一个振荡器。

如果一次振荡所花费的时间长度（周期）是已知的并且保持稳定，则设备可以通过简单地计算滴答声来准确测量时间间隔。这就是为什么定时工程师说时钟只是一个振荡器加一个计数器。通过简单地连接一个电路来计算和记录旋转、摆动或振荡的次数，就可以构建一个时钟并用它来测量时间。

因此，对于非常短时间间隔的测量，则需要更高的振荡频率。电子电路通过将稳定频率输出乘以振荡器的某个系数来生成这些更高的频率。以前面的以太网示例为例进行说明。为了提供 125MHz 信号来传输数据，电路将 20MHz 石英振荡器的输出乘以 6.25，这将产生 125MHz。另一种测量的思路是，振荡器在每 4 个完整的输入周期内，就会有 25 个完整的输出周期（4 × 6.25）。

显然，用于测量时间间隔的设备，它的循环速率必须比所测量的时间间隔高得多，并且要求的精度越高，需要的速率就越高。否则，就相当于用一把 1m 长的尺子去测量微生物的大小。因此，需要精确测量至 10^{-6}s 或 10^{-9}s 的时间时，工程师需要使用至少每秒循环数十亿次的电子电路。

频率定义为在单位时间内定期发生事件的重复次数。频率的标准单位是赫兹（Hz），定义为每秒发生的事件或周期数。快速发生的信号频率需要使用 Hz 的倍数来衡量。

虽然频率是每个时间间隔的周期数，但周期是运动完成 1 个循环的时间长度（持续时间）。频率是周期的倒数。一个钟摆每秒来回摆动 2 次，频率为 2Hz，但周期为 0.5s。在数学上，我们将其描述为：

$$频率(f) = \frac{1}{周期(T)} \text{ 或者 } f = \frac{1}{T}$$

因此，振荡器的周期超过 1s，则其频率小于 1Hz。例如，每 10s 循环 1 次的电路，其频率为 0.1Hz，每 1000s 循环 1 次的电路，其频率为 1MHz，每天 1 次的电路，其频率为 1/86 400Hz（11.574μHz）。

振荡器频率，即时钟前进的速率，是基于元件的物理设计和自然特性的特征。由于不可能设计出具有完全相同特性的振荡器，因此每个时钟都将以不同的固有频率振荡——频率差异可能很小，但会存在（并且很可能随时间而变化）。

你可以购买测量频率的桌面设备，即所谓的频率计数器。频率计数器测量振荡的周期数，或周期性电子信号中的每秒脉冲数（以 Hz 为单位）。现有技术的频率计数器可以测量 1×10^{11} Hz 以上的频率，即可以精确测量非常小的时间间隔。这些设备通常用于在实验室环境中测试时间准确度。

基于铯 -133 原子的振荡器被广泛用作主参考时钟（PRC），以提供非常稳定和准确的频率源。要用它制造出一个真正的"时钟"，只需添加一个计数器，该计数器每检测到

9 192 631 770 次铯辐射循环后递增 1。然后，这个计数器几乎恰好每秒增加 1 次，这是一个几乎完美的滴答时钟（没有完美的时钟）。

基于石英晶体的振荡器（见第 5 章）更实惠，广泛用于电信网络内提供频率信号。虽然石英是一个足以保持稳定频率的频率振荡器，但它对于数字通信来说不够准确，远不如铯时钟稳定。

将来自铯 PRC 的频率参考信号分发给网络中的所有设备，使得每个网络节点中的嵌入式石英振荡器能够准确地传递频率，以实现无差错通信。

3.1.3 定义相位同步

如第 1 章中所述，相位同步是指独立但定期发生的事件在同一时刻或时间点发生。在第 1 章曾经做过一个音乐的类比，节拍器或管弦乐队指挥的作用就是用来保持音乐节奏。事实上，有两个目的：一个是频率任务，确保音乐以正确的速率或节奏播放，以每分钟的节拍表示；另一个是提供一个规则的"滴答声"，可能标志着音乐小节中新和弦的开始，或者挥动指挥棒以开始一个新乐章。在这个类比中，这些机制将表演中的每个参与者与商定的单一相位源保持一致。想象一下，一个管弦乐队试图演奏一首音乐，却有两个不同的指挥家会是什么样子！

频率或节奏是可以观察和测量的特征，因为可以通过独立观察并将音乐播放的速率与乐谱中标记的节奏进行比较，快速确定音乐家演奏的曲目是否太快或太慢。确定某事发生得太慢还是太快可能需要一个参考频率源，但是也可以通过对照时间源检查速率来独立确定。另一个例子可能是护士通过对照手表检查心跳频率来测量患者的脉搏。

另一方面，相位不能单独存在；它始终相对于参考时钟或参考时标。这意味着相位对齐遵循相位源给出的引导，并且无法将其作为独立指标进行测量，只能相对于相位源进行测量。继续这个类比，指挥家发出的相位信号只与正在演奏的管弦乐队有关，而在其他地方演奏的另一个管弦乐队有他们自己的相位。

相位的重要因素是测量本地相位与相位源或某些独立参考信号的紧密对齐程度。因此，可以说机器 A 与机器 B 的相位偏移为 +100ns，或者说与从 GPS 接收的协调世界时（UTC）相比，机器 B 的相位偏移为 –250ns。但是，说机器 A 的相位偏移为 +200ns 是没有意义的（尽管可以假设 UTC）。

因此，相位表示为相对偏移，尽管以 UTC 等公共时间源时为参照时，通常将相位视为绝对偏移。相对和绝对之间的这种差异是因为在某些情况下，一个基站中的无线电可能需要与其相邻的无线电具有紧密的相位对齐（相对相位偏移）。但是，当一个移动网络中的所有基站都需要与另一个移动网络中的基站对齐时，实现此目的的最简单方法是使每个无线电的相位与绝对时间源（如 UTC）紧密对齐。实现这种与绝对相位对齐的同时也意味着它们相对相位对齐。

在图 3-2 所示的情况下，时钟信号 C_a、C_b、C_c 和 C_d 具有相同的频率，而 C_e 和 C_f 具有更高的频率。这些信号都与一个相位脉冲混合在一起，对于 C_a、C_b、C_c、C_d 和 C_f 信号，每隔一个方波在上升沿产生相位脉冲。例如，可以将脉冲想象为指示第二个"滴答声"的信号。信号 C_a 和 C_b 相位对齐，C_d 和 C_e 也相位对齐，尽管 C_e 的频率是 C_d 的 2 倍（C_e 每 4 个上升沿才产生 1 个脉冲）。

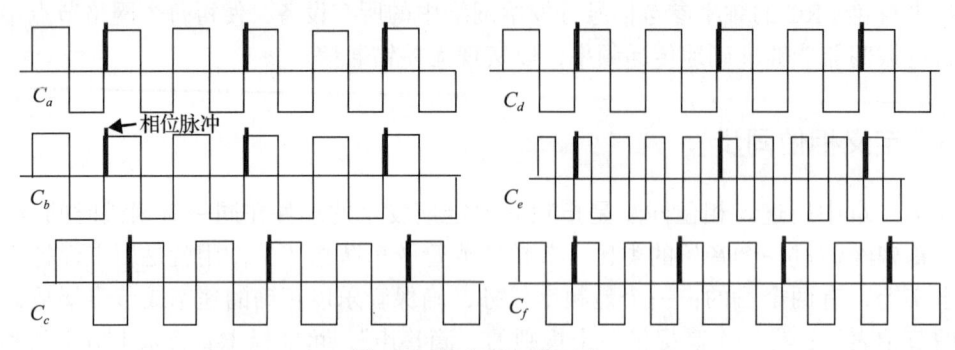

图 3-2 频率和相位对齐

信号 C_c 与 C_a 和 C_b 具有相位偏移，C_f 虽然也是每隔一个波形产生脉冲，但由于频率过高，其相位输出与 C_a 和 C_b 完全未对齐。请注意，产生信号 C_d 和 C_e 的设备是频率对齐的，尽管它们具有不同的频率；信号 C_e 以信号 C_d 的两倍频率振荡。

图 3-2 的目的是说明频率和相位也是相互依赖的，并且一旦发生相位对齐，保持非常接近的频率对齐将使相位也保持紧密对齐。在关于保持期间维持良好的相位对齐的讨论中将重新回顾这个话题（最好从 5.3 节开始）。

如图 3-3 所示，要确定相位对齐，必须选择任意可重复的点来测量相位，或者作为一个点来确定振荡器频率信号的相位。这个点称为关键时刻，通常位于波形或脉冲的上升沿或前沿的某个位置——重点是它必须是一个可重复的点。具体的例子可能包括信号越过零基线或达到某个值的时刻，如前沿的中点。

许多早期有关物理层分发定时信号的标准文件都根据重要时刻定义了许多定时概念。但这个概念并不难理解，它就是接收机确定信号已"到达"或已被"检测到"的确切时间点。一个类比是通过邮局发送的信件邮戳，寄信的关键时刻是邮件分拣机在邮票上盖戳的那一刻。

图 3-3 给出了一对理想信号类型中关键时刻的示例。

当两个信号的关键时刻同时发生，它们是相位对齐的。

请注意，方波（最高电压可能是 5V）永远不会立刻从 −5V 变为 +5V，因为不存在这样的电子设备。信号总是有一个很小的时间窗口来从负电压变化到新的正电压。信号从低电平上升到高电平并再次返回所需的时间分别称为上升时间和下降时间。因此，前沿和后沿从来都不是垂直的——前沿略微向右倾斜，后沿略微向左倾斜。

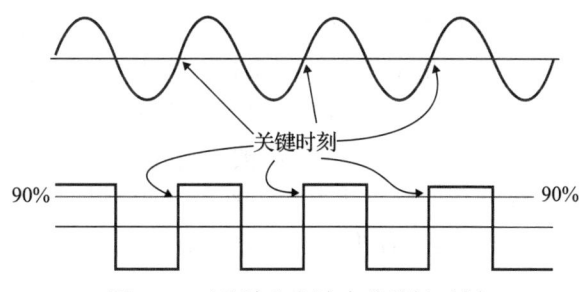

图 3-3　正弦波和方波中的关键时刻

当相位未完全对齐时，会出现一个可测量的相位误差，称为相位偏移量，如图 3-4 所示。

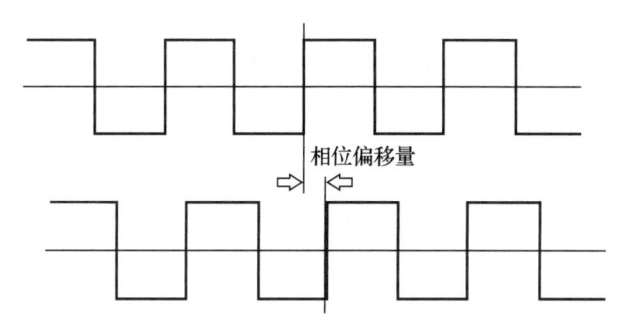

图 3-4　相位偏移量

以数学方式表示相位偏移量，假设时钟 C_A 在某个理想时间 t 报告的时间是 $C_A(t)$。理想时钟（可能是 UTC 或其近似值）与时钟 C_A 给出时间之间的差值称为时钟偏移量，通常以小写的希腊字母 θ 表示，如下所示：

$$\theta = C_A(t)$$

虽然这可以被视为绝对时钟偏移量，因为它是与一个普遍认可的时间尺度进行比较的，但实际上与 UTC 相比，它只是另一个相对偏移量。任意两个网络时钟之间的偏移量（相对偏移量）定义为：

$$\theta_{AB} = C_A(t) - C_B(t)$$

3.1.4　分组同步

在基于分组的网络中，通过节点之间的周期性数据交换来实现从分组主时钟到分组从时钟定时信息的传送。时间信息以时间戳的形式表示，并在需要时使用分组进行交换。精确时间协议（PTP）中将发送和接收时加盖时间戳的分组称为事件消息。

一旦新生成的分组在发送端加盖了时间戳，分组就会开始"老化"，不必要的延迟会加剧这种老化。从分组离开时加盖的时间戳到接收分组时记录的时间之间的间隔是关键性的，必须最小化。由于传输距离导致的不可避免的延迟是可接受的，因为双向时间协议可以预估这一点，但是让分组位于缓冲区队列中等待传输时隙只会增加不准确性。

图 3-5 说明了用分组分发定时的一些基本特征。首先，有一个包含定时信息的有效载荷。为了能让分组通过通信路径，有效载荷被封装在包头和包尾中（在图 3-5 中分别表示为 H 和 F）。由于这些类型的网络上每个分组的延迟都是非确定性的，所以定期发送的时间关键型分组的传输时间会有所不同，即所谓的分组延迟变化（PDV）。PDV 是在部署基于分组的定时分发时的一个重要问题，因为它会影响恢复时钟的准确性。第 9 章将详细讨论管理 PDV 的策略。

要确定的另一个因素是分组"离开"或"到达"的确切时间。这是通过协商消息的一个精确位置为关键时刻来确定的。时间戳应该表示此关键时刻经过时钟的定时参考点的时间。按照惯例，该位置被约定为帧起始定界符的结尾，但在任何给定的分组技术中都可以对此采用不同的定义，只要保持定义一致就可以。

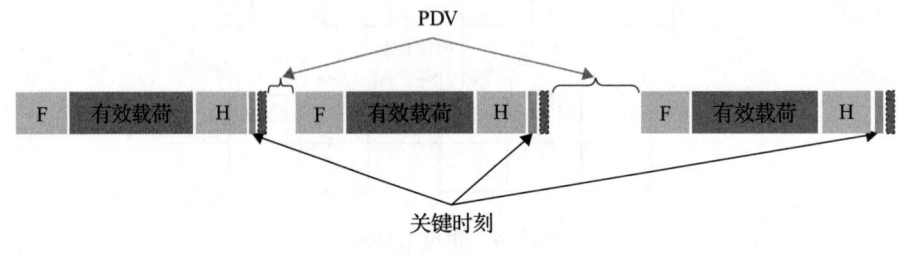

图 3-5 分组定时信号

提示：*更多有关基于分组网络的定时、关键时刻等的背景资料，请参见 ITU-T G.8260 第 6 章。*

3.1.5 抖动和漂移

定时信号（从技术上讲，指该信号的关键时刻）出现偏离理想位置的短期的、高速的变化称为抖动；而长期的、缓慢的变化则称为漂移。因此，问题变成了将什么情况视为"短期的"。

根据 ITU-T（G.810），对于物理时间分布，区分抖动和漂移的界限为 10Hz，因此以 10Hz 或高于 10Hz 的频率发生的变化称为抖动，低于 10Hz 的变化称为漂移。基于分组的方法（如 PTP）可能会使用不同的截止值（0.1Hz），不过我们只需要知道它会有一个正式的定义即可。

图 3-6 是抖动效应的图示。作为信号的短期变化，抖动可以被过滤掉，或在数学上进行平滑处理，从而只追溯输入定时信号的长期趋势，而不会直接使用每个短期变化来更新本地振荡器的状态。显然，如果这些短期偏移量太大，则会在采样、解码和恢复时间信息方面产生问题。

另一方面，漂移是一种长期影响，因此不易忽视。从主时钟接收定时信号的从时钟无法决定对来自主时钟的数据准确性进行"二次猜测"，并忽略（在限制范围内）输入定时信号。这是一个非常危险的假设，因为定时网络的目的是将更准确的时钟传输到精度较差的从站。唯一的例外是，输入完全超出了预期值的范围并且超出了从时钟的容限。

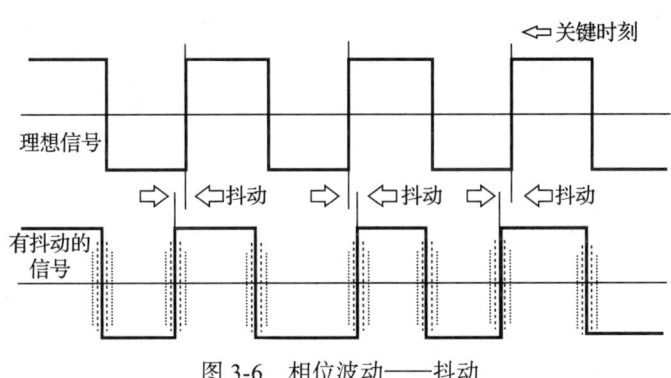

图 3-6 相位波动——抖动

图 3-7 给出了定时信号漂移的图示，可以看到下面的信号先是超前于上面的信号（用箭头表示）然后又滞后于上面的信号。请注意，由于时间在水平轴上向右增加，因此向右移动的关键时刻位于另一个信号的后面，而不是前面。

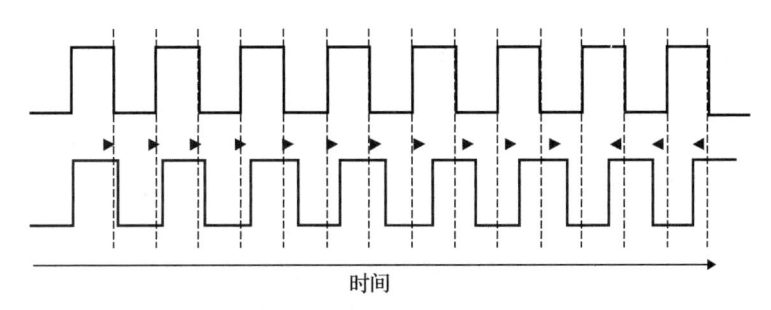

图 3-7 相位波动——漂移

每个时间敏感型应用都有自己定义的相位精度最低要求，以实现平稳运行。可以通过多种方式来定义这个要求：

- 参考时钟允许的最大偏移量。
- 主时钟与从时钟之间的偏移量。
- 两个从时钟之间的相对偏移量。

因此，追溯这些变化并使用机制来最小化或部分消除定时信号中的误差非常重要。为此，标准定义了网络设备中各种漂移和抖动测量的性能参数，包括以下内容：

- 对上行信号输入误差的容限。
- 时钟输出时产生的误差限制。
- 通过设备传输的误差量。

ITU-T 标准规定了物理层和基于分组的定时分发的设备性能（详细信息请参阅第 8 章）。当然，其他标准组织也制定了类似的规范。

第 5 章将进一步介绍抖动、漂移和噪声容限，包括时钟误差和噪声的许多方面。

如前所述，振荡器之间的微小物理差异以及温度或气流等环境变化，意味着即使是相同的网络设备也会在同步上快速发散。为了保持网络设备之间精确的时间偏移，需要一种机制来不断将相位和时间与参考值进行比较，并校正所有偏移。但要实现这一点，网络设备需要知道它连接到了一个高质量的频率、相位和时间源。出于这个原因，它需要能够追溯时钟信号的质量源头。

3.1.6 时钟质量可追溯性

物理层和分组层同步技术都使用了多种方法在网络上传输时钟；但是，当时钟通过网络节点和链路传输时，时钟精度会降低。例如，在分组方法中，有几个因素会降低从时钟的时钟精度，包括：

- 计算机为分组添加时间戳的精确度。
- 分组时延和分组时延变化（PDV）。
- 正向路径和反向路径之间的不对称性。
- 从节点上的振荡器行为和时钟恢复精度（包括滤波）。

显然，这意味着参与时间传输的网络节点越多，传输链末端的结果就越差。定时标准为定时特征定义了一组性能指标，以便工程师可以预测在通过网络传输后定时精度的期望水平。这样就可以将设备分为不同的性能类别，并对每种设备类型可以支持的拓扑结构加以限制，以提供可接受的定时性能。

此外，好的定时网络设计的一个基本目标是确保获得到达最佳参考的最短路径。由于定时信号在穿过每个链路或节点时性能会降级，因此能够确定路径长度（并在网络重新排列后重新动态计算）也很有价值。另一个可能导致网络中两个时钟之间更显著差异的原因是它们没有连接到最佳的时间源。这可能是由以下原因引起的。

- 节点从精度可疑的时间源接收时钟信号。
- 分组的主设备使用的参考时钟不再是有效的频率、相位和时间源。
- 从节点选择的主时钟不是最好的。
- 节点所同步的时钟已经与参考信号失去同步但并不自知。

从这些可能的问题中得出的结论是，从时钟不仅需要定时信号，还需要了解该信号好不好以及它是否来自良好的时间源。可追溯性的概念就是为了解决这个问题而发展起来的。在计量学中，可追溯性被定义为"[测量的定时] 结果可以通过记录的不间断校准链与参考信号相关联，每个校准都有助于测量不确定度"。

因此，几乎所有的定时分发机制，包括物理分发和分组分发机制，都定义了时钟可追溯性方法，以分发它们提供的信号质量信息。时钟可追溯性可以让网元始终选择可用的最佳时钟，并知道有效的时间源何时消失。这种机制允许时钟分发网络通过不断发现并连接到其最佳同步源来优化自身配置。

无论哪种时间分发的方法，总会有某种机制，用于允许任何时钟接收定时信号以确定该信号的质量和精度。对于频率，SDH/SONET 在数据帧中的一些开销位中发出这些信息，这些开销位称为同步状态消息（SSM）位。

图 3-8 以 SDH 网络为例，说明了该机制在频率分发中的应用。网元从连接的设备中接收关于其可追溯定时源的信息。由图可见，质量级别（QL）信息与定时信号一起分发。SDH 网络中最好的频率来源之一是 PRC，而 SSU-A 则是下一个级别。

SSU-A QL 表示可追溯到初级同步供给单元（SSU），其精度级别低于 PRC（详细信息请参阅 6.6 节）。

即使在少量不包含质量信息的定时或频率信号中（例如 2MHz 或 10MHz 正弦波），当时间源无效时，也会有某种机制向信号接收机发送信号。在这些情况下，上行参考信号源将简单地压制信号（如关闭信号），这样就是向下行从站表明它应该尝试寻找新的频率源。

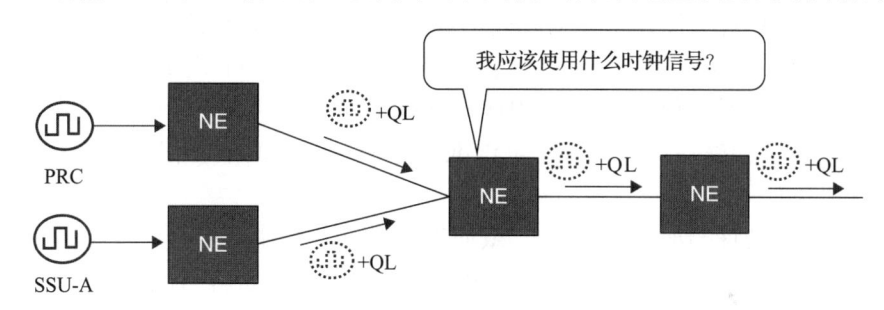

图 3-8 选择更准确的频率源

表 3-1 概述了常见的分发方法及其用于信号时钟质量的机制。

表 3-1 时钟质量可追溯性方法

类型	方法	解释
同步数字体系/同步光网络	同步状态消息位	指示时钟质量的同步消息状态位。同步数字体系（SDH）和同步光网络（SONET）采用不同的同步信息状态取值和不同的时钟质量级别
以太网同步	以太同步消息信道	以太网同步消息信道（ESMC）发送分组以指示同步的时间源质量
增强型同步	增强型以太网同步消息信道	增强型以太网同步消息信道（eESMC）在 ESMC 中用额外的信息来支持增强型同步（eSyncE）
精确时间协议	时钟类别	PTP 发送带有时钟质量信息（包括时钟类别）的通告消息，这些信息指示全局主时钟的时间源质量（见第 7 章）
全球定位系统信号	有效位	GPS 卫星传输其定时数据是否有效
全球导航卫星系统接收机	日期时间	大多数 GNSS 接收机都采用某种方法发出时钟质量的估计信号。可能包含在接收机和分组全局主时钟之间的日期时间消息中。ITU-T G.8271 的附件 A 给出了一种方法

需要认识到的一个问题是同步网络中会出现定时循环的问题。有可能构建和配置了一个网络，其中定时信息会形成循环（例如，A 向 B 提供时间，B 向 C 提供时间，C 将时间返回给 A）。某些时钟可追溯性方法（如 ESMC）具有帮助缓解此类问题的机制，虽然它们一样可以构建这样的拓扑。

第 6 章将详细介绍 SDH/SONET 具体采用的可追溯性方法，并详细讨论频率定时循环；第 7 章将介绍分组网络采用的方法；第 9 章则将讨论在网络中缓解频率定时循环问题的方法。

3.2 时钟

如前所述，时钟是振荡器加计数器。现在，是时候更详细地重新审视时钟的很多方面了。

设备内部自由运行的振荡器产生接近其标称频率的频率信号（假设在 10MHz 的百万分之几内）。这样它就可以作为相对稳定的频率源。然后，要根据这个频率源来制作时钟，还需要添加一个计数器，即可以计算这些振荡的设备。对于振荡器（10MHz）的每 10 兆个周期，此计数器增加 1（s）。因此，就有了一个像秒表一样可以测量时间间隔的设备。但是，就像秒表一样，尽管它可以准确地测量时间间隔，但它没有相位的概念，也不知道日期和时间。

触发计数器增加秒数的特定时刻（或周期）代表了时钟的相位。因此，如果设置计数器与另一个相位/时间源在相同的时刻触发该增量，那么它就与该源相位对齐。然后，再继续计数下一个 10 兆个周期，并再次触发秒数。

然后，可以在时钟中添加一个电路来生成一个信号（例如，铜线上的脉冲），以指示计数器增加秒数的确切时刻。此脉冲称为每秒 1 脉冲（1PPS）信号。现在这个设备就是相位源。当然，由于自由运行的 10MHz 振荡器不会确切地达到 10MHz，如果没有频率源，或者不断的调整来校正相位偏移，就会开始发散。

此外，如果将秒计数器校准到某个时间刻度，如国际原子时（TAI）(使得秒计数器是表示自约定纪元以来秒数的大数字)，则设备可以基于 TAI 追溯当前时间。接下来很容易转换为 UTC（通过考虑闰秒）和本地时间（通过加上有关时区和夏令时变化的信息）。

因此，形式最简单的时钟实际上是由振荡器和计数器组成的设备。时钟通常具有一系列属性。

- 准确性：它与实际正确时间的偏差程度。
- 稳定性：时钟如何随时保持稳定并产生可重复的结果。
- 老化：时钟中的振荡器频率随时间变化的程度。

这些质量因素中每一个都是时钟内部振荡器的特性，这意味着振荡器是支撑时钟性能的主要组件。

3.2.1 振荡器

石英振荡器广泛用于手表、时钟和电子设备，如计数器、信号发生器、示波器、计算机和其他许多设备。虽然石英振荡器不是最稳定的振荡器，但它们"足够好"并且成本效益极高，这也解释了为什么它们如此受欢迎。当然，诸如电场、磁场、压力和振动等环境条件会降低或改变石英晶体的固有稳定性。因此，硬件设计人员对振荡器设计上投入了大量考虑，以尝试减轻环境影响并提高设备的频率稳定性。

影响振荡器的最重要因素是温度，有一些设计可以减轻其影响。温度补偿晶体振荡器（TCXO）包括一个温度传感器，用于补偿温度变化引起的频率变化。同样，恒温晶体振荡器（OCXO）将晶体封装在一个温控室中，以减少温度变化（它不会冷却，而是加热到一个稳定但高于任何合理预期的环境温度）。

铷振荡器是所谓原子振荡器这类振荡器中最便宜的。这种振荡器利用铷原子在大约 6 834 682 611Hz 上的共振，并利用该信号与精心设计的石英振荡器对齐。与其他原子设备（例如基于铯的原子设备）相比，铷振荡器更小、更可靠、更便宜。

铷振荡器的稳定性比石英振荡器好得多，当时钟失去其参考信号时，这个特性非常有用。铷振荡器也可快速达到稳定运行状态，只需经过短暂的预热期。这种稳定性，再加上合理的成本，意味着运营商部署这种振荡器以提高保持性能是一种经济实惠的选择（请参阅 3.2.2 节）。铷振荡器的主要缺点是它们对温度有些敏感，因此它们只能部署在有合理环境控制的地方（尽管公平地说，原子钟几乎不是坚固耐用的设备）。

铯振荡器使用一束激发的铯原子，然后通过磁场选择。这种振荡器发射微波信号与铯原子共振从而改变其能量状态。该设备采用探测器确定改变原子的数量，通过"调整"信号频率实现改变原子数的最大化，这使微波更接近 9 192 631 770Hz 的共振频率。这一切都是结合高品质石英振荡器共同完成的。

设计精良的铯振荡器是最准确的参考，几乎没有时间偏差（见下面即将讨论的老化），尽管其他环境因素（运动、磁场等）会引起较小的频率偏移。

铯振荡器无须调整，可快速预热并稳定输出。标准组织使用铯振荡器来定义 SI 秒。

氢脉泽是一种共振器，使用能级已提升到某些特定状态的氢原子。在一个特殊的空腔内，原子失去能量并释放出共振频率为 1 420 405 751.786Hz 的微波。该信号用于训练精心设计的石英振荡器。这个过程通过持续供应更多的氢原子来维持。Maser 是受激辐射发射放大微波（Microwave amplification by stimulated emission of radiation）的首字母缩写（它是激光的微波等效物）。

对于短期测量，氢脉泽时钟比铯时钟更准确，但随着时间推移，氢脉泽时钟就变得不那么准确，因其在老化过程中会发生显著的频率偏移。在几乎所有影响振荡器的若干因素中，老化是需要考虑的最重要的因素之一。老化只是振荡器固有频率在规定时间内的变化量。对老化的描述可能很困难，因为它有很多依赖因素；例如，温度升高会加速老化。石英的老化率在最初制造时可能相当高，但投入使用后的几周内就会显著下降。出于这个原因，在放入设备之前会将一些振荡器故意"老化"。

老化以年（或其他一些时间范围）为单位，因此老化值为 1×10^{-9}/ 天表示振荡器的频率每天变化将高达 1×10^{-9}。

表 3-2 展示了最常见的振荡器类型及其特性。此表中仅展示了一种稳定性测量方法——在相当短的测量间隔内测量。在计量学中，观测时间由小写的希腊字母 τ 表示。

表 3-2 常见振荡器类型及其特性

特性	类型				
	TCXO	OCXO	铷	铯束	氢脉泽
技术	石英	石英	铷	铯	氢
稳定性（τ = 1s）	$1\times10^{-8} \sim 1\times10^{-9}$	$1\times10^{-11} \sim 1\times10^{-12}$	1×10^{-11}	$5\times10^{-12} \sim 1\times10^{-13}$	1×10^{-12}
老化/年	5×10^{-7}	5×10^{-9}	5×10^{-10}	None	1×10^{-13}

此表包含了来自多个供应商数据手册中的恒定温度下的典型短期数值。根据测试的标准和方法以及特定的制造工艺，不同技术的某些数值可能会有很大的差异。该表仅表示使用短期基线的一类振荡器之间的相对值。

通常，原子振荡器在较长的观测间隔内更稳定，而石英在较短的时间间隔内更稳定，这意味着单独运行的原子钟通常只能在较长的时间内提供更好的稳定性。根据经验，铯振荡器在超过 24h 的观测间隔内具有更好的稳定性，而铷振荡器在 5min 至 24h 的时间内具有更好的稳定性。在较短的观测间隔内（至少在大约 5min 以内），高质量的石英振荡器通常比两种原子振荡器的性能更好。

基于原子振荡器的时钟通常包含一个良好的石英振荡器以提供短期性能，通常是 OCXO，且由原子组件长期进行调节。将 OCXO 与原子钟配对，可以将良好的长期和短期稳定性相结合，使其成为出色的参考时钟。

3.2.2 时钟模式

在时钟正常运行期间，它会经历不同的工作模式。图 3-9 显示的状态图包含了时钟模式可能经过的一些典型的状态转换（基于 ITU-T G.781 和 G.810）。该图还显示了状态之间的转换以及可能导致转换的触发事件示例。

当事件显示为"强制"时，表示该事件是由外部事件触发的，例如运营商干预和执行的控制功能。某些时钟类型可能不包含所有这些状态，后续章节中更详细地讨论特定时钟类型（如频率时钟）时就会看到。

以下各节解释了图 3-9 中所示的时钟不同状态，并概述了这些状态的含义以及处于该状态的时钟行为。

预热

振荡器特性，如精度、频率稳定性、温度灵敏度和其他特性，是在振荡器处于稳定工作状态时定义的。在达到该稳态状态之前，振荡器所处状态称为预热状态，在此状态下温度、气流和电源电压尚未稳定。

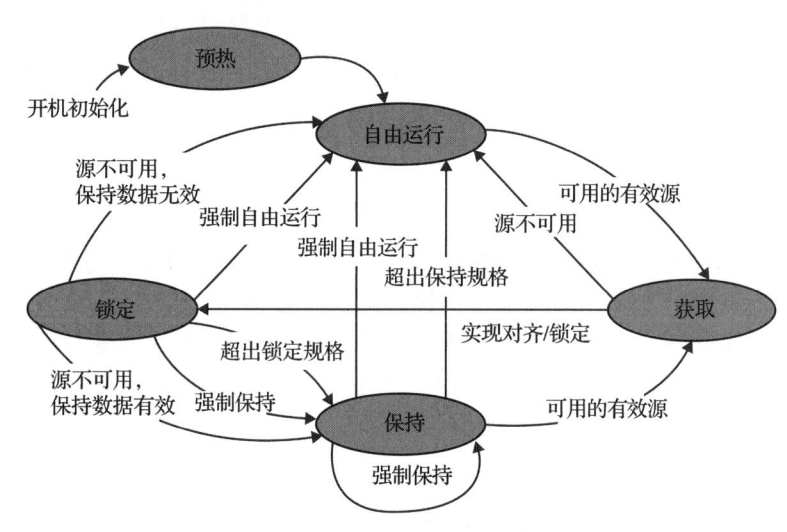

图 3-9　时钟模式的状态和转换

在此期间，独立参考时钟可能会向下行时钟发出信号，表明其精度可能会降低，让其他时钟不应使用其信号作为参考。如前所述，即使在预热时间结束后，稳定性也会得到提高。振荡器达到其稳定状态所需的时间称为预热时间。超过预热时间，时钟可能会根据其振荡器的技术发出质量信号。

另一方面，从参考源获取输入的时钟可能会立即向下行从站发送参考的质量信号，而不是其自身（仍在预热）振荡器的质量信号。

自由运行

通常，当设备通电时，它没有任何参考时钟信号或对参考时钟的可追溯性。自由运行是一种时钟模式，本地振荡器在没有任何参考时钟作为输入的情况下运行。要处于这种模式，本地时钟要么从未连接到参考时钟，要么长时间丢失了参考时钟。因此，时钟可以自由运行，而无须尝试使用外部控制电路对其进行控制或引导（即使在自由运行的时钟中，TCXO 的温度补偿电路仍在工作）。

请注意，自由运行时钟（没有相位对准）的频率质量与振荡器的质量以及振荡器对温度、电源波动和老化等变化条件的反应直接相关。时钟的振荡器在此状态下时，将根据其振荡器的基本功能发出质量级别信号。例如，带有铯振荡器的自由运行时钟应该发出一个比具有 TCXO 的时钟更好的信号。事实上，在预热之后，独立的铯时钟仅处于自由运行模式（请参阅 3.2.4 节）。

获取

获取状态是当从时钟试图使自身与可追溯的参考时钟对齐时的状态。当时钟处于获取状态时，它可能会抑制其时钟信号向下行从时钟分发时钟信号，或者发出时钟质量值的信号，表明它尚未锁定或对齐。其他一些时钟，特别是频率系统，可能会（在建立一段时间之后）发出输入时钟的质量信号，而不是发出其自身振荡器的质量信号（如预热情况）。

通常，获取状态是自由运行状态和锁定状态之间的步骤，但时钟也可以从锁定状态回退到获取状态。

锁定

经过一段时间的获取，时钟已确定它与参考源良好对齐，并进入锁定模式。在这种模式下，设备具有参考时钟信号的可追溯性，并且其振荡器与该信号同步。锁定是从站的正常状态，因为与参考源的输入对齐可以提高时钟的精度。

为了保持锁定和紧密对齐，控制电路（参见 5.1.2 节）会不断调整时钟，以校正相对参考信号的漂移。当保持对齐所需的更改太大或太突然时，本地时钟可能会决定返回并重新启动获取过程。

保持

考虑这样一种情况，设备长时间处于锁定模式。在此期间，收集数据，以输入定时信号作为参考，比较其本地振荡器的行为。当设备失去与参考时钟的所有连接时，将进入保持状态。本地时钟会使用先前在锁定期间学习的数据来尝试保持其振荡器与参考时钟的对齐。

请注意保持模式与自由运行状态的差异：在保持状态下，时钟试图通过将历史数据应用于其振荡器来保持时钟精度，而自由运行状态下，没有对振荡器进行训练或引导。在保持模式中，时钟精度通常比在自由运行时要好得多，至少在保持周期开始后的一段时间内是这样。

时钟通常会将这种状态的变化通知给下行时钟，以便这些时钟可以决定是继续受此保持时钟控制，还是尝试选择另一个更好的可能可追溯到有效参考的时钟源。

如果使用参考时钟测量处于保持状态的时钟，则随着本地振荡器偏离其正确频率时，时钟的频率和相位会开始缓慢漂移。这是因为时钟中的振荡器受其物理环境的影响，因此时钟用以控制振荡器的数据变得陈旧且越来越过时。随着时间的推移，准确性逐渐下降直到处于保持状态不再有优势。

为了防止这种精度下降传递到下行设备，时钟会估计与参考信号失去连接后可能的精度下降程度。当确定它不够准确不能继续停留在保持状态时，它会恢复到自由运行状态（并通知下行）。

终止保持模式的另一种方式是设备从可追溯的参考时钟重新获取信号并返回锁定模式。

3.2.3 ANSI 频率时钟的层级

时钟分发频率是根据其性能定义的，并且在整个频率分发网络中使用了几个时钟类别，许多标准组织已经对这些类别进行了分类。

美国国家标准协会（ANSI）采用的一种方法是将时钟的性能分为 4 个级别，称为层级，其中 1 级为最高性能级别，4 级为最低性能级别。请注意，这与网络时间协议（NTP）使用的层定义不同。第 2 章和第 7 章会提供更多 NTP 的信息。

对于北美市场，最初称为 T1.101"数字网络同步接口标准"的 ANSI 标准于 1987 年首次发布。它定义了同步网络中时钟层级结构的精度和性能要求。T1.101 的最新版本称为 ATIS0900101.2013（R2018）。图 3-10 说明了 T1.101 的层级结构。

最高质量时钟
频率精度 < 10^{-11}
定义见 ANSI T1.101

主要参考源

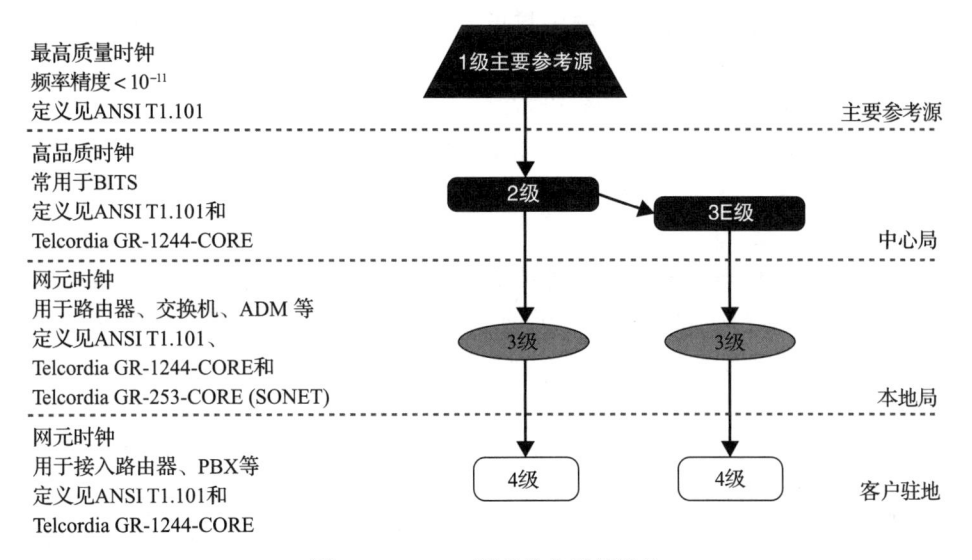

高品质时钟
常用于 BITS
定义见 ANSI T1.101 和
Telcordia GR-1244-CORE

中心局

网元时钟
用于路由器、交换机、ADM 等
定义见 ANSI T1.101、
Telcordia GR-1244-CORE 和
Telcordia GR-253-CORE (SONET)

本地局

网元时钟
用于接入路由器、PBX 等
定义见 ANSI T1.101 和
Telcordia GR-1244-CORE

客户驻地

图 3-10 ANSI 频率分布层级结构

定时金字塔的顶部在 T1.101 中称为主要参考源（PRS），在 ITU-T 的 SDH 中称为 PRC——后续会更多讨论 ITU-T 的方法。PRS 的作用是为网络或部分网络中的其他时钟提供参考频率信号。它相当于 1 级时钟，其输出用以控制层级结构中更低级别的其他时钟，即 2、3、4 级。1 级时钟和 PRS 具有相同的精度，并且这两个术语经常互换使用。

因为 1 级时钟和 PRS 并不相同，这里需要注意一个技术细节。二者不同之处在于，根据定义，1 级时钟是自主的（意味着它不需要输入信号）。这意味着 1 级时钟的正常操作模式是自由运行的而不是锁定模式，因为它（是自主的）不需要获取或锁定参考信号。

但是，PRS 可以是自主的，也可以不是。例如，基于 GNSS 接收机的 PRS 不是自主的（当 GNSS 信号消失时，质量会下降到 1 级以下），而且如果它没有 GNSS 引导就不是 1 级（因为它可能没有铯振荡器）。但它可以追溯 1 级时钟和（GNSS 系统中的）UTC 源，即使它不是 1 级时钟，也与 1 级时钟一样准确。

另一方面，能够满足 1 级时钟性能要求的基于铯振荡器的高精度时钟是 PRS、1 级时钟和自主时钟的组合。

T1.101 对层级的定义是以时钟性能参数为依据的，例如：

- 自由运行精度：在不使用任何外部参考的情况下，与正常频率的最大长期偏差（例如 PRS 的 1×10^{-11} 精度）。
- 保持稳定性：当时钟失去与其参考时钟的连接并试图保持其最大精度（使用锁定时学习的数据）时，频率相对于时间的最大变化。这个性能指标不适用于 PRS，因为它始终是自由运行的。
- 捕捉带：从设备的可用参考频率与指定的标称频率之间的最大偏移量，该标称频率仍允许从设备实现锁定状态。这个性能指标与 PRS 无关，因为它没有输入参考。
- 同步带：从设备的可用参考频率与指定的标称频率之间的最大偏移量，该标称频率仍允许从设备保持锁定状态，因为参考信号在其允许频率范围内变化。这个性能指标也与 PRS 无关，因为它没有输入参考。
- 漂移：信号的长期变化（适用于 PRS 的输出），其中变化的频率小于 10Hz。
- 相位瞬态：在网络重新配置或切换参考信号过程中时钟的时间间隔误差（TIE）的特性。

对于 1 级时钟，基于铯振荡器的时钟是首选的自主源；但是，由于价格高昂以及维护和运营成本过高，通常不会在网络上部署铯时钟。因此，通常部署的 PRS 时钟都是基于 GNSS 接收机的（结合接收机内良好的 OCXO）。

2 级时钟（ITU-T 命名法中的 G.812 Ⅱ 型时钟）是在数字网络中提供精确时间分发和同步的高质量时钟，最常见于专用定时设备，如 ANSI 网络的 BITS 系统和 ITU-T 网络的 SSU。通常，2 级时钟基于铷振荡器。

3E 级（ITU-T G.812 的 Ⅲ 型）和 3 级（G.812 的 Ⅳ 型）时钟通常部署在质量更好的网络设备中，这些设备可为处于层级结构底部的设备提供定时信息，其中 3E 级比 3 级性能更好（它们要求具有更好的保持性能和对漂移过滤的更严格要求）。

4 级和 4E 级时钟系统都部署在同步层级结构中的终端设备上。对于此级别，未定义保持稳定性。不建议将 4 级和 4E 级时钟系统作为任何其他时钟系统的定时源。

请再次参阅图 3-10，了解各种时钟类型及其定义和使用的位置。

3.2.4 时钟类型

除了 ANSI（或 ATIS），ITU-T 还为定时网络定义了同步层级结构。第一类是频率时钟，包括传统的 TDM 电路（如 SDH），以及基于以太网和光传输网络（OTN）传输系统的新型电路。第二类主要包括分组时钟，这类时钟有时只有频率，但除了频率，也越来越了解相位和时间。

有关 ITU-T 建议的更多详细信息，请参见第 8 章。

频率时钟

ITU-T 建议 G.811、G.812 和 G.813 详细说明了频率网络层级结构中的时钟性能要求。它们分别定义了 PRC、同步供给单元（SSU-A 和 SSU-B）和同步设备时钟（SEC）。

G.811 的 PRC 与 ANSI PRS 非常相似，而 G.812 涵盖了更高质量的时钟，与 ANSI 的 BITS 相当。在较低级别，G.813 涵盖了名为 SEC 的标准网元时钟（如 ANSI 中的 4 级）。现在新标准 G.811.1 定义了一个精度更高的、增强型的主参考时钟（ePRC），指定了至少 $1/10^{12}$ 的频率精度。

图 3-11 给出了不同类型同步网络的时钟质量同步层级结构，包括 ANSI 的时钟层级结构。ePRC 位于图中的 PRC/PRS 层之上。

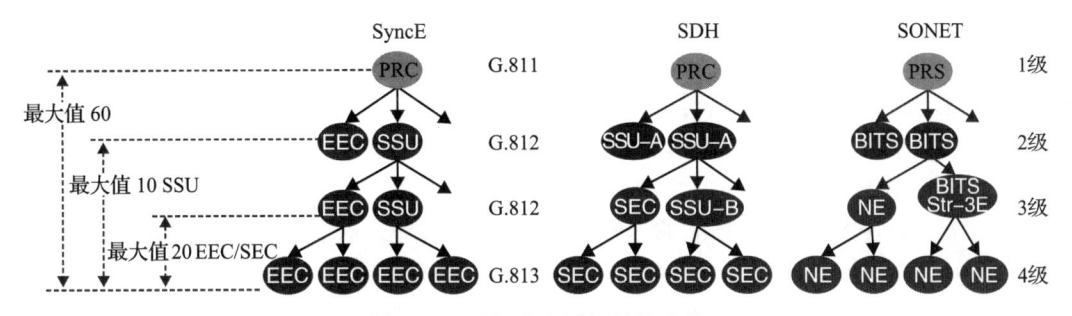

图 3-11 时间分发层级结构比较

请注意，G.812 旧版本（1988 年 11 月）中的 SSU- 转发（SSU-T）和 SSU- 本地（SSU-L）现在称为 V 型和 VI 型时钟，但分别是 2 级和 3 级。

表 3-3 提供了一个快速参考，给出了网络部署时保持不同类型时钟准确性所需的已定义质量级别。最大 TIE（MTIE）字段是对信号误差的测量，将在第 5 章中详细介绍。

表 3-3　同步链中时钟的性能

SI 层级	ITU-T 时钟级别	自由运行精度	保持稳定性	捕捉带 / 同步带	漂移过滤	相位瞬态
—	G.811.1	$\pm 1 \times 10^{-12}$	—	—	—	不适用
1	G.811	$\pm 1 \times 10^{-11}$	—	—	—	不适用
2	G.812 类型 II	$\pm 1.6 \times 10^{-8}$	$\pm 1.0 \times 10^{-10}$/ 天	$\pm 1.6 \times 10^{-8}$	0.001Hz	MTIE<150ns
—	G.812 类型 I	未定义	$\pm 2.7 \times 10^{-9}$/ 天	$\pm 1.0 \times 10^{-8}$	0.003Hz	MTIE<1μs
3E	G.812 类型 III	$\pm 4.6 \times 10^{-6}$	$\pm 1.2 \times 10^{-8}$/ 天	$\pm 4.6 \times 10^{-6}$	0.001Hz	MTIE<150ns
3	G.812 类型 IV	$\pm 4.6 \times 10^{-6}$	$\pm 3.7 \times 10^{-7}$/ 天	$\pm 4.6 \times 10^{-6}$	3.0Hz 0.1Hz SONET	MTIE<1μs
—	G.813 选项 1	$\pm 4.6 \times 10^{-6}$	$\pm 2.0 \times 10^{-6}$/ 天	$\pm 4.6 \times 10^{-6}$	1～10Hz	MTIE<1μs
SMC	G.813 选项 2	$\pm 20 \times 10^{-6}$	$\pm 4.6 \times 10^{-6}$/ 天	$\pm 20 \times 10^{-6}$	0.1Hz	MTIE<1μs
4	未定义	$\pm 32 \times 10^{-6}$	—	$\pm 32 \times 10^{-6}$	未定义	未定义
4E	未定义	$\pm 32 \times 10^{-6}$	未定义	$\pm 32 \times 10^{-6}$	未定义	MTIE<1μs

频率源（如 PRC/PRS）需要输出某种形式的参考频率信号，以供下行时钟作为引导其自身振荡器的输入。通常是正弦波。有关此信号的更多信息，请参阅 3.3.2 节中的 2MHz 和 10MHz 频率信号。

频率、相位和时间时钟

从频率同步的话题转移到相位和时间同步时，为网络或部分网络中的其他时钟提供频率、时间和相位同步参考信号的时钟称为参考主时钟（PRTC）。添加"时间"一词意味着这个源时钟是相位和时间感知的，而不仅仅是一种高度稳定的频率形式。

PRTC 通常由某种形式的 GNSS 接收机组成，这些接收机也可以与高精度的 PRC/PRS 自主频率源配对。自主源通常是某种形式的原子钟，并在 GNSS 信号中断时提供扩展的精确保持。这是 GNSS 接收的功能，这样可以追溯到 UTC 源，UTC 源可用于校准原子钟上的时间。

独立的自主原子钟可以是 PRTC，但首先需要某种形式的校准以使其与 UTC 对齐，因为频率源没有时间概念。当时钟未设置为正确时间时，拥有最准确和最稳定的时钟几乎没有意义。同样，这种校准可以来自 GNSS 接收机，也可以来自国家物理实验室作为服务（在许多情况下）提供的一些参考信号。

除了频率，PRTC 还需要能够输出相位和时间信号。有关该主题的更多详细信息，将在 3.3.3 节介绍，并将讨论 1PPS 和日期时间（ToD）信号。

ITU-T 标准定义了 PRTC 中各种性能水平和特征。随着增强型 PRC 的引入，现在还有一个增强型参考主时钟（ePRTC），可以提供更准确的相位/时间源。ITU-T 的 G.8272（PRTC）和 G.8272.1（ePRTC）中对这些时钟进行了规定，可以认为是 PRC 和 ePRC 时钟的 G.811 和 G.811.1 的相位/时间等效值。有关这些标准的更多详细信息，请参阅第 8 章。

分组时钟

在基于分组的网络中，主时钟是同步层级结构中较低层级连接网元的时间源，主时钟生成的分组信号会提供给下行从时钟。这些时钟在一些 ITU-T 文档中被称为基于分组的设备时钟（PEC），一个是 PEC-主时钟（PEC-M），另一个是 PEC-从时钟（PEC-S）。有关详细信息，请参阅 ITU-T G.8265。

前面的章节提到 PTP 和 NTP 是分组网络中分发定时的方法，但还有其他可用的选择，如第 9 章所述。本章将重点介绍在分组网络中采用 PTP 分发时间的方法，但请注意还有其他选择。第 7 章将更详细地介绍 PTP，因此，这里将以 PTP 为例概述分组定时的基本概念。

在任何给定的 PTP 网络部分中，始终有一个主时钟将时间同步信号分发给网络中的其他时钟。该主时钟称为全局主（GM）时钟，它包含 PRTC，为其提供稳定的频率源和对 UTC 的可追溯性。基本规则是，因为它是全局主时钟，所以它不能从其他时钟获取时间信息（当然，PRTC 参考除外）。

请注意 PRTC 和 GM 时钟之间的区别。PRTC 是频率、相位和时间（与 UTC 对齐）的来源，GM 是 PTP 分组定时函数——它提供带时间戳的 PTP 分组。这两个不同的角色可以安装在不同的设备中；也可以组合成一个设备（PRTC+GM）；或嵌入交换机或路由器等网元内。

PTP 定义了一个分组接口（称为端口），在正常操作下，该接口根据其状态执行主要角色：

- 处于主状态的端口：时钟上的主端口将分组时间信号传输到下行时钟上的从端口。
- 处于从状态的端口：从端口从上行主端口接收该信号。

PTP 将任何具有单个端口（主端口或从端口）的时钟定义为普通时钟（OC）。因此，PTP 网络中的 GM 是 OC，因为它只有一个主端口。通常，层级结构底部的从结构也是一个普通时钟，因为它只能是一个从时钟，并且只有一个从端口。

但是，由于有些时钟具有多个端口，所以它们支持两种功能——作为下行时钟的主时钟以及上行时钟的从时钟。这种时钟被称为边界时钟（BC）。PTP BC 能够恢复从端口上接收到的时间，用它来管理自己的定时电路，并将其分发到连接的从网元。图 3-12 说明了多种端口和时钟类型。

提示：还有另一种称为透明时钟（TC）的 PTP 时钟类型，稍后将对此进行介绍。第 7 章全面介绍了 PTP 时钟类型，包括 TC 时钟。

PTP 端口是 PTP 时钟上的一个逻辑实体，它具有许多可能的状态，其中最重要的是它担当主设备还是从设备。这与路由器或其他设备上的网络接口（有时也称为端口）几乎没有关系。PTP 端口是参与 PTP 定时消息流的逻辑实体。在某些 PTP 的实现中，PTP 端口可以对应于物理网络接口，但即使这样，也应该将其视为完全独立的实体。

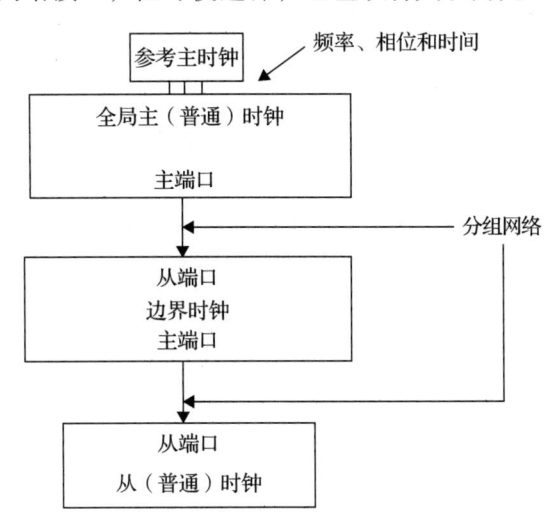

图 3-12　带主端口和从端口的 GM、BC 和从时钟

3.3　频率、相位和时间源

已经讨论了定时分发背后的组件和概念，现在该看看这些组件如何协同工作以形成

一个正常运行的同步网络。开始的地方是链路的开端，即时间信号组件的来源。

同步信息的两个来源是 PRC/PRS（用作频率来源）和 PRTC（用作频率源、相位源和时间源）。这两种设备类型中部署最广泛、性价比最高的版本都基于 GNSS 接收机，因此本节将介绍其背后的卫星系统。

3.3.1 卫星的频率、相位和时间源

从长远来看，原子钟是非常稳定和准确的频率源，这就是为什么它们是各种 GNSS 系统提供的所有定时服务的基础。GNSS 系统通常通过从轨道卫星发送特殊编码的定时信号以及星座中每颗卫星的轨道信息来工作。这些信号是 1.15～1.6GHz 频率范围内的几个特殊保留频段中的无线电波，称为 L 波段（它们主要是单向信号）。

利用清晰的天空视图，GNSS 接收机可以同时接收来自多颗卫星的信号。知道每颗卫星在天空中的位置，并能够根据到达时间对至少 4 颗卫星的信号进行三角测量，接收机可以求解方程以确定位置（纬度和经度）、高度和时间。分发的时间基于预定义的时间尺度，该时间尺度可能因系统而异，但在一定程度上与 UTC 相关。这个时间尺度由地面和卫星上的原子钟网络来保持一致。

因此，利用卫星信号，带有嵌入式 GNSS 接收机的 PRC/PRS 或 PRTC 可以持续确定能够追溯 UTC 源的时间值（或者允许通过一些简单的转换来确定 UTC）。PRC/PRS 通常位于固定位置，一旦接收机位置固定，就可以进一步优化，从而可以从更少的卫星中收集时间。

与所有原子钟一样，接收机接收时间的长期精度非常稳定，但是在比较短的观测间隔内，精度会有显著的变化（由于大气对无线电信号接收的影响）。因此，作为 PRC/PRS 或 PRTC 使用的 GNSS 接收机还包含一个良好的石英振荡器（如 OCXO），以过滤（平滑）短期变化。这种组合有时被称为 GDO（GNSS 或 GPS 规范的 OCXO）。

关于 GNSS 系统及其作为电信网络中时间源的更多信息，可以参考关于 GNSS 系统的 ITU-T 技术报告《GSTR-GNSS 关于在电信中使用 GNSS 系统作为主要时间参考的考虑因素》。然而，以下部分详细介绍了主要系统，以便更好地理解每个系统的特性。

由于长期以来 GPS 在电信领域中得到广泛应用，下面将以 GPS 为例更详细地介绍上述系统是如何工作的。

全球定位系统 GPS

1978 年，Rockwell 国际公司设计并发射了第一颗原型卫星，开始了系统验证和设计认证过程。

运行卫星的发射始于 1989 年，并于 1993 年初结束，总共发射了 24 颗卫星，这是构成完整卫星星座所需的初始数量。中地球轨道（MEO）卫星位于地球上方约 20 200km 的轨道上。它们被排列成 6 个等间隔的轨道平面，以便地球上任何 GPS 接收机在任何时

间都能从地球上任何地点清楚看到至少 4 颗 GPS 卫星。这些卫星每 12h 绕地球 1 圈。

1995 年宣布该系统达到了全面运行能力，此后该系统不断改进。例如，最近更新的卫星组在新频率上引入了额外的信号（民用），随着这些新卫星取代旧型号，卫星将会有更高的精度和弹性。具有不同频段的信号，接收机可以更好地估计信号通过高层大气时遭受的异常情况。

早期的卫星组的设计寿命为 5～7.5 年，但许多卫星的实际寿命是这个数字的 2～3 倍——现在有 8 颗 IIR 组卫星仍在运行（2021 年 2 月），最年轻的已经有 16 岁了。目前正在推出第三代卫星组 IIIA，预计在 2023 年之前完成。这些最新卫星的设计寿命长达 15 年。下一个卫星组 IIIF 的计划已经在进行中，将于 21 世纪 20 年代下半叶开始推出。

2011 年 6 月，美国空军通过重新定位 6 颗卫星，在轨道上增加了 3 颗卫星，完成了 GPS 星座的扩展。因此，GPS 系统现在实际上作为 27 时隙的星座运行，这有效提高了世界上大部分地区的覆盖率。如果工作卫星发生故障，还有更多预留的卫星为系统提供冗余。因此，在过去几年中，该星座共有 31 颗运行卫星。

从最老到最新的几代卫星分别是 IIA（现已全部退役）、IIR、IIR-M、IIF 和 III。

GPS 系统使用自己的时间版本，称为 GPS 时间，但它也在其导航消息中携带关键信息，以使接收机可根据接收的 GPS 时间确定 UTC。引导 GPS 系统的 UTC 是基于美国海军天文台的 UTC（USNO）[有关 UTC 和 UTC（k）以及 GPS 如何提供时间的详细信息，请参阅第 1 章]。

从技术上讲，GPS 系统（以及大多数其他系统）由 3 个部分组成：

- 空间部分（卫星）：在撰写本书时，GPS 星座中有 31 颗运行卫星，并且正在将新的 III 组卫星集成到系统中。
- 控制部分和监测站：美国在世界各地的空军基地有 6 个监测站。还有一些监测站（有些由其他机构运营）用来追溯 GPS 卫星、处理导航信号、进行测量并收集大气数据。其他一些具有上行链路能力的站点，可向卫星传输校正、导航数据和控制信息。
- 用户部分：这个部分包括用于 PNT 的许多设备。面向民用 GPS 是免费开放的，并促进了数百种应用程序的开发，涉及现代生活的各个方面。现在，可以利用新民用信号的新型接收机，以及与 GPS 结合同时接收其他星座信号的多星座设备，正在变得越来越普遍。

其他全球导航卫星系统

如前所述，在第 1 章中，除了 GPS 系统，还有另外 5 个主要的在轨 GNSS 卫星星座提供 PNT 服务。本节依次讨论这些系统的基本功能。这些系统用于提供全球范围或区域范围的定时服务，并且越来越多地与一种其他星座（通常至少是 GPS）结合使用。

GLONASS

苏联于 1982 年开始为 GLONASS 全球导航卫星系统发射卫星。与 GPS 一样，GLONASS

是为全球覆盖而设计的，是继 GPS 之后部署的第二个 GNSS 系统。它现在由俄罗斯联邦控制，并于 1995 年实现全面运营。

苏联解体后，由于缺乏资源，GLONASS 年久失修，因此到 2000 年中期，它已几乎无法运作。后来随着对该系统的重新投资，才逐渐重新恢复为一个完整的星座，并于 2011 年开始持续运行。它可能是仅次于 GPS 的第二大受欢迎的 GNSS 系统（尽管 Galileo 系统的出现可能会改变这种现象）。

GLONASS 在 3 个不同的轨道平面上使用 24 颗 MEO 卫星，提供全球覆盖（并且在两极提供了比 GPS 更好的覆盖率）。大多数 GLONASS 接收机还支持用于增强操作的 GPS+GLONASS 双模式组合。

GLONASS 的时间尺度基于莫斯科的 UTC（SU），并使用 UTC+3h 的莫斯科标准时间（MSK），与 UTC 一样，它也实现了闰秒。俄罗斯在过去几年中一直在努力大幅改善 UTC（SU）与 UTC 的对齐情况，在撰写本书时，它的对齐时间一般都小于 3～4ns。

北斗导航卫星系统

2000 年中国政府开发并发射了采用地球同步轨道（GEO）卫星的第一代北斗作为区域系统。2003 年宣布投入使用，并于 2012 年退役。它基本上是一个实验系统。

2006 年，中国政府正式宣布开发名为北斗二号（也称为指南针）的第二代 GNSS，最终发射了 16 颗卫星。该系统由 5 颗 GEO 卫星、5 颗倾斜地球同步卫星轨道（IGSO）卫星和 4 颗 MEO 卫星组成，该系统提供开放的 PNT 服务，以中国经度为中心，覆盖亚太地区。

2015 年，中国政府开始研究一种名为北斗三号的第三代系统，该系统在 3 个轨道平面上增加了 24 颗 MEO 卫星。该系统覆盖全球，拥有 35 颗卫星（分布在 MEO、IGSO 和 GEO 轨道上的 3 个独立星座中），并宣布于 2020 年投入运行。大多数北斗接收机支持用于增强操作的 GPS+ 北斗的双模组合，并且自北斗二号以来，该系统还提供了星基增强功能（在后面部分讨论）。

北斗系统从中国国家时间服务中心（NTSC）获取时间，以 2006 年 1 月 1 日为纪元。北斗时间（BDT）是与 UTC 偏差在 50ns 以内的连续时间刻度（无闰秒）。北斗在导航消息中广播闰秒信息，以便接收机能够确定 UTC。北斗还广播 BDT 与 GPS、Galileo 和 GLONASS 时间之间的偏移量。

Galileo

欧盟通过欧洲 GNSS 监督局（GSA）开发了伽利略（Galileo）系统，于 2005 年开始发射实验卫星，随后于 2011 年发射运行卫星。2016 年 12 月，GSA 宣布了初始运行能力，但该系统尚未达到完全运行状态。与一些其他系统一样，伽利略也具有强大的搜索和救援（SAR）能力（接收来自紧急遇险信标的信号）。

Galileo 系统设计在 3 个不同的轨道平面上采用多达 24 颗 MEO 卫星提供全球覆盖，

并配有多达 6 个备件。在撰写本书时，该系统有 22 颗活跃的运行卫星，计划在 2020～2021 年发射另外 4 颗，2022 年后再发射 8 颗。与其他系统一样，该系统有一个重要的地面控制和监测部分。

Galileo 系统时间（GST）是由伽利略系统控制部分维护的连续时间尺度（无闰秒），并与 UTC（k）同步，标称偏移量小于 50ns。GST 纪元始于 1999 年 8 月 22 日星期日 00：00：00 UTC。

Galileo 系统还广播一个信号用以指示 GST 与 UTC 以及 GST 与 GPS 之间的偏差——这个参数称为 GPS-Galileo 时间偏移（GGTO）。GGTO 的性能目标是在 95% 的时间内时间偏移量小于 20ns。该系统还在导航消息中广播闰秒信息，以便接收机能够确定 UTC。

目标是在 95% 的时间内，从 UTC 恢复的时间偏移量小于 30ns。在撰写本书时，目前的性能是传播的 UTC 准确率的日平均值的第 95 个百分位数小于 15ns。与其他系统一样，大多数 Galileo 系统的接收机也支持组合用于增强操作的 GPS+Galileo 双星座模式。

IRNSS

2013 年，印度政府开始启动印度区域导航卫星系统（IRNSS），这是一个以印度为中心的区域系统，使用位于次大陆上方的 3 颗 GEO 和 4 颗 IGSO 卫星。它现在越来越多地被称为"印度星座导航"或 NavIC。

IRNSS 提供优于 20m 的位置精度和优于 40ns 的时间准确度（使用双频）。在网络定时设施于 2018 年投入运营后，目标是使其时间尺度可追溯到 UTC 的 20ns 以内。该系统的 UTC 源是印度国家物理实验室（NPLI）。IRNSS 系统时间的纪元是 1999 年 8 月 22 日 00：00：00 UT，系统发送其与 UTC（NPLI）、GPS 和其他系统（Galileo 和 GLONASS）的时间偏移量信息。

该系统在遇到机载时钟故障（伽利略也遭受了同样问题）之后，第一颗失败的卫星最终在 2018 年被替换，并计划再发射 5 颗 IGSO 卫星。

QZSS

日本政府于 2010 年开始发射准天顶卫星系统（QZSS），并于 2018 年全面投入运行。QZSS 目前提供本地覆盖，1 颗 GEO 卫星和另外 3 颗卫星分别位于日本、东南亚和澳大利亚上空的准天顶轨道（QZO）上。这个轨道意味着，在日本南部观察时，3 颗 QZO 卫星似乎以非常缓慢的 8 字形模式飞行，从南部天空的低处一直飞到正上方（这正是在摩天大楼之间使用该系统时想要它们所处的位置）。

QZSS 设计为与 GPS 兼容，并能访问低成本接收机。该系统的目标是提高 GPS 的精度，并解决日本常见的覆盖问题，例如城市峡谷深处的信号接收问题。它还通过对该区域而不是全球的大气异常进行建模，来增强单频接收机的 GPS 接收性能。未来，到 2023 年，QZSS 将使用 7 颗卫星运行，并将包括有助于检测欺骗的信号。

QZSS 系统还承担了在其 GEO 卫星上传输日本区域增强系统的责任（见下面有关增强的内容）。

多星座

即使仅结合 GPS、GLONASS、北斗和伽利略这 4 个全球系统，目前就有 100 多颗非地球同步卫星可用，而且计划发射的卫星还有更多。如此之多的卫星为部署多星座和多频段接收机提供了机会。用户将在以下方面受益：

- 能够跨系统比较数据以相互验证信号。
- 系统与 UTC 对齐（以及很多来自 UTC 的广播偏移量）可以使接收机提高其恢复时间的精度。
- 更多数据点和信号波段使得大气条件下的位置误差和定时误差得以降低。
- 天空中分布更多卫星来改善覆盖率。
- 更高的抵抗欺骗能力。

现在，接收机，甚至在手机中，都越来越多采用多星座，而且这种趋势还会增加，特别是对于专用定时设备。

增强 GNSS 的增强系统

还有其他一些系统，例如星基增强系统（SBAS），虽然在定时应用中没有广泛使用，但可以提高或增强现有的 GNSS 系统。这种增强功能有助于保证信号完整性、增强准确性或提高性能，从而支持特殊应用，例如将飞机引导到跑道、对接船舶或精准农业。此外还有一些本地的地基增强系统，例如可以提高船只在港口周围航行时准确性的差分系统，但这些超出了本书的范围。

这些增强系统本质上一般是区域性的，因此是基于少量的（好像固定在天空中的）GEO 卫星，地面上有许多监测站用于观察原始的 GNSS 信号并上传校正数据。图 3-13 以 GPS 为例说明了这些系统的基本机制。

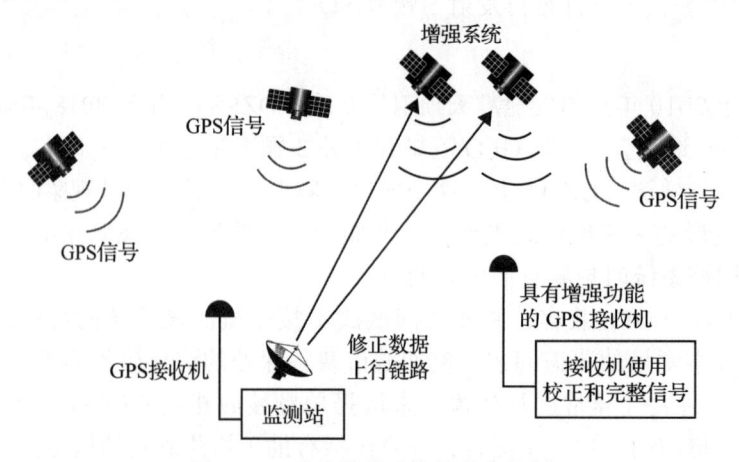

图 3-13 星基增强系统的基本机制

目前，几乎所有这些系统都是对 GPS 系统的增强，都包含广泛分布在覆盖区域周围的众多地面站，这些地面站连续监测从太空接收的 GPS 信号。这些位置经过精确测量，因此监视接收机确切地知道根据 GPS 计算出的结果。可以确定任何偏离理想结果的异常，计算校正数据并将其传输到增强卫星。

然后，这些 GEO 卫星将此"校正"信号作为"类似 GPS"的信号广播给地面用户（或试图着陆的飞机）。配备额外增强功能的 GPS 接收机可以使用这些数据来微调其计算结果。这样，接收机对其接收的信号更有信心，并提高了信号精度，因为地面站可以校正任何如由大气条件变化等引起的位置误差。

这对飞机尤其有用，因为大多数 GNSS 系统在垂直平面（确定高度）中的定位不如在水平平面（纬度和经度）中的定位那么精确。但是，要将 GPS 用于航空，拥有准确的高度值至关重要，在使用它接近机场跑道时更是如此。

最后，如果 GPS 以某种方式广播可能会导致危险定位错误的信息，这些系统会非常快速地向用户提供反馈（大约几秒钟）。这大大激发了人们将 GNSS 系统应用于"生命安全"领域的信心。由于航空业的这些需求，这些 SBAS 系统大多都拥有地区或国家民用航空组织作为合作伙伴。

两个主要的星基增强系统是美国联邦航空管理局（FAA）的广域增强系统（WAAS）和 GSA（代表欧盟委员会）的欧洲地球同步卫星导航增强服务系统（EGNOS）。这两个系统在加强飞机运行的导航和安全方面都发挥了重要作用。这两个系统以及处于不同部署阶段的其他系统的设计都支持互操作性，因此配备一个系统的飞机可以在另一个区域系统的空域中使用另一个系统。

这些 GEO 增强系统的唯一缺点是，当接收机位于高纬度（靠近两极）时，卫星位于赤道上方，距离地平线相当低。这使得它们在地面上的使用状况不太理想，因为卫星的视线受到了阻碍（日本已经通过 QZSS 解决了这个问题）。但是，为了在这些情况下提供帮助，数据以其他形式提供，并允许设备从其他来源（例如因特网）获取同样的信息。信号在商用飞机使用的高度上基本良好——无论如何，极地地区的机场数量有限。

WAAS 系统由 3 颗 GEO 卫星组成，这些卫星锚定在太平洋上空的赤道上，使用来自 38 个地面监测站收集的 GPS 数据。在几乎北美全部地区，WAAS 用于提供支持 GPS 的仪器着陆系统版本，并改善南美洲大部分地区的导航。

EGNOS 系统由 3 颗锚定在（非洲上空的）赤道上空的 GEO 卫星和分布超过 25 个国家（不仅仅是欧洲）的 40 个监测站组成。

印度的 GPS 辅助 GEO 增强导航（GAGAN）系统由 3 颗卫星组成，这些卫星位于印度次大陆上空，为该地区提供增强服务。具有 GAGAN 功能的 GPS 接收机使用与 WAAS 基本相同的技术。

日本还有一个基于 GEO 卫星（最近的 MTSAT-2 或 Himawari 7）的系统，直到最近才被称为 MTSAT 卫星增强系统（MSAS）。然而，随着最近 MTSAT-2 的退役，MSAS 信号已迁移到 QZSS Michibiki 地球同步卫星（QZS-3），因此现在 MSAS 代表了基于 Michibiki 卫星的增强系统。

从 2023 年开始，计划在另外两颗 QZSS GEO 卫星上添加 MSAS，并计划在未来最终整合成 IGSO QZSS 卫星，并能够增强所有主要的 GNSS 系统。

俄罗斯有一个差分校正与监测系统（SDCM），该系统使用 3 颗地球同步卫星为 GLONASS 和 GPS 提供增强服务。

上述最后 3 个系统，GAGAN、MSAS 和 SDCM，提供类似 WAAS 和 EGNOS 的服务。目前对非洲和南美洲的覆盖面非常有限。

还有其他几个处于不同发展阶段的系统，旨在覆盖地球上的其他区域，包括韩国增强卫星系统（韩国）、印度洋和非洲的非洲和马达加斯加航空导航安全局（ASECNA）、中国的北斗星基增强系统和大洋洲的南方定位增强网络。

3.3.2 频率来源

本章详细介绍时间和频率的来源以及如何通过卫星系统进行分发。因此，下一步要介绍的是如何在需要的地方接收和共享时间，例如在运营商网络的核心，甚至在无线小区站点的顶部。

PRC/PRS

如前所述，频率的来源是 PRC/PRS 或 1 级时钟。该设备是原子钟与 OCXO 的组合或 GNSS 接收机与 OCXO 的组合。有些情况下还将这两种方式相结合，以便在 GNSS 发生故障时实现自主运行和长期保持性能。

原子钟 PRC 上可能会有一些输入端口，用以连接其他定时设备，而 GNSS 接收机可能有一个输入，使其能够被原子钟引导。

GNSS 接收机都有一个天线端口，通常是超小型 A 型（SMA）或卡口式 Neill-Concelman（BNC）连接器。它也可以是螺纹 Neill-Concelman（TNC）连接器，实际就是 BNC 的螺纹形式。该天线端口通常将天线电缆上的直流电压提供给天线底部的前置放大器（以增强天线电缆长度上的信号）。频率源上的 TNC/BNC 输入 / 输出连接器和 SMA 输入连接器通常都是母连接器。

提示：虽然 PRC/PRS 可能与 UTC 的相位不一致，但也可能能够输出 1PPS 相位信号。某些设备可以从该单脉冲中恢复频率，或者某个可能需要相位同步但不需要与 UTC 对齐的网络可以使用该单脉冲。

ITU-T 在 G.811 中为 PRC 规定了性能特征，并且最近在 G.811.1 中增加了 ePRC 性能水平。有关这些建议的更多详细信息，请参阅第 8 章。

既然定时分发网络有了频率来源，那它是如何使用的呢？

10MHz 频率

PRC/PRS 输出的频率参考信号通常是 1MHz、2MHz、5MHz 或 10MHz 的正弦波，其中 10MHz 是最常见的。但是，2MHz 也是一个受欢迎的选择，尤其是在北美以外地区。通常，这些设备可能提供支持其他类型信号输出（如 E1/T1）的可选模块或产品变体。

这些参考信号不仅用于网络和电信设备的频率同步（同步化），而且还应用于其他方面。任何测量精度取决于使用振荡器或随时间计数的设备，通常都会提供 10MHz 参考信号作为输入。

有些应用中还包括测试设备，如信号发生器、频谱分析仪、频率计数器、示波器等。这并不奇怪，因为当一个设备自身的振荡器处于自由运行状态时，此设备该如何准确测量测试信号的频率呢？

当然，在测试定时分发网络的性能时，这些信号也是非常重要的可用来源。

正弦波参考信号使用 50Ω 连接器和同轴电缆在短距离（小于几米）内传输。PRC/PRS 源上的输出连接器通常是 BNC(母) 插孔，较大的设备和台式设备通常也有 BNC(也是母插孔)，因此它们之间的布线很简单。

在路由器或交换机上安装 BNC 连接器的缺点是 BNC 连接器非常大。交换机正面的固定装置通常用于其他目的，例如网络端口，甚至作为前后气流流动的孔。很多时候，工程师会选择比 BNC 更小的其他连接器，以节省面板上的空间。在这种情况下，PRC 和其他设备之间需要某种形式的加密狗或转换器电缆。例如，大多数 Cisco 路由器上的 10MHz 输入称为 DIN 1.0/2.3 连接器，该连接器具有推拉式卡扣机制。

图 3-14 显示了来自 Cisco 路由器的路由交换处理器（RSP），该路由器有两个用于 10MHz 的金色 DIN 1.0/2.3 连接器，一个用于输入，一个用于输出（突出显示）。另外两个 DIN 1.0/2.3 连接器用于相位。

图 3-14 用于 10MHz 输入和输出的 DIN 1.0/2.3 连接器

在 ITU-T 建议 G.703 的第 20 条中，规定了 10MHz 接口的物理和电气特性。

2MHz 频率和 E1、T1 传统电路

虽然上文提到，PRC/PRS 可以输出 2MHz 信号，并且连接器可能是 BNC，但这种信号还有另一种形式。与使用 50Ω 电缆和 BNC 连接器不同，另一种形式使用带有 120Ω 的 E1 电缆和 RJ-45 连接器，这在面板上占用的空间要少得多。许多路由器都有一个 BITS 端口，该端口使用短距离的双绞线电缆接收此信号（在图 3-14 中，请参阅标记为 BITS 的 RJ-45 端口，右二）。因此，图 3-14 中的 RSP 将同时接收 DIN 端口上的输入 10MHz 参考信号和 / 或 BITS 端口上的 2MHz 信号。

可以购买一种称为平衡 – 不平衡转换器（balun）的设备，该设备允许 120Ω 双绞线和 50Ω 同轴电缆之间进行转换和阻抗匹配。在处理这些信号时，电缆布线和连接器的选择始终是一个问题。

SDH/SONET 也提供了基于 2 048kbit/s 层级结构（E1、E2、E3 等）和基于 1 544kbit/s 层级结构（T1、T2、T3 等）的多路复用和传输功能，这些电路还用于传输定时（有时没有数据）。因此，PRC/PRS 提供 E1/T1 输出或作为选项的情况并不少见，尽管它在 SSU/BITS 设备上更为常见。

SSU 与 BITS

第 2 章已经介绍了专用定时分发网络的基本概念，该网络仅用于同步 SDH/SONET 网络。前面"频率时钟"中的图 3-11 显示了 SSU/BITS（同步供给单元 / 大楼综合定时供给）网络作为一种时钟类型，具有介于 PRC/PRS 和"正常"SEC 时钟之间中等水平的性能。这些 SSU/BITS 设备使用 PRC/PRS 作为频率的输入源，或者可以与同一设备中的 PRC/PRS 结合使用。

除了性能，它们与 PRC/PRS 不同的另一个特点是，SSU/BITS 设备是为了将频率信号分发给大量下行时钟而设计的。通常，它们会有几个带有输出端口的扩展架来分发信号。除了前面介绍的 2MHz 选项，这些输出信号将是普通的 E1 或 T1 信号。

SDH/SONET 网络连接器类型的格式和范围超出了本书的范围，但现代系统使用的是 100Ω（T1）或 120Ω（E1）双绞线电缆以及 RJ-45 型连接器（严格来讲，该插头命名为 RJ-48c）。

显然，这类设备的未来会限于在分组系统（PTP）、SyncE 或 OTN 等光学系统中进行频率物理分布。但是，许多服务提供商仍然维护着庞大而广泛的 SSU/BITS 设备网络。

3.3.3　频率、相位和时间源：PRTC

PRTC（参考主时钟）与 PRC/PRS 的不同之处在于，它还关注提供相位、时间以及频率。与 PRC/PRS 一样，PRTC 为网络层级结构中的其他时钟提供参考定时信号。与大多数 PRC/PRS 系统不同，特别是那些基于自主原子钟的系统，PRTC 通常能够提供（并要求）对某个 UTC 源的可追溯性。这意味着 PRTC 始终依赖于某种形式的信号，使其与 UTC 对齐。

参考主时钟：PRTC

PRTC（参考主时钟）有两种常见的实现方式，一种是独立的 GNSS 接收机，另一种是通过外部信号与 UTC 校准并对齐的原子钟。这个外部信号可以来自本地 GNSS 接收机或外部源，通常是国家时间实验室（追溯 UTC）的原子钟。有关实现方法的详细信息请参阅 7.5.10 节。

这些设备输出的时间信号（超出频率要求）预计与 UTC 的误差在 ±100ns 以内。直到几年前，这是唯一的性能水平，采用它只是因为它符合 GPS 规定的精度。随着更好的技术（以及对 GNSS 系统的改进）的出现，ITU-T 现在为 PRTC 设备的精度定义了其他类别。

目前，ITU-T 在 G.8272 中定义了两级 PRTC，并在 G.8272.1 中定义了新的 ePRTC。保留了 ±100ns 的原始 PRTC 规范，但重命名为 A 类性能（PRTC-A）。增加了新的 B 类（PRTC-B），精度提高到 ±40ns。这种改进（主要）是通过使用更好的 GNSS 接收机来实现的，通常是具有双频接收能力的接收机。例如，对于 GPS，这意味着设备将接收在 L1 和 L2（或其他）波段上的信号，但所有 GNSS 系统都有等效的设施。请注意多频段和多星座之间的区别。

为了最大限度地减少环境因素，例如温度对时钟的影响，PRTC-B 仅适用于可以保证良好环境条件的情况，即受控的温度或有空调的室内。

请注意，G.8272 中对 PRTC-A 或 PRTC-B 都没有长期保持要求。一旦 PRTC 失去所有输入相位和时间参考，它就会进入相位/时间保持模式，时钟开始漂移。为了保持相位/时间一致，PRTC 必须依靠其本地振荡器的保持性能，该性能也许比较好但不是最好的。

许多销售专用 PRTC 时钟的供应商都提供了一个可选的高质量振荡器（通常是铷），以提高保持性能。另一种选择是连接一个来自 PRC/PRS 的可选外部输入频率参考。因此，许多 PRTC 设备可以接收来自 PRC/PRS 的 10MHz 输入信号，这可用于改善保持性能。

时间源的另一个可用性能级别是增强版本 ePRTC。满足此性能水平所需的精度水平定义为 ±30ns，比 PRTC-B 好得多。但与其他两种情况不同的是，在 ITU-T G.8272.1 中 ePRTC 对保持状态有严格的要求。

为了在 GNSS 接收机中达到 ePRTC 性能水平，通常需要添加一个非常好的 PRC（如铯时钟）作为接收机的频率源。在这种情况下，当相位/时间源丢失时，PRC 可以提供必要的稳定性，以满足 ePRTC 需要的保持。事实上，G.8272.1 定义了两类保持，ePRTC 成为 ePRTC-A 和一种新的 ePRTC-B 类的保持性能（在撰写本书时，值尚未确定）。表 3-4 总结了不同的分类。

表 3-4　PRTC 性能的分类

时钟分类	精度	保持
PRTC-A	±100ns	无
PRTC-B	±40ns	无
ePRTC-A	±30ns	100ns/14 天
ePRTC-B	±30ns	需要进一步研究

除了频率来源（见 3.3.2 节），PRTC 还需要为相位和时间提供定时信号。除了频率来源，这作为两个额外的物理信号提供，尽管有些实现将这两个信号复用在一起。

其他实现使用单根电缆（如 V.11 和 RJ-45）上的不同引脚来同时运行多个信号（通常为 1PPS 和 ToD）。其中一些信号有 ITU-T 标准，但也有许多历史和专有信号。前者的一个例子是电力行业经常使用的跨范围仪表组（Inter-Range Instrumentation Group, IRIG）信号类型。

输出这些信号的另一种选择是使用 PTP 来携带时间、相位以及可选的频率。该频率如果不由 PTP 携带，可以用 SyncE 携带或作为单独的信号（例如 2MHz 或 10MHz）。如果是这样，那么这些设备必须配备一个以太网分组接口以携带 PTP 和可选的 SyncE。这使得 PRTC 同时成为全局主（普通）时钟和 PRTC（有时写作 PRTC+GM）。

对于电信市场，PRTC 的许多实现都基于 GNSS 接收机，并且使用 SyncE 作为频率的嵌入式全局主时钟（GM）。它们的 PTP 输出符合 PTP 的电信配置文件，因此它们被称为电信全局主时钟（T-GM），并组合为 PRTC + T-GM 源。它们具有 PRTC-A 或 PRTC-B 性能级别，并且具有多种外形尺寸，甚至包括小型可插拔（SFP）尺寸。它们可以部署在一个中心位置，并以 PRC 作为备份，或者将具有较少功能（更便宜）的版本放置在基站。

1PPS

正如前面 3.2 节中所述，1PPS 代表每秒 1 个脉冲，是用于传递相位的电信号。最常见的是方波，或者是可配置长度（介于 100ns 和 500ms 之间）的脉冲。顾名思义，该信号的周期为 1s，并且前沿的中点被定义为关键时刻。

ITU-T 建议 G.703 第 19 条规定了 1PPS 接口的物理和电气特性。指定了基于 100Ω V.11 信号（RJ-45）和 50Ω 信号（用于长度小于 3m 的同轴电缆）的详细信息。ITU-T G.8271 附件 A 中有 100Ω V.11 版本的更多详细信息。

50Ω 版本的连接器未指定，但与 10MHz 一样，BNC 连接器通常用于 PRTC 侧。由于与 10MHz 类似的原因，连接到 PRTC 的设备上的连接器可能会有很大差异。例如，如图 3-14 所示，大多数 Cisco 路由器都具有适用于 1PPS 和 10MHz 的 DIN 1.0/2.3 连接器，但其他公司和行业也使用了其他几种连接器。

1PPS 连接器具有一个非常重要的功能是作为测量接口，这意味着它可以快速检查设备相对于某些相源的相位偏移。图 3-15 显示了如何使用 1PPS 端口来测量相位对齐。

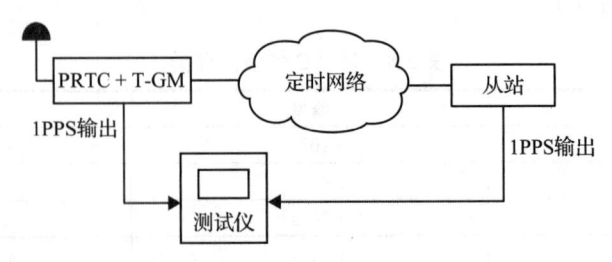

图 3-15　使用 1PPS 作为测量端口

显然，在这种情况下，由于 1PPS 信号的距离限制，设备必须彼此靠近。现场测试人员在远程位置测试设备时使用替代方法。他们使用带有内置 GNSS 接收机的便携式测试仪，以便测试设备可以从 GNSS 无线电信号中恢复相位，并将偏移量与来自 1PPS 输出端口的电缆上的脉冲进行比较。

这是一项重要功能，也是许多定时感知设备具有 1PPS 输出能力以及接受 1PPS 输入能力的原因之一。请记住，1PPS 信号不可用于 TDM（SONET/SDH）网络或 SyncE，因为它们都只关注频率。

ToD

ToD（日期时间）信号由一串字符组成，该字符串以允许接收设备重建 UTC 的方式对时间进行编码。因此，虽然 10MHz 提供频率，1PPS 表示秒开始的时刻，但 ToD 表示刚刚开始的实际秒数。

该信号通常使用 ITU-T V.11（RS-422）或类似 RS-232 的标准，通过短距离电缆传输 ASCII、二进制编码十进制（Binary Coded Decimal，BCD）字符串或时间戳信息。但是传递 ToD 的主要问题是就携带日期和时间信息的消息格式和内容达成一致。在机器之间传递日期时间是一个长期的需求，因此这个信号有许多历史版本，包括 IRIG 和 NMEA 的版本。

针对不同的行业，ToD 消息也有可用的商定格式。许多公司和组织都有自己的格式，原因可以追溯到几十年前。例如，NMEA 语句用于在导航系统 [例如远程导航（LORAN）或 GPS 接收机] 和船桥上的其他设备之间传输时间（以及位置和许多其他信息）。对于电信和分组交换网络，经常会遇到 UBX（由 uBlox 公司定义）、各种 NMEA 语句、NTP 驱动程序格式，甚至是 Cisco 开发的格式。

显然，即使不考虑消息格式，这个信号也有众多电气和物理版本，因而存在相当大的互操作性问题。因此，ITU-T 制定了一项建议，即将 ToD 建立在具有定义消息格式的 V.11 信号上。G.8271 的附件 A 中概述了 ToD 的这种格式以及 1PPS 信号的详细信息。

ITU-T 规定 ToD 信号不应在其所代表的 1PPS 之前启动，传输时间不应超过 0.5s，并且每秒发送 1 次。它们定义了 3 种消息类型，但只有时间事件消息这一种用于传输时间。时间以 PTP/TAI 时间戳的形式发送，该时间戳是一个 48 位无符号整数，表示自 PTP 纪元（1970 年 1 月 1 日）以来的秒数。该消息还包含足够的附加信息（例如，闰秒偏移量），以便能够重建 UTC。

ToD 信号既不用于 TDM（SONET/SDH）网络，也不用于 SyncE，因为它们都只关注频率。

3.4 定时分发网络

到目前为止，本章已经涵盖了构建定时分发网络所需的所有组件，因此现在是时候看看如何将定时信号从其源传输到需要的地方。本章展示了一些使用短电缆传输的物理技术，从本地向节点分发时间信号。不过，当然也可以使用数字技术通过网络分发频率和相位/时间。出于简单和成本原因，使用与传输数据相同的网络来携带定时信息也是一个优势。

前几代网络在本质上是同步的，例如 SDH/SONET（但还有更多），因此它们需要频率同步。通常，它们从载波信号本身或从调制到载波上的某些时间码或其他信息中获取频率。但是在大范围内携带准确的相位和时间则更加困难。

数字网络可以基于各种媒体，包括同轴电缆、双绞铜线、光纤和无线电信号等，这使得同步变得更为复杂。这些不同的方法使用不同的技术来编码和传输信号。因此，工程师需要为众多不同类型的传输方式设计频率和相位/时间解决方案。

但是，为了支持现代应用的发展，在基于分组的网络上分发相位、时间以及频率变得越来越必要。（中等精度的）日期时间已采用 NTP 等分组机制进行承载，但是相位定时，特别是精确的相位定时，更具挑战性。

3.4.1 时间传输和同步

可以通过多种方式在各种传输媒体上分发定时。主要有 3 类解决方案可用于时间同步分发：

- 物理层：SDH/SONE、SyncE，以及数字用户线路（DSL）、无源光网络（PON）和 DOCSIS 电缆等物理媒体中的频率分发。
- 基于分组（2 级和 3 级）的分发：NTP、PTP、White Rabbit、自适应时钟恢复（ACR）等。
- 无线电或卫星导航系统：GNSS 系统及其他无线电系统，如 LORAN-C、IRIDIUM、WWVB、DCF77 和许多其他系统。

前文已经充分讨论了 GNSS 和无线电系统作为时间源的问题，但本节将概述不同方法及各种方法之间的权衡。

物理层

在此解决方案中，作为通信方法本身的一部分，网络层级结构中的节点在第一层（物理层）中携带同步信号。已经证明传统的 TDM 和 SDH/SONET 网络会在物理层携带其频率参考信号。此方案采用时钟层级结构将网络同步从 PRC/PRS 向下分发到网元时钟。

如图 3-11 所示，精度最高的时钟 PRC/PRS 部署在层级结构的顶部。层级结构下一级是 SSU/BITS 层，它支持更好的保持和稳定性。第三级是 SEC 或 SONET 最小时钟（SMC）。只要路径不被破坏，这个 3 层的层级结构将提供一个可追溯到 PRC/PRS 的频率。

在此层级结构中，PRC 和 SSU/BITS 是独立的定时元件，而 SEC/SMC 设备是作为网元内的组件来实现的。

SyncE 的设计原理与 SDH 相同，其中以太网物理层提供对 PRC/PRS 频率参考的可追溯性。因为第一个版本的以太网最初是为异步数据流而设计的，因此它最初不适合携带同步信号。事实上，原始的 10Mbit/s 以太网无法在物理层上提供同步信号，因为它会定期停止传输。

这些机制仅用于承载频率。有些系统使用物理信号来承载相位（可以说 1PPS 是其中之一），尽管它们在超过几米的距离以上会存在问题。

有更多关于物理频率分布的详细信息请参见第 6 章。

无线电分发系统

早在 20 世纪初，工程师发现低频（LF）无线电信号（30～300kHz）是广播时间信号的理想选择，因此开发了通过无线电信号分发时间的技术。现在许多国家使用低频（LF）和高频（HF）无线电信号在区域范围内提供时间和频率同步。

这些时钟最初目的是用作频率参考，尽管此功能已越来越多地被基于 GNSS 的系统所取代。从历史上看，这些信号被用作无线电发射机频率同步的参考。广播公司的无线电发射机需要校准，以防止它们偏离频率。

还有诸如无线电自律振荡器之类的东西，就像现在使用 GNSS 自律振荡器一样。除频率外，信号还被用作时间间隔的参考，但在许多情况下，广播实际时间信号的能力是后来添加的（从 20 世纪 60 年代开始）。当然，即使有了这些新功能，也会继续在非常严格控制的频率上广播这些信号，以使其可以用作频率参考。

作为众多例子中的一个，在美国，国家标准与技术研究院（NIST）在科罗拉多州柯林斯堡以 60kHz 的频率运营一个 LF 无线电台（WWVB）。它广播一个时间码，其中包含年份、日期、小时、分钟、秒以及指示夏令时、闰年和闰秒状态的值。世界各地的其他系统工作方式类似，另一个例子是从德国法兰克福以 77.5kHz 传输的 DCF77，覆盖欧洲大部分地区，以 60kHz 传输的 MSF 则覆盖英国。

众所周知，基于无线电的时间信号从地面发射机传输到地面接收机时会延迟，并且人们对接收信号的精度了解也不比对路径延迟的了解更好。正如在 GNSS 系统中所见，由于电离层条件不断变化，这些路径延迟很难测量。

尽管如此，具有良好接收能力的时钟恢复时间准确度可能约为 5～10μs。当然，这没有考虑到传播延迟，需要校正传播延迟以获得高精度。在实际应用中，仪表化和校准的接收机可以很容易地实现相位/时间的低毫秒精度。对于频率，一个例子是调谐到 WWVB 的接收机，经过一天的平均，可以在美国大部分地区实现小于 10^{-11} 的频率不确定性。

手表和挂钟等各种消费电子产品可以接收和解码时间信号，公共无线电控制的时钟（例如火车站的时钟）也可以。它们还有许多其他用途，例如同步各种工业设备。

然而如前所述，现在可以使用全球导航卫星系统在全球范围内分发时间和频率。在地球上几乎任何位置，GNSS 和其他无线电接收机都可以提供频率和时间源，这种拓扑结构有时被称为分布式 PRTC。图 3-16 说明了它在实践中的工作原理。

分布式 PRTC 方法的主要优点之一是参考时间是全局可用的，并且它是一种没有任何层级结构的扁平分发方法，因此它提供了一种简单且无环的设计。

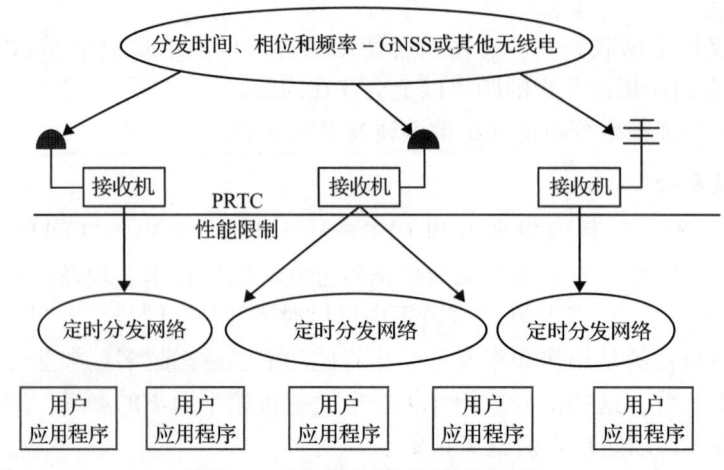

图 3-16　用于定时分发的无线电波

这种方法的主要缺点是，它需要在各地建立基础设施，并且存在任何无线接收固有的常见问题。GNSS 特有的问题已经讨论过，它需要一个具有广角天空视野的天线，以及对闪电和恶劣天气的防护措施；它对信号干扰很敏感，并且可能因为天线电缆布线不良而遭受信号衰减问题。

弹性

在第二次世界大战期间启动的一个基于无线电的导航系统是 LORAN 系统，经过几代信号的发展，最终演变为 LORAN-C。在过去的 10～20 年里，LORAN 在逐渐退役，许多遗留的发射机（至少在远东 FERNS 定时链之外）在 2015 年底被关闭。

然而，在它使用量减少的同时，有人提议将该系统升级为所谓的增强型 LORAN（eLORAN）。eLORAN 将使用与 LORAN-C 系统类似的方法，使用非常高功率的 LF（90～110kHz）发射机为 PNT 业务广播信号。这样，用户的接收机就可以访问比 GPS 强数百万倍的信号，并且可以在苛刻的环境中使用，例如建筑物内部甚至地下。美国对该系统进行了测试，英国甚至投入使用了一些试点站。

这个想法是使用 eLORAN 作为星基 GNSS 系统的备份，以防因扰动或空间天气等事件而造成任何中断。根据计划，eLORAN 广播的信号能使接收机以 50ns 的精度恢复 UTC 时间，并满足 1 级时钟的频率标准。

此系统用于同步具有以下非常明确的潜在优势：

- 采用高功率（数百千瓦），系统几乎不可能堵塞。

- 采用长波长，系统能够在地表很好地传播，很容易穿透建筑物，因而不需要外部天线。
- 采用地基方式，（希望）使其更能抵抗星基天气事件。

可惜的是，法国和挪威站点的退出使得在英国继续进行试点难以为继，因此放弃了最有希望广泛采用的举措。

尽管如此，一些国家，如韩国，感到特别容易受到 GNSS 中断的影响，仍继续使用 eLORAN 开发 PNT 替代方案。在 2019 年期间，为韩国船舶和海洋工程研究所工作的 UrsaNav 公司安装了临时的 eLORAN 测试传输系统。

韩国海洋和渔业部还计划将其现有的两个 LORAN 站转换为 eLORAN。他们还打算部署差分 eLORAN 站，以将本地接收区域内的精度提高到约 5 米（在差分站 50～60km 范围内）。

其他地方，特别是美国，经过几次失败的启动和立法尝试，2018 年底，特朗普总统签署了《2018 年国家定时弹性和安全法案》，该法案旨在解决这个问题。

美国总统还发布了题为"通过负责任地使用定位、导航和定时服务加强国家弹性"的第 13905 号行政命令，以加大力度为 GPS 提供备份。建立星基系统备份的计划似乎起步缓慢，但美国政府和其他地方解决这一问题的势头正在增强。

基于分组的分发

从基于分组的传输方式发展以来，工程师们已经设计出了携带时间，并对网络中不同节点上运行时钟进行同步的方法。互联网工程任务组（IETF）开发的一个早期互联网协议是 RFC 868，即"时间协议"，它允许用户查询节点上的时间 [通过 Linux 系统上的 rtime（3）系统调用]。目前使用的基于分组的协议主要是 NTP 和 PTP。有关这些方法的比较，请参阅第 7 章。

NTP 在 20 世纪 80 年代中期首次作为 RFC 958 被提出，现在已经发展到第四代了。对于电信，尽管有一些应用程序使用 NTP 传递移动频率，但 NTP 主要用于携带时间。简单网络时间协议（SNTP）是标准 NTP 的轻量版子集，在不需要完整 NTP 实现性能的情况下使用。RFC 5905 中定义了 NTPv4 和 SNTP，二者可能是全球范围内最流行、部署最广泛的时间传输协议（主要用于设置连接到数据网络（如 Internet）的设备上的系统时间）。

为了使用分组携带频率，基于 PTP 电信配置文件的一种专门为此设计的方法已经得到广泛部署。有关此方法的详细信息，请参见第 7 章。现有的通过分组携带频率的其他方法（如 ACR），将在第 9 章详细介绍。

但是，用以携带时间和相位的同类最佳可用工具是依据 PTP 协议的基于分组的分发方法。在第 7 章将详细介绍 PTP 及其所有配置文件。通常，当没有用于分发时间的无线电解决方案时，主要的替代方案是在分组网络上使用 PTP 进行双向时间传输协议。

3.4.2 质量级别的传输和信令

无论采用物理媒体还是使用基于分组的方法分发时钟，都需要一种额外的机制来交换时钟质量信息和同步信号的可追溯性。根据定时分发网络中使用的方法，有不同的方法来表示时钟的可追溯性和质量级别。

如前所述，在 SDH 中采用 SSM 在网元之间交换频率时钟的质量级别——并携带了位于帧头中的多个比特。另一方面，SyncE 使用以太网同步消息信道（ESMC）（一种基于分组的机制）来交换时钟质量信息。PTP 还部署消息（即宣布消息）来交换有关时钟可追溯性和质量级别的信息。

有关通过网络的可追溯性详细信息，请参阅 3.1.6 节和表 3-1。第 6 章将更详细地介绍 SSM 和 ESMC，因此这里只用一个示例简要总结。图 3-17 显示了如何通过 SyncE 传递 ESMC 时钟质量（ESMC 由 ITU-T G.8264 指定）。

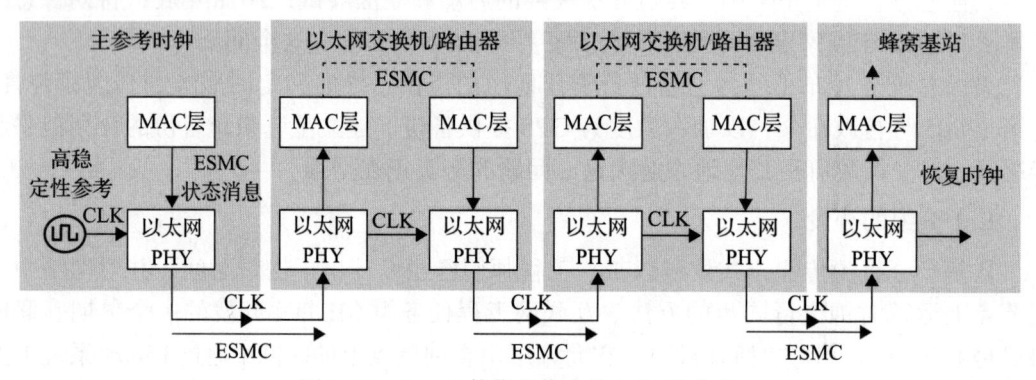

图 3-17 SyncE 使能网络中的 ESMC 分发

3.5 定时和同步的终端应用

当然，构建定时分发网络的总体目标是允许某些需要同步服务的应用正常运行。在部署此类解决方案之前，清楚地了解终端应用的要求至关重要。这一点怎么强调都不为过，因为工程师构建出一个不满足需求的定时分发网络的情况并不罕见。

因此，一个关键要素是了解终端应用的定时要求。下面列出了一些在开始项目之前应该先提出的问题：

- 需要哪些形式的同步：频率、相位还是时间？
- 定时预算是多少？这意味着终端应用需要什么级别的性能和准确性。
- 对保持性能的要求是什么？——当同步丢失时，终端应用程序必须继续正常运行多长时间？
- 现有的定时方法有哪些？如何重用或重新定位它们的用途？
- 对弹性和故障转移保护的要求是什么？

- 有什么形式的传输方法？是否能准确地携带时间信号？
- 终端应用程序将如何"使用"同步？是否需要某种形式的物理信号？如果需要，是什么信号？它会接收分组吗？这些分组是 PTP 吗？需要什么版本或配置文件的 PTP？

作者在与客户就定时网络开展合作时喜欢分享的一个公理是，"这是一个定时问题；你需要设计一个定时解决方案"。这意味着，这不仅仅是将分组从 A 传输到 B 的问题，而且也是传输时间的问题。

参考文献

Alliance for Telecommunications Industry Solutions (ATIS). "GPS Vulnerability." *ATIS-0900005 Technical Report*, 2017. https://access.atis.org/apps/group_public/download.php/36304/ATIS-0900005.pdf

Alliance for Telecommunications Industry Solutions (ATIS). "Synchronization Interface Standard." *ATIS-0900101:2013(R2018)*, Supersedes ANSI T1.101, 2013. https://www.techstreet.com/atis/standards/atis-0900101-2013-r2018?product_id=1873262

American National Standards Institute (ANSI). "Synchronization Interface Standards for Digital Networks." *ANSI T1.101-1999*, Superseded by ATIS-0900101.2013(R2018).

Amphenol RF. "1.0/2.3 Connector Series." *Amphenol RF*, 2020. https://www.amphenolrf.com/connectors/1-0-2-3.html

BeiDou. "BeiDou Navigation Satellite System." *BeiDou*. http://en.beidou.gov.cn/

BeiDou. "Development of the BeiDou Navigation Satellite System (Version 4.0)." *China Satellite Navigation Office*, 2019. http://en.beidou.gov.cn/SYSTEMS/Officialdocument/

European Commission. "The History of Galileo." *European Commission*. https://ec.europa.eu/growth/sectors/space/galileo/history_en

European Global Navigation Satellite Systems Agency (GSA). "What Is EGNOS?" GSA, 2020. https://www.gsa.europa.eu/egnos/what-egnos

European Union. "European GNSS (Galileo) Open Service Signal-In-Space Interface Control Document (OS SIS ICD)." *European Global Navigation Satellite Systems Agency (GSA)*, Issue 1.3, 2016. https://www.gsc-europa.eu/sites/default/files/sites/all/files/Galileo-OS-SIS-ICD.pdf

European Union. "Galileo – Open Service – Service Definition Document (Galileo OS SDD)." *European Global Navigation Satellite Systems Agency (GSA)*, Issue 1.1, 2019. European Union, https://www.gsc-europa.eu/sites/default/files/sites/all/files/Galileo-OS-SDD_v1.1.pdf

Global Navigation Satellite System (GLONASS). "Information and Analysis Center for Positioning, Navigation and Timing." *GLONASS*. https://www.glonass-iac.ru/en/

Government of Japan Cabinet Office. "QZSS, "Quasi-Zenith Satellite System (QZSS)." *Cabinet Office National Space Policy Secretariat*. https://qzss.go.jp/en/

Indian Space Research Organization (ISRO). "Indian Regional Navigation Satellite System – Signal in Space Interface Control Document (ICD) for Standard Positioning Service." *ISRO*, Version 1.1, 2017. https://www.isro.gov.in/sites/default/files/irnss_sps_icd_version1.1-2017.pdf

Institute of Electrical and Electronics Engineers (IEEE). "IEEE Standard for Ethernet" *IEEE Std 802.3-2018*, 2018. https://ieeexplore.ieee.org/document/8457469

International Bureau of Weights and Measures (BIPM). "Metrological Traceability." *BIPM*. https://www.bipm.org/en/bipm-services/calibrations/traceability.html

International Telecommunication Union (ITU). *Satellite Time and Frequency Transfer and Dissemination* [ITU-R Handbook]. *ITU*, Edition 2010. https://www.itu.int/pub/R-HDB-55

International Telecommunication Union Telecommunication Standardization Sector (ITU-T):

"G.703: Physical/electrical characteristics of hierarchical digital interfaces." *ITU-T Recommendation*, 2016. https://www.itu.int/rec/T-REC-G.703/en

"G.781: Synchronization layer functions for frequency synchronization based on the physical layer." *ITU-T Recommendation*, 2020. https://www.itu.int/rec/T-REC-G.781/en

"G.803, Architecture of transport networks based on the synchronous digital hierarchy (SDH)." *ITU-T Recommendation*, 2000. https://www.itu.int/rec/T-REC-G.803/en

"G.810, Definitions and terminology for synchronization networks." *ITU-T Recommendation*, 1996. https://www.itu.int/rec/T-REC-G.810/en

"G.8260, Definitions and terminology for synchronization in packet networks." *ITU-T Recommendation*, 2020. https://handle.itu.int/11.1002/1000/14206

"ITU-T GSTR-GNSS: Considerations on the use of GNSS as a primary time reference in telecommunications" *ITU-T Technical Report*, 2020-02. http://handle.itu.int/11.1002/pub/815052de-en

Jespersen, J. and J. Fitz-Randolph. "From Sundial to Atomic Clocks, Understanding Time and Frequency." *National Institute of Standards and Technology (NIST)*, ISBN 978-0-16-050010-7, 1999. https://tf.nist.gov/general/pdf/1796.pdf

Joint Committee for Guides in Metrology (JCGM). International Vocabulary of Metrology – Basic and General Concepts and Associated Terms (VIM). *JCGM*, 3rd Edition, 2012. https://www.bipm.org/utils/common/documents/jcgm/JCGM_200_2012.pdf

Langley, R. "Innovation: GLONASS — past, present and future." *GPS World*, 2017. https://www.gpsworld.com/innovation-glonass-past-present-and-future/

Lombardi, M. and G. Nelson. "WWVB: A Half Century of Delivering Accurate Frequency and Time by Radio." *Journal of Research of the National Institute of Standards and Technology (NIST)*, Volume 119, 2014. http://dx.doi.org/10.6028/jres.119.004

National Coordination Office for Space-Based Positioning, Navigation, and Timing. "GPS: The Global Positioning System." *GPS*. https://www.gps.gov

NIST Physical Measurement Laboratory, Time and Frequency Division. "Common View GPS Time Transfer." *National Institute of Standards and Technology (NIST)*, 2016. https://www.nist.gov/pml/time-and-frequency-division/time-services/common-view-gps-time-transfer

NIST Physical Measurement Laboratory, Time and Frequency Division. "Time and Frequency from A to Z, H." *National Institute of Standards and Technology (NIST)*, 2016. https://www.nist.gov/pml/time-and-frequency-division/popular-links/time-frequency-z/time-and-frequency-z-h

SDCM ICD. "Interface Control Document, Radio signals and digital data structure of GLONASS Wide Area Augmentation System, System of Differential Correction and Monitoring." *Russian Space Systems*, Ed. 1, 2012. http://www.sdcm.ru/smglo/ICD_SDCM_1dot0_Eng.pdf

Telcordia Technologies. "Clocks for the Synchronized Network: Common Generic Criteria." *GR-1244-CORE*, Issue 4, 2009. https://telecom-info.njdepot.ericsson.net/site-cgi/ido/docs.cgi?ID=SEARCH&DOCUMENT=GR-1244&

Telcordia Technologies. "Synchronous Optical Network (SONET) Transport Systems: Common Generic Criteria" *GR-253-CORE*, Issue 5, 2009. https://telecom-info.njdepot.ericsson.net/site-cgi/ido/docs.cgi?ID=SEARCH&DOCUMENT=GR-253&

U.S. Coast Guard Navigation Center. "GPS Constellation Status" and "Slant Chart (Satellite Locations)." https://www.navcen.uscg.gov/?Do=constellationStatus

U.S. Department of Defense. "Global Positioning System Standard Positioning Service Performance Standard." U.S. Department of Defense, 5th Edition, 2020. https://www.navcen.uscg.gov/pdf/gps/geninfo/2020SPSPerformanceStandardFINAL.pdf

U.S. Federal Aviation Administration (FAA). "Satellite Navigation – Wide Area Augmentation System (WAAS)." *FAA*, 2020. https://www.faa.gov/about/office_org/headquarters_offices/ato/service_units/techops/navservices/gnss/waas/

第 4 章 | Chapter 4 |

标准制定组织

本章简要介绍参与电信和同步的各种标准制定组织（SDO）。概述其组织结构及其定义标准所用流程。本章还将概述每个 SDO 对时间同步规范和标准的贡献。

本章还将介绍一些电信集团和行业联盟，它们为支持第五代（5G）无线接入网（RAN）的开放接口和分解架构做出了贡献。有关标准本身的许多细节将在后续章节中介绍。

本章重点介绍对时间同步和移动架构感兴趣并做出贡献的 SDO。了解这些 SDO 所处的地位及其在定义标准中的作用，应该有助于读者了解每个标准的目的以及该标准旨在解决的客户要求或架构问题。

创新者、组织和行业受益于简化交易、允许互操作并使人们能够朝着共同目标努力的通用定义。SDO（也称为 SSO），他们通过定义和维护标准以满足行业需求。SDO 和 SSO 这两个术语可互换使用。

SDO 专注于采用公开透明的流程进行技术标准的开发、维护、修改和发布。某些大型的、获得正式认可的 SDO，虽然也允许公司和个人参与，但这些组织的全球成员由国家代表（公共或私人）组成。其他组织则基于专业人士社区，这些专业人员有些拥有正式会员资格，也有一些没有正式会员资格。还有一些组织甚至可能自己不编写任何标准，仅仅支持或认证其他地方制定的标准。

在国际、区域和国家层面都有标准组织。例如，国际电信联盟（ITU）是一个国际 SDO，欧洲电信标准协会（ETSI）是一个区域 SDO，而美国国家标准协会（ANSI）更像是一个国家 SDO。仅信息和通信技术（ICT）领域就有 200 多个 SDO 在制定标准。当然，为了寻求共同的目标，很多标准机构会经常相互合作。

标准可以定义为一组技术规范，用于指定产品、流程、服务或系统的常见设计要求。有些标准可能得到国际条约法的支持，有些标准得到政府立法的支持，而另一些标准可能根本没有法律效力。有些组织，如国际电信联盟，完全避免强制性概念，并将其规范文件称为建议。

本章介绍其中一些组织及其在电信和时间同步领域定义标准方面的贡献。

4.1 国际电信联盟

国际电信联盟（International Telecommunication Union，ITU）作为联合国负责 ICT 的专门机构，负责制定和发布国际电信建议（标准）。国际电信联盟的代表来自 193 个成员国，拥有超过 900 多家公司、大学以及国际和区域组织的成员。

ITU 成立于 1865 年，是一个政府间机构，负责协调无线电频谱和卫星轨道等通信资源的全球分发和国际合作，并致力于改善发展中国家的通信基础设施，建立促进各种通信系统互联的全球标准。

ITU 组织会议以提供了解具体主题的机会，并举办交流思想和创新的研讨会。这些研讨会的成果成为所谓研究组（SG）的投入。标准化工作由技术性研究小组进行，其中国际电信联盟成员的代表制定并批准规范，国际电信联盟称之为建议。

国际电信联盟重点关注 3 个主要部门：无线电通信部门（ITU-R）、电信标准化部门（ITU-T）、电信发展部门（ITU-D）。

4.1.1 国际电信联盟无线电通信部门

国际电信联盟无线电通信部门通过促进国际合作，确保合理、高效和经济地使用无线电频谱和卫星轨道。其活动包括：
- 举办会议和研讨会，通过无线电法规和区域协议，有效利用无线电频谱。
- 协调活动，消除不同国家广播电台之间的无线电干扰。
- 维护主国际频率登记总表（MIFR）。
- 就有关无线电通信事务的开展研究并整理建议。
- 批准 ITU-R 研究制定的建议、技术特征或规范以及操作程序。

ITU-R 组织了世界无线电通信大会（WRC），以审查和修订《无线电规则》，这是管理区域或国家无线电频谱和卫星轨道的国际条约。它还组织区域无线电通信大会（RRC），以制定基于无线电业务的区域协议和计划。

ITU-R 研究组根据 WRC 的决定，制定关于无线电通信事项的全球标准、报告和指南。ITU-R 研究组主要关注以下几个方面：
- 通过地面服务有效管理和使用频谱。
- 通过空间服务有效管理和使用轨道资源。
- 无线电系统的特性和性能规范。
- 广播电台运营。
- 无线电通信的安全问题。

共有 6 个研究组致力于解决以下专业领域的问题：
- 第 1 研究组：频谱管理（www.itu.int/ITU-R/go/rsg1）。
- 第 3 研究组：无线电波传播（www.itu.int/ITU-R/go/rsg3）。
- 第 4 研究组：卫星服务（www.itu.int/ITU-R/go/rsg4）。
- 第 5 研究组：地面服务（www.itu.int/ITU-R/go/rsg5）。
- 第 6 研究组：广播服务（www.itu.int/ITU-R/go/rsg6）。
- 第 7 研究组：科学服务（www.itu.int/ITU-R/go/rsg7）。

ITU-R 在提供和定义国际移动通信的基本规范方面发挥了重要作用，包括 IMT-2000（3G 无线电技术）、IMT-Advanced（4G 无线电技术）和 IMT-2020（5G 无线电技术）。ITU-R 还发布了数字电视和声音的规范，包括数字音频广播（DAB）、高清电视（HDTV）、超高清电视（UHDTV）和高动态范围（HDR）增强。

4.1.2 国际电信联盟电信标准化部门

国际电信联盟电信标准化部门负责制定电信网络运营和互通的国际建议（标准）。许多网络系统，包括宽带、数字用户线路（DSL）、无源光网络（PON）系统、光传输网络（OTN）、下一代网络以及互联网协议（IP），关于这些系统的服务、技术规范、网络架构和安全要求，已有 4 000 多项有效建议。

ITU-T 的工作框架由以下两个组织决定：
- 世界电信标准化全会（WTSA）：提供总体方向并定义研究组的政策、结构和职责。WTSA 还负责任命主席和副主席，并在其任期内批准所有计划。
- 电信标准化咨询小组（TSAG）：审查该该部门的计划优先级、财务事项和战略。它在各研究组之间进行协调，并为其提供指导方针和组织工作程序。TSAG 还向电信标准化局（TSB）局长提供建议和必要的协助。TSB 作为 ITU-T 部门的秘书处，为协调和管理研究组提供支持，并维护建议的出版记录。

研究组是 ITU-T 的核心。研究组负责在感兴趣的不同领域开展制定标准的实际工作。每个研究组进一步分别负责许多问题（每个研究组最多 20 个），分别针对特定技术领域。该部门的部分研究组如下：
- 第 2 研究组（SG2）：服务提供和电信管理的运营方面
  SG2 是定义 E.164 的主力，E.164 是提供电话号码结构和功能的编号标准。SG2 还致力于电子编号（ENUM），这是一种互联网工程任务组（IETF）协议，用于将 E.164 号码输入互联网域名系统（DNS）。
- 第 3 研究组（SG3）：资费和会计原则，包括有关电信的经济和政策问题
  SG3 负责研究国际电信政策、经济问题、资费和会计事项，并制定监管模式和框架。
- 第 5 研究组（SG5）：环境和循环经济
  SG5 负责研究信息和通信技术对气候变化的影响，并公布以生态友好方式来使用

信息和通信技术的准则。
- 第 9 研究组（SG9）：宽带电缆和电视
SG9 制定了在有线电视网络上进行语音、视频和数据 IP 应用的标准。这包括有线调制解调器、交互式有线电视服务、高速数据服务、基于 IP 的电视（IPTV）和视频点播。
- 第 11 研究组（SG11）：信令要求、协议和测试规范
SG11 负责制定国内和国际电话以及数据呼叫的信令标准。它还负责一致性和互操作性测试。SG11 的一些工作，如智能网络，被第三代合作伙伴计划（3GPP）用于电路交换网络。SG11 定义的一些准入控制程序和协议基于 IETF 标准，如：Diameter、简单网络管理协议（SNMP）和通用开放策略服务（COPS）等协议。
- 第 12 研究组（SG12）：性能、QoS 和 QoE
SG12 制定的标准侧重于 ICT 行业绩效、服务质量（QoS）和体验质量（QoE）的运营方面。该研究组确定抖动、分组丢失和延迟等不同参数对各种多媒体服务的影响。
- 第 13 研究组（SG13）：未来网络，重点是 IMT-2020、云计算和可信网络基础设施
SG13 领导了下一代网络（NGN）的标准化工作，现在越来越关注未来网络。NGN 网络基于分组而非电路，而 SG13 则着眼于更深层级的方面。该小组还研究了移动通信的网络方面，包括 IMT-2000、IMT-Advanced 和 IMT-2020。
SG13 制定了支持多个服务提供商领域的多云管理和监控服务的标准。该小组现在积极参与物联网（IoT）的网络方面，特别是支持物联网的云计算方面。
- 第 15 研究组（SG15）：用于传输、接入和家庭的网络、技术和基础设施
SG15 是 ITU-T 中规模最大、最活跃的研究组之一。因此，SG15 的工作分为 3 个工作组，每个工作组包含属于 SG15 的 6 个或 7 个问题。这 3 个 WP 包括：
  - 工作组 1（WP1）：专注于光学和金属接入系统、家庭网络和智能电网网络的传输问题。在此框架内，WP1 研究光纤电缆的性能、现场部署和安装方面的问题。WP1 还关注灾难情况下的网络弹性和恢复问题。
  - 工作组 2（WP2）：专注于 OTN 的物理接口、传输特性、维护和运营。这包括网络设备的功能，例如路由器、交换机、中继器、多路复用器、放大器、收发器等。WP2 涵盖传输网络的维护和运营，包括软件定义网络（SDN）的网络保护和恢复、资源优化、可扩展性和网络敏捷性。
  WP2 所涵盖的网络传输媒体和技术包括光纤光缆、密集波分复用和稀疏波分复用（DWDM 和 CWDM）光学系统；OTN、以太网和其他基于分组的数据服务。
  - 工作组 3（WP3）：侧重于传输网络的逻辑层及其特性。该计划涉及运输系统的管理和控制，包括运营、管理和维护（OAM）、数据中心互连和家庭网络服务。WP3 还专注于频率和精确时间的同步以及接入技术及其特性的互通，以支持 5G 回传和前传网络。本书引用的大多数建议来自问题 13（Q13），它是 WP3 的

一部分（本身就是第 15 研究组的一部分）。关于 Q13（如前所述）的更多详细信息，请参见第 8 章。

- 第 16 研究组（SG16）：多媒体编码、系统和应用
SG16 负责定义多媒体标准化的各个方面，包括终端架构、协议、安全性、移动性、互通和 QoS。SG16 涵盖了各种数字服务，包括网真、IPTV、音视频编码、信号处理、视觉监控、残疾人无障碍通信、电子健康、智能交通系统等。

- 第 17 研究组（SG17）：安全
第 17 研究组协调所有 ITU-T 战略目标的安全相关要求。它与其他 SDO 密切合作，处理网络安全、安全管理、安全架构和身份管理等领域的广泛标准化问题。该 SG 重点解决了物联网、智能电网、智能手机、SDN、云网络、Web 服务、分析、社交网络、移动金融系统、IPTV 和医疗保健远程服务的安全架构要求。

在第 8 章中将介绍更多关于 ITU-T 用于制定建议流程的信息，以及关于 SG15 建议中与定时和同步相关的具体细节。

4.1.3 国际电信联盟电信发展部门

国际电信联盟电信发展部门审查与电信服务不足的国家有关的电信问题。ITU-DSG 通过调查，为成员国和部门成员（准成员和学术界）提供交流意见、提出想法和分享经验的机会。ITU-D 负责根据研究组成员提供的意见分享最终报告、指南和建议。

ITU-D 下设有两个研究组：

- 第 1 研究组（SG1）：为电信 /ITC 的发展创造有利环境
第 1 研究组侧重于国家电信 /ICT 政策、监管以及电信技术和战略方面，为发展中国家带来惠益。这些政策和战略还涵盖了支持宽带服务、云计算、网络功能虚拟化（NFV）、消费者保护以及有助于可持续增长的未来电信服务的基础设施要求。
第 1 研究组涵盖以下内容：
  - 确定服务成本的经济政策和方法。
  - 向农村和边远地区提供电信服务、为残疾人和其他有特殊需要的人提供接入的政策和战略。
  - 关于采用、实施和迁移数字广播服务的政策。
- 第 2 研究组（SG2）：促进可持续发展的信息和通信技术服务和应用
除了信息和通信技术的应用，第 2 研究组还侧重于信息和通信技术的服务和应用，并为信息和通信技术的使用建立更大的信心和安全性。包括：
  - 利用信息和通信技术应用程序监测和减轻气候变化的影响，特别是对发展中国家的影响。也包括应对和管理自然灾害的影响和救济工作。
  - 研究电磁场对人类的影响，并制定安全处理电子垃圾的程序。保护电信和 ICT 设备免遭伪造、假冒或盗窃。

- 实施设备和器材的一致性和互操作性测试方法。

4.1.4 国际移动通信

ITU-R 为包括移动业务在内的各种业务定义了射频（RF）频谱。在 ITU-R 内部，5D 工作组（WP5D）负责整个无线电系统。WP5D 一直在与各国政府和行业参与者合作开发国际移动通信系统（International Mobile Telecommunications system，IMT）。IMT 提供了一个全球平台，用于定义构建下一代移动服务的要求和规范。

最初的 IMT 标准于 2000 年由国际电信联盟批准，称为 IMT-2000，并作为第三代（3G）移动网络的基础。2012 年 1 月，国际电信联盟为第四代（4G）移动网络定义了详细规范，并作为 IMT-Advanced 的一部分（见本章参考文献中的 ITU-R M.2012-4 条目）。

ITU-R M.2083 建议描述了 2020 年及以后 IMT 发展的详细框架。IMT-2020 集中讨论了第五代（5G）移动网络。不仅包括对传统移动宽带系统的改进，而且还将其扩展到了新的应用案例。

如图 4-1 所示，IMT-2020 定义了 3 种使用场景：增强型移动宽带（eMBB）、大规模机器类通信（mMTC）和超可靠低延迟通信（uRLLC）。

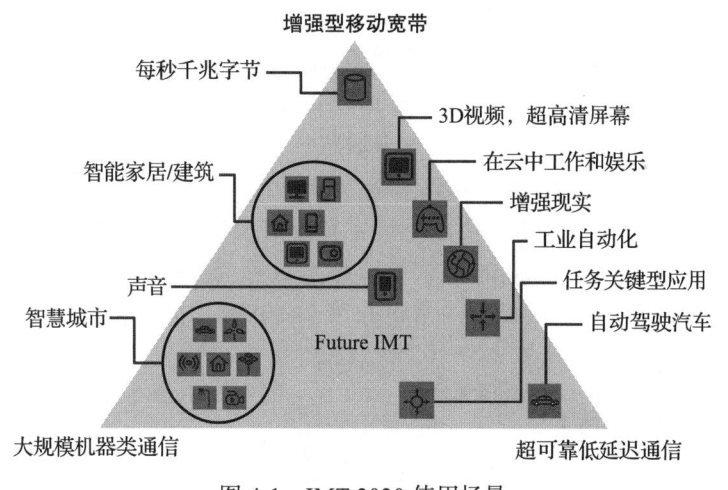

图 4-1 IMT-2020 使用场景

ITU-R 定义了 IMT-2020 兼容技术所需的一组功能，以支持 5G 用例和场景。一个重要的区别是：IMT 开发技术的用例和功能，而其他组织则提出并标准化技术以实现这些目标。总共定义了 13 项功能，其中 8 项被标为关键功能。图 4-2 和图 4-3 中所示的两个蜘蛛网图对这 8 项功能进行了说明。

图 4-2 展示了关键功能以及指示性目标数值，作为制定 5G 无线接入技术详细规范的基础指南。图中将这些目标与上一代移动技术（在 IMT-Advanced 建议中概述）进行了比较。

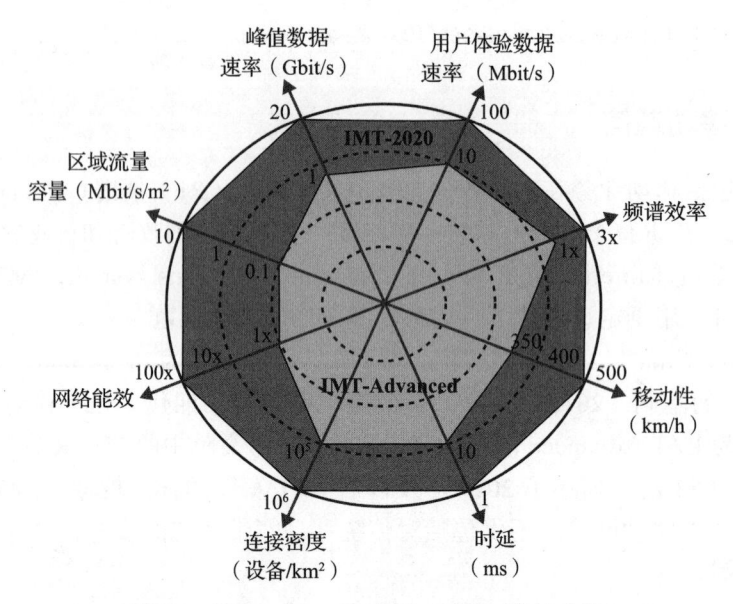

图 4-2　IMT-Advanced 与 IMT-2020 关键功能

图 4-3 说明了使用场景的关键需求。

ITU-R 为最终确定 IMT-2020 愿景采取了多步骤的流程，由 WP5D 领导，历时八年多。在 2020 年的中期，ITU-R 确定了最终提交的候选技术，该技术作为合格的 IMT-2020 技术得到认可。截至撰写本文时，最终的 IMT-2020 规范（称为 IMT-2020.SPECS）正在通过最终协议，然后会转发给成员国以获得通过和批准。

这个过程之所以重要，是因为 IMT 设定了 3GPP 需要满足的移动技术规范要求。只有当 3GPP 发布的规范符合 IMT 的要求时，才有资格被称为 3G、4G 或 5G。例如，3GPP 的第 10 版满足了 IMT-Advanced 的要求，该版本被称为 LTE-Advanced。IMT 文件成为 3GPP 努力实现的目标清单，因此下一节将介绍 3GPP 及其标准化流程。

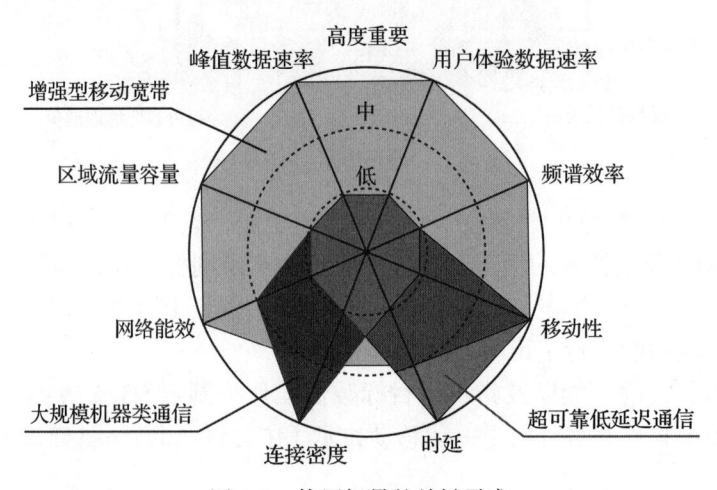

图 4-3　使用场景的关键需求

4.2 第三代合作伙伴计划

第三代合作伙伴计划（The 3rd Generation Partnership Project，3GPP）成立于 1998 年 12 月，其最初目标是根据全球移动通信系统（GSM）的核心网络和无线接入技术的演变，为 3G 移动系统制作技术规范和技术报告。随后对该项目组工作范围进行了修订，包括 GSM 系统的维护和开发、无线接入的演进，例如通用分组无线服务（General Packet Radio Service，GPRS）和 GSM 演进的增强数据速率（Enhanced Data rates for GSM Evolution，EDGE）。

3GPP 制定了技术规范，这些规范由 7 个单独的电信 SSO 转换为标准。这些组织包括 ETSI（欧洲和世界其他地区）、ATIS（美国）、ARIB（日本）、TTC（日本）、CCSA（中国）、TSDSI（印度）和 TTA（韩国）。

3GPP 计划包括蜂窝系统的端到端规范，如无线接入技术、蜂窝系统和服务框架。为了解决这些技术领域，3GPP 有 3 个技术规范组（TSG）。

- 无线接入网技术规范组（TSG RAN）：负责网络的无线电部分（移动用户设备和基站），即频分双工（FDD）和时分双工（TDD）两种无线电类型。TSG RAN 不仅指定了性能和 RF 特性，还指定了一致性测试。它由 6 个工作组组成，包括专门负责无线电第 1 层的第一工作组（WG1）、无线电第 2 层和第 3 层的第二工作组（WG2）以及运营维护的第三工作组（WG3）。
- 核心网和终端技术规范组（TSG CT）：负责指定 3GPP 系统的核心网络组件，包括控制移动性、策略、呼叫连接控制等因素的信令接口。还负责指定终端（用户设备）特性、QoS 和用户身份模块（SIM）技术。
- 服务和系统方面技术规范组（TSG SA）：负责整个系统架构的定义、演变和维护，包括在各个子系统之间分发功能。由 6 个工作组组成，其中包括一个安全工作组。

3GPP 技术历经了每一代移动系统的发展演进。在定义 3G 技术之后，3GPP 发布了 LTE（Long-Term Evolution，长期演进）、LTE-Advanced、LTE-Advanced Pro 以及目前的 5G 工作。3GPP 已经成为定义全球移动技术规范的唯一技术机构。3GPP 定义了无线接入网络解决各种移动性用例的时间和频率同步要求，但没有定义时间和频率的实现方法。3GPP 规范是以版本形式发布的，每个版本包括在前一版本基础上增加的功能。表 4-1 概述了 3GPP 版本以及每个版本的相关移动技术。请注意，为了避免引入过多的新术语和首字母缩略词，此表已大大简化。

3GPP 使用并行发布系统来提供稳定的实施平台，同时允许添加新功能。一个版本不仅包含新实现的功能，而且是建立在先前版本的基础上，以确保向后的兼容性。例如，LTE 在第 8 版中首次引入，并且今天仍在随着第 14 版和第 15 版的发展而发展。与此同时，3GPP 在第 15 版中引入了 5G 新无线电（NR）。

表 4-1 3GPP 版本

版本	里程碑
R99	整合基础 GSM 规范的同时结合了新 RAN 开发的 3G 规范
R4	包括所有 IP 核心网络的 3G（UMTS）
R5	高速下行链路分组接入（HSDPA）
R6	高速上行链路分组接入（HSUPA）
R7	HSPA+ 或演进的 HSPA，有时也称为 3.5G
R8	长期演进（LTE）
R9	LTE 广播（增强型多媒体广播多播系统，称为 eMBMS）、LTE 语音（VoLTE）、LTE 定位
R10	LTE-Advanced、载波聚合（CA）和先进的多输入多输出（MIMO）天线技术
R11	协调多点（CoMP）
R12	FDD-TDD 载波聚合（CA）
R13	LTE-Advanced Pro，物联网技术，非许可频段的 LTE
R14	增强型许可辅助接入（LAA），允许 LTE 在上行链路和下行链路使用 5GHz 非许可频段（也被 Wi-Fi 使用）
R15	5G 第一阶段，在现有频段中引入第一个 IMT-2020 增强功能；还包括机器类型通信（MTC）和物联网的各个方面
R16	5G 第二阶段，完成 IMT-2020 的初始 5G 提交
R17	在 2021 ~ 2022 年开发（时间表可能会受到 COVID 的进一步影响），包括对 5G 的增强（下文本中将讨论）
R18	撰写本文时（2021 年初）刚刚开始的研究

3GPP 于 2015 年 9 月开始研究 5G NR，其目标和愿景是满足 IMT-2020 的要求。3GPP 技术报告（TR）38.913 描述了 5G NR 的场景、关键性能要求以及架构、迁移、补充服务、运营和测试的要求。这项研究于 2017 年 3 月完成，采用了第 14 版的 3GPP TR 38.912，捕获了新无线接入技术的一系列特性和功能，并对其可行性进行了研究。

3GPP 分两个阶段制定 5G 规范。第 15 版标志着 5G 规范的第一阶段，而第 16 版则涵盖了第二阶段。甚至从第 15 版开始的 NR 接入工作也被分为三个阶段，以满足不同网络运营商的需求。这是因为一些运营商希望将 5G 无线电技术与现有的 LTE 网络相结合，即所谓的非独立（NSA）模式：

- 第 15 版早期交付：专注于 NSA NR 架构，允许运营商在仍然基于 4G 移动核心（称为 EPC）的系统架构中向现有的 LTE 基站（eNB）添加 NR 基站（称为 gNB）。
- 第 15 版主体冻结：专注于独立 NR（SA NR）架构，其中 NR gNB 连接到 5G 核心网（5GCN），无须任何 LTE 参与。这将更适合不需要与任何现有 LTE 网络基础设施共存的新网络部署。
- 第 15 版后期交付：包括支持 LTE 基站可以成为 SA NR 网络一部分的架构，具有两种不同的部署选项：1）通过 NR 基站辅助控制平面；2）通过 LTE 基站辅助控制平面。

如果你对架构选项的详细信息感兴趣，请参阅 3GPP TR 38.801（见参考文献）。

5G NR 规范是在 3GPP 第 15 版中引入的。但是，满足完整的 IMT-2020 要求只能通过完成第 16 版来解决，并且进一步的 5G 系统增强将作为第 17 版的一部分纳入。它们包括 NR MIMO、定位增强、RAN/ 网络切片以及对无人机和卫星的支持等项目。有关第 17 版所包含的工作项目的最新详细信息，请参阅 https://www.3gpp.org/release-17。

与过去的 2G、3G 和 4G LTE 一样，未来 5G 将继续发展，以满足行业和客户的需求，而 3GPP 将引领其发展。

4.3 电气和电子工程师协会

电气和电子工程师协会（IEEE）成立于 1884 年，由一小群电气行业的人创立，以支持在新兴领域的同行们，并帮助他们努力应用创新技术来改善人类生活。如今，IEEE 是世界上最大的专业技术组织，由众多专注于特定技术领域的协会（39 个）组成。在这些协会中，IEEE 计算机协会是世界领先的计算和信息技术专业人员的组织。

IEEE 标准协会（IEEE SA）由标准协会标准委员会（SASB）领导，该委员会负责协调和促进标准的制定。包括批准项目的启动，并确保其保持共识、程序正当、开放性和平衡。SASB 还负责对标准进行最终批准。

除电信领域外，IEEE SA 还为其他广泛的领域做出了贡献，如消费技术、交通、电子、信息技术、医疗保健和机器人技术等。标准制定过程包括对草案进行正式投票，然后由 SASB 审查委员会进行评估，并由 SASB 进行最终批准。

IEEE SA 最显著的成功之一是 IEEE 802 系列标准。截至今天，IEEE 802 系列标准包括 70 多个已发布的标准，以及至少 50 多个正在开发的标准。IEEE 802 涵盖了以太网、局域网（LAN）、无线局域网（WLAN）、城域网（MAN）等所有相关内容。802.1 系列标准的一部分是时间敏感网络（TSN）任务组，除此之外，还开发了精确时间协议（Precision Time Protocol，PTP）配置文件 IEEE 802.1AS。有关 TSN 的更多信息，请参阅 4.3.2 节，第 7 章则深入介绍了 PTP 配置文件。

一个 IEEE 学会，即仪器仪表和测量学会，成立了精确网络时钟同步（PNCS）工作组，也称为 P1588，致力于在基于以太网的网络中进行精确的时间分发。以下部分简要讨论了这些 IEEE 小组对时间同步标准的贡献。

4.3.1 IEEE 精确时间协议

2002 年，IEEE 推出了 1588 标准，该标准定义了一个精确的时钟同步协议，以使用分组网络同步分布式时钟。IEEE 1588，即大家熟知的 PTP，与其他常见协议（如网络时间协议（NTP））相比，旨在提高本地系统的定时精度。

IEEE 1588 的第一个批准版本于 2002 年 11 月发布，标题为"网络测量和控制系统的精确时钟同步协议标准"。但是，许多人将原始的 1588—2002 称为 IEEE 1588v1（第 1 版）。

IEEE 1588—2002 后来被修订为 IEEE 1588—2008 标准，也称为 IEEE 1588v2 或 PTP 第 2 版（PTPv2）。在撰写本文时，IEEE 已经添加了另一个版本，因此有三个名为 "网络测量和控制系统精确时钟同步协议标准" 的 1588 标准：

- IEEE 1588—2002：原始版本。
- IEEE 1588—2008：第二个版本，提高了准确性、精确度和稳健性，但与原始 2002 版本不向后兼容。它更适合广域部署，并通过 PTP 配置文件的概念引入了可扩展性。
- IEEE 1588—2019：五年后，在 2013 年 6 月，一个项目被授权修订 IEEE—2008 标准，以提高 PTP 的安全性，同时为需要亚纳秒级时间准确度的应用提供实现。2019 年 11 月，IEEE 发布了 IEEE 1588—2019，非正式名称为 PTPv2.1，旨在向后兼容 IEEE 1588—2008。

目前，P1588 工作组正在开展由 IEEE SA 批准的另外六个项目，以修订 IEEE 1588—2019 标准。这些项目在 IEEE 的项目授权请求（PAR）中进行了描述，并且以 P1588a 到 P1588g 为标题。这些项目预计将在 2022 年底完成。有关这些修订的详细信息，请查询 https://sagroups.ieee.org/1588/active-projects/。

这种基于标准的时钟同步方法具有成本效益，支持异构网络，并为时钟分发提供了纳秒级的同步精度。如今，PTP 已应用于许多不同的领域，包括测试和测量、工业自动化、电力工业、电信、航空航天和汽车、音视频分发等。

请注意，IEEE 1588 标准的三个版本 PTPv1、PTPv2 或 PTPv2.1 都不是以太网规范的一部分。第 7 章详细讨论了 PTP 和所有主要的配置文件。

4.3.2　IEEE 时间敏感网络

时间敏感网络（TSN）任务组（TG）（IEEE 802.1 工作组的一部分）负责 IEEE 802 LAN/MAN 标准委员会旗下的一部分标准。IEEE 802.1 TSN 专注于增强 IEEE 以太网标准，以满足对时间敏感应用的跨行业要求。TSN 任务组（TG）是从音频视频桥接（Audio Video Bridging，AVB）TG 演变而来的，因此其一些标准仍然包含这段历史的元素。

TSN 任务组的主要章程是开发支持那些通过 IEEE 802 网络传输的确定性服务。确定性意味着它具有一个有保证的、可预测的性能水平，具有准确的定时、有限的（低）延迟、低分组延迟变化（PDV）和低分组丢失。这些确定性特征对多个行业都非常重要，包括航空航天、汽车、制造、交通、公用事业、5G 移动前传网络等。

TSN 是一组标准的统称。它更像是网络设计人员的工具箱，用于选择网络中目标应用程序所需的内容。TSN 的主要标准包括以下内容：

- IEEE 802.1Q—2018 标准：网桥和桥接网络（指定 IEEE 802.3 以太网网络上的 Dot1q VLAN 标签）。

- IEEE 802.1AB—2016 标准：站和媒体访问控制连接发现（指定链路层发现协议[LLDP]）。
- IEEE 802.1AS—2020 标准：时间敏感应用的定时和同步（指定 PTP 配置文件）。
- IEEE 802.1AX—2020 标准：链路聚合组（称为 LAG 组）。
- IEEE 802.1CB—2017 标准：帧复制和消除以提高可靠性。

很多时候，TSN 会对其中一个基本 802.1 标准进行修订，这些修订最终会被纳入基本标准的更新中，就像 802.1Q VLAN 规范一样。较大标准的后续版本包含许多最初单独发布的独立文档。

由于有许多技术和选项可用于特定问题领域，因此 TSN TG 引入了 TSN 配置文件的概念（不要与 PTP 配置文件混淆）。TSN 配置文件可以根据其适用的行业进行分类（标准标识符前面的 P 表示它是一个正在进行的项目）：

- IEEE 802.1BA—2011：用于音频视频桥接系统的 TSN。
- IEEE 802.1CM—2018：用于前传的 TSN。
- IEC/IEEE 60802：用于工业自动化的 TSN 配置文件。
- IEEE P802.1DG：用于汽车车载以太网通信的 TSN 配置文件。
- IEEE P802-1DF：用于服务提供商网络的 TSN 配置文件。
- IEEE P802.1DP：用于航空航天机载以太网通信的 TSN。

TSN 配置文件是对选项和功能的数量和范围加以限制，以简化部署并提高互操作性和合规性（与 PTP 配置文件的目标相同）。对于如何为特定角色构建网络，TSN 采用智能决策，并鼓励各行业采用自己的解决方案。

请注意，在这些标准使用的术语中，网桥基本上是一个交换机（而不是不参与转发的终端）。用于其他用例（如车辆和工业自动化以及服务提供商网络）的 TSN 配置文件处于不同的开发阶段。

就本书主题而言，定义 RAN 前传的 TSN 配置文件的 802.1CM—2018 标准是最相关的标准。IEEE 802.1CM 要求使用 ITU-T G.8275.1 PTP 配置文件作为前传网络的一部分。还有一个后续项目 P802.1CMde，正在开发该标准的增强功能，以支持 RAN 前传的新发展。

TSN 构建了这些标准，以解决网络架构的四个主要支柱问题——时间同步、有限低延迟、超可靠性和资源管理。表 4-2 列出了每个组的相关标准或正在进行的项目。（同样，标识符之前带有 P 的标准是正在进行的项目）。

某些应用程序需要对互连网络设备之间的时间有共同的理解才能正常运行。同样，旨在提供确定性行为的网络可能还需要时间对齐才能正确运行。这种情况通常可以通过应用基于 PTP 的解决方案来解决。

IEEE 1588 的问题在于它描述了许多定义不明确的参数和部署选项。人们可以将 IEEE 1588 描述为只概述你可以做什么，而不是你应该做什么。缺乏严格的定义可能会影响硬件和软件的选择，而且也会增加部署中不兼容的可能性。

表 4-2 TSN 标准 / 项目和相关类别

类别	TSN 标准 / 项目
时间同步	定时和同步（802.1AS—2020）；包括 IEEE 1588 的配置文件
	802.1AS 热备用机制（P802.1ASdm）
	适用于 802.1AS 的 YANG 数据模型（P802.1ASdn）
有限低延迟	基于信用的整形器（802.1Qav）
	帧抢占（802.3br—2016 和 802.1Qbu—2016）
	调度流量（802.1Qbv—2015）
	循环排队和转发（802.1Qch—2017）
	异步流量整形（802.1Qcr—2020）
	服务质量规定（P802.1DC）
超可靠性	帧复制和消除（802.1CB—2017）
	路径控制和保留（802.1Qca—2015）
	流过滤和监管（802.1Qci—2017）
	时间和同步的可靠性（802.1AS—2020）
专用资源、模型和应用程序编程接口	流预留协议（SRP）(802.1Qat—2010)
	SRP 增强功能和性能（802.1Qcc—2018）
	基础 YANG 数据模型（802.1Qcp—2018）
	链路本地注册协议(P802.1CS)
	资源分发协议(P802.1Qdd)
	TSN 配置增强功能(P802.1Qdj)
	用于多帧数据单元的 LLDPv2(P802.1ABdh)
	用于连接故障管理（CFM）的 YANG（802.1Qcx—2020）
	用于 LLDP 的 YANG(P802.1Qcw)
	用于 Qbv、Qbu 和 Qci 的 YANG(P802.1Qcw)
	用于 FRER 的 YANG 和 MIB(P802.1CBcv)
	扩展流表示(P802.1CBdb)
	适用于 802.1AS 的 YANG 数据模型(P802.1ASdn)

  出于这些原因，TSN 指定了一个在 IEEE 802.1Q 标准下通过全双工以太网链接（也包括一些其他传输类型）使用适用 PTP 技术的配置文件。TSN TG 发布了 IEEE 802.1AS—2011 配置文件，标题为"桥接式局域网中时间敏感应用的定时和同步"。此规范有助于实现基于 1588/PTP 的精确时间同步，通常称为广义 PTP 或 gPTP。该配置文件的最新版本是 IEEE 802.1AS—2020。

  IEEE 802.1AS 使用第 2 层指定了一个通过物理或虚拟桥接 LAN 传输同步时间的 PTP 配置文件。它还允许通过其他媒体类型 [如 Wi-Fi（IEEE 802.11）] 进行同步。第 7 章更详细地讨论了 IEEE 802.1AS 以及其他重要的 PTP 配置文件。

  802.1AS 配置文件是为网络低延迟应用（尤其是音频 – 视频）设计的多个关键 802.1 标准之一（请注意 TSN 组最初是 AVB 组）。如前所述，它们被合并到 IEEE 802.1BA—

2011 标准的 TSN 配置文件（不是 PTP 配置文件）中。因此，TSN 配置文件包括 PTP 配置文件。

当然，本书主要关注移动应用程序，这些应用程序（至少到目前为止）几乎没有使用过 IEEE 802.1AS PTP 配置文件——因此，本书也不会对该标准进行更多的探索。但值得关注的是，有几种 TSN 技术可以用于 TSN 配置文件，甚至可以作为独立技术使用（有关这些标准的更多详细信息，请参阅 TSN TG 网站，https://1.ieee802.org/tsn/）。

TSN 通过添加两种技术来提高时间敏感网络应用程序的实时性能：帧调度（IEEE 802.1Qbv）和帧抢占（IEEE 802.1Qbu）。帧调度是一种定期将传输时间分发给不同类别流量的技术。调度程序为每类流量分发一个时隙，在此期间允许其独占使用以太网网络，从而确保优先流量得到保证且不间断的传输。这使得通过网络的路径更具可预测性和确定性。

帧抢占定义了一种机制，允许时间关键消息中断正在进行的非时间关键传输。帧抢占与另一个标准 IEEE 802.3br "穿插快速流量的规范和管理参数"相关联，该标准允许在共享单个物理链路时将较长的帧拆分为较小的片段。此功能允许接口暂时中断长帧的传输，并在恢复长帧的传输之前发送时间关键快速帧。被中断的帧在链路的另一端得到重新组装（因此链路的两端都需要支持此功能）。

当然，这种技术有助于减少延迟，尤其是在短时间、高度时间关键流量与使用超长（巨型）帧的流量混合的情况下。随着流量接口速度的增加，帧抢占和快速交织产生的正增益趋于减少，因为即使是巨型帧在更高的速度下也能快速传输（考虑 1GE 与 100GE）。

在 5G RAN 中，满足基于分组的前传网络的确定性抖动和延迟要求是一项相当大的挑战。现在，只需知道前传是传输网络的名称，该传输网络在最后一英里（1 英里 = 1 609.344m）内将流量传递到移动网络最边缘的蜂窝基站。前传将在以下几章中更详细地介绍。就目前而言，只需了解 5G 对设备有严格的要求，即在用于构建 RAN 前传网络时要支持低延迟和低 PDV。

TSN 配置文件标准 IEEE 802.1CM 旨在提供有关 TSN 和定时技术的建议和规范，以便在基于以太网网桥的前传部署中使用。如上一节所述，另一个因素是 5G 第 15 版和第 16 版定义了移动的时间敏感用例，进一步推动了对确定性、低延迟传输网络的需求。

总之，针对以太网桥接网络上的实时和确定性服务行为，TSN 构建了基础技术。TSN 正在不断发展，以满足越来越多的不相关行业对时间敏感网络日益增长的兴趣。

4.3.3　电气和电子工程师协会与国际电工委员会

国际电工委员会（IEC）是一个全球性组织，成立于 1906 年，在电气、电子和相关技术领域制定国际标准并运营合格评定系统。在 19 世纪初，IEC 在统一全球电气系统方面发挥了非常重要的作用，甚至通过引入与电和磁有关的单位（包括欧姆、伏特和安培），为目前的测量系统做出了贡献。

IEEE 和 IEC 已达成协议，加强在制定国际标准方面的合作。IEC/IEEE 双重标识协议鼓励通过优化资源和汇集专业知识来联合制定标准，以缩短制定和发布标准的时间。

与时间同步相关的以下三个规范相当突出：IEC 62439-3、IEC/IEEE 61850 和 IEC/IEEE 60802。

- IEC 62439-3：IEC 62439 系列标准"工业通信网络——高可用性自动化网络"的一部分，规定了并行冗余协议（PRP）和高可用性无缝冗余（HSR）协议，可在网络中的网桥或网桥之间的链路发生单次故障时提供无缝恢复。

  为了进一步提高网络的弹性，PRP 和 HSR 背后的（冗余）原则也被扩展到网络时钟。IEC 62439-3（2016）标准的附件 C 规定了两个工业自动化精确时钟配置文件：一个使用第 3 层端到端（L3E2E）延迟测量，另一个使用第 2 层对等（L2P2P）延迟测量。有关详细信息，请参阅第 7 章。

- IEC/IEEE 61850：一个变电站自动化标准，为电网变电站中部署的智能电子设备（IED）定义通信协议。为了正确运行（和其他好处），变电站内的设备需要与时间服务器（例如 GPS 接收机或 PTP 主时钟）进行时间同步。

  IEEE/IEC 还定义了一对 PTP 配置文件，称为电力公用事业自动化配置文件（PUP）和 PTP 行业配置文件（PIP）。随后，还开发了 IEEE C37.238—2017，称为电力配置文件，用于在发电站、变电站和整个配电网中分发时间。有关这些标准的更多详细信息，请参阅第 7 章。

- IEC/IEEE 60802：IEC 和 IEEE 802 的联合项目，用于定义工业自动化的 TSN 配置文件。与其他 TSN 配置文件一样，该标准选择使用网桥、终端站和 LAN 的功能、选项、配置、默认值、协议和程序来构建工业自动化网络。IEC/IEEE 60802 为工业自动化的多供应商融合 TSN 网络基础设施的设计提供了基础指南。

  60802 使用 TSN 技术来改进标准（IEEE 802.1 和 802.3）以太网网络，提供具有低 PDV、有限低延迟、关键流量零分组丢失和高可用性的、有保证的数据传输。当前版本的 60802 定义了两种类型的设备：A 类和 B 类。A 类设备支持各种 TSN 功能，包括调度流量、帧抢占和许多其他功能。某些功能对于 B 类设备是可选的，这使得 B 类设备比 A 类设备更容易得以实现。

第 7 章进一步介绍了支持电力行业的 PTP 配置文件。

4.4 欧洲电信标准协会

欧洲电信标准协会（ETSI）是一个处理电信、广播和其他电子通信网络和服务的欧洲标准组织。ETSI 是一个较新的组织，1988 年应欧盟委员会的要求成立。虽然它的身份特殊，是欧洲仅有的三个官方标准组织之一，但它的影响越来越全球化。现在由来自

60 多个国家的 900 多个成员组织组成。

ETSI 拥有众多技术委员会，负责特定技术领域的标准化工作。该组织中也有一些部门更多地与细分市场或行业协会合作，而非技术领域。还有一些部门与其自身的主要合作伙伴合作，目前是 3GPP 和 oneM2M。

提示：有关 ETSI 标准制定过程以及与 ITU-T 比较的详细信息，请参见本章末尾的 ETSI 参考文献《了解 ICT 标准化：原则与实践》。

ETSI 是组成 3GPP 的七个成员（组织合作伙伴）之一。3GPP 提供了一个成熟的开发环境，可以制定有关支持移动通信的技术标准、技术报告和规范。一旦这些文档获得 3GPP 的批准，每个组织合作伙伴都会将这些标准作为自己的标准，并使用相同的文本进行发布。如果你曾经浏览过 3GPP 或 ETSI 网站的技术报告或标准，应该注意到了这种共性。应欧盟委员会要求，这些出版物也可以作为欧洲标准（EuroNorm）采用。

ETSI 的另一个合作伙伴是 oneM2M，它的创建是为了整合机器对机器（M2M）和物联网技术的标准化。与 3GPP 一样，oneM2M 由包括 ETSI 在内的区域标准制定组织组成。oneM2M 的目的和目标是成为可以嵌入设备硬件和软件中的通用服务层开发技术规范。这将使现场设备能够更轻松地与配备相同功能的 M2M 应用服务器进行通信。与 3GPP 的安排一样，合作伙伴组织重新发布了 oneM2M 规范和报告。

ETSI 还为 3GPP 和 oneM2M 技术委员会提供测试和互操作性支持。ETSI 测试和互操作性中心（CTI）支持测试互操作性、符合协议规范以及验证 3GPP 和 oneM2M 定义的标准。

ETSI 还主持成立了一个行业规范小组（ISG），为 NFV 规范的标准化做出贡献。ETSI ISG NFV 社区最初由七家运营商组成，为该主题贡献了 100 多种规范和报告。这些规范大约每两年收集并发布一次。最新的 NFV 第 4 版于 2020 年底正式批准并发布。

提示：更多有关 ETS 对 NFV 贡献的详细信息，请参阅 https://www.etsi.org/technologies/nfv。

4.5 互联网工程任务组

互联网工程任务组（IETF）是一个标准机构，在互联网协会（ISOC）的法律保护下，专注于开发基于 IP 的（互联网）网络协议。IETF 是一个完全开放的社区，没有正式的会员资格，主要是一个志愿者组织。IETF 负责互联网标准的制定和质量，而 ISOC 则负责 IETF 的法律和组织问题。IETF 的组织结构和功能在许多 RFC 中都有概述，如 RFC 8712。

IETF 的标准化过程通常被描述为"粗略的共识和运行代码"。（全球范围的）工程师聚集在专门针对特定领域的各个工作组中，交流他们的想法和智慧，以达成对于规范的粗略共识。接下来的目标是，通过运行代码来实现标准——这是一种专门为允许快速开发互操作协议而设计的方法。RFC 2026（以及随后的勘误表和更新）中概述了这个标准化过程。

互联网规范（以及许多其他相关文件）作为一系列文档之一正式发布，称为征求意见文档（RFC）。RFC 传统文档可以追溯到最初的 RFP 1，其历史可以追溯到 50 多年前。在互联网架构委员会（IAB）的总体指导下，RFC 编辑直接负责 RFC 的发布。

一个规范要获得通过，需要经过一段时间的开发以及互联网社区多个周期的审查和更新。这不是一个简单的过程，因为即使达到"标准草案"的状态，也需要至少两个对于该标准完全独立的实现，而且这些实现已经被证明可以互操作。最终，修订后的文件作为标准采用并予以公布，但前提是该文件已获得实质性的运营成熟度和大量成功实施的案例。

IETF 将其工作划分为多个领域，每个重点领域都有自己的一套工作组：

- 应用程序和实时领域（art）：为"实时"应用程序开发应用程序协议和架构——语音、视频、即时消息等，更能容忍时延的应用程序——HTTP、电子邮件和 FTP 等，以及在实时和非实时部署中广泛使用的应用程序——统一资源标识符（URI）方案、多用途互联网邮件扩展（MIME）类型、身份验证机制、编解码器等。
- 通用领域（gen）：专注于更新和维护 IETF 标准制定过程。
- 互联网领域（int）：包括 IP 层（IPv4 和 IPv6）、IP 版本之间的共存、与 IPv4 地址空间限制相关的问题、DNS、虚拟专用网络（VPN），以及伪线路和多协议标签交换（MPLS）相关的问题、移动性等。
- 运营和管理领域（ops）：包括网络管理、身份验证、授权和记帐（AAA），以及 DNS、IPv6、安全性和路由方面的各种运营问题。IETF 进一步将 ops 分为两个独立的功能：
  - 网络管理涵盖互联网管理、与 AAA 相关的协议（如 NETCONF、SNMP、RADIUS 和 Diameter），以及 YANG 等数据建模语言。
  - 运营主要负责考虑运营商关于 IETF 工作的反馈和建议。
- 路由领域（rtg）：负责确保互联网路由系统的持续运行，并及时开发新协议、扩展功能和修复错误。
- 安全领域（sec）：侧重于提供完整性、身份验证、不可否认性、机密性和访问控制等安全服务的协议。
- 传输领域（tsv）：涵盖与互联网数据传输相关的一系列技术主题。支持针对互联网拥塞的检测、响应和管理机制，支持传输控制协议（TCP）、前向纠错（FEC）、服务质量、拥塞控制和管理等协议。

IETF 与 IEEE 密切合作和协调，尤其是该组织的 802 部分。通过这种安排，IETF 在部署非常广泛的 LAN 技术中能更好地获得 IEEE 802 的专业知识，而 IEEE 802 则更好地获得了 IETF 在 IP 封装、路由和传输方面的专业知识。有关两个组织之间关系的详细信息，请参阅 RFC 7241。

早在 IEEE 定义 PTP/1588 之前，IETF 就通过其 RFC 流程开发了 NTP。IETF 从 20 世纪 80 年代中期开始制订 NTP（RFC 958），其当前版本为第 4 版（RFC 5905），已经是一种非常成熟的技术。关于第 5 版 NTP 的研究已经启动，目的是提高准确性，这项工作目前处于 RFC 草案阶段。

RFC 5905 和 RFC 4330 还定义了 NTP 的一个子集，称为简单网络时间协议（SNTP），用于支持不需要 NTP 全部功能和性能的网络和应用程序。IETF 在定时领域另一个值得关注的贡献是 RFC 3339，它基于 ISO 8601 定义了在 IP 中使用的日期和时间格式。

IETF 中有一个名为"通过 IP 连接进行定时和传输时钟（TICTOC）"的工作组，负责互联网技术定时方面的工作。TICTOC 工作组是与 PTP 和时间相关的大约四到五个已发布的（但目前仍是草案）RFC 的推动者。最重要的是，TICTOC 目前为企业网络定义了一个 PTP 配置文件，称为企业 PTP 配置文件。可能的采用者包括金融贸易公司，相比 NTP 当前的实现能力，这些公司需要更精确的时间准确度。

TICTOC 的贡献还包括为 PTP 定义 SNMP MIB 和 YANG 数据模型，以及 PTP 安全和多路径同步的 RFC。RFC 8575 草案定义了一个 YANG 模型，用于配置 IEEE 1588 中指定的 PTP 时钟（默认配置文件）。有关 PTP 监控、管理和保证的更多详细信息，请参阅《5G 移动网络的同步（下册）》第 12 章。第 7 章提供了有关企业 PTP 配置文件的更多信息，本章末尾还有其他参考资料。

IETF 的另一个相关部分是确定性网络领域的确定性网络（Deterministic Networking, DETNET）工作组。该工作组重点关注定义数据路径的机制，这些路径在第 2 层和第 3 层网络上的延迟、分组丢失、PDV（抖动）和可靠性的性能是有限的。DETNET 工作组与 IEEE TSN 合作，为下一代技术（如 5G）和工业自动化定义 TSN。基于负责第 2 层操作的 IEEE TSN 的工作，DETNET 工作组负责为第 2 层和第 3 层定义一个通用架构。

当然，除了这里概述的专业领域，IETF 还是大部分基于互联网、IP 和 MPLS 的传输网络背后的总体指导，这些网络将所有内容连接在一起。这些技术是传输网络的关键组成部分，不仅可以传输定时信号，还可以构建将移动基站连接到互联网其余部分的网络。因此，下一节将介绍定义无线接入网络标准的组织。

4.6 无线接入网

5G 网络需要考虑广泛的应用情况，因此必须采用一个灵活的架构，以适应多种部署场景。通常，无线接入网（RAN）由基站、无线电和天线组成。这些设备通常由无线电供应商提供的专用硬件或专有设备组成。现在，RAN 中该模型发生了重大变化，其中最重要的两个变化是虚拟化和集中化。

一个变化是基站中的一些功能（例如，无线电基带处理）可以虚拟化并部署在商用现成（COTS）硬件上。这使 RAN 从硬件设备转向（越来越开放的）软件模型。RAN 软件虚拟化还允许运营商和供应商构建新的功能集，以解决各种行业用例，包括物联网、工业自动化等。

另一个变化是将一些无线电处理转移到一个更集中的站点，而不是全部托管在基站上。这样做有利于实现相邻基站之间的低延迟协调，并减少远程基站所需的设备和基础设施的占地面积。留在基站的无线电组件通过网络连接到集中式组件，也就是现在所称的前传网络。

由于无线电处理中的延迟要求，这种前传网络没有广泛传播，通常限制在半径不超过20km的范围。集中式站点往往更像是一个微型数据中心，并且越来越多地使用云技术进行操作。为了应对任何超低延迟的用例（例如自动驾驶汽车），可以在这些微型数据中心中将应用程序基础架构部署在更靠近最终用户的位置。该架构提供了灵活性，可以在单个云基础架构中部署 RAN 软件以及分组核心功能和应用软件。

向虚拟化和 5G 架构转变的后果之一是软件的贡献增加和专有硬件的减少。这使运营商产生了强烈愿望，希望在 RAN 中转向更开放的系统。这些运营商和许多行业供应商聚集在一起，组成了各种联盟，使用开放协议定义 5G RAN 功能，并指定 COTS 平台功能。以下部分将介绍 RAN 中这些演变背后的一些最重要的组织。

4.6.1 公共无线接口

公共无线接口（CPRI）是爱立信、华为、NEC、诺基亚（前西门子）和北电（Nortel）五家公司合作开发的。北电在为 CPRI 的早期发布做出贡献后，于 2009 年 12 月离开了该组织。CPRI 规范定义了将无线天线连接到 3G/4G 基站的接口。在其术语中，CPRI 是将无线设备控制器（REC）连接到无线设备（RE）接口的规范。最新版本的 CPRI 规范（7.0 版）已于 2015 年 10 月发布。

提示：*不同 SDO 之间，甚至每一代移动设备之间的术语，给这个领域的新人带来了严重的困惑。在阅读本书时，我们倾向于简单化，整本书到结尾都在避免使用一些术语。但是，看到来自不同组织的完全不同的术语，并且这些术语因每一代新的移动规范而发生变化时，请不要感到惊讶。*

尽管第 1 层传输是标准化的，但 CPRI 规范为传输供应商的特定数据保留了数据字段，允许制造商定制自己的 CPRI 部署。由于这种供应商特定的定制，业界认为 CPRI 接口的实现是专有的。

5G 引入了新的功能，提高了性能，并且需要更灵活的部署场景，这就需要改进 CPRI 的规范。2017 年 8 月，CPRI 发布了增强型 CPRI 规范的第一个版本，称为 eCPRI，具有以下几个优点：

- 前传接口带宽降低到原来的十分之一。
- 统计多路复用的优势。

- 支持基于分组的传输，如以太网。
- 支持实时用户应用程序，使用复杂协调算法来保证无线电性能。
- 通过软件更新进行配置以添加新功能。

2019 年 5 月，CPRI 发布了 eCPRI 2.0 版，这是一个支持以太网实现的传统 CPRI（7.0 版）规范，允许 CPRI 和 eCPRI 互通。

eCPRI 规范成为许多联盟的基础，这些联盟希望为 5G 部署定义基于开放分组的前传接口。向开放规范的转变使运营商更容易混合和匹配供应商设备，并加速其在 5G RAN 网络中的创新。

4.6.2 xRAN 和 O-RAN 联盟

xRAN 论坛成立于 2016 年，目标是开发、标准化和推广基于软件的可扩展 RAN（xRAN）。在运营商 AT&T、德国电信、KDDI、NTT DOCOMO、SK 电信、Telstra 和 Verizon 的领导下，xRAN 论坛获得了巨大的行业动力。同时，xRAN 论坛还增加了来自供应商、创新者和研究领导者的贡献成员，包括英特尔、德州仪器、Mavenir、Cisco、Altiostar、富士通、NEC、顶级的大学等。

该小组的研究人员专注于三个领域：
- 将 RAN 控制平面与用户平面分离。
- 构建使用 COTS 硬件的模块化基站软件堆栈。
- 发布开放的北向和南向接口。

2018 年 4 月 12 日，xRAN 论坛发布了其第一个规范"xRAN 前传规范版本 1.0"，专门用于虚拟化网络的前传部分。该规范旨在推动基站或基带单元与远程无线电头之间的互操作性，即使它们来自不同的供应商。

2018 年 2 月，xRAN 论坛宣布有意与 C-RAN 联盟合并，形成一个由运营商主导的全球性组织，以实现下一代移动系统 RAN 的开放性。新联盟被称为 O-RAN 联盟。xRAN 开放前传接口规范现在属于 O-RAN 联盟第 4 工作组。

O-RAN 联盟最初由 AT&T、中国移动、德国电信、NTT DOCOMO 和 Orange 创立，于 2018 年 6 月在 MWC 上海举行了首次董事会会议。七家新成员也获得批准，包括 Bharti Airtel、中国电信、KT、Singtel、SK 电信、Telefonica 和 Telstra。构成 O-RAN 联盟的文章由 12 家运营商代表共同签署，作为运营商驱动计划的官方基础。

O-RAN 架构（见图 4-4）定义了标准化接口，以实现开放、可互操作的生态系统，补充了 3GPP 和其他 SDO 推广的标准。

O-RAN 联盟定义了九个技术工作组（WG），所有这些工作组都受到技术指导委员会的监督。技术工作组有特定的重点领域，并向所有成员和贡献者开放。工作组如下所示：
- 第 1 工作组：用例和总体架构工作组

确定在架构和用例范围内需要完成的任务，分发任务组主管，并与其他 O-RAN 工作组合作推动任务的完成。

- 第 2 工作组：非实时 RAN 智能控制器（RIC）和 A1 接口工作组
专注于无线电资源管理、更高层程序优化、RAN 中的策略优化，以及为准实时 RIC 提供人工智能 / 机器学习（AI/ML）模型。

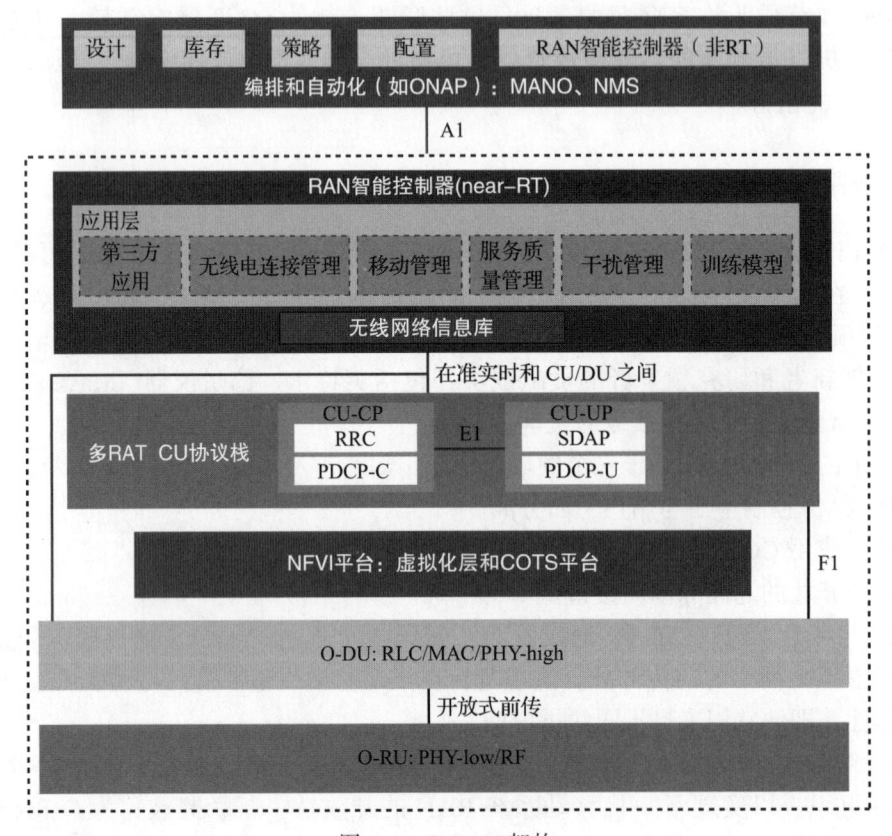

图 4-4　O-RAN 架构

- 第 3 工作组：准实时 RIC 和 E2 接口工作组
通过 E2 接口上的数据收集和操作，实现对 RAN 元素和资源的准实时控制和优化。
- 第 4 工作组：开放式前传接口工作组
指定一个开放式前传接口，以便在 RAN 中实现真正的多供应商互操作性。为各种 RAN 组件的时间同步要求提供指南：无线电单元（RU）、分布式单元（DU）和控制单元（CU）。
- 第 5 工作组：开放式 F1/W1/E1/X2/Xn 接口工作组
为 F1/W1/E1/X2/Xn 接口提供完全可操作的多供应商规范（符合 3GPP 规范），在某些情况下还会提出 3GPP 规范增强。这些接口是 RAN 中组件之间的虚拟连接集合（最初由 3GPP 指定）。
- 第 6 工作组：云化和编排工作组
  定义将 RAN 软件与底层硬件分离的规范，以发挥能够使用商用硬件平台的优势。
- 第 7 工作组：白盒硬件工作组
  为包括微型基站在内的各种 RAN 组件的开放硬件平台指定并发布完整的参考设计。
- 第 8 工作组：堆栈参考设计工作组
  根据 3GPP 的 NR 协议栈规范，为 O-RAN 的开放 DU 和开放 CU 开发软件架构、设计和发布计划。
- 第 9 工作组：开放式 X-haul 运输工作组
  聚焦 5G 传输设计，提供网络部署的参考架构蓝图。

还有另一个组织值得一提：O-RAN 软件社区（SC）是 O-RAN 联盟和 Linux 基金会的合作项目，其使命是支持 RAN 软件的创建。

O-RAN 联盟正在取得长足的进步，并迅速采取行动，为移动行业重新设计 RAN。从定时的角度来看，最有趣的是第 4 工作组（WG4），因为该工作组关注的是前传网络的定时要求。建议阅读 WG4 的一份文件"O-RAN 前传控制、用户和同步平面规范"（截至撰写本文时为 5.0 版，见本章末尾参考文献）。

4.6.3 TIP OpenRAN

电信基础设施项目（TIP）由 Facebook、Intel、Nokia、德国电信和 SK 电信于 2016 年共同创立。其使命是加速开放、分解和基于标准的解决方案的开发和部署，以提供高质量的连接。其 1000 多名成员包括大量的互联网公司、电信运营商、技术供应商、研究机构和系统集成商。

TIP 主要有两类项目组：
- 产品项目组：有三个主要项目，有效地构成了一个端到端的网络，即接入、传输以及核心与服务。这些小组专注于创新和构建合适的产品。
- 解决方案组：旨在将开放、分解、可互操作的网络元素编码到广泛的端到端解决方案。

如图 4-5 所示，每个主要项目进一步分为更侧重于特定产品领域或解决方案类型的项目组和解决方案组。

作为接入项目的一部分，TIP 启动了一个 OpenRAN 项目组，每个 RAN 部分都有多个子组件。该计划的主要目标是开发一个基于通用计算平台 COTS 的综合 RAN 解决方案。这些 RAN 组件将使用基于开放、供应商中立软件的开放接口进行互连。

目标是使 RAN 解决方案受益于与完全可编程平台上的软件驱动开发相关的灵活性和创新速度。

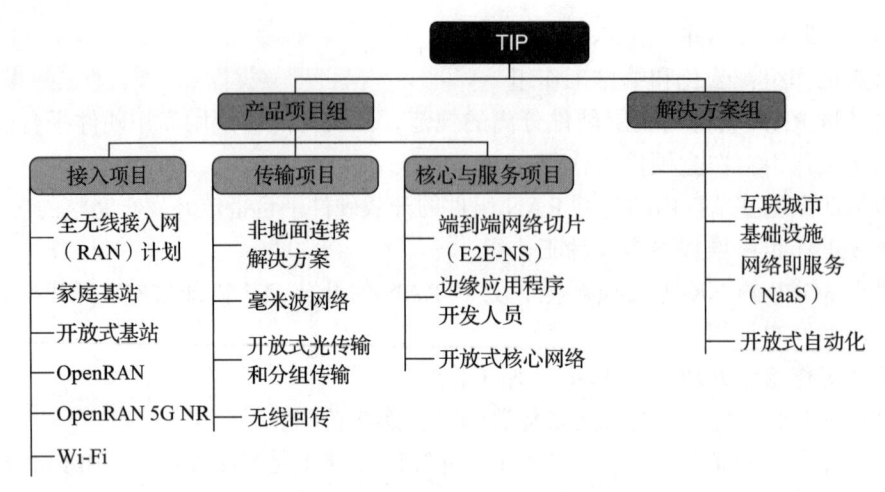

```
                            TIP
                    ┌────────┴────────┐
                产品项目组          解决方案组
         ┌────────┬─┴──────────┐
      接入项目  传输项目   核心与服务项目
```

图 4-5　电信基础设施项目组织结构

（接入项目）
- 全无线接入网（RAN）计划
- 家庭基站
- 开放式基站
- OpenRAN
- OpenRAN 5G NR
- Wi-Fi

（传输项目）
- 非地面连接解决方案
- 毫米波网络
- 开放式光传输和分组传输
- 无线回传

（核心与服务项目）
- 端到端网络切片（E2E-NS）
- 边缘应用程序开发人员
- 开放式核心网络

（解决方案组）
- 互联城市
- 基础设施
- 网络即服务（NaaS）
- 开放式自动化

这个目标听起来应该与另一个组织的目标非常相似，因此，在 2020 年 2 月，TIP 和 O-RAN 联盟的 OpenRAN 项目宣布了一项联络协议也就不足为奇。

与 TIP 相比，O-RAN 更专注于开发和推动标准的采用，以便设备可以协同工作。另一方面，TIP 更侧重实现、现场测试和部署，因此 TIP 鼓励 PlugFests 这样的互操作性工作。这种方法旨在提高不同供应商的软件和硬件设备协同工作的能力。

另一个区别是，TIP 对每一代移动技术都感兴趣，而 O-RAN 则更专注于 4G，尤其是 5G。

有关 TIP 和 OpenRAN 的更多信息，请参阅本章末尾的参考文献。

4.7　MEF 论坛

MEF 论坛（MEF）成立于 2001 年，专注于运营商以太网（Carrier Ethernet，CE）服务和技术，涵盖可扩展性、可靠性、服务质量和服务管理属性。后来，MEF 扩展了其范围，包括光学、CE、IP 和软件定义广域网（SD-WAN）服务，以及服务生命周期的编排。MEF 由 200 多家成员公司组成，包括服务提供商、运营商、网络设备和软件供应商以及来自世界各地的其他网络公司。

与 IETF 和 IEEE 802.1 等网络 SDO 相比，MEF 致力于使标准与企业目标保持一致，并定义网络架构、部署方案和测试套件。MEF 最大的不同之处在于，它是从将传输作为一种服务的角度来定义网络的。MEF 定义了服务接口，以实现两个主要实体之间的轻松互连：

- 订阅者：购买 CE 服务的组织。
- 服务提供商（SP）：提供 CE 服务的组织。

运营商是一个用于描述大型电信服务提供商的术语。运营商描述了对基本以太网标准的扩展，这些标准允许 SP 使用以太网技术为其客户提供和营销传输服务。这种功能的一个很好的例子是 Q-in-Q（最初在 IEEE 802.1ad 中指定，现在包含在 IEEE 802.1Q 中），它允许双 VLAN 标签，并允许更好地分离 SP 网络中的单个客户流量。

MEF 已经发布了 70 多项技术规范和实施协议，为技术互操作性、运营效率和创新做出了贡献。MEF 标准是公开的，可以免费下载。MEF 还有一个认证计划，提供符合 MEF 规范的认证测试。

新的 MEF 标准在发布时按顺序编号，例如，MEF 1、MEF 2、MEF 3 等。对现有标准的完整修订版保留原始编号，用点和数字表示修订版号。例如，MEF 22 被 MEF 22.1 取代，MEF 22.1 被 MEF 22.2 取代。对现有标准的任何修订都使用第三级编号；例如，MEF 22.2.1 是对 MEF 22.2 的修订。

对于移动和同步市场，MEF 制定了 MEF 22.1 "移动回传实施协议——第 2 阶段"，该协议定义了用于移动回传网络的以太网服务。这个系列的更新如下：

- MEF 22.1 加入对物理层同步以太网（SyncE）和基于分组的 PTPv2 的支持，以实现跨运营商以太网网络传输频率同步，从而支持移动回传。
- MEF 22.2 加入对小型基站和异构无线网络部署的服务要求，涵盖各种移动网络部署的紧密无线电同步。
- MEF 22.3 加入相位 / 时间同步作为 SP 网络的服务部署。最新修正案 MEF 22.3.1 涵盖了以太网服务要求，可用作 5G 移动网络传输，并讨论了前传和网络切片的适用性。

4.8 电影电视工程师协会和音频工程学会

对音视频媒体环境做出贡献的有两个主要标准机构：

- 电影电视工程师协会（SMPTE）：SMPTE 成立于 1916 年，是一个全球协会，由媒体和娱乐行业工作的工程师、技术人员和高管组成。SMPTE 在广播、电影制作、数字电影、音频录制、信息技术和医学成像方面拥有 800 多项标准和工程指南。

  当需要音频、视频或音乐设备协同工作时，需要一些同步手段来确保它们彼此相互配合。SMPTE 定义了一个时间码，即 SMPTE 码，它是一种电子信号，用于在数字系统和基于时间的媒体中（如音频或视频磁带）识别精确位置。

  每个视频或音频帧都有一个时间参考，在捕获音 / 视频的同时记录下来。视频帧上的时间码就像书中的页码，书中的每一页都像视频文件中的一个视频帧。将时间码添加到电影、视频或音频材料中，用于精确地混合或同步音频（由录音机录制）、视频（由录像机录制）、乐器或戏剧作品。

  SMPTE 2059 定义了如何通过 IP 网络同步视频设备，并使用 1588v2 配置文件进行同步。SMPTE 2059 分两部分发布：
- SMPTE 2059-1 根据 PTP 分发的时间信息定义信号生成。
- SMPTE 2059-2 引入使用 IEEE 1588v2（作为 PTP 配置文件）进行媒体同步的技术。
- 音频工程学会（AES）：AES 成立于 1948 年，是唯一的专门致力于音频技术的专业学会。AES 是一个由音频工程师、创意艺术家、科学家和学生组成的全球性组织，旨在致力并促进音频技术的研究。

AES67 是 IP 音频和以太网音频互操作性的标准。此配置文件当通过低延迟 IP 多播或单播传输时，在接收机上将保持高性能音频流的同步。AES67 附录 A 指定了使用 IEEE 1588—2008 默认配置文件进行同步。

2016 年 5 月，AES 发布了 AES-R16—2016，该报告解释了 AES67 和 SMPTE 2059-2 配置文件之间的互操作性。有关这些配置文件及其更新的更多详细信息，请参阅参考文献中的 AES—R16-2016，并参阅第 7 章。

参考文献

3GPP

"Evolved Universal Terrestrial Radio Access (E-UTRA); Base Station (BS) radio transmission and reception." *3GPP*, 36.104, Release 16, (16.5.0), 2020. https://www.3gpp.org/DynaReport/36104.htm

"Study on New Radio (NR) access technology." *3GPP* 38.912, Release 15 (15.0.0), 2018. https://portal.3gpp.org/desktopmodules/Specifications/SpecificationDetails.aspx?specificationId=3059

"Study on new radio access technology: Radio access architecture and interfaces." *3GPP*, 38.801, Release 14 (14.0.0), 2017. https://portal.3gpp.org/desktopmodules/Specifications/SpecificationDetails.aspx?specificationId=3056

"Study on scenarios and requirements for next generation access technologies." *3GPP*, 38.913, Release 14 (14.3.0), 2017. https://portal.3gpp.org/desktopmodules/Specifications/SpecificationDetails.aspx?specificationId=2996

Abdelkafi, N. et al. *Understanding ICT Standardization: Principles and Practice.* ETSI, 2018. https://www.etsi.org/images/files/Education/Understanding_ICT_Standardization_LoResWeb_20190524.pdf

Audio Engineering Society (AES)

"AES standard for audio applications of networks – High-performance streaming audio-over-IP interoperability." *AES*, AES67-2018, 2018. http://www.aes.org/publications/standards/

"PTP parameters for AES67 and SMPTE ST 2059-2 interoperability." *AES*, AES-R16-2016, 2016. http://www.aes.org/publications/standards/

Internet Engineering Task Force (IETF)

Arnold, D. and H. Gerstung. "Enterprise Profile for the Precision Time Protocol With Mixed Multicast and Unicast Messages." *IETF*, Internet-Draft draft-ietf-tictoc-ptp-enterprise-profile. https://tools.ietf.org/id/draft-ietf-tictoc-ptp-enterprise-profile-18.txt (current draft at time of writing)

Bradner, S. "The Internet Standards Process – Revision 3." *IETF*, RFC 2026, 1996. https://tools.ietf.org/html/rfc2026

Camarillo, G. and J. Livingood. "The IETF-ISOC Relationship." *IETF*, RFC 8712, 2020. https://tools.ietf.org/html/rfc8712

Dawkins, S, P. Thaler, D. Romascanu, and B. Aboba. "The IEEE 802/IETF Relationship." *IETF*, RFC 7241, 2014. https://tools.ietf.org/html/rfc7241

Jiang, Y., J. Xu, and R. Cummings. "YANG Data Model for the Precision Time Protocol (PTP)." *IETF*, RFC 8575, https://tools.ietf.org/html/rfc8575

Klyne, G. and C. Newman. "Date and Time on the Internet: Timestamps." *IETF*, RFC 3339, 2002. https://tools.ietf.org/html/rfc3339

Mills, D. "Simple Network Time Protocol (SNTP) Version 4 for IPv4, IPv6 and OSI." *IETF*, RFC 4330, 2006 (obsoleted by RFC 5905). https://tools.ietf.org/html/rfc4330

Mills, D., J. Martin, J. Burbank, and W. Kasch. "Network Time Protocol Version 4: Protocol and Algorithms Specification." *IETF*, RFC 5905, 2010. https://tools.ietf.org/html/rfc5905

Common Public Radio Interface (CPRI)

"Common Public Radio Interface: Requirements for the eCPRI Transport Network." *CPRI*, eCPRI Transport Network V1.2, 2018. http://www.cpri.info/downloads/Requirements_for_the_eCPRI_Transport_Network_V1_2_2018_06_25.pdf

"Common Public Radio Interface: eCPRI Interface Specification." *CPRI*, eCPRI Specification V1.2, 2018. http://www.cpri.info/downloads/eCPRI_v_1_2_2018_06_25.pdf

"Common Public Radio Interface: eCPRI Interface Specification." *CPRI*, eCPRI Specification V2.0, 2019. http://www.cpri.info/downloads/eCPRI_v_2.0_2019_05_10c.pdf

"Common Public Radio Interface (CPRI): Interface Specification." *CPRI*, CPRI Specification V7.0, 2015. http://www.cpri.info/downloads/CPRI_v_7_0_2015-10-09.pdf

IEEE Standards Association

"IEC/IEEE International Standard – Communication networks and systems for power utility automation – Part 9-3: Precision time protocol profile for power utility automation." *IEC/IEEE Std 61850-9-3:2016*, 2016. https://standards.ieee.org/standard/61850-9-3-2016.html

"IEEE Standard for a Precision Synchronization Protocol for Networked Measurement and Control Systems." *IEEE Std 1588:2002*, 2002. https://standards.ieee.org/standard/1588-2002.html

"IEEE Standard for Precision Synchronization Protocol for Networked Measurement and Control Systems." *IEEE Std 1588:2008*, 2008. https://standards.ieee.org/standard/1588-2008.html

"IEEE Standard for Precision Synchronization Protocol for Networked Measurement and Control Systems" *IEEE Std 1588:2019*, 2019. https://standards.ieee.org/standard/1588-2019.html

"IEEE Standard for Local and Metropolitan Area Networks – Timing and Synchronization for Time-Sensitive Applications." *IEEE Std 802.1AS-2020*, 2020 https://standards.ieee.org/standard/802_1AS-2020.html

"IEEE Standard for Local and Metropolitan Area Networks – Timing and Synchronization for Time-Sensitive Applications in Bridged Local Area Networks." *IEEE Std 802.1AS-2011*, 2011. https://standards.ieee.org/standard/802_1AS-2011.html

"IEEE Standard for Local and Metropolitan Area Networks – Time-Sensitive Networking for Fronthaul." *IEEE Std 802.1CM-2018*, 2018. https://standards.ieee.org/standard/802_1CM-2018.html

International Electrotechnical Commission (IEC). "Industrial communication networks – High availability automation networks – Part 3: Parallel Redundancy Protocol (PRP) and High-availability Seamless Redundancy (HSR)." *IEC Std 62439-3:2016*, Ed. 3, 2016. https://webstore.iec.ch/publication/24447

International Organization for Standardization (ISO). "Date and time – Representations for information interchange – Part 1: Basic rules." *ISO*, 8601-1:2019, 2019. https://www.iso.org/standard/40874.html

International Telecommunication Union Radiocommunication Sector (ITU-R)

"Detailed schedule for finalization of the first release of new Recommendation ITU-R M.[IMT-2020.SPECS] 'Detailed specifications of the terrestrial radio interfaces of International Mobile Telecommunications-2020 (IMT-2020)'." *ITU-R*, Contribution 21, Revision 1, 2020. https://www.itu.int/md/R15-IMT.2020-C-0021/en

"M.2012-4: Detailed specifications of the terrestrial radio interfaces of International Mobile Telecommunications Advanced (IMT-Advanced)." *ITU-R Recommendation*, M.2012-4, 2019. https://www.itu.int/rec/R-REC-M.2012

"M.2083-0: IMT Vision – Framework and overall objectives of the future development of IMT for 2020 and beyond." *ITU-R Recommendation*, M.2083-0, 2015. https://www.itu.int/rec/R-REC-M.2083

International Telecommunication Union Telecommunication Standardization Sector (ITU-T). "Q13/15 – Network synchronization and time distribution performance." *ITU-T Study Groups*, Study Period 2017–2020. https://www.itu.int/en/ITU-T/studygroups/2017-2020/15/Pages/q13.aspx

MEF Forum

"Amendment to MEF 22.3: Transport Services for Mobile Networks." *MEF Amendment*, 22.3.1, 2020. https://www.mef.net/wp-content/uploads/2020/04/MEF-22-3-1.pdf

"Transport Services for Mobile Networks." *MEF Implementation Agreement*, 22.3, 2018. https://www.mef.net/wp-content/uploads/2018/01/MEF-22-3.pdf

"O-RAN Fronthaul Control, User and Synchronization Plane Specification 5.0." *O-RAN*, O-RAN.WG4.CUS.0-v05.00, 2020. https://www.o-ran.org/s/O-RAN.WG4.CUS.0-v05.00.pdf

SMPTE. "SMPTE Profile for Use of IEEE-1588 Precision Time Protocol in Professional Broadcast Applications." SMPTE ST 2059-2:2015, 2015. https://www.smpte.org/

第 5 章 |Chapter 5|

时钟、时间误差和噪声

时钟中总是存在固有误差,本章将介绍时钟的各种组件,以及这些组件如何有助于消除某些误差或引入某些误差。由于这些误差会对同步服务的用户(终端应用)产生不利影响,因此追溯和量化这些误差非常重要。一旦测量出来这些误差,就要将其与一些定义的性能参数进行比较,以确定它们对终端应用的影响程序(如果有的话)。本章还解释了用于量化时间误差的不同指标以及如何测量它们。

5.1 时钟

在日常使用中,时钟一词指的是一种设备,用于保持和显示一天的时间,也许还有日期。然而,在电子领域,时钟指的是产生时钟信号的微芯片,用来调节电路板上组件的计时和速度。这种时钟信号是一种波形,由时钟发生器或时钟本身产生——电子学中最常见的时钟信号形式是方波。

这种类型的时钟能够产生不同频率和相位的时钟信号,以满足电子电路或设备中各个组件所需要的要求。以下是一些时钟功能的例子:

- 大多数复杂的电子设备都需要一个时钟信号才能正常工作。这些设备要求传递给它们的时钟信号必须符合一套核心的规范。
- 电子电路板上的所有电子设备相互通信以完成某些任务。每个设备可能需要不同规范的时钟信号;提供所需的信号使这些设备能够相互操作。

在这两种情况下,电路板上的时钟设备都会提供这样的信号。

在讨论网络同步或设计定时分发网络时,定时信号需要传输的距离比电路板更远。在这种情况下,各节点必须通过网络传输时钟信号信息。为了实现这一点,工程师将指定一个时钟作为主时钟或从时钟。主时钟是时钟信号的来源,而从时钟则将其时钟信号与主时钟同步或对齐。

时钟信号与产生时钟信号的（硬件）时钟子系统有关，但工程师们往往只是用时钟这个词来指代它。你可能会听到这样的说法："节点 A 上的时钟与参考时钟不同步"，而这句话中时钟的真正含义是指时钟信号不同步。所以，从技术上讲，时钟信号和时钟是不同的术语，具有不同的含义，但由于常用的用法已经使得它们可以互相引用，因此本章也将使用时钟一词来指代时钟信号。

5.1.1 振荡器

电子振荡器是一种设备，在电流作用下会产生"振荡"，使该装置产生一个周期性和连续的波形。这种波形可以是不同的波形和频率，但对于大多数用途来说，所利用的时钟信号是正弦波或方波。因此，振荡器是一种简单形式的时钟信号生成装置。

振荡器有几种不同类型（如第 3 章中所述），但在现代电子学中，晶体振荡器（XO）是最常见的。晶体振荡器是由一种特殊类型的晶体组成的，这种晶体具有压电性质，这意味着当电流施加在这种晶体上时，它会振荡并发出一种特定频率的信号。该频率可以从几十千赫兹到几百兆赫不等，具体取决于晶体的物理特性。

石英是压电晶体的一个例子，通常用于许多消费设备，如手表、挂钟和计算机。类似的设备也用于网络设备中，如交换机、路由器、无线电基站等。

尽管制造商为了保证石英纯度而自己生产，但晶体振荡器中使用的石英是一种天然存在的元素。晶体产生的时钟信号的固有频率取决于晶体的形状或物理特性（有时称为切割）。

另一方面，输出信号的稳定性也受到许多环境因素的影响，如温度、湿度、压力、振动以及磁场和电场。工程师将此称为振荡器对环境因素的敏感性。对于一个特定的振荡器，对一个因素的敏感性往往取决于对另一个因素的敏感性，以及晶体或设备本身的年龄。

作为一个真实的例子，如果你的手表使用的是 32 768Hz 的石英晶体振荡器，那么在不同的环境条件下，手表的精确度会有所不同。同样，这也适用于其他电子设备，包括网络基础设施中的传输设备和路由器。这意味着，当电子设备被用来将设备同步到一个共同的频率、相位或时间时，环境条件会对同步的稳定性产生不利影响。

提示：*手表的精度通常是以秒或分钟为单位，而对于其他涉及网络传输的任务，精度要求经常是小数秒（微秒，即百万分之一秒）甚至纳秒（十亿分之一秒）。*

有许多创新用于提高晶体振荡器在不稳定环境条件下的稳定性。在现代设计中，一种常见的方法是由硬件设计师设计一个电路来改变施加在振荡器上的电压，以微调其频率。这类晶体振荡器称为压控晶体振荡器（VCXO）。

在影响晶体振荡器的稳定性和准确性的众多环境因素中，最主要的是温度。为了提高晶体振荡器对温度变化的稳定性，市场上又出现了两种类型的振荡器：

- 温度补偿晶体振荡器（TCXO）是在温度变化很大的情况下也可以提供很好频率稳定性的晶体振荡器。TCXO 与晶体一起有一个温度补偿电路，该电路测量环境温度并通过改变施加在晶体上的电压对变化进行补偿。通过将电压调整到可能温度范围内的值，补偿电路可以在不同温度下稳定输出时钟频率。
- 恒温晶体振荡器（OCXO）是晶体本身被放置在一个恒温槽内的晶体振荡器，该恒温槽保持晶体外壳内的一个特定温度，使晶体不受外部温度变化的影响。这减少了振荡器上的温度变化，从而提高了频率的稳定性。可以想象，带有额外加热组件的振荡器最终会比 TCXO 更大且成本更高。

TCXO 的基本方法是通过应用适当的电压变化来补偿测量到的温度变化，而对于 OCXO 来说，温度是通过升高到预期的工作温度范围以上来控制的。

振荡器是时钟的核心部件，仅此一项就能显著影响时钟的质量。对这些不同振荡器之间的稳定性进行近似比较表明，OCXO 的稳定性可能比 TCXO 类器件高 10 到 100 倍。第 3 章中的表 3-2 概述了常见类型的振荡器的特性。

不同类型振荡器的稳定性也反映在成本上。一个非常粗略的估计，基于铯的振荡器的成本约为 50 000 美元，基于铷的振荡器的成本约为 100 美元，而 OCXO 的成本约为 30 美元，TCXO 的成本低于 10 美元。

5.1.2 锁相环

锁相环（PLL）是一种电子设备或电路，它产生的输出时钟信号与输入时钟信号的相位和频率都是一致的。在最简单的形式下，PLL 的组成如图 5-1 所示。

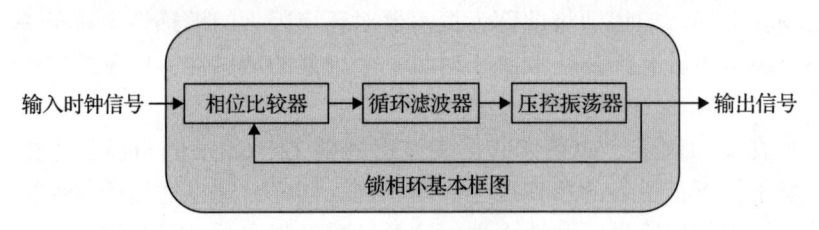

图 5-1 PLL 的组成

- 压控振荡器（VCO）：一种随着输入电压的变化而改变频率的特殊类型振荡器（本例中来自循环滤波器）。施加标称控制信号的 VCO 的频率称为自由运行频率，用符号 f_0 表示。
- 相位比较器：比较两个信号（输入时钟和本地振荡器）的相位，并根据检测到的两个信号之间的相位差产生一个电压。这个输出电压被送入循环滤波器。
- PLL 循环滤波器：主要功能是检测并过滤掉由相位比较器以电压形式传递的不需要的相位变化。然后，这个过滤后的电压被应用于 VCO，以调整频率。值得注意的是，如果电压没有得到适当的过滤，它将导致一个完全跟随输入时钟的信号，继承了输入时钟参考的所有变化或误差。因此，循环滤波器的特性直接影响到 PLL 的稳定性和性能以及输出信号的质量。

当 PLL 首次打开时，施加标称控制信号的 VCO 将提供其自由运行的频率（f_0）。当输入一个信号时，相位比较器测量与 VCO 信号相比的相位差。根据两个信号之间的相位差的大小，相位比较器产生一个校正电压并将其送入循环滤波器。

循环滤波器去除（或过滤掉）噪声，并将过滤后的电压传递给 VCO。随着新电压的应用，VCO 的输出频率开始变化。假设输入信号和 VCO 的频率不一样，相位比较器将其视为相移，并且循环滤波器将根据哪个信号的频率更高输出一个增加或减少的电压。

这种电压调整使 VCO 不断改变其频率，减少 VCO 和输入频率之间的差异。最终，循环滤波器输出电压的变化大小也会减少，使得 VCO 频率的变化越来越小，直到在某个时刻达到"锁定"状态。

输入或 VCO 频率的任何进一步变化都会通过循环滤波器输出的变化来追溯，使两个频率保持严格一致。只要检测到输入信号，这个过程就会持续下去。滤波过程将在本章后面部分详细介绍。

回顾一下，输入信号，即使是由非常稳定的信号源（如原子钟）产生的信号，也会在时钟上积累噪声（误差）。PLL 的主要目的是使频率（和相位）与输入信号的长期平均值保持一致，并忽略（过滤掉）短期变化。

现在出现了几个问题：

- 循环滤波器是否会对输入信号的每一个相位变化作出反应并改变输入 VCO 的电压？
- PLL 应该什么时候宣布自己处于锁定状态，或者反过来说，如果已经处于锁定状态，PLL 在什么条件下可以宣布它已经失去了与输入参考的锁定？

第一个问题将在下一节回答，但第二个问题需要讨论 PLL 状态和 PLL 的工作区域。当输出没有锁定在输入参考上，而是在锁定输入信号的过程中时，PLL 就被认为处于瞬时状态。另外，稳态是指 PLL 与输入参考锁定时。如前所述，即使在稳态操作期间，VCO 也会根据从循环滤波器输入的差分电压，不断调整频率以匹配输入频率。

这些状态是由三个不同的频率范围控制的，称为同步保持范围、捕捉带和失锁范围。图 5-2 显示了前两种范围。

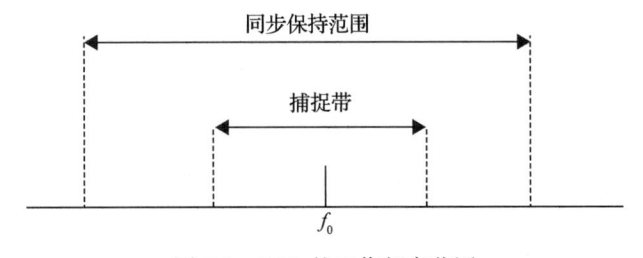

图 5-2 PLL 的工作频率范围

这些频率范围总是相对 VCO 的自由运行频率（f_0）而言的，并以百万分之一（$\times 10^{-6}$）或十亿分之一（$\times 10^{-9}$）来指定。因为这些是范围，所以需要有最小值和最大值。如果没有明确指定，范围会被解释为包括指定数字的正负值之间的所有。例如，如果范围被指定为 4.6×10^{-6}，则假定该范围为包括 f_0 在内的附近 $-4.6 \times 10^{-6} \sim +4.6 \times 10^{-6}$ 之间的范围。

根据 ITU-T G.810，这些频率区域的定义如下：

- **同步保持范围**：指从时钟的输入信号与其 VCO 标称频率之间的最大偏移量，在此范围内，频率变化缓慢时，从时钟保持锁定状态。

  这是标称频率和输入频率之间的差异范围，在这个范围内，PLL 在稳定（或锁定）状态下可以稳定地保持相位追溯。如果输入参考的频率在这个范围内慢慢减少或增加，PLL 仍然可以追溯它。同步保持范围的边缘是 PLL 失去锁定状态的点。

- **捕捉带**：指从时钟的输入信号与其 VCO 标称频率之间的最大偏移量，在此范围内，从时钟将实现锁定状态。

  这是标称频率和输入频率之间的差异范围，在整个获取（或追溯）过程中，PLL 将始终锁定。请注意，在这个获取过程中，可能会出现多个周期滑移，但 PLL 将始终锁定在输入信号上。这就是 PLL 可以从瞬态过渡到稳定（锁定）状态的频率范围。

- **失锁范围**：指从时钟的输入信号与其 VCO 标称频率之间的偏移量，在该范围内，从时钟可以保持锁定状态，超出此范围无论频率变化速率如何均无法维持锁定状态。

  这可以看作是频率步长的范围，如果应用于稳态 PLL，PLL 仍然保持在稳定（或锁定）状态。如果输入的频率步长超出这个范围，PLL 就会声明自己未被锁定。

以 ITU-T G.812 为例，Ⅲ 类时钟类型的捕捉带和同步带都定义为 4.6×10^{-6}，这与 $\pm 4.6 \times 10^{-6}$ 相同。第 3 章中的表 3-3 提供了不同类型时钟节点的频率范围的参考。

当 PLL 追溯一个输入参考时，循环滤波器执行这些频率范围的限制。循环滤波器通常是一个低通滤波器，顾名思义，它只允许低频（缓慢）变化通过。这意味着它可以过滤参考信号中的高频变化和噪声。反之，高通滤波器允许高频变化通过，并过滤低频变化。

虽然这些滤波器将在下一节详细讨论，但必须注意"低频变化"不是指时钟信号的频率，而是指时钟信号的频率或相位变化的速率。低速率（频率较低）的变化是信号的逐渐漂移，而高速率的变化是信号非常短暂的抖动。你将在本章后面阅读更多关于抖动和漂移的内容。

由于 PLL 将本地时钟信号与外部或参考时钟信号同步，因此这些设备已经成为任何通信设备上最常用的电子电路之一。在多种类型的 PLL 设备中，目前使用的主要类型之一是数字 PLL（DPLL），它用于同步数字信号。

值得注意的是，就像任何其他电子电路和设备一样，PLL 也一直在发展。现代通信设备的设计师正在将最新的 PLL 设备纳入其中，现在的电路包含多个 PLL（模拟或数字）。

为了减少电路板上的实际空间要求，较新一代的设备可以用较低频率的振荡器来取代昂贵的高频振荡器进行工作。它们还能输出具有超低水平抖动的信号，这是一些设备设计要求的严格抖动规范所需要的（记住，抖动是高频噪声）。

5.1.3 低通和高通滤波器

低通滤波器（LPF）是一种过滤（去除）高于固定频率信号的滤波器，这意味着 LPF 只通过低于某一频率的信号，因此称为低通滤波器。出于同样的原因，有时 LPF 也称为高切滤波器，因为它切断了高于某个固定频率的信号。图 5-3 展示了 LPF，其中低于截止频率的信号不会被衰减（减弱）。通带是指不被衰减的频率范围，而阻带是指被衰减的频率范围。

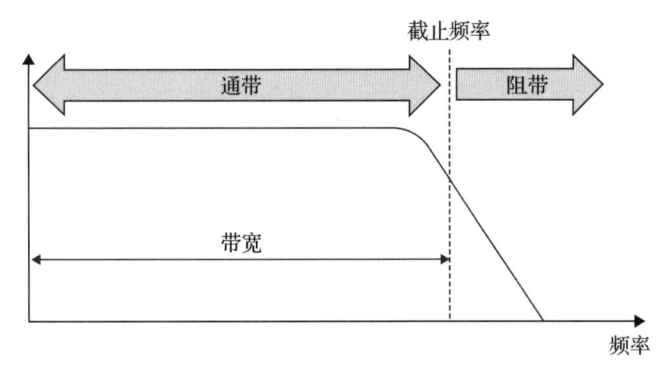

图 5-3 低通滤波器

同时，截止频率之前的范围成为时钟带宽，这也与滤波器的通带宽度相匹配。如图 5-3 所示，对于 LPF 来说，时钟带宽是构成通带的频率范围。时钟带宽通常是一个基于 PLL 能力的可配置参数。

同样，高通滤波器（HPF）是一种过滤掉低于某个固定频率信号的设备，这意味着 HPF 只通过高于某个频率的信号。并且，HPF 有时也称为低切滤波器，因为它们切断的是低于固定频率的信号。图 5-4 展示了一个 HPF，表明通带和阻带是 LPF 情况的镜像。

值得注意的是，将两种滤波器（LPF 和 HPF）组合在一个电路上，可以设计一个系统，只允许一定范围的频率通过，而将其他的频率过滤掉。这样一个 LPF 和 HPF 的组合表现如图 5-5 所示，称为带通滤波器。带通的名称来自它只允许某个频率段（从低截止频率到高截止频率）通过，而衰减其余的频谱。

当试图从时钟信号中过滤误差时，这些滤波器非常重要。为了更详细地了解这个过程，本章接下来将从技术上定义这些误差，主要是抖动和漂移。

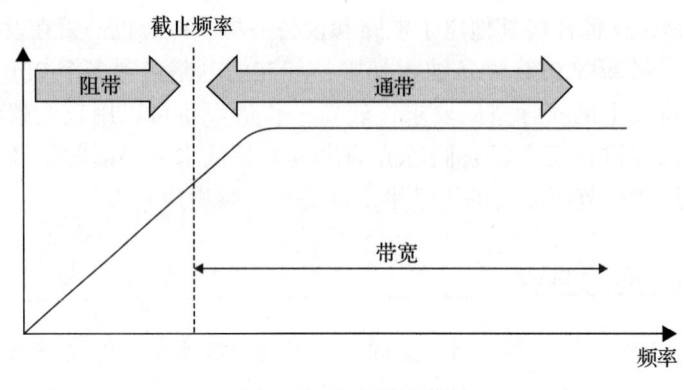

图 5-4　高通滤波器

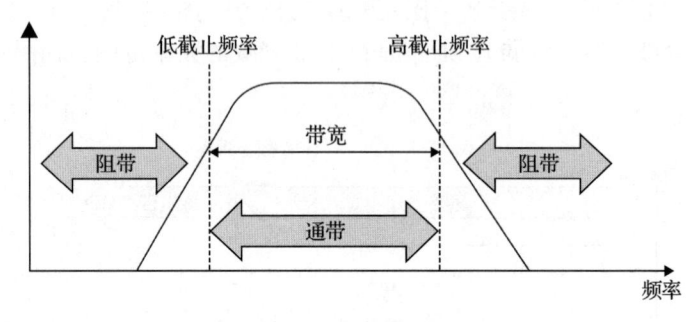

图 5-5　带通滤波器

5.1.4　抖动和漂移

抖动和漂移是时钟信号定时瞬间的相位变化，如图 5-6 所示。另外，请参考第 3 章中关于抖动和漂移的介绍。这种变化和误差，通常称为时钟信号噪声，可能由许多因素引起，其中之一是时钟组件的质量。另一个因素是通过时钟链分发定时信号时，从一个节点到另一个节点积累的噪声。

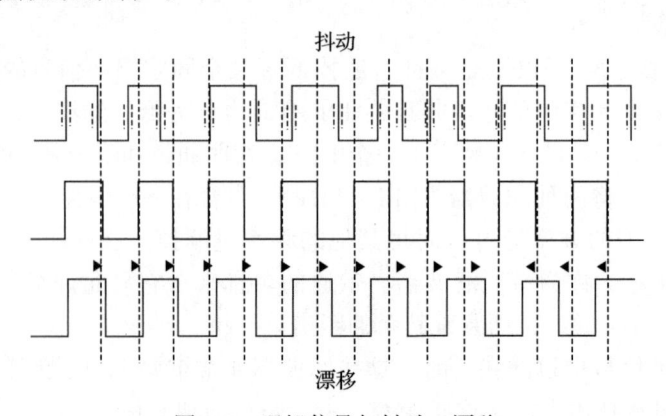

图 5-6　理想信号与抖动、漂移

低速率（频率较低，速度较慢）的变化是信号中逐渐出现的漂移，而高速率的变化是信号中非常短期的抖动。ITU-T 规定（在 G.810 中），10Hz 是抖动和漂移的分界线（在电信业中已经有一段时间的惯例）。因此，以高于 10Hz 的速率发生的相位变化被描述为抖动，而低于 10Hz 的变化被描述为漂移。

当测量一个时钟信号与其参考信号的所有相位变化并绘制在一张图中时，对于抖动来说，相位变化频率（或速率）高于 10Hz（每秒 10 次变化）。图 5-7 显示了一个这样的抖动例子，其中 y 轴显示了相位变化（单位：ns），x 轴显示了变化的时间（单位：s）本身。如图 5-7 所示，记录的相位变化速率远远高于 10Hz，这样的相位变化被归类为抖动。

对于漂移，用类似的方法，绘制的相位变化图表将显示频率（或速率）小于 10Hz。值得注意的是，漂移的相位变化速率可以低至 mHz 或 μHz（速率低至几分钟或几小时一次）。出于这个原因，我们建议进行长时间（几小时或几天）的漂移测量测试。

正如第 3 章所述，抖动（以及某种程度上的漂移）可以通过滤波器进行过滤。如果配置一个以 10Hz 为截止频率的 LPF，它将消除变化速率高于 10Hz 的相位变化。因为抖动被定义为高于 10Hz 的相位变化，任何以这种方式配置的 LPF 都能过滤抖动。

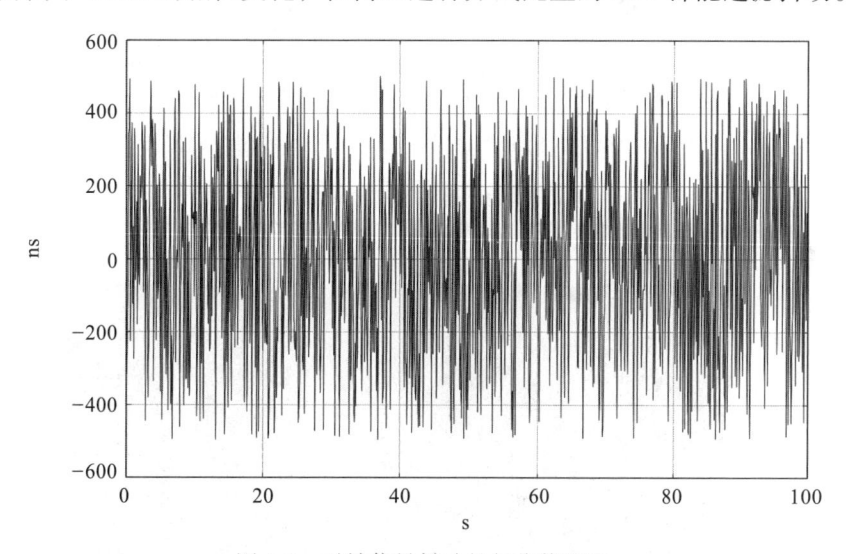

图 5-7 时钟信号抖动的相位偏差图

同样，一个配置了 10Hz 截止频率的 HPF 将过滤掉漂移，因为 HPF 将过滤掉速率为 10Hz 或更低的变化。

图 5-8、图 5-9 和图 5-10 记录了实际测试中的相位变化，分别显示：1）在没有滤波器的情况下，存在抖动和漂移时钟信号的相位偏差；2）应用 HPF 滤波器；3）应用 LPF 滤波器。在这些图中，y 轴显示的是相位变化（单位：ns），x 轴显示的是测量开始后经过的时间（单位：min）。

图 5-8 所示的图形捕捉了时钟信号的所有相位变化（低速率和高速率的相位变化绘

制在一个图形中），因此不容易直观地看到时钟信号的抖动和漂移。

为了清楚地看到（和分析）抖动和漂移，对相位变化的测量进行滤波处理。在图 5-9 中，可以看到，在应用了 HPF（过滤掉漂移）后，剩余的噪声是抖动（相位变化的频率高于 10Hz）。

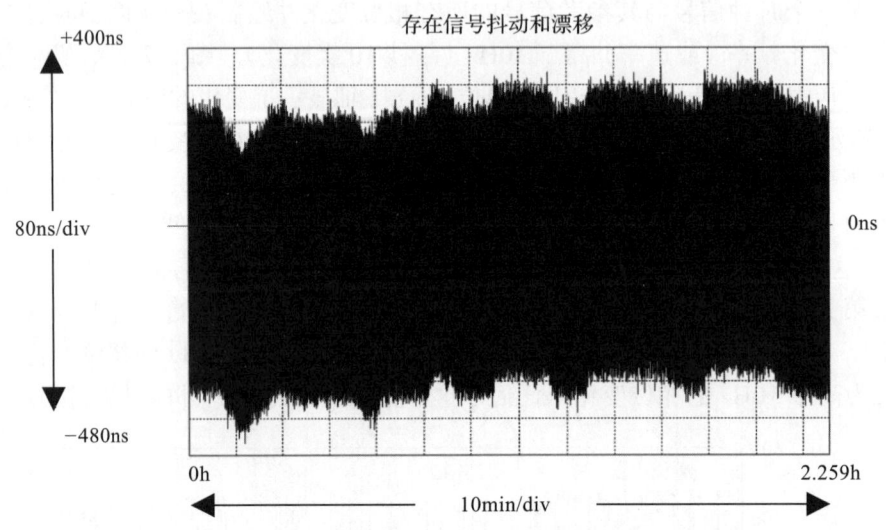

图 5-8　没有任何滤波器情况下的时钟信号相位偏差图

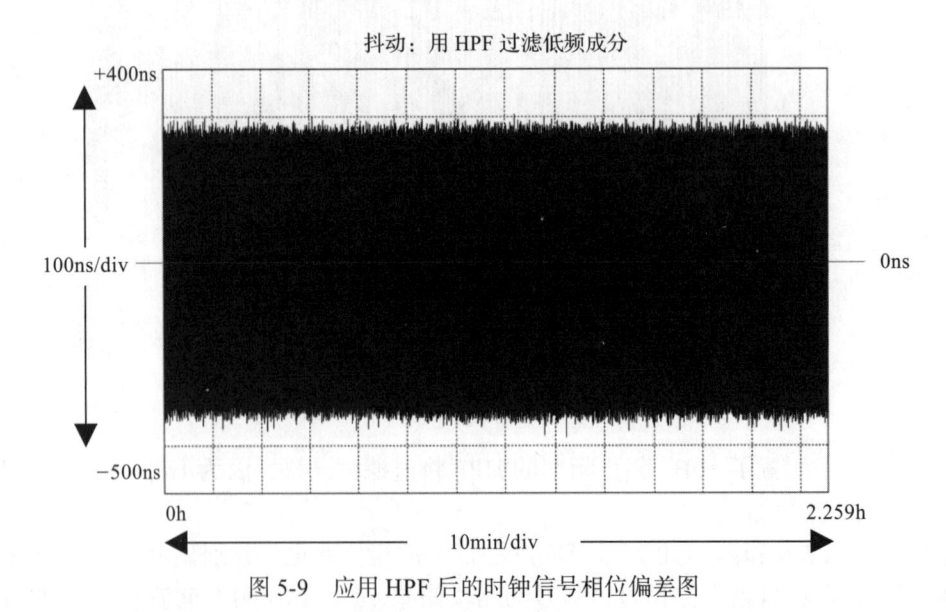

图 5-9　应用 HPF 后的时钟信号相位偏差图

同样，在图 5-10 中，应用 LPF（过滤掉抖动）后，剩余的噪声是漂移。

在阅读了关于时钟带宽和 PLL 循环滤波器部分后，可能会有两个问题出现。首先，为什么不把 LPF 的截止频率保持在较低的范围来过滤抖动并限制漂移？回顾一下，抖动是通过 LPF 过滤的。如果 LPF 的截止频率保持较低，它也可以过滤一定范围的漂移。当然，这意味着 LPF 的通带变得非常小。其次，为什么不对链路中的每个时钟节点做同样的事情呢？

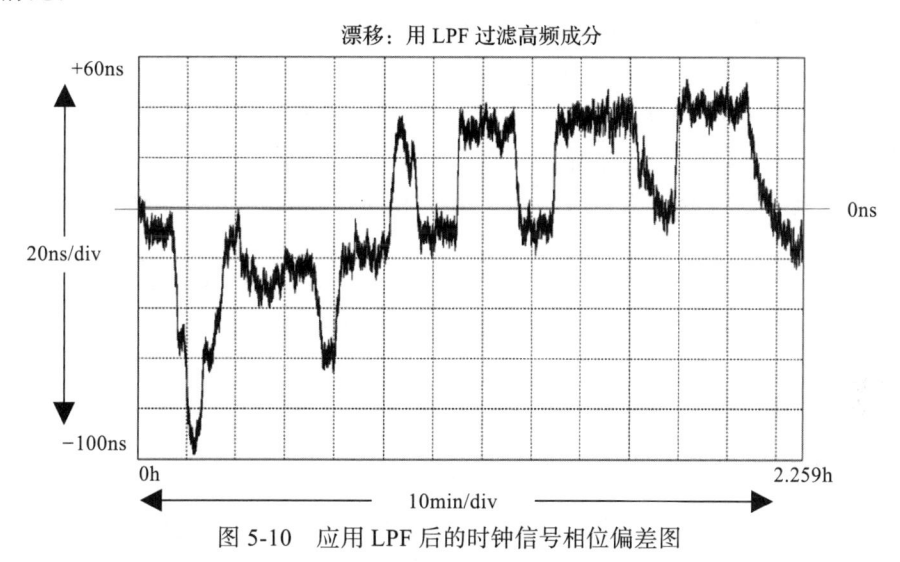

图 5-10　应用 LPF 后的时钟信号相位偏差图

为了理解第二个问题的答案，首先需要了解 PLL 的以下几个方面：

- 并非所有的 PLL 都能将 LPF 截止频率保持得很低。漂移被归类为低速率的相位变化，它可以达到极小的数值——10Hz，甚至微赫兹。因此，在 LPF 时钟带宽内总会有一些相位噪声（在这种情况下是漂移），所以总会被 PLL 追溯到。
- 一个 PLL 结合了两个信号：1）输入参考信号和 2）本地振荡器（VCO）的时钟信号，以输出一个同步信号。当 PLL 循环滤波器（LPF）阻断来自输入参考的信号时，输出信号是用本地振荡器构建的。
因此，PLL 过滤输入信号噪声的过程就是替代本地振荡器的噪声。从理论上讲，如果 LPF 的时钟带宽为零，那么 PLL 输出的将是本地振荡器的信号——这就违背了设有参考信号的目的。因此，如果使用一个非常低截止频率的 LPF，PLL 需要与一个高质量的本地振荡器相匹配，以减少本地振荡器增加的噪声。对于硬件设计师来说，这有明显的成本影响，即为了获得更好的噪声过滤，需要在振荡器上花更多的钱。
- PLL 从瞬态到稳定（或锁定）状态所需的时间取决于时钟带宽（以及输入频率和本地振荡器的质量）。LPF 的时钟带宽越窄，PLL 进入稳定状态的时间就越长。例如，一个同步供应单元（SSU）的 I 型时钟或大楼综合定时供应（BITS）的第 2 层时钟，其 LPF 配置的带宽为 3mHz，需要数分钟才能锁定一个输入信号。然而，电信网络的分布非常广泛，可能由很长的时钟节点链组成。如果链路上的所有时钟都有低带宽，则整个链路可能需要数小时才能进入稳定状态。同样，在时钟分发出现任何中断后，链路上的最后一个节点可能需要数小时才能稳定下来。

正是由于这些原因，具有更好滤波能力的时钟节点应该具有高质量的振荡器，并且应该放在选定地点的时钟节点链中。这些因素也解释了为什么只有在一定数量的 SDH 设备时钟（SEC）节点之后才使用 SSU/BITS 时钟节点（它有第 2 层质量的振荡器和更好的 PLL 能力）。6.7 节更详细地介绍了这种限制和 ITU-T 的建议。

为了确保设备之间的互操作性，并最大限度地减少由于抖动和漂移在整个网络中积累而导致的信号衰减，ITU-T 建议（如 G.8261 和 G.8262）规定了网络和时钟的抖动和漂移性能限制。通常分发给普通网元（NE）和同步以太网设备时钟（EEC）的限制最宽松。

例如，ITU-T G.8262 规定了 EEC 允许的峰到峰的输出最大抖动量（在一个定义的带宽内）。这是为了确保抖动量永远不会超过后续 EEC 的指定输入容限水平。第 8 章更详细地介绍了 ITU-T 建议。

5.1.5 频率误差

虽然抖动和漂移都是测量相位误差的指标，但频率误差（或精度）也需要测量。

频率误差（也称为频率精度）是指一个时钟的频率可以偏离额定（或参考）频率的程度。衡量这一程度的指标称为分数频率偏差（FFD），有时也称为频率偏移。这个偏移也称为分数频率偏移（FFO）。

在 ITU-T G.810 中，基本定义由以下公式给出：

$$y(t) = \frac{v(t) - v_{nom}}{v_{nom}}$$

式中，$y(t)$ 是时间 t 的 FFD；$v(t)$ 是正在测量的频率；v_{nom} 是额定（或参考）频率。

FFD 通常以百万分之一（$\times 10^{-6}$）或十亿分之一（$\times 10^{-9}$）表示。例如，同步以太网（SyncE）时钟的自由运行频率精度 $< 4.6 \times 10^{-6}$，而蜂窝移动无线电中要求的载波频率精度 $< 50 \times 10^{-9}$。

举个例子计算，如果一个振荡器的额定频率是 20MHz（根据以前的 ITU-T G.810 公式，它是 20 000 000Hz，代表 v_{nom}），测量频率是 20 000 092Hz，那么这种情况下的 FFD 将是

$$\text{FFD} = \frac{(20\,000\,092 - 20\,000\,000)}{(20\,000\,000)} \times 1 \times 10^6 = +4.6 \times 10^{-6}$$

使用同样的公式，测量频率为 19 999 08Hz，额定频率为 20 000 000Hz，则 FFD 为 -4.6×10^{-6}。

FFD 也可以用时间单位表示。例如，FFD 为 $+4.6 \times 10^{-6}$ 意味着测量信号每秒钟积累

4.6μs 的时间，而 FFD 为 -4.6×10^{-6} 意味着测量信号每秒钟损失 4.6μs 的时间。经过 10s 的实际时间后，与参考信号相比，信号将偏离 46μs。这就是所谓的频率漂移，其关系如下。

$$\text{FFD}(\times 10^{-6}) = \frac{X \mu s}{\sec}$$

ITU-T 时钟规范，如 ITU-T G.812，使用频率精度定义保持规范（也称为长期瞬态响应）。这规定了时钟偏离其先前锁定频率的漂移限度。此外，其他 ITU-T 时钟规范，如 ITU-T G.813，定义了自由运行时钟的频率精度。这定义了时钟启动时，锁定到任何其他参考之前的频率所需的精度。

5.2 时间误差

到目前为止，本章已经概述了有助于使本地时钟与特定的外部参考时钟信号同步的机制。然而，即使本地时钟被确定为在相位和频率上都与参考时钟同步，在最终同步的时钟信号中也总是存在误差。

这些误差可归因于各种因素，如作为参考的输入电路的质量和配置；影响同步过程的任何环境因素；以及提供初始时钟振荡器的质量。

为了量化任何同步时钟的误差，标准制定组织（SDO）已经定义了各种参数。为了了解这些误差和量化这些误差的各种指标，请参考图 5-11，该图说明了一个与外部参考时钟同步的时钟的输出。因为测量是从接收参考信号的同步时钟上进行的，因此这个同步时钟将称为测量时钟。

还需要注意的是，这里所指的误差是时钟的重要时刻或相位的误差。这称为相位误差，它是测量信号和参考信号的重要时刻之间的差异。相位误差通常以度、弧度或时间单位表示；然而，在电信网络中，相位误差通常以时间单位（如 ns）表示。

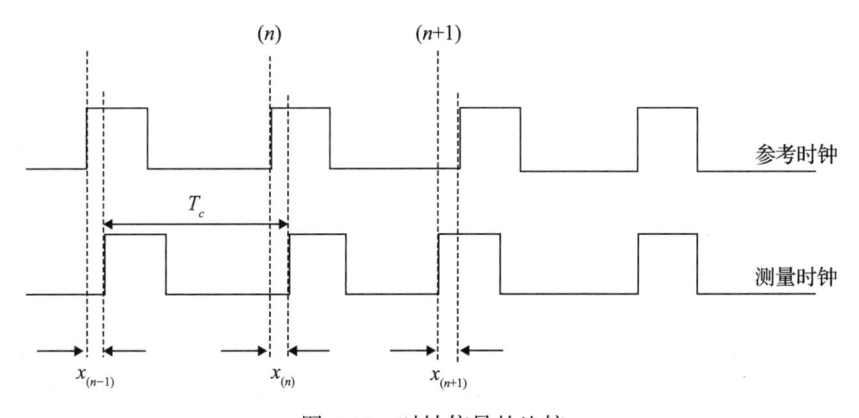

图 5-11 时钟信号的比较

在理解时钟测量时，需要记住以下两个主要方面：

- 正如测量时钟与参考时钟同步一样，测量时钟总是与参考时钟（最好是同一时钟）进行比较。因此，测量结果代表了两个信号之间的相对差异。就像检查手表的准确性一样，除非与参考时钟进行比较，否则对时钟的测量是没有意义的。
- 时钟的误差随时间而变化，因此在足够长的时间段内测量时钟误差以彻底了解时钟的质量是很重要的。举例来说，大多数石英表每天都会增加/减少一些时间（秒）。对于这样的设备，每隔几分钟或每隔几小时做一次测量可能不能很好地反映其质量。对于这样的手表，一个好的时间段可能是一个月，在这段时间里，它可能会有 10s 的漂移。

为了说明问题，图 5-11 只显示了一个时钟的三个时钟周期或周期时间（T_c）。这些时钟周期显示为 $(n-1)$、(n) 和 $(n+1)$。注意，测量的时钟与参考时钟并不完全一致，这种差异称为时钟误差或时间误差（TE）。误差标记为 $x_{(n-1)}$，显示了时钟周期 $(n-1)$ 的误差，$x_{(n)}$ 为周期 (n) 的误差，依此类推。在图中，时钟周期每个连续实例的 TE 都用 $x_{(n-1)}$、$x_{(n)}$ 和 $x_{(n+1)}$ 标记。TE 只是测量时钟与参考时钟的时间之差。

在图 5-11 中，在实例 $(n-1)$ 和 (n) 的测量时钟信号滞后于参考时钟信号，因此按照惯例是一个负的时间误差。而在 $(n+1)$ 区间，时钟信号领先于参考信号，因此称为正时间误差。当然，在不同的时间段测量的时间误差是不同的，可以是负的，也可以是正的。

时域中的 TE 测量通常是以 s 为单位，或以一些分数为单位，如 ns 或 μs。如前所述，可能存在正负误差，因此必须通过正负符号来表示。例如，某个区间的时间误差可能被写成 +40ns，而另一个区间可能是 −10ns。

工程师可以在一个较长的观测间隔内，在时钟的每个边缘（或重要的瞬间）测量 TE 值（相对于参考）。如果将这些值绘制在与时间相对应的横轴图表中，它可能看起来如图 5-12 所示。每一个额外的测量值（+ 或 −）都添加到图表右侧。如果数值为零，意味着对于该次测量，信号之间的偏移量测量为零。

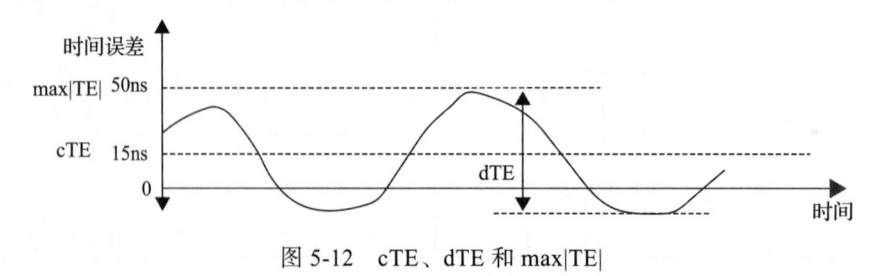

图 5-12　cTE、dTE 和 max|TE|

该图还包括 TE 的几个统计推导，主要的是 max|TE|，定义为在测量过程中观察到的最大绝对时间误差。下面的章节将解释这些测量和概念。请参考 ITU-T G.810 和 G.8260，以获得有关定时信号和 TE 数学模型的更多详细信息。

5.2.1 最大绝对时间误差

最大绝对时间误差，表示为 max|TE|，是测量时钟在测试测量期间产生的最大 TE 值。这是一个单一的数值，以秒或其分数为单位表示，代表离参考最远的 TE 值。请注意，尽管 TE 本身可以是正数或负数，但 max|TE| 是以绝对值计算的；因此，符号的测量值总是以正数表示。在图 5-12 中，max|TE| 测量值为 50ns。

5.2.2 时间间隔误差

时间间隔误差（TIE）是衡量 TE 在一个观测间隔内的变化。回顾一下，TE 本身就是测量时钟与参考时钟相比的相位误差。因此，TE 的变化，或 TIE，是一个特定观测间隔的 TE 值之间的差异。

观测间隔，也称为 τ（tau），是一个时间间隔，一般在测量开始前确定。在测试开始时和每个观测间隔时间过后，都要测量和记录 TE；而相应的时间误差值之差，则是该观测间隔的 TIE。

例如，假设观测间隔由一个时钟的 k 个周期时间组成，图 5-13 所示的时钟信号的 TE 和 TIE 的计算方法如下 [测量过程从时钟周期 (n) 或第 (n) 个 T_c 开始]。

- 在第 (n) 个 T_c 的 TE = 测量时钟和参考之间的差异 $=x_{(n)}$。
- 在第 ($n+1$) 个 T_c 的 TE = 测量时钟和参考之间的差异 $=x_{(n+1)}$。
- 同样，在第 ($n+k$) 个 T_c 的 TE$=x_{(n+k)}$，依此类推。
- 第一个观测间隔的 TIE（n 和 $n+k$ 之间的 k 个周期）$=x_{(n+k)}-x_{(n)}$。

为了描述一个时钟的定时性能，定时测试设备在测试进行过程中测量（观察）并记录 TIE（随着观测间隔越来越长）。因此，如果时钟周期（T_c）是 1s，那么测试开始后的第一个观测间隔将在 $t=1$s 处，然后第二个观测间隔将在 $t=2$s 处，依此类推（假设观测间隔的步骤与时钟周期相同）。

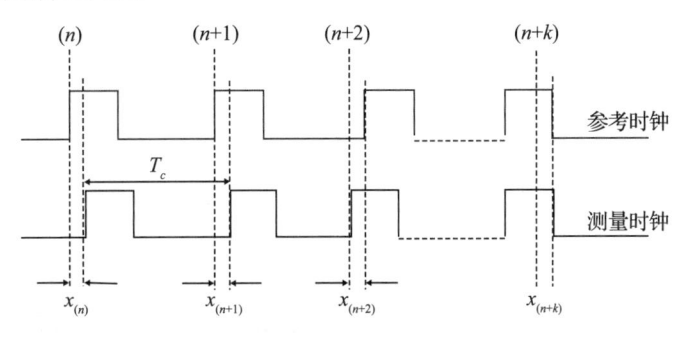

图 5-13 观测间隔内 k 个周期的时间误差

这样，TIE 测量的是一个时钟自测试开始以来与参考时钟相比所积累的总误差。另外，由于 TIE 是由 TE 计算出来的，所以 TIE 也是以秒为单位进行测量的。对于任何测量,按照惯例,TIE 的值在测量开始时被定义为零。

相比之下,TE 是两个时钟之间的瞬时测量;没有间隔被观察到。因此,TE 是在任何一个实例中两个时钟之间的记录误差,而 TIE 是在一个观测间隔(长度)中累积的误差。另一种思考方式是,TE 是两个时钟在某个时间点(瞬间)的相对时间误差,而 TIE 是两个时钟在两个时间点(也就是一个时间间隔)之间累积的相对时间误差。

举个简单的例子,TIE 测量的观测间隔步骤与 TE 测量的周期相同,TIE 将完全遵循 TE。一种情况是,每秒钟测量一次 TE,而 TIE 的观测间隔在每次观测时都增加一秒。虽然曲线是一样的,但存在一个偏移,因为 TIE 值在测试开始时被定义为 0。

图 5-14 显示了该示例,由于 TIE 值从 0 开始,所以绘制的 TIE 图看起来和带有恒定偏移的时间误差图一样。

- 如图 5-14 所示,在测量开始时,即 $t = 0$ 时 TE 是 +10ns(TE_0)。因此 TE_0 是 +10ns(测量值),TIE 是 0(惯例)。
- 假设观测间隔为 1s。在第一个观测间隔后,从图 5-14 来看,TE_1 是 15ns。为此间隔计算的 TIE 将是(TE_1-TE_0)=5ns。
- 在第二个观测间隔之后,假设 TE_2 为 0ns。现在计算的 TIE 将是(TE_2-TE_0)=-10ns。请注意,这个计算是针对第二个观测间隔的,计算的间隔真正变成了 2s。
- 观测间隔不断增加,直到整个测量结束。

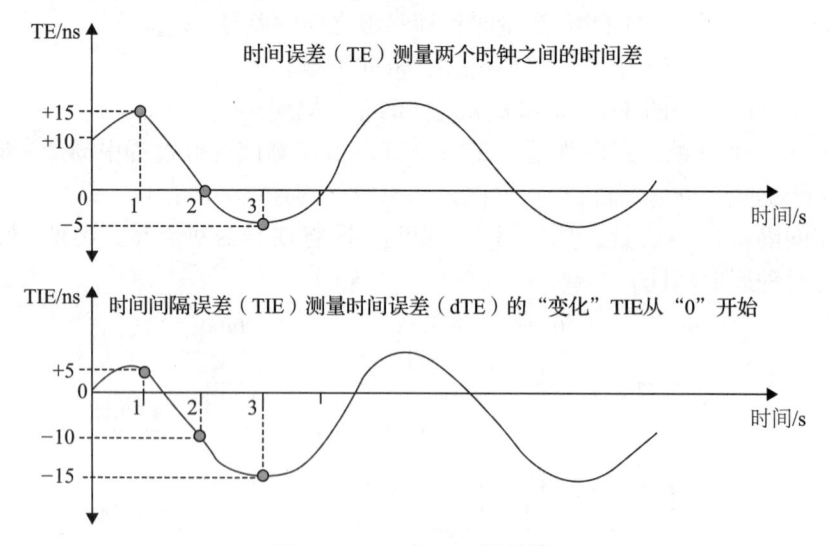

图 5-14 TE 和 TIE 测量图

还有其他的时钟指标(在本章后面讨论),如 MTIE 和 TDEV,都是由 TIE 测量计算得出的。TIE 主要是对相位精度的测量,是时钟度量的基础。

根据上图绘制的 TIE,可以得出以下结论:

- TIE 图中不断增加的趋势表明,测量时钟有一个频率偏移(与参考时钟相比)。可以推断出这一点，因为频率偏移会出现在每个时间误差值中，因此会反映在 TIE 计算中。
- 如果 TIE 图在测量间隔开始时显示一个很大的值，并开始慢慢向零收敛，这可能表明时钟或 PLL 还没有锁定到参考时钟，或者锁定或响应参考输入的速度很慢。

请注意，对每个间隔 TE 变化的测量实际上变成了对时钟信号的短期变化或抖动的测量，或有时称为定时抖动。由于 TIE 是对相位变化的测量，因此它成为捕获抖动的完美测量。

现在是时候重新审视第 1 章中准确性和稳定性的概念了。这是两个在定时方面有非常精确含义的术语。

对于同步来说，精度衡量的是一个时钟与参考时钟的接近程度。而这种测量与最大绝对 TE（或 max|TE|）有关。因此，一个紧跟参考时钟且偏移量很小的时钟是一个准确的时钟。

另一方面，稳定性指的是在给定的观察时间间隔内时钟的变化和变化速度，而不考虑它与参考时钟的接近程度。

如图 5-15 所示，一个准确的时钟可能不是一个非常稳定的时钟，或者一个非常稳定的时钟可能不准确，依此类推。由于最终目标是拥有最稳定以及最准确的时钟，所以要从这两个方面来衡量一个时钟。对这两个方面进行量化的指标成为一个时钟的定时特性。

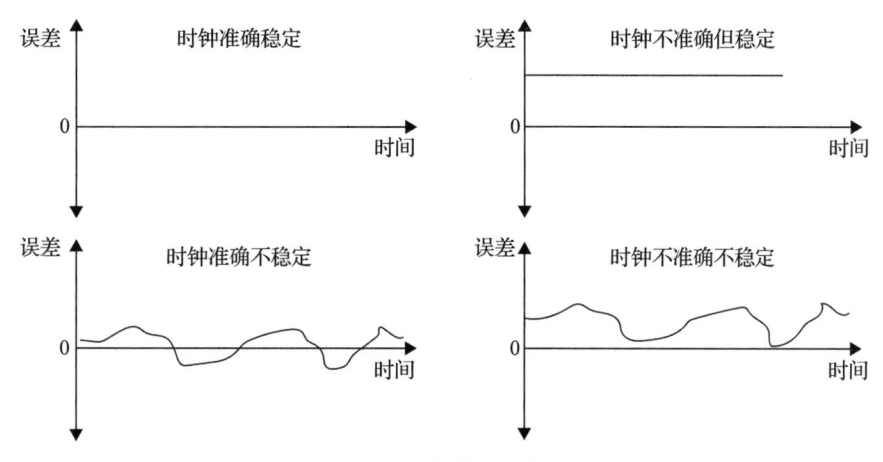

图 5-15 时钟的准确性和稳定性

正如你现在应该知道的，一个时钟的定时特性取决于几个因素，包括内置振荡器的性能。因此，可以用它来区分一个时钟所表现出的不同等级的性能。因此，ITU-T 通过基于振荡器质量的预期定时特性的差异对时钟进行分类。例如，基于铯原子参考的主参考时钟或主参考源（PRC/PRS），与基于 3E 层 OCXO 振荡器的时钟相比，预计会提供更好的精度和稳定性。第 3 章讨论了这些不同类型的振荡器，现在是时候定义一些指标，对这些质量进行更正式的分类。

5.2.3 恒定与动态时间误差

恒定时间误差（cTE）是已测量 TE 值的平均值。TE 平均值是通过对某个固定时间段（如 1000s）或整个测量周期的测量值进行平均计算得出的。当对所有的 TE 测量值进行计算时，cTE 代表了从参考时钟的平均偏移量，是一个单一的值。图 5-12 显示了这一点，其中 cTE 在图上显示为 +15ns 的一条线。因为它测量的是与参考时钟的平均差值，所以 cTE 是衡量一个时钟精度的好办法。

动态时间误差（dTE）是 TE 在一定时间间隔内的变化（你可能记得，TE 的变化也是由 TIE 测量的）。此外，TE 在较长时间内的变化称为漂移，所以 dTE 实际上是表示漂移的量。图 5-12 显示了这一点，其中 dTE 代表了测量过程中最小和最大 TE 之间的差异。另一种思考方式是，dTE 是对时钟稳定性的一种衡量。

这两个指标通常用于定义定时性能，所以它们是需要理解的重要概念。通常情况下，dTE 会使用 MTIE 和 TDEV 进行进一步的统计分析；后面将详细介绍这两个指标的计算方法。

5.2.4 最大时间间隔误差

正如在 5.2.2 节中了解到的，TIE 测量的是一个观测间隔内时间误差的变化，TIE 测量的是观测间隔开始和结束时的 TE 之差。然而，在这个观测间隔期间，会有其他 TE 值，在 TIE 计算中没有考虑。

以图 5-16 所示为例，有 k 个时间误差值（k 也是观测间隔）。这些时间误差值表示为 $x_{(n)}$、$x_{(n+1)}$、$x_{(n+2)}$、……、$x_{(n+k)}$。TIE 计算只考虑了 $x_{(n)}$ 和 $x_{(n+k)}$，因为观测间隔是从周期 n 开始的 k 个周期。这可能是因为这两个值没有捕捉到最大或最小的时间误差值。为了确定这段时间的最大变化，需要找到同一观测间隔内的最大 TE（$x_{(max)}$）和最小 TE（$x_{(min)}$）。

TIE 在一个观测间隔内的最大变化称为最大时间间隔误差（MTIE）。MTIE 在 ITU-T G.810 中定义为在一个给定的观测间隔内"给定定时信号的最大峰–峰延迟变化"。由于这实质上代表了时钟的变化，因此也称为最大峰–峰时钟变化。

峰–峰延迟变化捕捉了一个观测间隔内的两个反向峰值（低峰和高峰）。这是通过计算在某一观测间隔内最大 TE（在一个峰值）和最小 TE（另一个峰值）之间的差值得到的。图 5-16 显示了同一观测间隔的 TIE 和 MTIE 的例子，说明了最大峰–峰延迟变化。

图 5-16 清楚地表明，在一个观测间隔 k 期间，虽然 TIE 计算是基于 $x_{(n)}$ 和 $x_{(n+k)}$ 之间的间隔进行的，但在这个间隔中存在峰值，这些峰值是 MTIE 计算的基础。在图中用 $P_{(max)}$ 和 $P_{(min)}$ 表示。

还要注意的是，由于 MTIE 是延迟变化的最大值，因此它被记录为真正的最大值；不仅是一个观测间隔，而是所有观测间隔。这意味着，如果在随后的观测间隔测量到更高的 MTIE 值，它将被记录为一个新的最大值，否则 MTIE 值将保持不变。这反过来又意味着 MTIE 值在越来越长的观测间隔内不会减少。

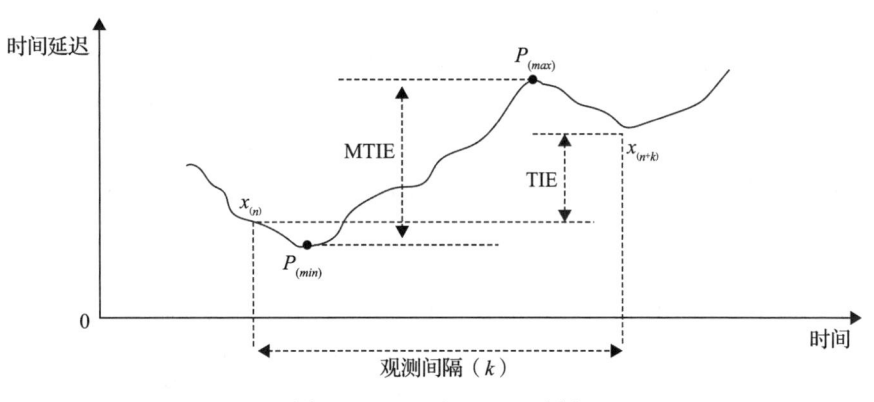

图 5-16　TIE 和 MTIE 示例

例如，如果在一个测量运行的所有 5s 周期内观察到的 MTIE 是 40ns，那么在任何后续（更长）周期的测量中，这个值将不会低于 40ns。例如，使用 10s 周期计算的任何 MTIE 将与 5s 周期的最大值相同或更大。这也同样适用于更大的数值。

因此，只有在使用较长观测间隔的过程中发现另一个更高的值，MTIE 才能保持不变或增加；因此，MTIE 图在向右移动时永远不会下降（随着 tau 值的增加）。

MTIE 图保持平坦意味着最大峰 – 峰延迟变化保持不变；换句话说，没有记录新的最大延迟变化。另一方面，如果图形随时间增加，这表明测试设备记录的最大峰 – 峰延迟变化越来越高。另外，如果图形类似一条线性增长的线，它表明测量的时钟根本没有锁定在参考时钟上，而是在没有校正的情况下不断地偏离。MTIE 常用来定义时钟信号的最大相位偏差限制。

记录和绘制 MTIE 的简化算法解释如下：
1. 确定每个 1s 间隔的所有 TE 值（这些值可能是以更高的速率采样，如 1/30s）。
2. 在每个观察到的 1s 观测间隔内找到最大的峰 – 峰延迟变化（1s 间隔的 MTIE 值）。
3. 记录 MTIE 图中 1s 水平轴位置的最高值。
4. 确定所有 2s 间隔的所有 TE 值。
5. 在每个观察到的 2s 间隔内找到最大的峰 – 峰延迟变化（2s 间隔的 MTIE 值）。
6. 记录 MTIE 图中 2s 水平轴位置的最高值。
7. 对其他时间间隔（4s、8s、16s 等）进行重复操作。

总而言之，MTIE 值记录了峰 – 峰相位变化或波动，这些峰 – 峰相位变化可以指向时钟信号中的频率偏移。因此，MTIE 对于识别频率偏移非常有用。

5.2.5　时间偏差

MTIE 显示了不同观测间隔的最大相位波动，时间偏差（TDEV）则提供了关于时钟信号的相位稳定性的信息。TDEV 是一个衡量和描述时钟信号中存在的相位变化程度的指标，主要通过 TIE 测量来计算。

与 MTIE 不同的是，TDEV 记录的是相位变化的高峰和低峰之间的差异，TDEV 主要关注的是这种相位变化在一定时间内发生的频率和稳定性（或不稳定性），注意"一定时间内"的重要性。这很重要，因为"频率如何"和"稳定性如何"这两个参数都会因为测量时间长度的改变而发生变化。例如，如果在测试中每秒钟都发生重大错误，则可以认为是频繁发生的错误。但如果这是在接下来的一个小时内发生的唯一错误，那么这个错误就不能被认为是频繁发生的错误。

考虑一个数学方程，用总的相位变化（TE 值）除以总的测试时间；你会意识到，如果在很长一段时间内相位变化较少，这个方程会产生一个低值。然而，如果在相同的测试时间内有更多的相位变化，那么该方程的结果就会增加。这种方程用于 TDEV 的计算，以确定时钟的质量。

低频相位变化可能看起来是随机发生的。只有当这种事件在较长的时间内出现的频率较低时，才可以标记为异常值。这就增加了对时钟长期质量的信心。想想看，同时抛出五枚硬币，第一次抛出时，所有五枚硬币都是头朝下！这时，你就会发现，这些硬币都是随机的。如果不多扔几次硬币，就不能确定这是一个异常值（随机事件），还是硬币出了什么奇怪的问题。

一个时钟的 TDEV 定义了时钟行为中任何随机性（或异常值）的极限。这种随机性的程度是对低频相位变化（漂移）的衡量，它可以通过 TIE 测量进行统计计算，并通过 TDEV 计算绘制成图形。

根据 ITU-T G.810，TDEV 定义为"一个信号的预期时间变化作为积分时间函数的测量"。所以，TDEV 在揭示时钟在给定时间间隔内存在的多个噪声过程方面特别有用；而这种计算出的测量值会与每种时钟类型的极限值（在建议中指定为掩码）进行比较。

通常，一个系统的不稳定性是通过其性能的一些统计表示法来表达的。在数学上，方差或标准差是常用的衡量标准，可以提供一个充分的观点来表达这种不稳定性。然而，对于时钟来说，已经表明常用的方差或标准差计算存在一个问题——计算不收敛。

收敛的概念可以用一个通用的例子来解释。一个由大量高斯分布的数值集合组成的数据集将有一个特定的平均值和方差。平均值显示的是平均数，而方差显示的是数值围绕平均值的紧密程度——就像一个时钟的稳定性。现在，如果使用这些数值的一个小子集或样本来计算这些数值，那么这些指标的置信度就会很低——就像抛掷五枚硬币一样。而当这些参数使用数据集中越来越多的样本来计算时，这些指标的置信度就会增加。这里置信度的增加意味着方差朝着给定数据集的真实值移动——这就是方差的收敛。然而，对于时钟和振荡器来说，无论变化的样本有多大，显然都没有证据表明这个方差值会收敛。为了处理这个缺陷，其中一个替代方法是使用 TDEV。

与其了解计算 TDEV 的确切公式，不如将 TDEV 测量视为一种均方根（RMS）类型的度量，以捕获时钟噪声。从数学上讲，RMS 的计算方法首先是对样本数据的平方值取一个平均值（平均数），然后取其平方根。这种计算的关键是，它平均了样本中的极端值或异常值（比正常的平均值要多得多）。有趣的是，随着样本数据的增加，极端值的平均化程度越来越高。

因此，TDEV 成为一个高度平均的值。而如果时钟中的噪声很少发生，那么这种罕见误差的程度（或幅度）在较长的测量时间段内逐渐减弱。一个例子是很少或偶尔发生的事情，如一天中环境变化带来的误差（昼夜节律），如下午的阳光照射在时钟的外部金属板上。

因此，为了获得对 TDEV 值的置信度（主要是为了排除时钟中出现的罕见噪声），测试通常相当长，至少比通常的 MTIE 观测间隔长几倍。例如，ITU-T G.811 要求运行最大观测间隔 12 倍的 TDEV 测试。

与 TDEV 相比，你可能会注意到，MTIE 非常适合捕捉 TIE 测量样本中的异常值。MTIE 是一个峰值检测器，但 TDEV 是对不同观测时间间隔内漂移的测量，很适合对漂移噪声进行定性。它可以做到这一点，因为它非常善于平均化短期和罕见的变化。

因此，将 TDEV 与 MTIE 一起用作表示时钟质量的指标是有意义的。与 MTIE 一样，ITU-T 建议也为同样的目的指定了 TDEV 掩码。这些掩码显示了不同时钟类型和不同条件下 TDEV 和 MTIE 的最大容许值。

5.2.6 噪声

在定时领域，噪声是时钟信号中不需要的干扰——信号仍然存在，而且是好的，但它不像人们希望的那样完美。噪声既会在短期内产生，例如在单个采样周期内，也会在更长的时间范围内产生，直至时钟的使用寿命结束。引入噪声的因素有很多，不同系统之间的噪声数量和类型可能有很大差异。

本章讨论的指标试图量化时钟在其输出端可能产生的噪声。例如，max|TE| 代表一个时钟可以产生的最大噪声量。同样，cTE 和 dTE 也表征了一个时钟噪声的不同方面。

噪声分为抖动或漂移。正如 5.1.4 节中所看到的，按照惯例，抖动是短期变化，而漂移是测量时钟与参考时钟相比的长期变化。ITU-T G.810 标准将抖动定义为变化率大于或等于 10Hz 的相位变化，而将漂移定义为变化率小于 10Hz 的相位变化。换句话说，移动速度较慢、频率较低的抖动（小于 10Hz）称为漂移。

一个类比是，一个司机沿着一条笔直的道路行驶，穿过一片平坦的平原。为了保持在车道内行驶，司机通常会用非常短的转向输入和力的变化来"纠正"方向盘（在无意识的情况下，司机每秒钟做很多次这样的纠正）。这是为了纠正汽车在车道内移动的"抖动"。

但现在想象一下，道路正在向右缓缓转弯，司机开始向这个方向对方向盘施加更大的力以影响转弯。这是对漂移的一种类比。抖动是试图把你带出车道的短期变化，但长期引导的方向是漂移。

前面的章节解释了 MTIE 和 TDEV 是可以用来量化时钟定时特性的指标。因此，ITU-T 以 MTIE 和 TDEV 掩码的形式规定了基于噪声性能（特别是噪声产生）的这些时钟的定时特性也就不足为奇了。这些定义分布在许多 ITU-T 规范中，如 G.811、G.812、G.813 和 G.8262。第 8 章更详细地介绍了这些规范。

由于这些指标非常重要，任何用于测量时钟质量的定时测试设备都需要能够生成 MTIE 和 TDEV 图作为输出。然后将这些图形上的结果与 ITU-T 相关建议中的一个掩码进行比较。然而，工程师必须使用正确的掩码来比较测量结果。

例如，如果工程师正在测量路由器的 SyncE 输出，MTIE 数据需要与 G.8262 的 SyncE 掩码进行比较，而不是与其他一些标准如 G.812（涵盖 SSU/BITS 时钟）进行比较。

图 5-17 表示各种类型的噪声性能类别，以及它们的相关点（可以进行测量）。

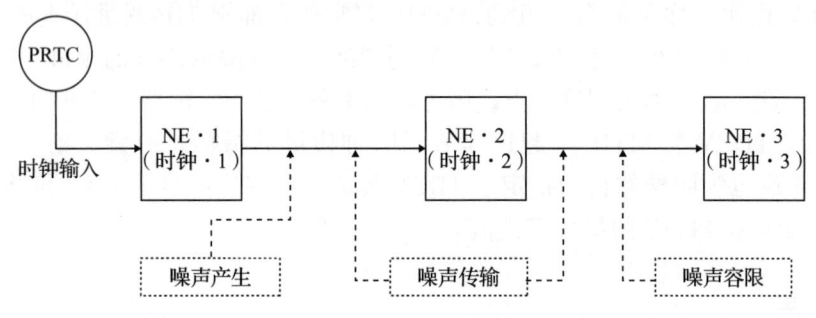

图 5-17 噪声的产生、传输和容限

下面将更详细地介绍这些类别。

噪声产生

图 5-18 说明了网络元件·1（NE·1）输出端的噪声产生，因此也是噪声产生的测量点。噪声产生是指在时钟输出端向一个完美参考信号加的抖动和漂移量。因此，它显然是一个时钟能够接收和传输时间信号的质量或保真度的性能特征。图 5-18 描述了当一个理想的（完美的）参考信号输入时钟时，在输出端增加和观察到的一些噪声。

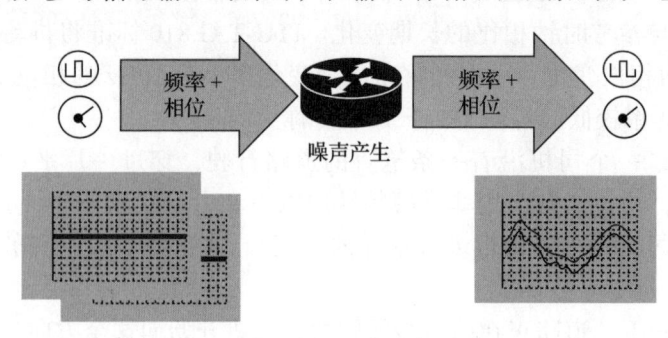

图 5-18 噪声产生

一个可能有帮助的类比是复印机。如果你拿一份文件在复印机上运行，它将产生一份好的（甚至是优秀的）文件副本。在这个过程中，质量的损失可以类比为噪声产生。但现在，拿一份该文件的复印件，再拿一份该复印件的复印件。重复这个过程，经过四到五代的复印，质量将大幅下降。每次复印过程中产生的噪声越低，就能制作更多代的可接受质量的副本。

对于网络上的时间传输来说，每个时钟中较低的噪声产生意味着在链路的末端有更好的时钟信号，或者有更长的链路能力。这就是为什么噪声产生是时钟的一个非常重要的特性。

噪声容限

一个从时钟可以锁定来自主参考时钟的输入信号，然而每个时钟（甚至是参考时钟）都会在其输出上产生一些额外的噪声。如前所述，有一些指标可以量化一个时钟产生的噪声。但是，一个从时钟在其输入上能接收（容忍）多少噪声，并仍能将其输出信号保持在规定的性能限度内？

这就是时钟的噪声容限。图 5-17 显示了网元·3（NE·3）输入端的噪声容限。它只是衡量在时钟不能再将其作为参考之前，输入信号可以变得多么糟糕。

回到复印机的类比，噪声容限是复印机只能刚好读取输入文件以产生一个可读副本的极限。任何进一步的退化都会导致无法产生令人满意的输出。

与噪声产生一样，噪声容限也针对每一类时钟性能指定了 MTIE 和 TDEV 掩码。直到 ITU-T 建议中规定的最大允许噪声值应用于时钟的输入，时钟的输出应继续在预期的性能限制内运行。这些掩码在涵盖噪声产生的 ITU-T 规范中指定，如 G.812、G.813、G.823、G.824 和 G.8262。

当时钟输入端的噪声超过允许的限度时会发生什么？时钟应采取什么行动？时钟可以执行以下的一个或多个操作：

- 报告一个警报，警告它已经失去了对输入时钟的锁定。
- 如果有备用的参考时钟，则切换到另一个参考时钟。
- 进入保持状态（在没有外部参考输入的情况下运行）并发出警报，警告状态和质量的变化。

噪声传输

为了使网络元素同步到一个共同的定时源，至少有两种不同的方法——外部时钟分发和线路定时时钟分发。

外部时钟分发或频率分发网络（参考 2.1.1 节）变得具有挑战性，因为网络元素通常在地理上是分散的。因此，为每个节点建立一个专门的同步网络可能变得非常昂贵，因此这种方法通常不是首选。

另一种方法是将网元级联起来，使用线路时钟（再次参考 2.1.1 节），其中时钟从一个网元传到下一个网元。图 5-17 显示了使用线路时钟方法的时钟分发模型，其中 NE·1 将时钟传给 NE·2，然后再传给 NE·3。

从前面关于噪声产生的内容中，知道每一个时钟都会在时钟的输出端产生与输入端相比的额外噪声。当网络被设计成链式时钟分发时，在一个时钟上产生的噪声作为输入传给与它同步的下一个时钟。这样一来，噪声不仅会级联到链路中所有低于它的时钟，而且噪声在传输过程中会被放大。为了减少这种情况，需要在时钟的输出端（每个网络元素上）以某种方式减少或过滤累积的噪声。

噪声从一个节点的输入到输出的这种传播称为噪声传输，可以定义为输入到时钟而在时钟的输出端看到的噪声。时钟的过滤能力决定了通过时钟从输入端向输出端传输的噪声量。很明显，希望减少噪声的传输。图 5-17 显示了基于 NE·1 传输给 NE·2 的噪声，NE·2 传输给 NE·3 的噪声。

同样，与 ITU-T 时钟规范的噪声产生和噪声容限一样，使用 MTIE 和 TDEV 掩码来指定允许的噪声传输量。请记住，每个时钟节点都有一个具有滤波功能（LPF 和 HPF）的 PLL，可以根据时钟带宽过滤掉噪声（参考 5.1.3 节）。

用于描述噪声如何从输入传输到输出的主要指标是时钟带宽，这在 5.1.3 节中已经解释过。例如，在 ITU-T G.8262 的第 10.1 条中，对选项 1EEC 的噪声传输描述如下："EEC 的最小带宽要求是 1Hz，EEC 的最大带宽要求是 10Hz"。

5.3 保持性能

给定一个准确的参考时钟作为输入信号，就可以实现一个良好的同步时钟。这是时间同步的基本原则，即主时钟驱动从时钟，始终假设主时钟本身是稳定和准确的。

偶尔也会出现主时钟不可用的情况。在这种情况下，本地时钟不再受到主（或参考）时钟的约束。大多数基于同步的应用需要知道在这种情况下可能发生的频率漂移量。

一个时钟没有参考时钟来同步的时间称为时钟保持状态。在这种状态下，时钟的行为就像一个飞轮，即使它没有被主动驱动，也会一直以恒定的速度旋转，所以有时也称为飞轮模式。而衡量一个从时钟偏离参考时钟或主时钟的速度称为其保持性能。在没有参考频率的情况下，时钟在一定时间间隔内保持相同频率的能力称为频率保持。同样，时间或相位保持是在没有外部相位参考的情况下，在一定时间间隔内保持相位精度的能力。

这种跨网元的同步是通过物理信号（如 SyncE）或携带定时同步信息的精确时间协议（PTP）数据包实现的。甚至有能力在混合定时架构中结合这两种方法，即用 SyncE 传输频率，用 PTP 包传输相位同步。第 7 章对此进行了更深入的探讨。

物理链路故障将打破通过 SyncE 进行的频率分发，或中断从站和主站之间的 PTP 数据包路径。在这种情况下，从时钟将开始慢慢"漂移"，远离参考时钟或主时钟。这种频率和相位漂移，除了取决于许多外部因素外，还取决于用于本地时钟的元件和PLL电路的特性。

显然，保持期间参考时钟的漂移越小越好，尽管"小"不是一个有用的衡量标准，因此它更多被定义为量化术语。保持性能的测量是在移除一个、两个或所有的时钟源（频率和相位）时进行的，并且从时钟的输出根据主时钟的参考信号进行测量。

ITU-T建议规定了MTIE和TDEV掩码，以比较每种时钟类型可接受的保持性能（该掩码不像时钟锁定在外部参考时钟时使用的掩码那样严格）。

有两个主要因素决定保持性能。首先是时钟或PLL的内部组件，其次是可能影响时钟输出信号的外部因素。在组件中，振荡器（主要是其稳定性）在提供更好的时钟保持性能方面起着最重要的作用。例如，基于铷原子（第2层）振荡器或OCXO（第3E层）振荡器的时钟将比第4层振荡器提供更好的保持特性。

同样，在保持期间环境条件（特别是温度）的较小变化，将导致更好的保持特性。例如，铷原子振荡器是非常稳定的，但当暴露在温度变化大的环境中时，它们很容易变得不稳定。图5-19提供了不同等级振荡器的时钟保持性能的一个非常粗略的比较。请注意，图5-19是用图形表示相对于时间的偏差大小；对于不同的振荡器来说，正或负偏差都有可能。

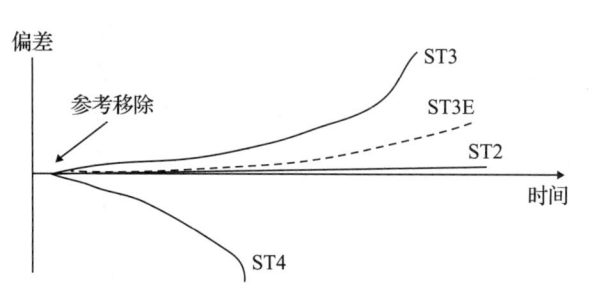

图 5-19 不同等级振荡器的时钟保持性能

硬件设计者正在不断创新，以提高保持性能。其中一项创新是在参考信号可用时，观察并记录本地振荡器的变化，有时也称为历史信息。当参考信号丢失时，这些历史信息被用来提高输出信号的保持精度。在使用这种技术时，这种保持数据的质量对保持性能起着重要作用。

有些情况下，可能存在多条同步路径，并不是所有的同步路径都同时丢失。对于混合同步情况，其中频率同步通过物理网络（SyncE）实现，相位同步通过PTP数据包实现，可能只有一条同步传输路径中断（例如，只有PTP数据包路径或只有频率同步路径）。在这种情况下，其中一种同步模式可以进入保持状态。

例如，可能是通往主设备的PTP路径丢失（例如，由于通往PTP主设备的逻辑路径故障），但频率同步（SyncE）仍然可用。在这种情况下，频率保持锁定在参考上，只是相位/时间进入保持状态。

为什么保持性能很重要，良好的保持性能应该要求多长时间？

例如，让我们来看一个 4G LTE-Advanced 基站的情况，它可能始终需要在 ±1.5μs 内与主设备相位对齐。这个基站配备了一个 GPS 接收机和外部天线，以使其时钟同步到这个相位精度水平。假设这个 GPS 天线由于某种原因而失效（例如，雷击）。在这种情况下，这个基站设备的时钟将立即进入保持状态。只要该基站无线电的时钟相位对齐保持在 ±1.5μs 的精度内，该基站的操作就能继续进行。

如果这种 GPS 天线故障发生在夜间，运营人员可能需要一些时间来发现和定位故障，然后派遣一名技术人员到正确的地点。如果是一个长周末，技术员可能需要相当长的时间才能到达该地点并解决问题（假设技术员知道问题出在哪里并有现成的 GPS 天线备件）。

当然，如果在这整个过程中，时钟能够保持在 ±1.5μs 的相位对齐，并为该地区提供不间断的服务，那就非常方便了。如果检测和纠正这个故障的最长时间是（比如）24h，那么为了不间断地提供服务，这个小区的时钟需要 24h 的 ±1.5μs 保持期。事实上，ITU-T 普遍接受的用例是，一个时钟应该能够在长达 72h 内保持性能（考虑到一个长周末）。

请注意，这一要求（24h ± 1.5μs）是一个相当严格的保持规范，几乎所有目前部署的系统（基站无线电和路由器）都无法达到这一水平的保持。能够做到 72h 是非常困难的，需要一个具有非常高质量振荡器的时钟，如基于铷的振荡器。

更加困难的是，基站的天气条件（在一些山顶上）可能非常具有挑战性，对设备环境条件的控制非常有限。温度是影响振荡器稳定性的一个非常重要的因素，而这种稳定性直接影响保持性能。出于这个原因，ITU-T G.8273.2 规范定义了 PTP 边界和从时钟在没有 PTP 数据包的情况下所需的保持性能——恒定温度和可变温度。

5.4 瞬态响应

保持状态是指每当输入参考时钟丢失时，时钟转换到的状态。事实证明，在参考信号失效时提供良好的、长时间的保持状态既不容易也不便宜。然而，可以有多个参考时钟同时提供给从时钟，从而在故障情况下提供备份信号的能力。因此，网络设计师更倾向于一种设计，在这种设计中，网络元素可以获得多个参考信号，为定时同步提供冗余和备份。

问题是，当输入参考时钟丢失时，时钟决定选择第二好的时钟源作为输入参考时，时钟应该如何表现？这个事件中的行为被描述为时钟的瞬态响应。

一个时钟的多个参考输入可以（通过不同的路径）追溯到同一个时间源（如 PRTC）或追溯到不同的源。通过网络发送的时钟质量信息（如以太网同步消息信道（ESMC）和 PTP 数据包）显示了这些独立参考源所提供的时间源的质量。然后，管理从时钟的软件根据质量信息决定使用哪个备份参考时钟。正如预期的那样,高质量的参考时钟比低质量的参考时钟更受欢迎。

对于有多个输入的情况,网络设计师可能会给输入参考时钟分发一个优先级,这样从时钟就可以决定以什么顺序优先输入。因此,当最高优先级(例如,优先级 1)的参考时钟失效时,从时钟必须决定是否有另一个可用的参考时钟来提供输入信号。从时钟会在那些发出最高质量等级信号中选择一个剩余可用信号源。如果在该质量级别上有多个源信号可用,则从时钟选择具有最高优先级的可用参考(例如,优先级 2)。然后,从时钟将开始获取这个新的输入信号,并继续提供输出信号,但现在与新的参考对齐。

这种参考时钟变化的切换称为瞬态事件,在此事件中时钟的时间特性变化称为瞬态响应。这是一个与时钟进入保持状态非常不同的事件,因为参考时钟的变化非常快,导致从时钟在保持状态的时间非常短。

因此,在 ITU-T 建议中,这些瞬态被分为两类:长期瞬态和短期瞬态。在两个参考输入之间的切换就是一个短期瞬态的例子。长期瞬态是保持的另一个名称。

瞬态响应规定了从时钟在此类事件中产生的噪声。从时钟在此类事件中不太可能是透明的,可能会传输或产生额外的噪声,这被测量为瞬态响应。同样,对于每种时钟类型,在 ITU-T 标准中都有 MTIE 和 TDEV 掩码,以指定可接受的瞬态响应。例如,可以在 ITU-T G.812 的第 11 条中找到支持 SDH(E1)和 SONET(T1)时钟瞬态响应的 MTIE 和 TDEV 掩码。

5.5 测量时间误差

本章探讨了时间误差的几个定义和限制,以及量化时间误差的众多指标,并研究了时间误差对应用的影响。总之,时间误差,本质上是从时钟与参考时钟或主时钟之间的差异,主要用四个指标来测量:cTE、dTE、max|TE| 和 TIE。从这些基本的测量结果中,工程师们通过应用不同的滤波器,从 TIE 中统计出 MTIE 和 TDEV。

ITU-T 建议规定了这些不同的时间误差度量的允许限度。cTE 和 max|TE| 指标是以时间(如 ns)为单位定义的。dTE 是时间误差函数随时间的变化,用 TIE 来描述,然后与以 MTIE 和 TDEV 表示的掩码进行比较,该掩码定义了该类型时钟的允许限制。

一些 ITU-T 建议定义了单个独立时钟(单个网络元素)的允许限制,而其他建议则规定了端到端网络中定时链的最终输出的时钟性能。不应该把这两类规范混在一起,因为适用于独立情况的限制并不适用于网络情况。同样,用于定义独立时钟限制的掩码也不适用于网络。

对于每一种类型和类别的独立时钟,所有四个指标:max|TE|、cTE、dTE 和 TIE,都是由这些标准规定的,而对于网络情况,max|TE| 和 dTE 是规定的。cTE 没有列在网络限制中,因为网络情况下的 max|TE| 限制自动包括了 cTE,它可能被时钟链中的任何

一个时钟所添加。

ITU-T 规定了几乎所有时钟类型的各种噪声和/或时间误差限制。对于众多时钟规范中的每一种，ITU-T 建议定义了时钟定时特性的所有五个方面：

- 噪声产生。
- 噪声容限。
- 噪声传输。
- 瞬态响应。
- 保持性能。

第 8 章将更详细地介绍这些规范。

如图 5-20 所示，时间误差测量测试所需的设置包括：

- 能够合成理想参考时钟信号的定时测试设备。
- 通常会被嵌入网络元素中的测试时钟。
- 时钟捕获和测量设备。大多数情况下，这与产生参考时钟的设备相同，这样就可以与测试时钟返回的输出信号进行简单的比较。

请注意，如果测试仪是与参考输入时钟不同的设备，则需要将相同的时钟信号也传递给测试仪，以使其能够将测量的时钟与参考时钟进行比较。不能使用两个单独的信号，一个作为参考，一个传递给测试仪。

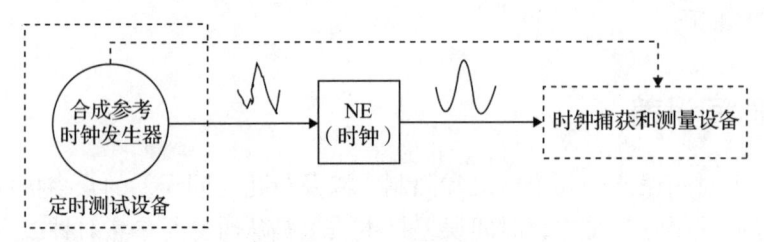

图 5-20 时间误差测量测试设置

生成参考时钟的测试设备在图 5-20 中称为合成参考时钟，原因如下：

- 对于噪声传输测试，需要合成参考时钟，以引入抖动和漂移（在软件控制下）。根据 ITU-T 建议，测试仪为测试时钟的类型产生正确的抖动和漂移量。测试时钟需要过滤掉引入的输入噪声，并产生一个低于标准允许限度的输出信号。这个限制定义为一组 MTIE 和 TDEV 掩码。
- 对于噪声容限测试，参考时钟需要模拟测试时钟在实际部署中可能遇到的输入噪声。为此，测试设备会模拟测试时钟的参考信号中一系列预定义的噪声或时间误差。为了测试时钟作为输入所能容忍的最大噪声，工程师测试时钟不产生任何警报；不切换到另一个参考；不进入保持模式。
- 对于噪声产生测试，提供给测试时钟的参考时钟应该是理想的，例如来自 PRTC 的时钟。因此，对于这种测量，不需要人为地合成参考时钟，不像噪声传输和噪声容限的情况，时钟是合成的。然后，测试设备只需将参考输入信号与测试时钟的噪声信号进行比较。

参考文献

Open Circuit. "16Mhz Crystal Oscillator HC-49s." Open Circuit. Picture. https://opencircuit.shop/Product/16MHz-Crystal-Oscillator-HC-49S

The International Telecommunication Union Telecommunication Standardization Sector (ITU-T).

"G.781: Synchronization layer functions for frequency synchronization based on the physical layer." *ITU-T Recommendation*, 2020. http://handle.itu.int/11.1002/1000/14240

"G.810: Definitions and terminology for synchronization networks." *ITU-T Recommendation*, 1996. http://handle.itu.int/11.1002/1000/3713

"G.811: Timing characteristics of primary reference clocks." *ITU-T Recommendation*, 1997. http://handle.itu.int/11.1002/1000/4197

"G.812: Timing requirements of slave clocks suitable for use as node clocks in synchronization networks." *ITU-T Recommendation*, 2004. http://handle.itu.int/11.1002/1000/7335

"G.813: Timing characteristics of SDH equipment slave clocks (SEC)." *ITU-T Recommendation*, 2003. http://handle.itu.int/11.1002/1000/6268

"G.8261: Timing and synchronization aspects in packet networks." *ITU-T Recommendation*, Amendment 1, 2020. http://handle.itu.int/11.1002/1000/14207

"G.8262: Timing characteristics of a synchronous equipment slave clock." *ITU-T Recommendation*, Amendment 1, 2020. http://handle.itu.int/11.1002/1000/14208

"G.8262.1: Timing characteristics of an enhanced synchronous equipment slave clock." *ITU-T Recommendation*, Amendment 1, 2019. http://handle.itu.int/11.1002/1000/14011

第 6 章 |Chapter 6|

物理频率同步

同步机制在移动通信中是必不可少的。同步是电信运营商用来建立和提供网络服务的基本技术之一，并且已经将其引入了许多网络中。第 3 章介绍了不同类型的同步，分为频率同步、时间同步和相位同步。不同系统的时钟频率匹配的状态称为频率同步，而时钟之间的时间一致的状态称为相位同步。本章主要关注在网络中相互连接的时钟之间如何实现频率同步。重点将集中在与频率同步特定方面有关的内容上。

6.1 频率同步的演进

频率同步对传统电信的发展产生了巨大的影响，特别是在实现从模拟到数字的传输和交换方面。传统的公共交换电话网（PSTN）通过模拟交换机或无线电传输系统之间的独立数字传输链路开始数字化进程。数字技术的应用对于接口来说是透明的，因此一个系统的内部时钟速率不需要与另一个系统的内部时钟速率同步。

即使是结合了高比特率多路复用和低速支路的网络系统，也不需要跨系统的同步。电路交换数据网络和综合业务数字网（ISDN）的引入首先需要更严格的同步。随着这一发展，网络同步也开始演进。

一些不同的网络同步策略逐渐演进，但对于频率同步，最普遍的是通过一个单独外部网络的时钟分发频率信号（见 2.1.1 节）。这导致所有主要的网络服务提供商都建立了国家频率同步网络，以向其电信网络的每个节点分发一个共同的时间参考。

与此同时，各种标准机构，如国际电信联盟电信标准化部门（ITU-T）、欧洲电信标准协会（ETSI）和美国国家标准协会（ANSI），开始制定新的标准，为同步网络中的抖动和漂移指定更严格和复杂的要求。

因此，运营商选择了两种基本方法来实现频率同步：

- 使用物理层，这涉及在网络接口上以电或光的方式分发频率。同步数字体系（SDH）、同步光网络（SONET）和同步以太网（SyncE）是节点到节点之间使用物理层技术的示例。SDH/SONET 和 SyncE 提供了可预测的载波级频率分布，但如果网络中的任何节点不能支持兼容的物理接口，则需要系统/设备更改。这通常不是 SDH/SONET 网络遗留的问题，但是，如果基于以太网的系统不能支持 SyncE，那么它就会成为一个挑战。

- 频率也可以使用基于分组的网络进行分发。在过去的几年里，工程师们已经开发了一些协议，如结构无关的分组 TDM（SAToP）、分组交换网络电路仿真（CESoPSN）、分组电路仿真（CEP）、网络时间协议（NTP）和精确时间协议（PTP），以通过分组来分发频率。初看，分发频率的分组方法看起来灵活而简单；然而，在非确定性基于分组的网络上携带频率信息需要仔细的工程化，并且可能比使用物理方法更困难。本章主要讨论物理接口的频率分布。第 9 章将讨论基于分组的频率分发。

6.2 BITS 和 SSU

在传统的 PSTN 中，频率同步是基于建筑物或办公时钟的概念，即整个建筑物或办公室为所有安装的设备提供频率，包括数字交换交换机、数字交叉连接和终端设备。在 ANSI 标准中，这种用于整个建筑（称为中心办公室或 CO）的时钟称为大楼综合定时供给（BITS）；在 ITU-T 和 ETSI 标准中，这种时钟称为同步供应单元（SSU）或独立同步设备（SASE）。随着最近的发展，ITU-T 已经整合了 ANSI 和 ETSI 的考虑因素，因此本章的其余部分将互换使用 BITS 和 SSU 术语。

图 6-1 显示了通过 GPS 接收机或来自原子钟（如主参考钟）的信号进入建筑物的 BITS 或 SSU 定时电路的分布。如果没有像 SSU/BITS 这样的集中源，则同一幢大楼内可能会拥有许多不同的时间源，因为在整个大楼中可能存在许多同步链路。

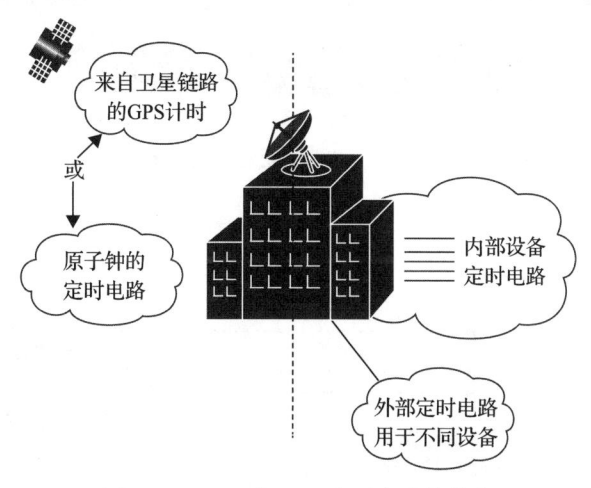

图 6-1 BITS 或 SSU 定时电路的分布

SSU/BITS 系统作为一个时钟同步接收机，从参考时钟中提取一个稳定的定时信号，然后将其在办公室或建筑内部分发到所有需要可追踪频率参考的设备上。因此，BITS 节点有效地成为了一个网络位置内所有需要频率同步的部署设备的主定时供应。它还可以为同一校园内的建筑物提供外部定时链路，如邻近的建筑。

这些连接大多部署为 T1 或 E1 电路，许多供应商使用同轴或非屏蔽双绞线（UTP）来传输这些信号。通常，BITS 系统有多个定时参考输入，在主定时源丢失的情况下充当冗余定时源。在这些故障期间，BITS 系统继续提供定时，以帮助所需设备运行时间正常。

SSU/BITS 系统从输入信号中提取定时信息，该信号可以是 T1、E1、2MHz 或 64kbit/s 信号，来自本地或远程专用定时源。这个定时信号成为所有下行网络元素的主定时参考。图 6-2 显示了一个典型的 BITS 单元和一些潜在的连接，使用 T1 作为分发到建筑中的不同设备。

图 6-2 显示了仅携带定时信息到不同网元的连接。这通常称为外部定时，其中连接只携带定时信息，而不携带用户数据。因此，当一台数字设备可以外部定时时，这意味着该设备支持一个专用接口，该接口被设计用来接收来自定时分发网络的定时信号。图 6-3 显示了这些设备如何连接到主时钟或集中式时钟，它可以是 BITS 或 SSU 系统。

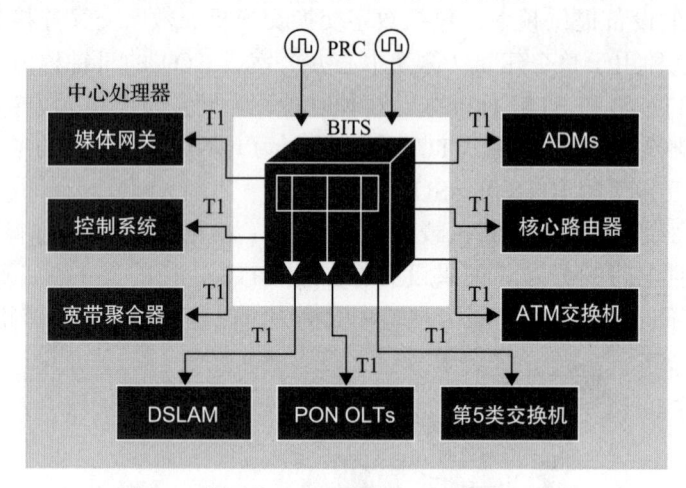

图 6-2 典型的 BITS 单元和一些潜在的连接

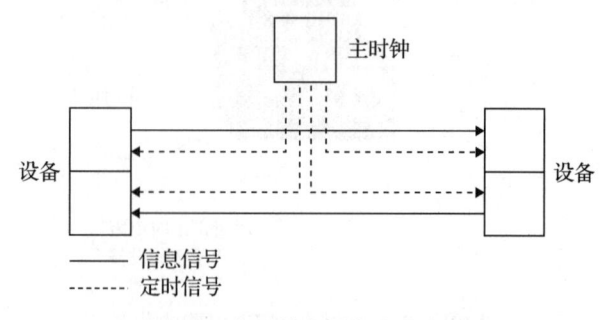

图 6-3 主时钟向设备分发定时

该网络设备可以利用定时信号来调节数据通信的速度，并将与用户/客户数据复用的定时信息传输到下行设备。这种将用户流量与定时信号混合的模式称为线路定时，因为这些节点也传输数据，所以它们被视为传输网络的一部分。这些设备被称为 SDH 或同步设备时钟（SEC）或网元（NE）。

在本章的后面部分以及 8.2.2 节中，将看到 SEC 的定义随着时间的推移也演变为包括其他类型的时钟。请注意，该设备不同于 SSU/BITS 系统，因为它们是定时网络的一部分，而不是传输网络的一部分。

外部定时和线路定时连接示例如图 6-4 所示。元素之间的实线箭头表示定时信息的传输，在外部定时模式下，只有定时信号传输。在线路定时模式下，定时和数据都经过接口传输。SEC 之间的数据传输用虚线表示。

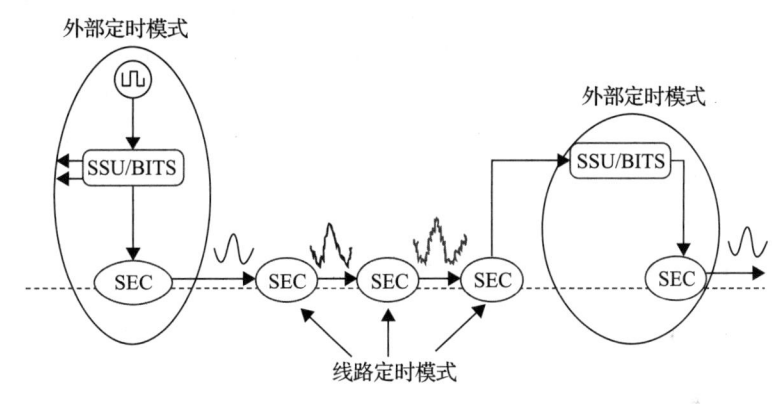

图 6-4　具有外部定时和线路定时的部分网络

图 6-4 还显示了时钟信号在通过 SEC 节点网络时开始劣化。路径上的每个 SEC 节点使用自己的振荡器和锁相环（PLL）恢复和重新生成时钟。在这个过程中，时钟开始以基于 SEC 时钟中使用的振荡器质量的速率累积抖动和漂移。

另一方面，SSU/BITS 设备要么从第 1 层可追溯的参考源获取时钟，要么包含一个更好的振荡器，比如第 2 层铷振荡器。通过使用更高质量的定时源和/或更好的振荡器，SSU/BITS 节点可以过滤掉引入定时信号中的损害或噪声。图 6-4 显示了这样一种情况，SEC 链中间的 SSU/BITS 节点正在清除跨越第 3 层节点的时钟分发网络中累积的抖动。这个过程在定时行业有时称为时钟清理。

SEC 时钟与其他时钟一样，定义为有三种基本的操作模式：锁定、自由运行和保持。如第 3 章所述，在锁定模式下，时钟的输出被认为与输入时钟同步，使得输出频率能够追溯（或对齐）输入参考频率。这种操作状态是从时钟的锁定条件。

如果输入参考丢失，从时钟可以进入保持状态。通过在锁定模式下获取的存储数据来控制输出时钟的频率和相位来实现保持状态。在这种模式下，输出时钟是输入参考的"复制品"。当输入参考再次可用时，就会切换回锁定模式。

最后一种运行方式称为自由运行。这种工作模式下的输出时钟是基于从时钟的振荡器，并且不追溯输入参考信号或使用存储数据。这种模式是从时钟第一次上电时的典型工作模式。当没有可用于切换到保持状态的存储数据时，也可以实现这种模式。

请参阅 3.2.2 节，了解时钟运行的不同模式和模式之间可能的不同切换的详细描述。

6.3 时钟层级结构

网络同步的基本任务是将最精确的时钟参考信号分发给所有需要同步的网络单元。在网络中分发参考信号的不同方法（如外部定时和线路定时）大多使用一种单一策略，称为主从同步。

这种方法使用主时钟和从时钟节点，其中从时钟总是接收来自主时钟的时钟信息。在整个网络中复制该策略。请注意，这意味着从属上行主时钟的设备也可以充当其他下行设备的主时钟角色。这种主从时钟关系的规则是，从时钟只能"从属"于更高或同等稳定性的时钟。

这成为一个分层模型，有时称为同步层级结构，其中时钟被划分为不同的级别或质量，定义了定时的准确性和稳定性（同样，请参阅第 3 章的详细描述）。图 6-5 显示了不同层级的传输元素（SEC/NE）混合的时钟层级结构。

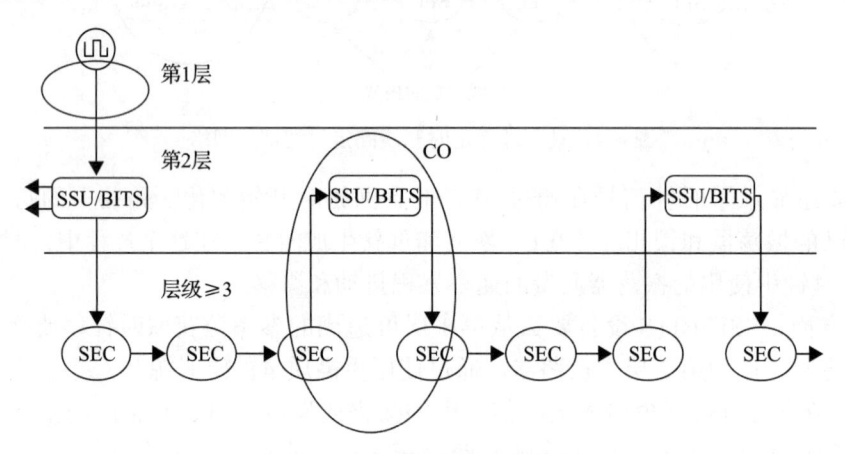

图 6-5　不同层级的时钟层级结构

第 1 层主参考时钟（PRC）或主参考源（PRS）为整个网络提供参考时钟。SSU/BITS 系统通常是第 2 层系统，SEC/NE 通常有 3E 层或 3 层时钟（或更低）。

请注意，BITS 和 SSU 也可以有 3E 层时钟，这使得它们在准确性和稳定性方面与 SEC/ NE 相似。因此，这些系统的性能规范与其所属的时钟类型有关。例如，具有第 2 层的 BITS 系统需要符合 ITU-T 对第 2 层系统定义的性能规范，即 ITU-T G.812 中指定的Ⅱ型时钟，而具有层 3E 的 BITS 系统应符合 ITU-T G.812 中指定的Ⅲ型时钟。

SDH 节点和 SONET 节点的同步层级结构如图 6-6 所示，ITU-T 规范涵盖了时钟类型的性能要求。请注意，G.781 将 SSU-A 称为 I 型或 V 型时钟，将 SSU-B 称为 VI 型时钟。这些时钟类型的性能规范在 G.812 中定义。

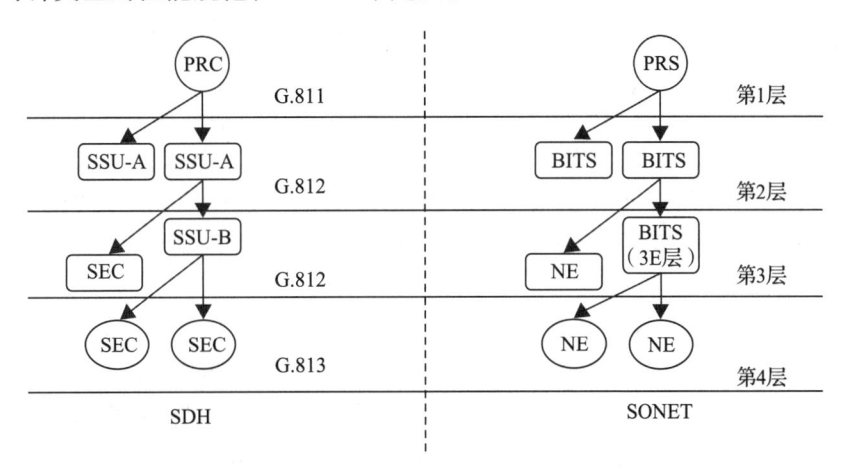

图 6-6　具有层级和规范的同步层级结构

6.4　同步以太网

长期以来，尽管以太网已成为数据传输的主流技术，但以太网上的频率分发从未出现。以太网本身最初是为了传输异步数据而设计的，它既不需要同步以太网电路中的组件，也不需要在链路间进行同步。

正如在第 3 章中所读到的，为了实现逐链路同步，以太网选择链路的一端为主端，另一端为从端。主端使用其本地自激振荡器向从端传输数据；然后从端反转输入信号的频率，并用同样的频率将其传输回主端。但是，这些以太网节点不需要将定时信息从一个节点传输到另一个节点，这是在整个网络上实现定时分布所必需的。

由于其简单、低成本和带宽灵活性，以太网很快成为数据传输的默认物理媒体，服务提供商开始从 SDH/SONET 或 T1/E1 迁移到以太网。

虽然数据传输（和 TDM 到分组）很容易迁移，但定时网络也需要迁移到以太网和分组技术。因此，以太网需要以与 SDH/ SONET 网络相同或类似的方式支持频率分发。因此，以太网的日益普及以及人们对网络中同步优点的需求导致了以太网载频的发展。

提出的利用分组网络进行频率传输的技术是同步以太网（SyncE）。SyncE 使用物理接口在节点之间传递定时——这意味着它使用光脉冲的频率（或铜制的电波），就像 SDH/SONET 或 E1/T1。因为频率是通过物理媒体传输的，所以 SyncE 至少可以提供与 SDH/SONET 或 T1/E1 相同的可靠性和精确的频率分发。

SyncE 使用以太网接口的线路编码来传输定时信息。从时钟的定时信息是从帧的前导中提取的（参考 3.1.1 节），用于在光接口或电接口上传输分组。因此，SyncE 不使用分组（以太网的传输层）来分发频率信号；因此，当遇到高速率的分组流量时，对 SyncE 的质量没有影响。

注意，传统的 10 Mbit/s 以太网不能在物理层传输同步信号，因为用于提取定时信息的时钟边沿（或脉冲）并不是连续发送的，并且在没有数据传输的时候（称为空闲时间）这些信号会停止。如果在这段时间内没有数据，就没有定时信息在物理链路上传输。

在节点内部，SyncE 的操作方法与 SDH/SONET 类似，从节点从物理接口提取定时信息，并将其路由到自己的锁相环（PLL）。然后，该锁相环锁定到恢复的频率，并以相同的频率驱动所有其他以太网或非以太网接口，从而允许定时信息传输到其他下行节点。

显然，在平台上启用 SyncE 需要支持这些功能的硬件，以及用于传输定时子系统和以太网端口之间频率信号的信号追溯（线）。除了进行正常的数据传输，支持 SyncE 的设备还具有传输频率的能力，这种设备称为以太网设备时钟（EEC）。

如图 6-7 所示，一些 EEC 节点从 SSU/BITS 外部定时，并在 EEC 节点之间使用 SyncE 线路定时模式。

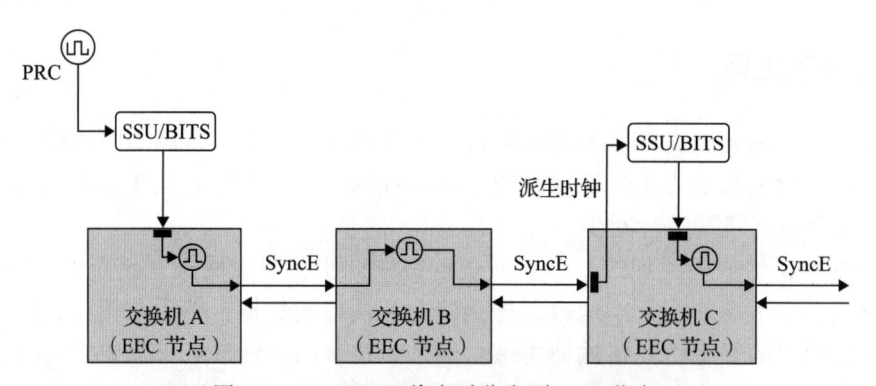

图 6-7　SSU/BITS 将定时分发到 EEC 节点

请注意 EEC 节点与 SEC 节点或网元的相似性。像 SEC 节点一样，EEC 节点可以从 PRC 或 SSU/BITS 设备获取输入参考。它们还可以像 SEC 节点一样为下行时钟提供线路定时。实际上，如图 6-6 所示的 SDH 时钟层级结构也适用于 EEC 节点（用 EEC 代替 SEC）。

有关 SyncE 和 EEC 时钟的更多详细信息，请参见 ITU-T G.8262。关于 ITU-T 建议的更多细节，请参阅第 8 章。

不断发展的 5G 无线架构，以及由此带来的一些新功能和服务，将要求在时间和频率同步方面有更高的性能。为了定义和满足 5G 在前传网络中更加严格的同步要求，ITU-T 正在定义一组新的增强时钟。这些新时钟的性能比为 5G 网络前定义的时钟大约提高了一个数量级。这些"增强时钟"的频率同步由新的增强同步以太网覆盖。

6.5 增强同步以太网

在过去的几年中，ITU-T 定义了（在 G.8262.1 中）增强以太网设备时钟（eEEC），该时钟支持同步以太网的改进版本，称为增强同步以太网（eSyncE）。与 ITU-T G.8262 中定义的旧版 EEC 时钟相比，eEEC 更新、更精确。

如第 5 章所述，不同的 ITU-T 规范定义了每种类型时钟的性能要求。这些性能要求主要包括时钟精度、噪声传输、保持性能、噪声容限和噪声产生。对于 eEEC，ITU 制定了比 EEC 更严格的性能规范，以确保新时钟能够提供更好的性能。

ITU-T G8262.1 建议相对较新（2019 年 1 月），预计设备可能需要一段时间才能完全满足该建议中规定的性能要求。

请注意，在使用具有不同性能级别的时钟节点混合在以太网上部署频率同步时，必须非常小心。想象一个网络，在一个节点链中，只有少数设备符合 eEEC（G8262.1 时钟类型）性能要求，其余设备符合 EEC（G.8262 时钟类型）。在这种情况下，即使有几个节点运行在更高的性能水平上，但网络的端到端性能可能无法提供一些 5G 服务所需的更高性能。

关于部署混合时钟质量网络的更多细节，请参阅 ITU-T G.8261 附录 XIV"同步设备时钟与增强同步设备时钟之间的互操作性指南"。

然而，随着近年来硬件的改进，使得大多数兼容 SyncE 的现代设备的性能水平接近 eSyncE。请记住，SyncE 与 SDH/SONET 的质量级别是一致的，这些标准可以追溯到几十年前。尽管如此，预期只有在网络中实现 eEEC 或更好的时钟时才能实现最高的性能。

6.6 时钟可追溯性

正如 6.3 节中所讨论的，在层之间存在一个层级关系，并且使用主从关系来分发频率。记住，基本的规则是从设备应该锁定一个更高或同等稳定性的时钟。这确实需要一种方法将主设备的稳定水平信息以及频率信号本身传输给从设备。

由于能够接收稳定的定时信号已经成为一个关键需求，因此一个良好的定时分发网络可以有多个频率源（或主时钟）供从时钟使用。这种设计用于出现时钟故障以及物理链路故障时提供备份定时信号。在这种情况下，从时钟需要从可用的时钟信号中选择最佳的时钟信号。在从节点上选择最佳可用时钟的决策有时也称为时钟选择算法。

图 6-8 显示了一个有 SEC 节点的网络的简单示例，图 6-9 显示了一种可能的情况，即发生故障时，不同 SEC 上可用的时钟将可追溯到不同的层级。

为了了解任何设备的时钟稳定水平，每个时钟都必须能够追溯其接收参考信号的来源。例如，如图 6-8 所示，所有网元在无故障状态下收到的参考时钟可溯源到 PRC/PRS。但如图 6-9 所示，物理接口故障后，网络中少数网元会收到 SEC 可溯源的时钟信号，而其他网元则会收到 SSU/BITS 信号。

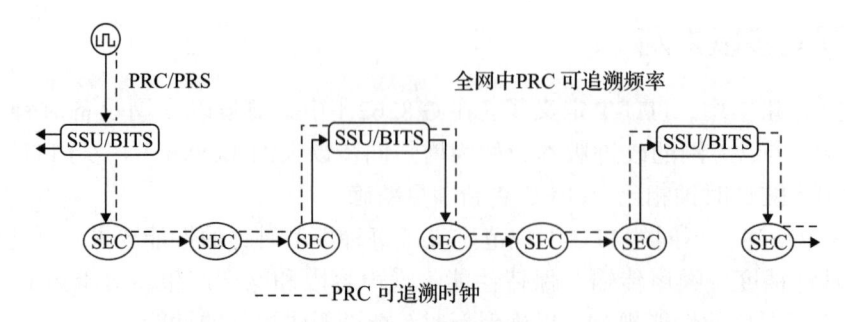

图 6-8　SEC 节点使用 SSU/BITS 进行定时分发

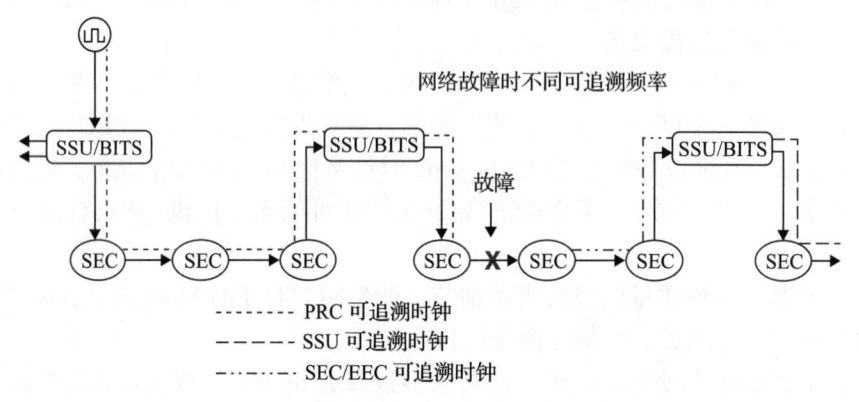

图 6-9　存在网络链路故障的 SEC 节点定时分发

6.6.1　同步状态信息

为了实现可追溯性，物理接口除了携带时间信息，还需要携带一个时钟质量等级（QL）指示器从主节点到从节点。这是通过 SDH/SONET 和 T1/E1 物理接口的同步状态消息（SSM）信号实现的。SDH/SONET 帧有一个开销帧，它不被认为是常规数据或协议数据单元（PDU）的一部分，而是用于从一端携带额外信息到另一端。该开销帧用于携带 SSM 信息。

这些信号（有时称为"消息"，尽管在网络术语中这些并不是真正的消息）由 ANSI T1.105 和 ITU-T G.781 定义。它们在整个网络中携带时钟信号的质量级别，以提供端到端的时钟可追溯性。SSM 的具体传输机制如下：

- 对于光纤线路，SDH 和 SONET 的开销帧中都有两个 S 字节，并且 SSM 以开销帧的 S1 字节进行传输。
- 如果 SSM 通过电路进行传输：
  - 对于 SDH，SSM 以 E1 的 Sa 位进行传输。
  - 对于 SONET，除了在有效负载中传输带内信号，SSM 还在一个扩展的超级帧（ESF）数据链路中传输带外信号。

值得注意的是，ITU-T 规范通过选项 Ⅰ、Ⅱ 和 Ⅲ 处理对 SDH 和分组网络进行分类。选项 Ⅰ 适用于为 2048kbit/s 层级结构优化的 SDH 网络。选项 Ⅱ 适用于为 1544kbit/s 层级结构优化的 SDH 网络，其中包括 1544kbit/s、6312kbit/s 和 44 736kbit/s。选项 Ⅲ 适用于为 1544kbit/s 层级结构优化的 SDH 网络，其中包括 1544kbit/s、6312kbit/s、33 064kbit/s、44 736kbit/s 和 97 728kbit/s。

对于这些不同的选项，ITU-T G.781 还指定了以下时钟源质量级别：

- 选项 Ⅰ 同步组网：选项 Ⅰ 下定义的时钟源质量级别为：QL-ePRTC、QL-PRTC、QL-ePRC、QL-PRC、QL-SSU-A、QL-SSU-B、QL-eSEC、QL-SEC 和 QL-DNU。这里，QL-SEC 代表与 ITU-T G.8264 中定义的 QL-EEC1 相同的质量级别。
- 选项 Ⅱ 同步组网：选项 Ⅱ 的时钟源质量级别最初定义为 7 个质量级别。这 7 个质量等级也称为第一代（GEN1）。这 7 个级别被扩展到 9 个级别，这个扩展的级别集称为第二代（GEN2）。之后 GEN2 的质量级别进一步提高，包括增强 PRTC（ePRTC）和 PRTC。GEN1 时钟质量集是 GEN2 的一个子集，因为 GEN1 质量级别没有将 QL-ST3E 和 QL-TNC 定义为单独的质量级别，并将 QL-PROV 识别为 QL-RES。
- 选项 Ⅲ 同步组网：在选项 Ⅲ 网络中，同步过程中定义的时钟源质量级别为 QL-ePRTC、QL-PRTC、QL-UNK、QL-eSEC 和 QL-SEC，对应四个级别的同步质量。QL-UNK 表示一个未知的时钟源。

SSM 的确切编码取决于所使用和配置的网络中的物理媒体。例如 SSM 在 T1 中的编码与在 E1 中的编码不同等。但是不管编码方案如何，SSM 携带的唯一信息是从主时钟到从时钟的 QL 信息。这个 QL 信息基本相当于可以从该物理链路追溯到的主时钟的层级。

如前所述，GEN1 SSM 代码是 GEN2 SSM 代码的一个子集，在 GEN1 情况下阴影字段没有区别，但在 GEN2 情况下它们被分离出来。例如，在 GEN1 SSM 编码中，QL-TNC 和 QL-ST3E 的 SSM 编码与 QL-ST3 的 SSM 编码相同，而在使用 GEN2 SSM 编码时，它们被不同的编码分开。

在部署 QL 分发网络时，网络工程师应该注意一点。由于选项 Ⅰ、选项 Ⅱ、选项 Ⅲ 电路的不同 SSM 值的编码不同，在频率同步的情况下，连接这些电路的路由器必须配置正确的选项码。

6.6.2 以太网同步消息信道

对于 SyncE，时钟可追溯性是通过传输特殊分组来实现的，这种方法称为以太网同步消息信道（ESMC）。ESMC 是在以太网传输层上运行的逻辑通信信道。它使用 ESMC PDU 传输 QL 信息，该信息是从发送同步以太网设备时钟（EEC）可追溯的质量级别。

ESMC 由 ITU-T G.8264 定义，将在第 8 章中详细讨论。

尽管 ESMC 有时称为"以太网的 SSM"，但 SSM 和 ESMC 机制之间存在一些差异。虽然 SSM 消息在 SDH/SONET 帧中以固定的位置携带，但由于以太网没有固定的帧结构，因此相同的信息在以太网中通过 ESMC PDU 携带。QL 值使用一种称为慢协议的特殊以太网方法携带，该方法具有自己的 Ethertype（88-09），类似于以太网的其他开销功能，如 OAM、链路聚合控制协议（Link Aggregation Control Protocol，LACP）等。具体来说，ITU-T 使用了一种称为组织专用慢协议（OSSP）的定义了 ESMC 慢协议机制，该机制最初在 IEEE 802.3ay 中指定。请注意，OSSP 的定义现在包含在 IEEE 802.3—2018 的附录 57A 和 57B 中。

ESMC 分组由 OSSP 帧的标准以太报头组成；代表 ITU-T 的组织唯一标识符（OUI）；一个特定的 ESMC 报头；一个标志字段和一个类型、长度、值（TLV）结构。像 SSM 一样，ESMC 分组携带一个 QL 标识符，用于标识同步追溯的定时质量。QL-TLV 结构中的 QL 值与 SDH/SONET SSM 消息定义的 QL 值相同。

ITU-OUI 和 ITU-T 子类型是 OSSP PDU 中 QL 值的重要字段，因为这些字段将 ESMC PDU 与其他 OSSP PDU 区分开来。ITU-T 的 G.8264 将子类型（ESMC PDU 中第 19—20 字节）定义为 ESMC 帧的固定值 0x00-01。

时钟产生的 ESMC PDU 有两种类型。ESMC 信息携带 QL 信息的 PDU 每秒生成一次。另一方面，当涉及 QL 更改的事件发生时，会生成一个 ESMC 事件 PDU（例如物理链路故障或从传入的 ESMC PDU 中检测到 QL 更改）。这有助于确保在时钟状态发生变化后，将最新的 QL 信息尽快传递给对等的 EEC。

在 ESMC PDU 中，QL 信息本身以一个 QL TLV 结构携带。

根据 IEEE 802.3—2018 的附录 57A 和 57B（指定慢协议），并由 ITU-T G.8264（描述 ESMC）重申，在任何情况下，在任何 1s 内产生的 ESMC PDU（信息和/或事件）不能超过 10 个。

ESMC PDU 是基于应用于单个物理链路的慢协议。但是，当两个网元之间存在多条并行链路时，如链路聚合组（Link Aggregation Group，LAG），就会产生一个有趣的问题。LAG 的每条物理链路都可以交换自己独立的 ESMC PDU。因此，当使用 LAG 时，一个物理链路上从一个网元发送到另一个网元的 ESMC PDU 中的 QL 值可以由属于同一 LAG 的不同物理链路上的另一个网元返回。

这个条件有可能为定时网络创建一个临界条件，称为定时循环（请参阅 6.9 节），在这个条件下，其中一个网元与从另一个连接网元返回的延迟版本的自身时钟同步。

对于多个链路共享同一同步源的情况，ITU-T G.781 引入了端口束的概念。并且建议当其中一个端口被选择为参考源时，需要在束的所有端口上生成 QL-DNU（不使用）或 QL-DUS（不用于同步）。在一个束的所有端口上使用 DNU/DUS 确保避免了由一个束的端口组成链路的定时循环。

6.6.3 增强型 ESMC

虽然 ESMC 在以太网分组网络中传输质量等级方面表现良好，但现在有了新的、更精确的增强时钟，由 ITU-T 指定。先前已有的 ESMC 规范无法描述这些新时钟的质量，因此 ITU-T 定义了新的增强型 ESMC（eESMC）值来描述新的时钟类型。这些时钟类型包括 PRC/PRS 和 PRTC 的增强版本。这一变化是为了反映 ITU-T 基于同样的原因在 G.781 中引入的新 SSM 值。

此外，ITU G.8262.1 规定了一个增强以太网设备时钟（eEEC），它还需要一个新的 ESMC 值来描述。ITU-T G.8264（2018-03）修订版 1 为这些增强的时钟类型定义了新的 eESMC 值。eESMC 的新 SSM 代码称为增强 SSM（eSSM）代码，该值包含在增强 QL TLV 中。

请注意，正常的 QL TLV 始终作为所有 ESMC PDU（对于 EEC 和 eEEC）中的第一个 TLV 发送，任何支持 eESMC 的时钟都包括增强 QL TLV。这样做是为了在同一个网络中实现 ESMC 和 eESMC 的互操作性。虽然 eEEC 总是需要支持 eESMC，但在同一同步链中可能存在支持或不支持 eESMC 的 EEC；将第一个 TLV 作为普通 QL TLV，确保不支持 eESMC 的 EEC 可以共存于同一个同步链中。

增强版 SSM 码与普通 SSM 码的主要区别在于，增强版的 SSM 码值从 ITU-T G.781 和 ITU-T G.8264 中规定的 4 位 SSM 码值扩展到了 8 位。

6.7 同步网络链

有许多用于定时分发的网络部署模型，如图 6-10 所示。图 6-10 中显示了一个带有定时信息的节点链示例网络；然而，也可以有不同的网络模型。

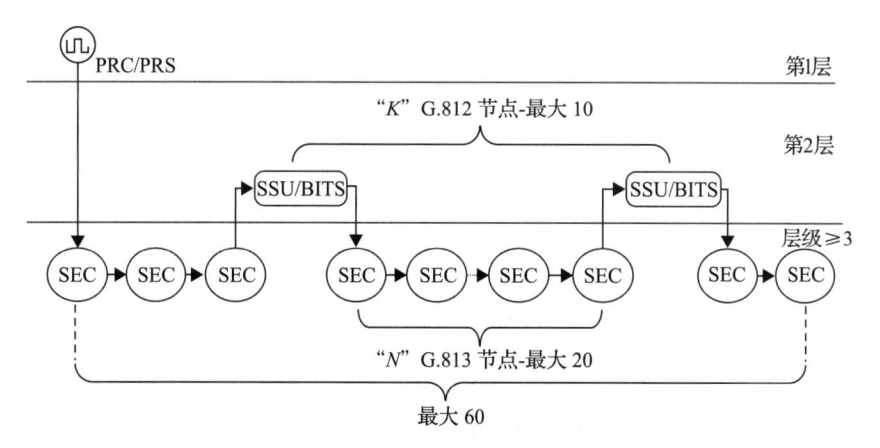

图 6-10 定时分发的网络部署模型

以下几点解释了网络链的不同元素，并涵盖了这些链中可以看到的变化：

- 网络由几个质量级别组成，这些级别与同步层级结构中的时钟高度及其在链上的位置有关。
- 最高级别包含网络的 PRC/PRS，并且可能有额外的 PRC/PRS 源用于备份。请注意，有一些可供选择的网络模型允许多个 PRC/PRS 同时处于活动状态。
- 在第 1 级，PRC/PRS 提供同步参考信号分发给一个或多个 SSU/BITS 时钟，形成下一个同步级别。ITU-T G.811 规定了这些参考时钟的性能要求。
- 每个 SSU/BITS 时钟都向第二同步级别的子网络提供定时。SSU/BITS 在子网中的作用就像 PRC/PRS 在整个网络中的作用一样。如果 SSU/BITS 时钟失去了来自 PRC/PRS 的参考信号，SSU/BITS 将接管作为子网的参考源。因此，这一角色需要具有良好保持性能的高质量时钟（其特性在 ITU-T G.812 中规定）。
- EEC/SEC 或 NE 成为同步网络链的叶子级，从 SSU/BITS 接收时钟信息。请注意，SEC 可以在网络中进一步链接在一起，将时间信息从一个节点传输到另一个节点，从而实现全网络范围内的频率同步。ITU-T G.813（和 G.8261）规定了这些时钟的性能要求。

正如网络的规划和设计是为了优化各种网络数据协议一样，网络也需要专门为同步进行设计（和实施）。和数据网络的部署一样，网络同步方面的工程应该在设备投入启用之前完成。这一工程过程的结果通常在一个同步计划或定时计划中描述。

定时计划应该指定一个同步网络设计，使用时钟类型和故障转移机制的组合可靠地分发定时。并且该计划应包含设备的物理和逻辑拓扑结构，仔细考虑相互连接的时钟设备的不同质量级别。这个计划应该包括几个非常重要的原则：

- 同步网络形成金字塔结构，主时钟位于树的顶部，并使用主从方法向其他节点提供定时信息。注意，这个层级结构是一个逻辑拓扑结构，它可以跨越不同的物理拓扑结构（如环）。
- 同步网络的任何部分都不应该与主时钟隔离运行。在时钟参考失败的情况下（由于传输或网络中的任何故障），时钟节点应该能够重新安排自己，以便在新形成的树的顶部出现一个新的主时钟。这个新的主时钟可以从备用源接收一个参考时钟信号，或者提供一个良好的质量保持（例如具有层 2 性能的 SSU/BITS 时钟）。
- 一个时钟不应该锁定到一个低质量的参考。如果出现只有较低质量时钟可用的情况，即使在物理链路故障期间，也应将其恢复到一个保持模式。
- 定时信号中的循环不能出现，也不能允许在故障后形成。更多关于这方面的内容见 6.9 节。
- 同步树的分支长度应尽可能短。该分支长度是指网络链中 SSU/BITS 节点与 EEC/SEC 节点之间相互连接的同步链路。通过特定同步链的路径越长，就越容易受到损伤和漂移累积的影响。

虽然其中一些要点非常具体，但最后一点提供了一个通用的指导方针。每个时钟节点在恢复参考时钟信号并将该信号传递给下一个时钟之前，都会添加自己的噪声（不同类型的错误）。因此，任何错误都会在链上累积——链越长，错误就越多。关于定义时钟性能和错误的参数描述请参见第 5 章。

ITU-T G.803 除了保持网络链尽可能短的一般原则，还定义了该网络链中可以存在的最大节点数。对于每种时钟类型，链中节点数量的限制如图 6-10 所示。

图 6-10 中同步参考网络链的关键点如下：

- 节点时钟通过 N 个网元相互连接，每个网元都是一个符合 ITU-T G.813 标准的时钟。N 的最大值由链中最后一个网元所需的时间质量决定。这也意味着随着同步链路数量的增加，每一跳的定时同步质量都会下降。
- 最长时钟链不应超过符合 ITU-T G.812 标准的 K 个 SSU/BITS 型时钟。如图 6-10 所示，在第 $(K-1)$ 个和第 K 个 SSU/BITS 时钟节点之间，可能有 N 个 G.812 时钟节点。请注意，只显示了一种类型的时钟，因为 SSU-T 和 SSU-L 之间的保持性能差异（ITU-T G.812 定义的两种时钟类型）在 SDH 网络同步中不再相关。
- 最坏情况下允许的同步参考链值为 $K = 10$ 和 $N = 20$。并且一个同步网络链中 SDH 网元时钟总数不超过 60 个。

6.8 时钟选择过程

设计一个良好的定时分发网络，使从时钟可以获得多个频率源（或主时钟），在时钟中断时提供一个或多个备份定时信号，这种中断可能由于各种原因而引发。当有多个频率源可用时，从时钟需要做出决策，从这些可用的时钟中选择最佳的。这个决策是一个定义良好的过程的结果，称为时钟选择过程。

有两种不同的选择过程模式：启用 QL 的模式和禁用 QL 的模式。顾名思义，启用 QL 模式与网元交换和解释 SSM 消息的部署相关。这意味着有 QL 信息可以帮助做出时钟选择决策。在禁用 QL 模式下，要么 QL 信息不可用，要么工程师选择不使用它。这两种模式的进程本身之间变化不大，除了禁用 QL 模式下不考虑携带 QL 信息的 SSM 消息。ITU-T G.781 附件 A 详细描述了这一过程。

值得注意的是，G.781 中建议的启用和禁用 QL 的模式只适用于 SDH/SONET 部署——对于 SyncE 不存在类似的方法——一个产生 SyncE 信号但没有 ESMC 流的时钟不能视为参考源。

ITU-T G.8264 只描述了 SyncE 的同步和非同步操作模式。同步模式始终伴随着 ESMC 消息，接收机可以恢复频率以实现同步，而在非同步模式下，以太网端口不被视为时钟选择过程的候选参考，并且频率不用于时钟同步（但它可以用来驱动单个链路的频率）。

当出现以下一个或多个事件时，将触发时钟选择过程事件：

- 收到的 QL 中发生变更（由 SSM 或 ESMC 发出信号）。
- 在当前选择的源上检测到信号故障。
- 操作员更改配置；例如，增加或删除指定的频率源。

一般来说，一旦一个物理端口可用作频率源，选择过程就会考虑以下数据来选择最佳时钟：

- 时钟的质量：QL 值最高的时钟总是优胜者，因为该时钟可追溯到质量最高的源。请注意，在正常操作期间，可能发生 QL 的更改。从时钟仅在发现比当前选择更好的 QL 时才对 QL 更改事件起作用。
- 时钟信号的可用性：频率源必须始终可用，以使其保持为所选源。在物理链路故障的情况下，频率源被标记为信号故障（SF），并且这个源的 QL 被标记为 QL-FAILED。如果频率源进入 QL-FAILED 状态，则时钟开始选择下一个最佳频率源。
- 同步源优先级：运营商可以为指定的频率源分发优先级值，以设计首选的网络同步流。当从两个（或更多）不同的频率源接收到相同 QL 值且操作员有所偏好的情况下，对源的优先级设定会有所帮助。当然，设定平等的优先级意味着双方都不优于另一个。
- 外部配置命令：ITU-T G.781 建议用户使用多个配置命令来影响时钟选择过程。这些命令主要用于维护（例如物理端口的维护）。这些指令可以分为以下几类命令：
  - 从时钟选择过程中分离一个或多个物理端口。这些命令称为锁定命令。如果端口被配置为锁定，则时钟选择过程不会考虑该端口的任何频率选择决策。G.781 建议使用设置和清除操作来启用和禁用物理端口的锁定。
  - 从时钟选择过程从当前选择的频率源切换到不同的频率源。G.781 建议供应商为接口实现一个强制切换命令，以覆盖当前选择的同步源，并强制选择另一个（假设端口是问题，没有处于锁定状态）。它应该支持设置和清除操作。
  - 他们还建议为端口使用手动切换命令，这将影响时钟选择过程，从而切换到相关端口。只有当配置的端口已启用、未锁定、未处于信号故障状态，且 QL 优于 DNU（启用 QL 模式下）时，该命令才被接受；否则将被拒绝。它还应该支持设置和清除操作。

总之，时钟选择过程会选择 QL 值最高的频率源，前提是它没有出现信号故障。如果多个数据源具有相同的 QL，则选择优先级最高的数据源。在优先级相同的情况下，当前选择的源将被保留。

6.9 定时循环

同步网络内的所有网元必须与相同的时钟频率同步，以防止数据丢失。然而，正如前面几节所述，携带定时信号的物理链路可能会出现故障。在这种情况下，受物理链路故障直接影响的节点通过时钟选择算法来选择下一个最佳可用时钟。这个过程称为时钟重排。

在时钟重新排列的过程中,节点可能会失去与主参考时钟(如 PRC/PRS)的同步,从而成为定时循环的一部分。在这种状态下,同步会通过网络环回,这样所有受定时循环影响的节点都会同步到它们自己时钟的延迟版本。这导致定时循环内的网络时钟频率漂移到同步网络可接受的频率范围之外。这是一个主要的故障条件,会对网络的数据流量吞吐量和稳定性产生不利影响。

环形拓扑下 4 个网元节点同步的典型配置如图 6-11 所示。需要注意,与图 6-11 所示不同的是,在实际的网络拓扑结构中,网元节点的数量都比较多,而且网元节点的分布范围也比较广。图中只是一个简单的例子,其中所有网元节点都是 EEC 节点,而实际网络中可以有许多不同类型的节点和承载定时信号的物理链路。

交换机 A 与现场的 SSU/BITS 同步,而 SSU/BITS 本身又与 PRC 可追溯时钟同步。然后交换机 A 使可追溯的频率信号在其两个输出接口上均可用。环内的其他交换机从相邻节点恢复定时,从而使定时信号在环内传播。然而,为了冗余,每个节点都可以从其邻居接收同步信号(假设端口能够支持)。

操作页可以通过将首选源配置为具有最高优先级来影响流的方向(请参阅 6.8 节)。因此,交换机 C 可以提取定时并同步到交换机 B 或交换机 D。在这种情况下,操作员将其配置为顺时针方向,则交换机 B 与交换机 A 同步,交换机 C 与交换机 B 同步,交换机 D 与交换机 C 同步。这种能够同步到任何一个输入端(改变流的方向)的能力确实增加了网络的可靠性,但同时也增加了定时循环的可能性。

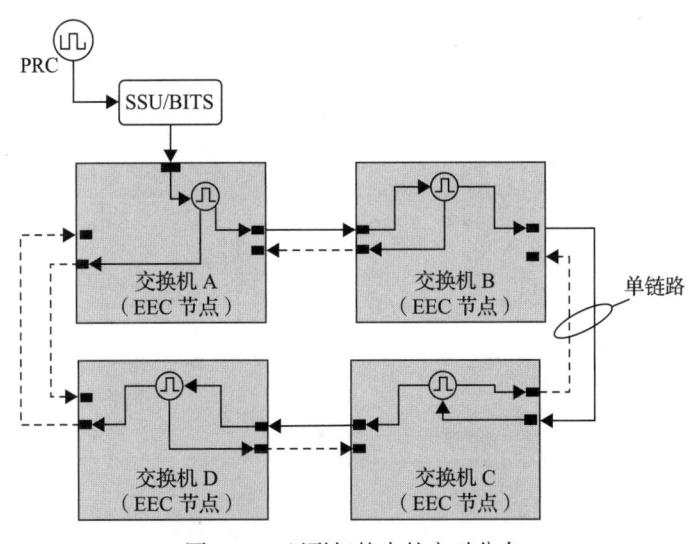

图 6-11 环形拓扑中的定时分布

在图 6-11 中:
- 每个连接交换机的链路显示为两条单向箭头;这是为了显示在两个方向上从一个

交换机到另一个交换机的定时转移。箭头的方向表示从一个交换机到另一个交换机的定时信息传输。
- 示例中所有链路都携带定时信息。实线箭头表示被选择为交换机的输入定时参考链路的方向。虚线箭头表示一个链路的方向,这个链路没有被选择为输入定时参考,但是在时钟重排期间可以被选择。
- 例如:交换机 A 正向交换机 B 和交换机 D 传输频率;从交换机 A 到交换机 B 的实线箭头表示交换机 B 选择了这条链路作为它的输入定时参考;而从交换机 A 到交换机 D 的虚线箭头表示交换机 D 没有选择这条链路作为输入定时参考。
- 这个例子表明交换机 D 选择交换机 C 作为它的首选频率源,即使交换机 A 可能"更接近" PRC/PRS。这是因为网络工程师按照可能的频率源顺序配置了首选优先级。频率可追溯性方案(如 SSM)没有确定时钟节点与 PRC/PRS 之间的距离或跳数的机制。

在同步故障的情况下,如物理链路故障等,受影响的节点会通过时钟重排过程选择一个新的时钟源。如果这种时钟重排是自动的,那么这个过程可以以创建定时循环的方式获取时钟引用。如图 6-12 所示,交换机 A 和交换机 B 之间的物理链路发生故障,交换机 B 选择了另一个时钟引用,它碰巧来自交换机 C。然而,因为交换机 C 本身被锁定到交换机 B,这种情况便产生了一个定时循环。

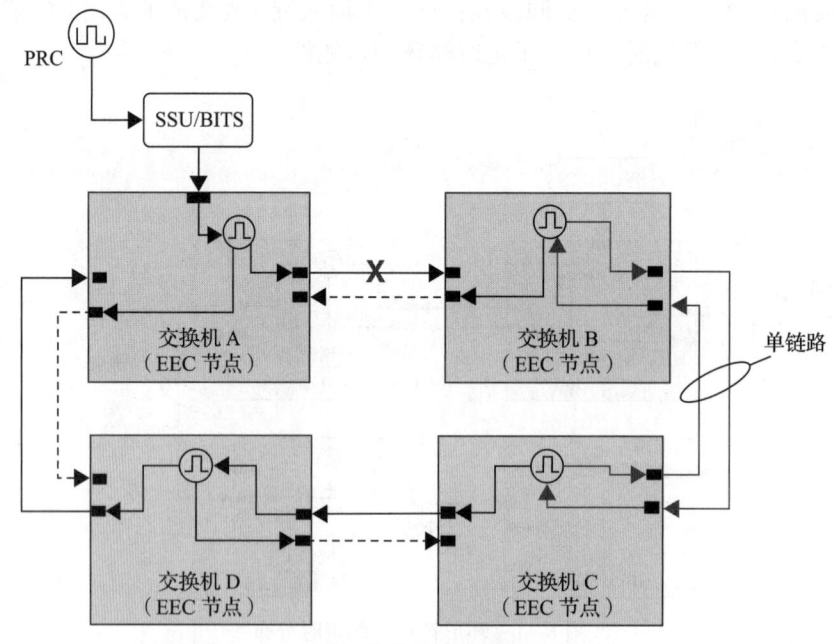

图 6-12 环形拓扑中链路故障时的定时分布

防止定时循环的方法之一是在链路上启用 SSM 或 ESMC 机制。如本章前面所述,

SSM 和 ESMC 都携带 QL 信息，该信息使用如 PRC/PRS、层级、SSU 等值表示时钟质量。这可以被节点在时钟重排期间使用，以确定可能的最佳输入频率源。

由 SSM 或 ESMC 指定的一个特殊值是不为选项 I 使用（DNU），或不为选项 II 使用（DUS）。当节点选择一个输入频率作为定时参考信号时，该 SSM 值将被发送到上行。这表示下行接收节点锁定在该传输信号上。

在图 6-13 所示的例子中，交换机 B 看到它到交换机 A 的链路可以追溯到一个 PRC，所以它选择交换机 A 作为一个输入频率参考。此时，交换机 B 向交换机 A 发送 DNU，表示交换机 A 不应使用该信号作为时钟输入的候选信号。该机制警告发送节点不要使用来自自身的时钟信息，从而防止本地定时循环。图 6-13 显示了与图 6-11 中所示相同的网络拓扑结构，以及顺时针和逆时针方向的 SSM 值。本例为选项 I 网络使用的 SSM/QL 值。

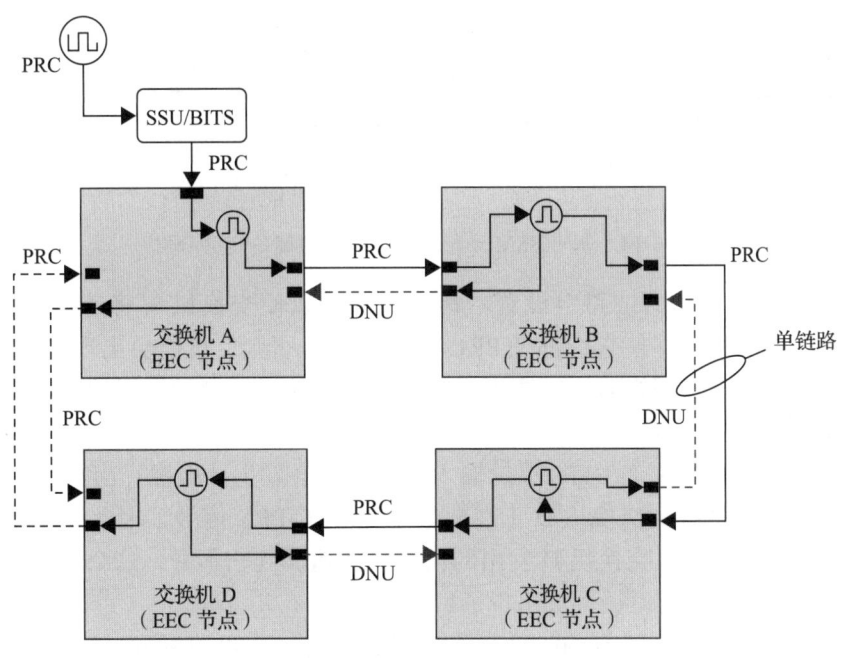

图 6-13　基于 SSM 环形拓扑的定时分布

图 6-14 显示了物理链路故障情况下的时钟重排过程，以及受影响节点通过时钟重排过程选择新时钟源的过程。如图所示，时钟重排将根据接收到的 QL 值确定拓扑结构。时钟选择算法使用 QL 值来选择正确的参考时钟。该时钟选择算法除了防止定时循环，还考虑了网络中的时间信息流，实现了可能的最佳重新排列。

图 6-14 还显示了另一种可能出现定时循环的情况。在正常情况下，交换机 A 从 SSU/BITS 接收 PRC，但交换机 A 同时也从交换机 D 接收 PRC，而交换机 D 只是其自身的时钟信号的副本，已经经过了环。没有任何机制阻止交换机 A 通过 SSU/BITS 设备

的链路优先选择交换机 D（可能有一个决定哪个优先的机制）。

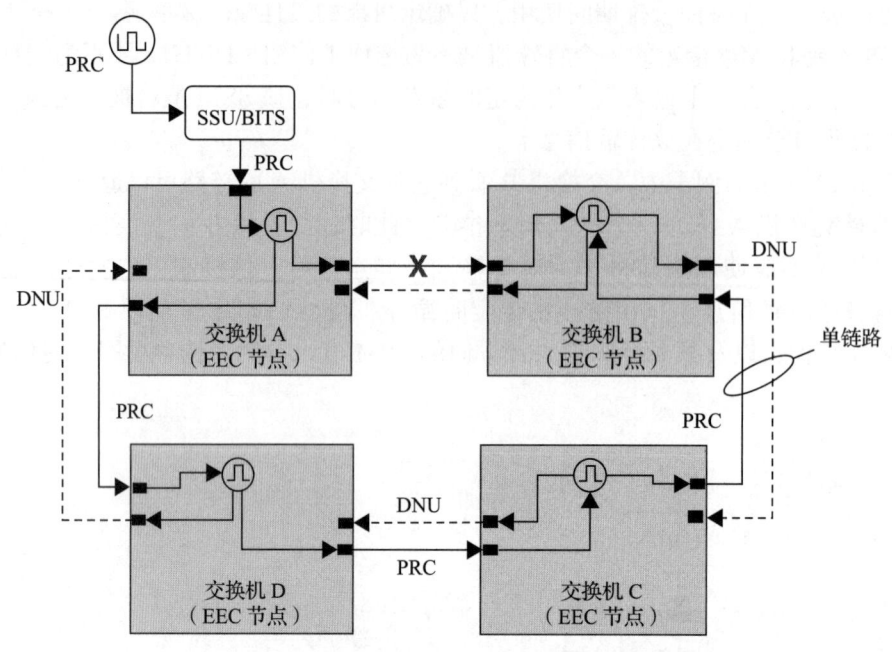

图 6-14 基于 SSM 环形拓扑中链路故障的定时分发

操作员必须在正确的链路上设置本地优先级，以便交换机 A 将选择 SSU/BITS 频率源高于其他所有源，即使它们都是 PRC/PRS 信令。否则，可能会出现一个定时循环。此外，在设计频率分发网络时，网络工程师还必须确保时钟分发层级结构中时钟信号不会向上传输。

但是，当来自更高 SSU/BITS 层的输入丢失时，会发生什么呢？当交换机 A 启动时钟选择算法时，它将看到交换机 D 正在向它发送 PRC/PRS 信号，因此它将选择它作为可用的最佳时钟。但是从交换机 D 发出的信号只能追溯到它本身，这个频率信号中没有 PRC/PRS。现在，一个定时循环又出现了。

如果出现这种情况，所有的时钟都将表明它们有一个可追溯到 PRC/PRS 源的频率输入，但事实上，它们并没有，因为定时信号是在循环，所以频率将开始漂移。操作员可能无法确定这种状态的存在，直到他们注意到在他们的网络中发生了奇怪的事情。

为了避免这种情况，操作员必须配置交换机 A，告诉它交换机 D 的输入不被选择。在这种情况下，必须找到另一个源，或者时钟必须进入保持状态。这与需要在环中有断点以避免出现循环的其他数据协议类似。

图 6-15 显示了从 SSU/BITS 层到交换机 A 的输入丢失的情况，并且交换机 A 配置为不允许接收来自交换机 D 的输入。因为没有更好的源可供使用，交换机 A 进入保持状态，这意味着 SEC 或 EEC 质量，并将其作为一个 SSM 值发送。

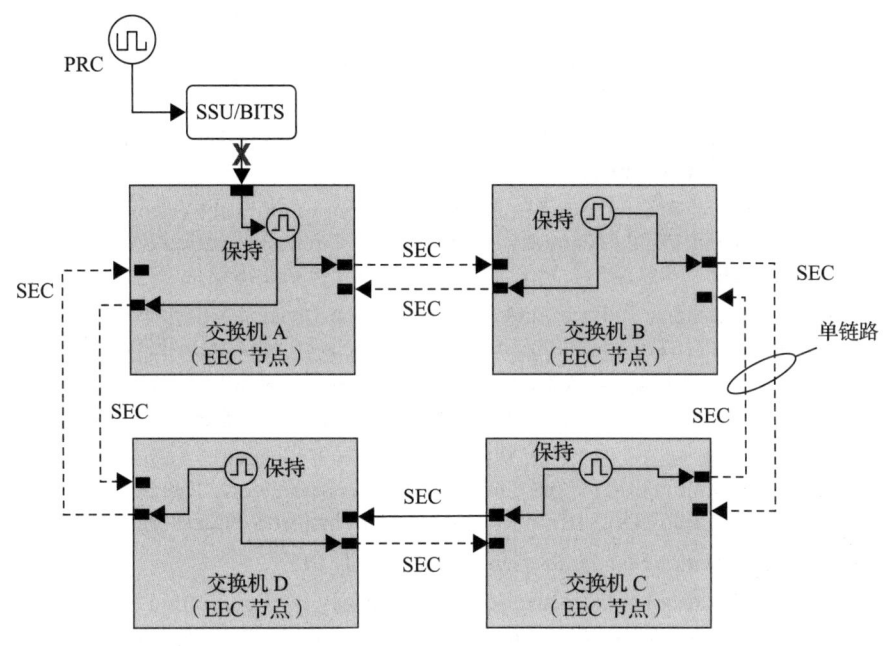

图 6-15　基于时序参考节点的链路故障时序分布

在图 6-15 中还值得注意的是，由于所有时钟都是 SEC 质量，因此所有剩余的时钟也都进入保持状态，所以没有一个时钟是相互对齐的；它们都依赖于自身振荡器（使用保存的数据）的保持性能。

6.10　标准化

本章引用了如 ITU-T、IEEE 和 ANSI 等多个标准制定组织的建议。（第 4 章概述了主要的 SDO 以及它们与移动和同步领域的相关性。）

第 8 章更详细地介绍了该领域的主要 SDO 之一 ITU-T 的功能。它还概述了标准制定背后的过程，以及适用于同步和定时的具体标准的简要总结。第 8 章还提供了频率同步的所有适用标准的详细概述，这些标准在该章的单独章节中进行了介绍。

参考文献

Alliance for Telecommunications Industry Solutions (ATIS). "Synchronization Interface Standard." *ATIS-0900101:2013(R2018)*, Supersedes ANSI T1.101, 2013. https://www.techstreet.com/atis/standards/atis-0900101-2013-r2018?product_id=1873262

American National Standards Institute (ANSI). "Synchronization Interface Standards for Digital Networks." *ANSI T1.101-1999*, Superseded by ATIS-0900101.2013(R2018). https://www.techstreet.com/atis/standards/atis-0900101-2013-r2018?product_id=1873262

IEEE Standards Association. "IEEE Standard for Ethernet." *IEEE Std. 802.3:2018*, 2018. https://standards.ieee.org/standard/802_3-2018.html

Internet Engineering Task Force (IETF)

Bryant, S. and P. Pate. "Pseudo Wire Emulation Edge-to-Edge (PWE3) Architecture." *IETF*, RFC 3985, 2005. https://tools.ietf.org/html/rfc3985

Malis, A., P. Pate, R. Cohen, and D. Zelig. "Synchronous Optical Network/Synchronous Digital Hierarchy (SONET/SDH) Circuit Emulation over Packet (CEP)." *IETF*, RFC 4842, https://tools.ietf.org/html/rfc4842

Stein, Y., R. Shashoua, R. Insler, and M. Anavi. "Time Division Multiplexing over IP (TDMoIP)." *IETF*, RFC 5087, 2007. https://tools.ietf.org/html/rfc5087

Vainshtein, A. and Y. Stein. "Structure-Agnostic Time Division Multiplexing (TDM) over Packet (SAToP)." *IETF*, RFC 4553, 2006. https://tools.ietf.org/html/rfc4553

Vainshtein, A., I. Sasson, E. Metz, T. Frost, and P. Pate. "Structure-Aware Time Division Multiplexed (TDM) Circuit Emulation Service over Packet Switched Network (CESoPSN)." *IETF*, RFC 5086, 2007. https://tools.ietf.org/html/rfc5086

ITU Telecommunication Standardization Sector (ITU-T)

"G.781: Synchronization layer functions for frequency synchronization based on the physical layer." *ITU-T Recommendation*, 2020. http://handle.itu.int/11.1002/1000/14240

"G.803: Architecture of transport networks based on the synchronous digital hierarchy (SDH)." *ITU-T Recommendation*, 2000. http://handle.itu.int/11.1002/1000/4955

"G.811: Timing characteristics of primary reference clocks." *ITU-T Recommendation*, 1997. http://handle.itu.int/11.1002/1000/4197

"G.812: Timing requirements of slave clocks suitable for use as node clocks in synchronization networks." *ITU-T Recommendation*, 2004. http://handle.itu.int/11.1002/1000/7335

"G.813: Timing characteristics of SDH equipment slave clocks (SEC)." *ITU-T Recommendation*, 2003. http://handle.itu.int/11.1002/1000/6268

"G.8261: Timing and synchronization aspects in packet networks." *ITU-T Recommendation*, Amendment 1, 2020. http://handle.itu.int/11.1002/1000/14207

"G.8262: Timing characteristics of a synchronous equipment slave clock." *ITU-T Recommendation*, Amendment 1, 2020. http://handle.itu.int/11.1002/1000/14208

"G.8262.1: Timing characteristics of an enhanced synchronous equipment slave clock." *ITU-T Recommendation*, Amendment 1, 2019. http://handle.itu.int/11.1002/1000/14011

"G.8264: Distribution of timing information through packet networks." *ITU-T Recommendation*, Amendment 1, 2018. http://handle.itu.int/11.1002/1000/13547

| Chapter 7 | 第 7 章

精确时间协议

前文已经介绍了使用物理系统和方法（如电缆和电线）理解时间来源和同步分布所需的基本概念。下面将介绍一种流行的携带定时信息的方法，即一种基于分组传输的方法。本章详细介绍一种常用的分组分发方法，即精确时间协议（PTP）。第9章将介绍使用分组传输同步的其他方法。实现高精度定时解决方案的网络工程师越来越多地使用PTP来取代旧技术中使用的专用时间分发电路。

7.1 PTP 概述

2002年，电气和电子工程师学会（IEEE）定义了第一版基于分组的协议，称为PTP，用于精确携带时间。IEEE 设计的 PTP 主要用于通信的工业应用，如局域网（LAN）。该标准中提出的协议专门针对以下测量和控制系统的需求：

- 空间局部化（意味着彼此靠近）。
- 微秒到亚微秒级的准确性和精确度。
- 免管理操作。
- 可用于高端设备和低成本的低端设备。

该标准的编号为1588，大多数人将该标准的第一个版本称为 IEEE 1588—2002，或者更通俗地称为 PTPv1，以协议的版本命名。

IEEE 在 2008 年将 PTP 标准更新为协议版本 2（PTPv2）。众多包括工业、公用事业和电信部门在内的行业成员都支持该修订，他们使用PTP在机器或无线电基站之间提供高精度时间。该修订增加了一些特性，如支持非局域网实现的能力，以及允许通过子集进行扩展的能力。为了提高 PTP 时间传输的实际准确性，研究人员还做了一些相应修改。

但修订的缺点是与先前版本的向后兼容性有限，这意味着需要进行转换，以确保支持 PTPv1 和 PTPv2 的设备在同一网络中有共存的意义。例如，一个显著的区别是，PTPv1 没有使用单独的信息通知（称为声明消息，在 PTPv2 中引入）来传输有关上行时钟源和质量的有价值数据。

如今，互操作性不再是大多数应用程序面临的问题，因为 PTPv1 现在很少使用。事实上，PTP 的新版本 IEEE 1588—2019 于 2020 年发布。它也被称为 PTPv2.1，至少在一定程度上是为了强调 IEEE 委员会确保与 PTPv2 的向后兼容性的强烈愿望。关于 PTPv2.1 更多细节将在本章末尾提供。

总而言之，在撰写本书时，IEEE 1588 标准有三个独立的版本，分别发布于 2002 年、2008 年和 2019 年。尽管人们通常将它们称为 PTPv1、PTPv2 和 PTPv2.1，但从技术上讲，该协议版本与标准版本是独立的。

请注意，PTP 规范使用术语"消息"而不是"分组"，尽管许多其他定时规范指的是基于分组的定时。为了兼容 IEEE 1588 标准的现有版本，本章在提到携带 PTP 信息的分组时遵循了使用术语"消息"的惯例。

7.2 PTP 与 NTP

根据 IEEE 1588—2002 规范，PTP 在相距较近的设备之间提供微秒级的时间同步。例如，尽管 PTPv1 支持用户数据报协议（UDP）/互联网协议（IP）传输，但它需要使用第 3 层（L3）多播，并且消息不通过路由器转发（这意味着生存时间 TTL 设置为 0）。这使得 PTPv1 不适合在广域网中部署，但可以在工厂车间周围或整个实验室部署。

另一方面，网络时间协议（NTP）非常适合对广泛分布的计算系统进行同步，而且几乎总是路由的。NTP 的用例允许网络中的所有路由器，包括大学校园中的每台笔记本电脑，或者宽带连接上的家庭路由器调整它们的时间。一个重要的示例是对齐许多机器的系统记录时间戳，这可有效地发现和追溯网络上故障的必要前提条件。对于当前的使用，最常见的 NTP 部署是用于提供毫秒级的时间同步。

与 IEEE 定义 IEEE 1588 不同，互联网工程任务组（IETF）标准制定组织（SDO）通过征求意见（RFC）过程开发了 NTP。NTP 是在 20 世纪 80 年代中期（RFC 958）指定的，现在是第 4 版（RFC 5905），所以它是一项非常成熟的技术。

NTP 还有一个相对简化的版本，即简单网络时间协议（SNTP），它对准确性和可靠性的要求比 NTP 低。SNTP 可以简单地更新远程机器上的时钟，但是它的简化方法忽略了一些可能需要的功能。例如，它没有防止步骤和时钟跳跃的连续系统时钟调整方法，但对于日常使用（如家庭笔记本电脑）来说完全足够了。SNTPv4 在 RFC 4330 中指定，尽管该功能现在已经合并到 RFC 5905 中的单个 NTPv4 规范中，从而取代了 RFC 4330。

NTP 通常只在软件中实现，这限制了它可能实现的潜在精度，而 PTP 通常是围绕硬件支持构建的，包括精确时间戳的专门设计（见第 5 章）。问题是，如果时间戳是基于软件的，则它很可能会被操作系统中的其他功能频繁地中断和延迟，从而影响准确性。

此外，如果（软件）时间戳是由主 CPU 完成的，那么时间敏感的分组从被时间戳标记到最终在出口端口传输之间可能会发生很多延迟。另一方面，如果以太网 PHY 可以在出口传输分组时标记它的时间，那么几乎没有什么可以延迟这个分组（至少在它到达下一个路由器之前）。当然，分组传输或一些光学组件也会增加一些不可预知的延迟——稍后会详细介绍。

尽管如此，NTP 对于许多应用来说已经足够精确了，例如校准日志文件中的时间戳，以及一般的亚秒级时间协议。NTP（和 SNTP）被广泛用于同步全球的数十亿设备。实际上，整个互联网都是通过 NTP/SNTP 进行时间同步的。NTP 可以用于更专门的应用程序；例如，一些公司使用特殊版本的 NTP 来对移动无线电设备进行频率同步。然而，为了获得更准确的时间，PTP 则是这个行业所需要。

NTP 和 PTP 在用于携带时间（它们的时间尺度）的值上有一些区别。最基本的区别是 NTP 从 1900 年 1 月 1 日开始，而 PTP（和 POSIX/Unix）从 1970 年 1 月 1 日开始。由于它们都从各自纪元开始计算秒数，因此 NTP 和 POSIX/Unix 之间存在 70 年和 17 个闰日（2 208 988.800s）的常量差，表示这两个日期之间的公历秒数。闰秒会影响 PTP 的偏移量，这将在后面的 7.3.15 节中讨论。

还要注意，PTP 使用 48 位的时间戳来表示秒，而 NTP 使用多种时间戳格式，包括一种只使用 32 位值表示秒的格式。因此，使用此 NTP 时间戳的最大的秒值是 232s 或 136 年，这意味着在 2036 年 2 月 7 日这一天，NTP 将会有一个回转事件。IETF 已经开发了一些机制来处理这个问题，请参阅 RFC 5905 的第 6 节，以了解更多细节。

7.3 IEEE 1588—2008（PTPv2）

IEEE 1588—2008 标准定义了一种通过分组网络相互通信的时钟精确同步协议。简单地说，网络中的时钟彼此之间形成了一种主从关系，在此期间，主时钟向从时钟提供时间信息。PTP 网络中的所有时钟最终都从称为 GM 时钟的最终时钟源获取时间，后者从参考时钟（如卫星接收机）获取时间。

PTPv2 没有定义单一传输类型或封装方法；相反，它是解决时间同步问题的方法工具箱。因此，交换的消息可以是多播或单播、第 2 层或第 3 层、以太网或 UDP/IP，甚至完全是其他内容。目标是允许异构系统从 GM 时钟获取时间，无论它们的实现、操作系统、时间准确性或成本如何。即使相对简单的实现也应该能够在微秒级范围内恢复时钟，而无须大量的干预或繁重的管理。

PTPv2 的一个重要特性是它的可扩展性，它允许感兴趣的组织只选择需要的协议特性，并设计特定于行业的子版本，称为配置文件。这些配置文件允许只支持特定用例所需特性的 PTP 实现，这简化了互操作性和部署。

最后，尽管 PTPv2 声称能够提供微秒到亚微秒级的精度，但实现的精度显然取决于实现的质量。事实上，它可以扩展到更高的精度，因为一些实现可以提供小于 1ns 的同步精度——一个例子是 White rabbit，但即使是标准 PTP 也可以提供几十纳秒的精度。有关 White Rabbit 和其他配置文件的信息，请参阅后面的 7.5 节。

IEEE 发布了 PTP 的新版本。即 IEEE 1588—2019（PTPv2.1）。因此，在接下来的几年里，我们将看到 SDO 开始采用新版本的特性，并为它们自己的配置文件开发更新，以包含此 PTP 更新版本的新特性。

在本章的后面，我们将介绍 ITU-T 定义的 PTP 特定配置文件的定义和使用，称为电信配置文件。但是在讨论更专门的版本之前，我们先介绍 IEEE 1588—2008 标准的概念和通用特性。请注意，IEEE 1588—2008 中的一些特性没有在电信配置文件中使用，因此我们不会深入讨论这些特定的特性。

7.3.1 总体概述

PTP 是一种双向时间协议（类似于 NTP），其功能是在时间源（主）和时间接收机（从）之间发送时间戳。该方法包括从主时钟向从时钟发送时间戳，以便从时钟可以恢复时钟，这意味着（i）同步其振荡器频率，（ii）对齐其时钟相位，（iii）识别和追溯正确时间。

当从时钟接收到时间信息时，它对主时钟上的时间进行了精确测量，表示消息被标记的时间。它不知道的是从消息被标记后到接收到消息所花费的时间，即消息经过中间路径所花费的时间（传输时间）。

为了计算出传输时间，从时钟从主时钟接收时间戳来计算往返时间（类似第 2 章中介绍的双向延迟测量 [2DM]）。将往返时间除以 2 便可以得到单向时间的估计值，即平均路径延迟。但是，为了使计算更加精确，正向传输时间（主到从）必须与反向传输时间（从到主）完全相等。路径传输时间在两个方向上的差异称为延迟不对称。延迟不对称总是存在的，即使在某些情况下它几乎可以忽略不计。

双向传输时间可以相当准确地确定，但单向值的准确性依赖于我们假设的正确性。这个假设和延迟不对称的影响是理解基于分组的定时最重要的事情。

根据惯例，IEEE 1588—2008（7.4.2）将主→从传输时间大于从→主传输时间时，延迟不对称定义为正。因此：

正向传输时间（主到从）= 平均路径延迟 + 延迟不对称

反向传输时间（从到主）= 平均路径延迟 − 延迟不对称

然而，如果没有使用一些外部工具或参考时钟对延迟不对称进行独立测量，PTP 就无法检测到它。因此，平均路径延迟被用作单向（正向）传输时间估计的前提是，网络工程师必须设计一个不引入过多不对称的网络。

任何不对称都会导致从时钟出现直接时间误差，因为不对称削弱了时间戳在主时钟和从时钟之间"传输"了多长时间的假设。如果过多，这个时间误差将消耗应用程序允许的所有相位对齐预算。但是，如果可以测量不对称，则可以配置 PTP 来纠正它，并从计算中消除该误差。

现在，从时钟从主时钟那里得到了一个准确的时间戳，并且估计了主时钟到从时钟的分组延迟时间，从时钟就可以计算出当前的时间。此过程会重复发生（取决于配置文件），但范围在每 8s 一次到每秒 128 次之间。

7.3.2 PTP 时钟概述

为了阅读和理解 PTP 的核心组成部分，需要了解 PTP 时钟的特点和功能；然而，要更详细地讨论 PTP 时钟，需要对其他概念有一定的了解。出于这个原因，本节提供了一个 PTP 时钟的简单概述，在 7.4 节中，将更详细地讨论这个主题。

在 IEEE 1588—2008 中，有三种基本的 PTP 时钟类型（稍后会有更细微的差别）：
- 普通时钟（OC）。
- 边界时钟（BC）。
- 透明时钟（TC）。

时钟包含 PTP 端口，它是与其他时钟的简单通信信道。在大多数情况下，一个 PTP 端口要么是一个主端口（提供时间），要么是一个从端口（恢复时间）。

IEEE 1588 将普通时钟定义为那些只有一个 PTP 端口的时钟，并且无论在什么情况下，该端口都可以通过算法控制进入主或从状态。时钟也可以被限制为仅从状态的从时钟，在这种情况下，它永远不能进入主状态。如前所述，在定时网络中，最终的主时钟称为 GM 时钟。

在一些 PTP 配置文件中，端口状态是固定的，因此有两种类型的普通时钟：有一个主端口的普通主时钟和有一个从端口的普通从时钟。在这种情况下，主时钟不能从另一个时钟获取时间，而从时钟也不能向另一个时钟提供时间。

请注意，在很多关于这个主题的文档和讨论中，处于主状态的 PTP 端口称为 PTP 主端口，类似地，处于从状态的 PTP 端口称为 PTP 从端口。请注意，基于配置文件或配置，端口可能仅限于采用几种状态中的一种，或者可能在 PTP 控制下改变状态。

因此，最简单的 PTP 网络有两个普通时钟，一个主时钟和一个从时钟，每个主时钟都有一个端口，它们之间有一个 PTP 消息交换。通常，还希望主时钟有一个主参考时钟（PRC）或 PRTC 作为其时间戳的参考源（见第 3 章）。

边界时钟包含多个 PTP 端口，其中一个必须成为从端口（从上行主端口获得时间），然后一个或多个 PTP 端口成为主端口，向下行其他时钟的从端口提供时间。当然，这意味着 BC 可以"堆叠"在一个链中，一个馈送到下一个。

透明时钟是一种通过网络帮助保持定时信号准确性的时钟。在 PTP 中有几种类型的 TC，在 7.4.4 节将详细介绍。对于这个概述，只要说 TC 是"透明的"就足够了，因为它允许重要的 PTP 时间消息通过它们传输。各时钟类型之间的关系如图 7-1 所示。

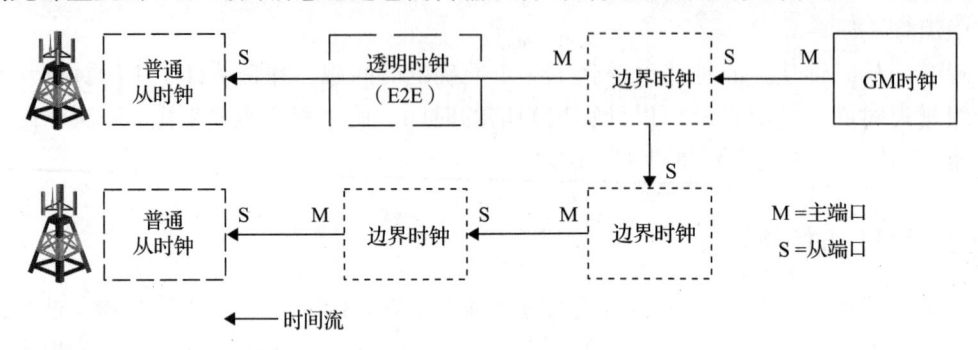

图 7-1　各时钟类型之间的关系

7.3.3　PTP 时钟域

IEEE 1588 中最基本的概念是 PTP 域，最简单地说它就是一个时钟网络，在这个网络中，一个 GM 时钟通过属于该域的时钟层级传递时间。一个网络中可以有多个域，一个 PTP 时钟可以属于多个域（理论上），但一个 PTP 端口只属于一个域。同一网络中不同域的 PTP 操作是相互独立的，即它们之间不会相互通信。

域的取值范围为 0～255。但是 128～255 的值是保留的（尽管 254 用于 C37.238 功率配置文件），而 0 通常称为默认域。域名的合法值通常由 PTP 配置文件指定（和限制），大多数配置文件的域名值范围在 4～127 之间。

通常，在整个网络中部署的域数量是有限的，至少在电信配置文件的情况下是这样的，这些配置文件通常只包含一个或两个域。一些行业（例如 MiFID-Ⅱ 标准）可以部署几个独立的域，并允许它们在网络中流动。从设备不仅可以从多个 PTP 域恢复时钟，还可以从 NTP 和其他时间传输中恢复时钟。它们利用源的多样性来"选择"与当前时间值最精确一致的时间源——主要由协调世界时（UTC）表示。

7.3.4　消息速率

大多数 PTP 的消息速率都在每 64～128s 一条消息的范围内。PTP 将这些消息速率表示为消息之间时间间隔的一个对数值（以 2 为底数）。表 7-1 给出了消息间隔对数的周期范围为 –7～+6。

IEEE 1588—2008 标准中定义的消息速率总是用对数之间的间隔（以 2 为底数）这些术语来表达，而不是速率，用于表示消息间隔的字段名称也用对数来表示，因此在这个标准中，声明消息的消息速率称为对数声明间隔。

表 7-1 消息间隔对数

消息间隔 /s	消息间隔对数	消息间隔 /s	消息间隔对数
1/128	−7	1	0
1/64	−6	2	1
1/32	−5	4	2
1/16	−4	8	3
1/8	−3	16	4
1/4	−2	32	5
1/2	−1	64	6

这种约定也使用在 PTP 节点的操作中。因此，在某些实现中，操作员只能将时钟上的消息速率配置为对数间隔，而不是消息速率。

7.3.5 消息类型和流

PTP 协议主要由两种类型的消息组成。一种是在传输时记录时间，不延迟地传输消息，然后接收时记录时间戳（这意味着消息在传输中是时间敏感的）。这些被称为事件消息。

另一种对时间不敏感的常规消息，可以携带如控制、信令、时间戳和管理信息等数据。根据消息类型的不同，事件消息和常规消息都可能包含或不包含准确的时间戳。表 7-2 列出了消息、消息类型，以及它们在 IEEE 1588—2008 规范中所处的位置。

表 7-2 PTP 消息类型

事件消息	常规消息
Sync（13.6）	Announce（13.5）
Delay_Req（13.6）	Follow_Up（13.7）
Pdelay_Req（13.9）	Delay_Resp（13.8）
Pdelay_Resp（13.10）	Pdelay_Resp_Follow_Up（13.11）
	Signaling（13.12）
	Management（13.13 和 15）

一些通用消息（如 Follow Up）可能携带时间戳信息，但更多地是作为报告功能——它们不需要在尽可能短的时间内遍历网络，因为它们的飞行时间没有被测量。另一方面，事件消息在传输过程中对延迟很敏感，因为其飞行时间会影响从时钟的时间方程。

以"Pdelay"开头的消息类型专门用于点对点（P2P）延迟机制（IEEE 1588—2008 第 11.4 节），而 Delay_Req 和 Delay_Resp 消息用于端到端（E2E）延迟响应机制（1588—2008 第 11.3 节）。这两种方法都使用了 sync 和 Follow_Up，后面部分将更详细地介绍这两种方法。

由于本书主要关注电信配置文件，而电信配置文件使用端到端延迟响应机制，因此将更多地关注这些消息类型。因此，以下是最重要的五种消息（还有一些协商的信令消息，稍后会介绍）。

- Announce。
- sync。
- Follow_Up。
- Delay_Req。
- Delay_Resp。

Announce 消息是这里唯一的例外，因为它用于声明向从站提供 PTP 服务的主时钟的质量和准确性。这相当于一个广告牌广告，可能会说："I am a master clock（我是一个主时钟），am（是）相位与上行 GM 时钟对齐（三跳距离），I（我）的时间来自连接到 GPS 接收机的 PRTC，精度为 100ns。"

它们周期性地从主时钟发送到从时钟（可能的消息速率是可配置的，但允许的速率范围可能受到配置文件的限制），并允许下行时钟帮助选择最精确的主时钟。如图 7-2 所示，Announce 消息定期从主时钟传输到从时钟。更多细节见 7.3.16 节。

同时，图 7-2 显示了其他四种消息如何一起传输时间。

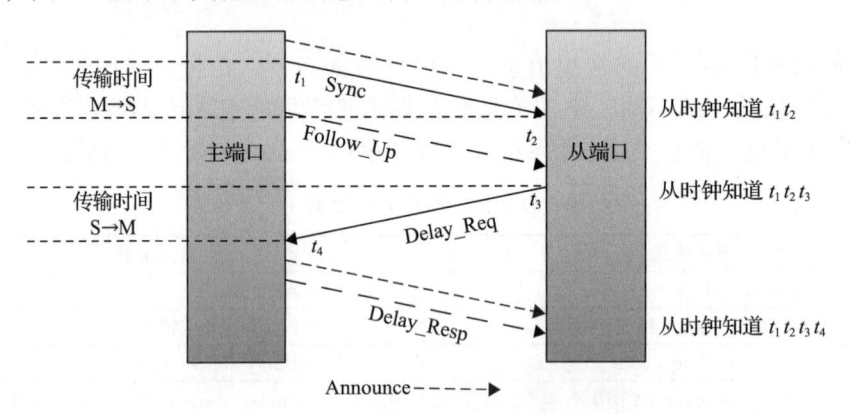

图 7-2 PTP 主端口和从端口之间的消息流

首先，主时钟会通知从时钟当前的时间。为了做到这一点，主时钟会发送一个同步消息，并记录消息发送的时间 t_1。主时钟可以将时间戳 t_1 放入 Sync 消息本身，也可以在一个非常短的时间后通过 Follow_Up 消息发送它。这两种方法可能都有很好的实现，但最大限度地提高时间戳的准确性是主要因素（有些设备在试图传输消息时，可能会发现很难准确地为消息加上时间戳）。

当 Sync 消息到达从时钟时，它到达的时间（根据从时钟）记录为 t_2，当然消息到达需要一些未知的传输时间（我们称之为传输时间主→从，或 tms）。如何处理传输中的 Sync 消息直接影响从时钟可以恢复的时间准确性，所以为了准确的定时，Sync 消息需要优先处理。不必要的延迟将时间戳"老化"，导致时间戳数据很快变得无用。

请记住，该协议允许 Sync 消息不需要携带 t_1，允许它在 Follow_Up 中稍晚到达。Follow_Up 消息不是一个时间敏感的消息，而是一个报告功能，"主设备正在发送 t_1，它反映了最后一个 Sync 消息的离开时间"。

所以，在这一点上，从时钟知道主时钟上 Sync 消息发送的时间，并且从时钟相信它知道消息到达的时间。如果从主时钟到从时钟的传输时间是 0ns，那么从时钟可以简单地将其时钟设置为与 t_1 相同，并且它将完美地对齐。但是，t_{ms} 大于 0，所以从时钟必须尝试计算出 Sync 消息的传输时间，这样它在接收时就知道 t_1 时间戳的 "年龄"，并且可以更正或补偿它。

为此，从时钟向主时钟发送另一个时间敏感的 Delay_Req 消息（发送时间戳为 t_3）。这个 Delay_Req 消息也有一个非零的传输时间，称为 t_{sm}，同样，为了恢复最准确的时间，必须避免不必要的延迟。主时钟将 Delay_Req 到达的时间记录为 t_4，并在 Delay_Resp 消息中将该值返回给从时钟。与 Follow_Up 一样，Delay_Resp 更多的是一个报告消息，"这是来自主时钟的最后一个 t_4"。

周期性地生成 Delay_Req 消息是从时钟的职责，主时钟则需要回复一个 Delay_Resp。在这个协议流中，从时钟拥有所有的时间戳 t_1、t_2、t_3 和 t_4，这些时间戳允许它确定接收到 Sync 消息的时间。

该流程经常被重复，其确切值由用例需求以及配置文件的限制决定。对于某些配置文件，它固定为每秒 16 条消息，但是对于其他一些配置文件，它的范围可以从每秒 64～128 条消息到每 8s 左右一条消息。

7.3.6 相关的数学知识

现在从时钟有了时间戳 t_1、t_2、t_3 和 t_4，它有足够的信息来恢复时间。记住，t_1 和 t_4 是用主时钟上的时间来测量的，而 t_2 和 t_3 是用从时钟上的时间来测量的。

1588 年定义的几个术语在 PTP 中使用，因此，在这里介绍它们是有帮助的，因为它们可能出现在 PTP 命令的输出中。其中一个主要术语为主时钟偏移量（offset from master），定义为：

$$主时钟偏移量 =< 从时钟的时间 > - < 主时钟的时间 >$$

请注意，IEEE 1588—2008 将偏移量定义为从时钟的时间 − 主时钟的时间；如果反过来计算它，你会看到相同的值，但是符号互换了。因此，按照这个惯例，负值表示从时钟慢，正值表示从时钟快。

回顾一下前面的数学部分，你可以从图 7-2 中得出以下结论：

$$t_2 = t_1 + t_{ms} + \text{offset from master}$$

$$t_4 = t_3 + t_{sm} + \text{offset from master}$$

提示：*如果从时钟的时间快，那么主时钟的偏移量是正的，则我们需要添加这个偏*

移量来获得 t_2，因为从时钟的时间戳值将大于偏移量为零的预期值。类似地，对于 t_4，主时钟上的时间戳值将比预期的少，因为从时钟（因此 t_3）在主时钟前面。因此，我们必须减去偏移量来确定 t_4 和 t_3 的值。

我们所称的传输时间在 IEEE 1588 中称为单向传播延迟，它被计算为一个名为均值路径延迟（meanPatbDelay）的值，其中均值是正向和反向传输时间的平均值。现在，应用两个方向上的传输时间相同的假设（即 $t_{ms}=t_{sm}=$ 单向延迟 =meanPatbDelay）：

$$t_2=t_1+\text{meanPathDelay}+\text{offset from master}$$
$$t_4=t_3+\text{meanPathDelay}-\text{offset from master}$$

如果我们结合这两个方程，求解 meanPathDelay，主时钟偏移量抵消，我们得到

$$\text{meanPathDelay}=(t_2-t_1-\text{offset from master}+t_4-t_3+\text{offset from master})/2$$
$$\text{meanPathDelay}=(t_2-t_1+t_4-t_3)/2$$

如果我们结合这两个方程，求解从主机的偏移量，meanPathDelay 抵消，我们得到

$$\text{offset from master}=(t_2-t_1-\text{meanPathDelay}+t_3-t_4+\text{meanPathDelay})/2$$
$$\text{offset from master}=(t_2-t_1+t_3-t_4)/2$$

为了更好理解，图 7-3 为一个示例。

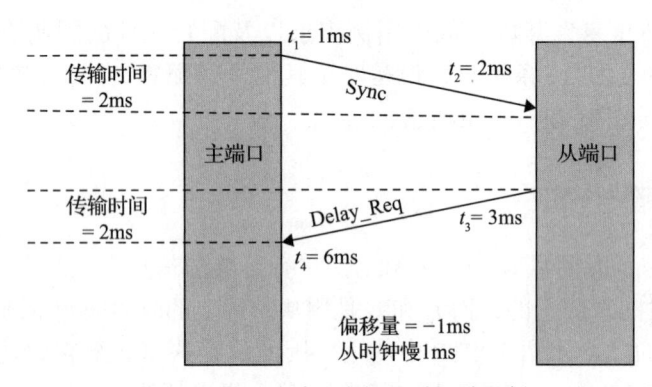

图 7-3　主、从端口之间的时间戳示例

图 7-3 中假设从时钟慢 1ms，正向和反向传输时间在每个方向上也都是 2ms。所以，你可以视 t_1 为 1ms，t_2 为 2ms，t_3 为 3ms，t_4 为 6ms（t_2 和 t_3 比它们应有的值小 1ms，因为偏移），填入方程便可以得到结果：

$$\text{offset from master}=(t_2-t_1+t_3-t_4)/2=(2-1+3-6)/2=-1$$

因此，该方程表明从时钟比主时钟慢 1ms（这意味着它是慢的）。注意，这与传输时间多长或从时钟误差多大无关；这个方程仍然给出了从主时钟偏移量的精确解。

如果正向和反向路径存在不对称，且该不对称是已知且恒定的（不变的），则存在机制将这些数据包含在方程中，以提高恢复时钟的精度。这将在 7.3.8 节中详细讨论。

最后，还有一种机制可以通过使用校正字段（correctionField）来提高恢复的时钟精度。

我们将在 7.3.9 节中讨论这个问题,并在讨论透明时钟时讨论这个问题。为了避免这个阶段的方程过于复杂,这里不包括这些修正。简单来说,消息头部中有一个可用字段,允许 PTP 时钟对网络中已知的时间戳错误或延迟进行校正(不在声明、信令和管理消息中使用)。

7.3.7 不对称性与消息延迟

Sync 和 Delay_Req 消息传输分组路径所花费的时间并不重要;可以是微秒、毫秒,甚至分钟。这意味着 PTP 仍然能够准确地传输时间,即使是在长距离电缆运行中。当然,非常长的延迟意味着从时钟将需要更长的时间来锁定,因为消息在传输,但理论上它仍然可以工作。重要的是分组传输的时间长度在两个方向上都是对称的。黄金法则是,在从对齐中,一半的不对称性表现为时间误差。

如果传输时间在一个方向上是 10ms,在另一个方向上是 15ms,这将导致(15-10)/2= 2.5ms 的相位误差。类似地,PTP 的精确恢复时间不会随着距离的增加而自动降低,尽管像色散等会在长距离的光纤运行中引入小的不对称性。如果 PTP 消息到达时没有不适当的延迟,并且在传输时间内是对称的,那么对于使用 PTP 恢复精确时间,理论上没有距离限制。

那么,什么是"不当延迟"呢?在接下来的章节中,当我们讨论分组延迟变化(PDV)时,将更详细地讨论这一点。现在,一个实际的例子就足够了。

假设一个 Sync 消息的时间戳来自当前主时钟,并花费 100μs 到达从时钟。假设这是通过该路径的绝对最小时间,计算通过光纤的距离,以及通过设备的最佳情况下的切换时间。当 Sync 消息到达时,这是非常有价值的时间数据,因为它已经被主时钟用准确的时间戳标记,并且该消息在尽可能短的时间内到达。数据非常"新鲜"。

一个时钟获得相当数量的这些消息(和另一个方向的 Delay_Req)将很快发现 t_{ms} 是 100μs(从 200μs 双向延迟计算而来),并且时间戳只有 100μs 的"年龄"。所以,在时间戳 t_1 上加上 100μs,这就是从时钟的时间。

现在,假设下一个 Sync 消息(1/16s 后)有时间戳,但是由于某些事件而延迟,在时间戳之后 400μs 到达,而不是 100μs。这些数据是无用的,因为它将显示与之前的消息相比从时钟为 300μs。因此,在包含在消息中的离群值的数据将被忽略和丢弃。如果有太多这样的消息这样到达,PTP 将难以恢复准确的时间。

因此,使用 PTP 进行时间传输需要一个小而稳定的"幸运"消息流,以允许从时钟准确地恢复时间。但实际的传输时间并不重要;PTP 可以在任何实际距离下工作,只要传输是对称的或存在对不对称的控制或补偿。

7.3.8 不对称性校正

前面讲述了不对称性对下行从时钟恢复时间准确性的影响。在许多情况下,任何观察到的不对称性的一些比例都可能是静态的（意味着它永远不会改变，即使在节点或链路重启之后），其余部分将是动态的。动态不对称性主要是由于网络条件的变化引起的，即使没有明显的局部原因。静态不对称性的一个例子可能是光纤对之间的电缆长度不匹配，而动态不对称性则可能由流量条件导致消息在时钟上行的非 PTP 接口上排队。

在完全不对称的情况下，可以通过携带时间源（例如，全球导航卫星系统 [GNSS] 接收机）的专门测试设备来测量它。网络设计师也可以估计不对称的数量，因为他们了解不对称的可能来源。例如，由于光纤中正向和反向 lambda 的速度不同，长时间运行的双向（BiDi）光纤会有不同的正向和反向路径延迟。这些值可以被知道或以相当准确的程度估计出来。

如果操作员可以测量或计算不对称性，就有可能在 PTP 端口特性中配置这种预期的不对称性，这样时间恢复算法就可以永久地纠正这个错误。唯一的困难在于理解什么比例的不对称性是静态的、恒定的或者动态的。通常，在许多不处理 PTP 的节点（使用 IP）上携带 PTP 会引入过多的动态不对称性。动态不对称性，就其本质而言，不能被纠正，尽管它可以被过滤以减少其影响。

因此，用于确定主时钟偏移量和单向延迟的计算可以包括包含这个额外校正因子的计算。回到图 7-3，如果已知从主端口到从端口的传输时间是 4ms 而不是 2ms，那么扩展方程可以很容易地适应这一认知，并补偿误差，从而实现精确的时间恢复。IEEE 1588—2008 标准使用了 delayAsymmetry 属性来实现这一点。

属性 delayAsymmetry 的定义如下（可以看到，当主到从传播时间大于从到主传播时间时，该值被定义为正）：

$$t_{ms} = <meanPathDelay> + delayAsymmetry$$

$$t_{sm} = <meanPathDelay> - delayAsymmetry$$

在计算 meanPathDelay 和 offset from master 之前，这个 delayAsymmetry 被添加到 correctionField（在 7.3.9 节中讨论）中。

作者的观点是，概述这些扩展方程，包括补偿，并不是为了理解 PTP 时间恢复如何工作或如何部署它所必要的。加上这些额外的计算只会让数学变得更复杂，并阻碍学习。如果你对不对称补偿的例子感兴趣，请参阅第 9 章。

目前，只要操作员能够理解可能出现的错误，并且 PTP 实现包括配置和补偿这种错误的能力就足够了。

详细信息请参见 IEEE 1588—2008 标准的 11.6 和 7.4.2 条款。

7.3.9 校正字段

关于 PTP 数学的章节提到了使用 correctionField 作为一种机制来提高恢复时钟的准确性。correctionField 是公共 PTP 报头中的一个 64 位字段。任何纳秒值在 correctionField 中

表示之前都要乘以 2^{16}，这实际上意味着较低的 16 位是亚纳秒，其他 48 位是纳秒。

可以将其视为两个子组件，纳秒和亚纳秒，Wireshark 上的 PTP 分析区将它们拆分，并将 correctionField 拆分为两个值。Wireshark 将前 48 位标记为 correction ns，下面的 16 位标记为 correction.subns。

这个（组合）字段的一个例子是，允许 TC 在 Sync 消息中向下行从设备报告一个延迟（TC 测量的停留时间），这样从设备就可以从 meanPathDelay 的计算中删除该延迟。对于两个步骤的时钟，将对 Follow_Up 消息而不是 Sync 消息进行调整。

除了这个例子，在 PTP 网络中，correctionField 还有几个功能：

- 报告停留时间：上一段给出了一个使用该字段报告 TC 中 Sync 消息停留时间的示例。同样的方法不仅可以用于 Sync 消息，也可以用于 Follow_Up、Delay_Req、Delay_Resp、Pdelay_Req、Pdelay_Resp 和 Pdelay_Resp_Follow_Up 消息。
- 不对称性校正：在计算 meanPathDelay 和 offset from master 之前，任何配置的 delayAsymmetry 都与 correctionField 相结合。在 E2E 延迟机制中，这是在 Delay_Req 的发送端口或 Sync（或 Follow_Up）消息的接收端口上完成的。在非透明时钟的情况下，这是从端口。
- 携带亚纳秒：PTP 时间戳字段是表示秒（从纪元开始）和纳秒的整数字段。没有携带亚纳秒值的字段。correctionField 有 16 位来表示纳秒的部分数，用于完成此任务。

该字段在端到端透明时钟（E2E TC）和点对点透明时钟（P2P TC）延迟机制中的使用不同，这将在本章后面的 7.3.13 节和 7.4.4 节中详细介绍。

请参阅 IEEE 1588—2008 标准的 11.5 和 11.6 节，了解关于停留时间校正和不对称校正的更多详细信息。

7.3.10 PTP 端口和端口类型

PTP 有一个"端口"的概念，它是一个连接到网络的接口，用来传输时间；该端口是 PTP 时钟到网络的窗口。任何一个 PTP 端口都只支持单一版本的 PTP 协议，并使用单一的传输协议；但是，一个物理网络接口可能支持多个 PTP 端口。另一个重要的点是，一个 PTP 端口只能属于一个域，因此，该端口和另一个端口之间的通信路径只能属于一个域。

PTP 端口（根据 1588—2008 7.5 节规定）有几个特征，其中最重要的是 portIdentity，由以下两部分组成：

- clockIdentity（表示时钟标识的 64 位数字）。
- portNumber（16 位值，从 1 开始向上计数）。

对于该标准的 2008 版本，还有一个 versionNumber 为 2。

没有必要在这些领域花太多时间；提到它们只是因为端口标识和端口号可以在命令行界面（CLI）输出中看到，在最佳主时钟算法（BMCA）中选择最佳主时钟的身份和端口号有时会成为决胜因素，这将在之后的章节中讨论。

PTP 端口将处于由 PTP 节点状态机（和 BMCA）管理的端口状态，这在 IEEE 1588—2008 的 9.2 节中有概述。表 7-3 列出了可能的端口状态（端口状态总是从初始化开始）。

表 7-3 PTP 端口状态

PTP 端口状态	描述
初始化	端口正在初始化其状态并准备通信路径，没有流量流动。这是端口开始的状态
故障	该端口处于故障状态并被忽略，尽管它可以发送管理消息
禁用	除了管理消息，该端口上的任何流量都将被忽略
监听	该端口正在监听声明消息，尽管它可以发送对等延迟、信令和管理消息
主端口	该端口作为一个主端口，但不发送定时消息，尽管它可以发送对等延迟、信令和管理消息
主	端口正在向下行从设备发送定时信息和声明消息
被动	该端口不发送定时消息，尽管它可以发送对等延迟、信令和管理消息
未校准	已经检测到并选择了一个主端口，并且本地端口正准备同步到该端口
从	端口正在由选定的主端口同步

在正常操作下，部署工程师很可能看到主、被动和从状态，因为其他状态大多是暂时的（除非出现错误）。

当 PTP 节点初始化时，所有的 PTP 端口都处于初始化状态，因为定时系统正在进行自我准备，填充数据结构，并准备通信路径。然后，端口应该进入监听状态，通过监听声明消息来确定它们可以与哪个主时钟同步。然后，选择主时钟后，优先级最高的端口将经历未校准状态，然后进入从状态。当 PTP 节点与远程主节点对齐时，其他端口可能成为主端口（到下行从端口）或被动端口（既不是另一个时钟的主端口，也没有与主端口同步）。

7.3.11 传输和封装

IEEE 1588—2008 标准定义了多种 PTP 消息的传输和封装方法，如表 7-4 所示。请注意，IEEE 1588—2019 中的等效附录序列减少了 1 个，因此它们从附件 C 开始。

表 7-4 PTP 传输和封装

PTP 传输和封装	IEEE 1588—2008 中的附件
基于 IPv4 的 UDP	附件 D
基于 IPv6 的 UDP	附件 E
IEEE 802.3 / 以太网	附件 F
设备网	附件 G
控制网	附件 H
IEC 61158 类型 10（PROFINET）	附件 I

在第三层，UDP/IP 可以携带 PTP 消息作为单播或多播，甚至根据配置和用例混合使用这两种；通常，这些封装被非正式地称为 PTPoIP（通过互联网协议的 PTP）。事件消息使用 UDP 端口号 319，普通消息使用 320，这使得在 Wireshark 这样的应用程序工具中很容易区分两者。

虽然其他行业的 PTP 配置文件通常使用 L3 多播，但电信配置文件使用 IP 作为传输（G.8265.1 和 G.8275.2）仅支持单播并要求支持 IPv4，而 IPv6 是可选的实现。

7.3.12 一步时钟和两步时钟

上一节展示了发送 Sync 消息以及 t_1 时间戳和可选 Follow_Up 消息的主端口。如果 PTP 节点的设计者认为在 Sync 消息中发送时间戳的准确性无法保证，那么该实现将允许时间戳包含在稍后短时间内发送的 Follow_Up 中。为了表明这已经完成，PTP 在 Sync 消息中设置了一个标志（twoStepFlag），以表明正确的时间戳将出现在后面的 Follow_Up 消息中。

因此，选项是发送带有 t_1 时间戳的 Sync 消息，或发送不带 t_1 时间戳的 Sync 消息，并生成包含它的 Follow_Up。只发送 Sync 消息的 PTP 时钟称为一步时钟，而使用后续 Follow_Up 消息的 PTP 时钟称为两步时钟。

无论采用哪种方法，都完全由主端口决定。下行的从时钟需要毫无问题地接受任何一种方法。作者在多个实现（特别是一些无线设备）上运行过，这些不能接受来自两步主时钟的 PTP 消息显然是一个错误的 PTP 实现。

有些实现允许操作员配置一步时钟或两步时钟。然而，采用适合的硬件设计和实现方法，时间戳的准确性（以及下行从时钟恢复时间的准确性）将会更好。PTP 节点使用其中一种或另一种方法会表现得更好，因此网络工程师需要了解哪种时钟方法更适合他们的硬件，并使用它。因此，不要将此值视为配置项，只是简单地根据一些其他外部因素进行选择。

我们不会详细讨论的一个方面是，透明时钟也存在一步和两步行为差异。在 IEEE 1588—2008 的附件 C 中有很多例子展示了主时钟、透明时钟和从时钟的一步时钟和两步时钟组合之间的相互作用。你只需要知道有一步和两步的 TC，并且知道去哪里可以找到更多的信息就足够了（如果你需要了解更多关于 TC 的信息）。

7.3.13 点对点与端到端延迟机制

PTP 中使用两种机制来测量 PTP 端口之间的传播延迟，普通时钟和边界时钟都可以使用其中一种机制来实现。一般情况下，使用其中一种方法的网络不能与使用另一种方法的端口共存。方法如下：

- 延迟请求 – 响应机制：确定端口之间的平均路径延迟，更关注时钟之间的端到端延迟。它使用 Sync、Delay_Req、Delay_response 和可选的 Follow_Up 消息。该方法在 IEEE 1588—2008 的附件 J.3 中被指定为默认配置文件，与电信配置文件中使用的机制相同。
- 点对点延迟机制：利用端口之间的链路延迟。在 IEEE 1588—2008 的附件 J.4 中，它被指定为一个默认配置文件，并使用了一组额外的 Pdelay 消息：
  - Pdelay_Req。
  - Pdelay_Resp。
  - Pdelay_Resp_Follow_Up（如果需要的话）。

后一种机制被用于多个行业配置文件中，其中一个例子是使用二层（以太网）传输的功率配置文件（IEEE C37.238:2017）。但是，请再次注意，没有电信配置文件使用这种机制。

在寻址 TC 时，将更详细地讨论 P2P 延迟机制，因为有一些特殊的 TC 支持和使能 P2P 方法。目前，我们认为 P2P TC 为 PTP 事件消息提供准确的传输时间信息，并对 Pdelay 消息进行处理，从而实现 P2P 延迟机制。

7.3.14　单向与双向 PTP

如本章前面所述，PTP 是一种双向时间协议，为了恢复频率、相位和时间，它需要是双向的，主要是为了估计主从之间的单向延迟时间（meanPathDelay）。但是，如果 PTP 仅仅用于从主时钟恢复频率，那么从时钟不需要知道单向延迟时间，因此不需要向主时钟发送消息。通过只恢复频率，时钟只关心从时钟的时间流逝速率与主时钟是否相同，而不关心从时钟的相位偏移。因此，对于仅频率同步，PTP 可以是一种单向协议。

这怎么实现呢？在频率同步中，从时钟的任务是确保从时钟的振荡器在非常接近其定义频率的情况下运行。实现此目的的方法是在一段较长的时间内从主时钟获取时间戳，并查看本地时钟与主时钟相比是否增加或减少了时间。如果它与主时钟相比时间增加，那么振荡器运行得太快；如果时间减少，那么它运行得太慢。从时钟并不需要知道确切的时间和相位，只需要知道时间是否以正确的速率流逝。

可以想象用同样的方法来判断手表的时间是快了还是慢了。手表佩戴者会根据相关消息来源核对时间（比如，晚间电视新闻的确切开始时间），然后在一天后再做同样的事情。通过观察手表增加或减少了多少时间，可以确定振荡器运行的快慢。

显然，通过这种方法进行频率同步有些慢，因为从时钟必须在一段较长的时间内与参考时钟进行比较，以检测本地时钟中的小增益和损耗。这意味着 PTP 在恢复频率和精确追溯频率方面可能有些慢（在某些配置文件中，从时钟和主时钟之间的校准可能需要 30～40 分钟）。

因为从时钟只需要来自主时钟的时间戳，所以只有 Sync 消息（以及两步时钟的可选 Follow_Up）需要在主→从方向传递，因此，PTP 仅频率同步变成了单向协议。IEEE 1588—2008 建议在《5G 移动网络的同步（下册）》第 12 章中讨论了这个特性，其中讨论了仅频率同步（即同频）与同步。

对于实现部署，有更好的方法，例如使用一个物理信号作为频率参考，这允许几乎瞬时的频率对齐。这种方法通常使用同步以太网（SyncE），尽管也可以使用一个来自专用定时节点（SSU/BITS）或 GNSS 源（例如，10MHz 信号）的频率信号。请参阅第 6 章，了解关于这个主题的更多细节。

同时使用 SyncE 来同步频率和 PTP 来同步相位和时间是最理想的情况，而同时使用这两种方法的 PTP 时钟称为混合模式。

7.3.15 时间戳和时间表

第 1 章介绍了国际公认的时间系统，即国际原子时（TAI）和协调世界时（UTC）。现在的主题是研究 PTP 如何使用这些时间形式来实现其时间戳机制。

PTP 时间尺度采用 1970 年 1 月 1 日 00:00:00 TAI 纪元，这意味着 PTP 从 0 秒开始计数。如果初始化一个没有输入参考时间的 PTP 主时钟，它可能会发送从 0 秒开始的时间戳，而从时钟会认为现在是 1970 年 1 月。

提示：使用这个日期和时间意味着 PTP 与 POSIX 时间共享几乎相同的纪元。然而，POSIX 时间尺度与 PTP 时间尺度不同，因为 POSIX 基于 UTC（"某种程度上"识别闰秒），而 PTP 基于 TAI（因此它是单调的，没有闰秒）。这意味着 POSIX 纪元比 PTP 晚 8 秒，因为当时有 8 个闰秒。

从 PTP 时间戳中减去当时的闰秒值，并应用 POSIX 时间算法得到 UTC。如果你正在写一些代码或使用网站来计算时间，并注意到 8 秒（1970 年）和 37 秒（2020 年）之间的差异，你将知道到哪里去寻找一个解释。更多信息请参见 IEEE 1588—2008 第 7.2 节和附录 B.2。

1970 年 1 月 1 日 00:00:00 TAI 的日期/时间也几乎正好是 1969 年 12 月 31 日 23:59:52 UTC。然后 UTC 和 TAI 之间大约有 8 秒的差距，在 1972 年 1 月 1 日引入当前的闰秒系统时，这一差距增加到 10 闰秒。

因此，PTP 时间尺度总是比 UTC 快 10 秒，加上自 1972 年以来的闰秒数（2021 年为 27 秒），这意味着至少在 2021 年 12 月 31 日之前总秒数为 37 秒（IERS 已宣布在这一日期之前没有闰秒）。请注意，正如第 3 章所概述的，GPS（如其他 GNSS 系统）使用的纪元不同于 TAI 和 UTC。

PTP 时间戳由两部分组成：
- secondsField：从纪元以来的秒数（6 字节或 48 位无符号整数）。
- nanosecondsField：第一部分中秒数之后的纳秒数（4 字节或 32 位无符号整数）。

基于 PTP 纪元的秒时间戳的预期值在 16.10 亿（2021 年 1 月）到 17 亿（2023 年 11

月）之间，这些数字大约每月增加 260 万，或每年增加 3110 万。

纳秒字段的范围可以从 0 ～ 999 999 999，即使它是一个 32 位整数。

PTP 可以运行以下两种时间尺度之一：

- PTP 时间尺度：该纪元是 PTP 纪元。
- ARB 时间尺度：任意 = 纪元是特定于实现的。

ARB 时间尺度基本上是操作员或工程师希望的时间。在正常操作下，它与 PTP 一样，是一个连续的时间尺度。然而，在电信世界的正常部署下，应该看不到 ARB，因此看到它意味着配置有误或存在操作问题。

7.3.16 声明消息

声明消息根据配置文件定期发送，以声明 PTP 端口的功能，它的传输速率在每秒 8 次到每 8 秒 1 次之间。还有一种超时机制，操作员通过为从端口配置一个超时值来修复允许"错过"的最大消息数。为了进行正确的操作，建议声明超时应该在整个域内保持一致。

例如，如果配置的声明速率是每秒 4 次，超时时间是 4 条消息，那么从节点在 1s 内没有收到任何声明消息后将宣布超时。根据 IEEE 1588—2008，允许的超时范围是 2 ～ 255 条消息，但可以通过 PTP 配置文件进一步限制。IEEE 1588 建议最小值应该是 3。参见 IEEE 1588—2008 9.2.6.11 节关于声明接收超时的详细信息。

声明消息包含以下字段（参见 IEEE 1588—2008 13.5 节）：

- 通用 PTP 报头：包括域名、时钟标识和端口标识。在报头中还有一些与声明消息组合使用的标志字段。这包括关于即将到来的闰事件的信息，GM 是否可追溯到时间和频率的来源，以及 UTC 偏移值是否有效。
- 起始时间戳：在起始节点 ±1s 内的时间戳。这与事件消息中的时间戳不同，因为它并不真正对时间敏感，尽管格式是相同的。因此，时间戳由一个 6 字节（48 位）秒字段和一个 4 字节（32 位）纳秒字段组成。
- 当前 UTC 偏移量：当前生效的闰秒总数（截至 2021 年为 37s）。结合基于 TAI 的准确时间戳，这使得 PTP 时钟能够准确地计算 UTC 的估计值。
- GM 优先级 1：0 ～ 255 范围内的值，作为 GM 时钟选择的优先级顺序，值越低优先级越高。当 PTP 配置文件指定时，允许的范围可以变化（或固定为一个特定值）。
- GM 时钟质量：由三个独立的值组成，表示主时钟的内在准确性、主时钟对时间源的可追溯性和时间的精度（共 32 位）。有关详细的分类，请参阅下面的列表。
- GM 优先级 2：0 ～ 255 范围内的值，当 priority1 值一致时，用作 GM 时钟选择的决定机制。与 priority1 一样，较低的值具有较高的优先级，允许的值可以根据子集变化。

- GM 标识：一个 64 位的地址时钟标识，可以是 IEEE 扩展唯一标识符（EUI-64）单独分发的数字，或者一些构造值（参见 IEEE 1588—2008 7.5.2.2 节）。这应该是一个唯一的数字，可以作为 BMCA 最后的决定值。
- 步骤删除：步骤删除是对主时钟 BC 步数的计数。每次 PTP 流通过一个 BC 时，步骤删除计数就会增加 1。
- 时间源：时间源是一个值，表示 GM 的时间源，例如 GPS、NTP、原子钟或内部振荡器（关于所有可能的 16 位值，请参阅 IEEE 1588—2008 7.6.2.6 节）。GPS 指的是任何一种 GNSS 系统，而不是特定的 GPS。

GM 时钟精度字段由三个值组成：

- GM 时钟类别：在 0 ～ 255（8 位）范围内的时钟类别值表示对时间源的可追溯性，即主时钟与时间源的同步程度。例如，在许多配置文件中，值 6 表示可追溯到 PRTC，但允许的值可能会根据配置的不同而变化。
- GM 时钟精度：时钟精度指标是基于时间源属性中主时钟的时间源质量（8 位）。例如，对 GPS 的可追溯性将导致一个时钟精度值 0x21= 时间精确到 100ns。IEEE 1588—2008 的表 6 列举了这些值。
- GM 时钟偏移比例对数方差：偏移比例对数方差是对 GM（16 位）稳定性的估计。这是对时钟的变化和时间戳精度的估计（见 IEEE 1588—2008 的 7.6.3 节，涉及大量的数学处理）。例如，"0x4E5D"表示连接并锁定在 PRTC 上的 GM，其取值范围在"0x0000"和"0xFFFF"之间。

声明消息中最重要的字段可能是时钟类别。在一些 PTP 配置以及 IEEE 1588 PTP 默认配置中，时钟类别为 6 表示时钟与 PRTC 同步。如果时钟失去与 PRTC 的连接并进入保持状态，则时钟类别值将更改为一个更大的数字，表示对时间源可追溯性的损失。关于时钟类别的更多细节见 7.5.2 节。

请注意，声明消息不是由边界时钟转发的。它用于更新 BC 上的数据集（请参阅即将到来的 7.3.18 节），并创建新的声明消息来将服务通告到下行从端口。这意味着一些值可以被更新（一个例子是步骤删除，它将增加 +1 表示另一个额外的 PTP 跳回 GM）。

下一节将介绍如何使用声明消息。

7.3.17 最佳主时钟算法

PTP 规范包括最佳主时钟算法（BMCA），其设计目的是在网络上构建有效的主从层级结构。尽管 IEEE 1588 标准定义了一种被称为默认 BMCA 的 BMCA 机制（见 9.3 节），但任何 PTP 子集也可以指定一个不同的备用 BMCA（aBMCA）。由于算法运行在 PTP 域中的所有时钟上，因此 BMCA 也确保该域中最佳主时钟成为 GM。

BMCA 运行在普通时钟和边界时钟的每个 PTP 端口上，并补充 PTP 时钟的状态机，以确保每个时钟选择最佳可用的主时钟作为它的时间源。目标是根据可获得的信息选择一个且只选择一个主时钟。BMCA 可以使用在声明消息中传递的信息来确定时钟中每个端口的状态（时钟之间没有协商来确定主时钟）。

此外，BMCA 不断适应变化的条件以确保在网络或时钟中断后，新的主从层级结构能够迅速出现。这种重新收敛的速度依赖于网络拓扑以及声明消息的发送速率（声明间隔）。

BMCA 将收集这些数据并对其进行评估，以确定每个 PTP 端口所处状态。对于大多数时钟，这意味着选择一个 PTP 端口作为从端口，与最佳可用主端口通信。当 BC 包含多个 PTP 端口时，其他非从端口就可以进入主状态，为下行的从端口提供时间。BMCA 的状态表比较了许多参数，以确定最佳的主时钟以及选择哪个端口作为时钟的从端口。图 7-4 将其简化为两个参数，即时钟类别（clockClass）和步骤删除（stepsRemoved），以演示该概念。

如果 BMCA 不能根据优先级 1（priority1）、时钟类别（clockClass）、时钟精度（clockAccuracy）和偏移比例对数方差（offsetScaledLogVariance）的值选择最好的时钟，那么在 BMCA 最终决定之前，优先级 2（priority2）属性允许使用 256 个额外的优先级。决定因素基于时钟标识（clockIdentity）字段。

clockClass（来自声明消息）表示时钟质量的可追溯性。数值 6 表示该时钟有一个可追溯到 PRTC 时间源的路径，即在路中顶部的 GM。在图 7-4 中，它们都具有这种可追溯性。

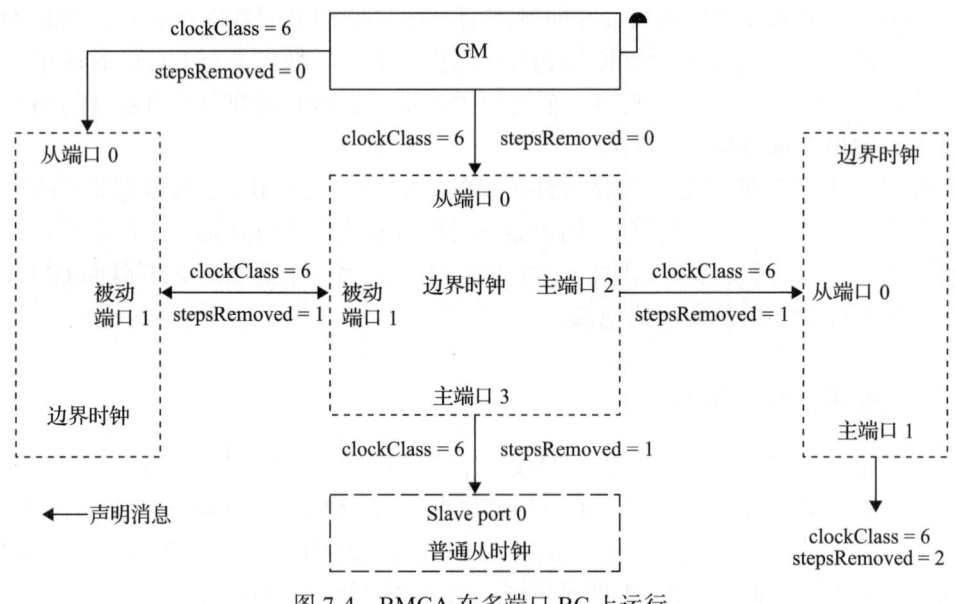

图 7-4　BMCA 在多端口 BC 上运行

stepsRemoved 表示从主时钟到当前时钟的过程中跨越了多少个不同的 PTP 边界时

钟。因此，主时钟发出的声明消息值设为 0，而左边和中间边界时钟发出的声明消息值设为 1，右边边界时钟的值设为 2。

鉴于该网络中的时钟类别对于每个声明消息都是相同的（都可追溯到 PRTC），BMCA 将选择接收声明消息中具有最小删除步骤的端口，然后主端口和从端口将自动对齐（主端口、从端口和被动端口），如图所示。

7.3.18 PTP 数据集

普通时钟和边界时钟都维护两种类型的数据集，称为时钟数据集和端口数据集。在 IEEE 1588—2008 术语中，数据集中的字段称为成员。时钟数据集名称以及在 1588—2008 中包含它们的对应章节如下：

- 默认数据集或 defaultDS：描述整个时钟和每个端口通用的属性（见 8.2.1 节）。
- 当前数据集或 currentDS：由同步机制导致的与时钟当前状态相关的属性，例如计算的平均路径延迟（见 8.2.2 节）。
- 父数据集或 parentDS：描述父（时钟同步的时钟）和位于主从层级结构（见 8.2.3 节）根位置的主时钟属性。该数据集成员的值（例如 clockClass）由主时钟根据它的时间源设置，并通过任何边界时钟的声明消息传输给当前的 PTP 时钟。当它们在下行从端口上创建它们的声明消息时，中间的边界时钟可能会更新一些值（例如 stepsRemoved）。
- 时间属性数据集或 timePropertiesDS：时间尺度的属性，包括关于 UTC 偏移量的信息和即将到来的闰秒事件的详细信息（见 8.2.4 节）。
- 外部主数据集或 foreignMasterDS：从接收到的声明消息的 GM 字段中描述外部主数据集（例如 GM 时钟质量字段）。
- 端口数据集或 portDS：包含端口属性的每个端口的单独数据集，包括 PTP 状态（见 8.2.5 节）。

默认数据集的单个成员（即时钟类别）示例是 defaultDS.clockQuality.clockClass。数据集的成员可以具有静态值（由配置文件、协议或一些固有属性固定）。由于 PTP 时钟机制或 PTP 协议的操作，它们也可以是动态的，也可以是可配置的，即由操作员选择。显然，当前数据集的成员总是动态的，因为值会根据 PTP 时钟的操作进行更新。

父数据集和时间属性数据集也是动态的，因为它们是基于上行主时钟的数据，最终是主时钟的属性。这些数据集使用上行主时钟的声明消息来填充当前时钟。表 7-5 给出了每个数据集中一到两个成员的示例。

透明时钟也可以维护透明时钟数据集：一个默认数据集（见 8.3.2 节）用于时钟，每个端口都有一个端口数据集（见 8.3.3 节）。这两个数据集分别称为 transparentClockDefaultDS 和 transparentClockPortDS。注意，这些数据集是可选的（见 8.3.1 节）。

表 7-5 数据集成员示例

成员名	类型	值	如何设置
defaultDS.domainNumber	可配置的	0～255	运营商的配置
defaultDS.clockQuality.clockClass	动态	0～255	由当前主时钟声明
defaultDS.twoStepFlag	静态	T/F	时钟实现特性
currentDS.stepsRemoved	动态	0～255	由当前主时钟声明
parentDS.grandmasterPriority1	动态	0～255	由当前主时钟声明
portDS.portIdentity	静态	十六进制	时钟 ID 和端口号
portDS.portState	动态	枚举	时钟处理和 BMCA
portDS.logAnnounceInterval	可配置的	−3～4	运营商配置/配置文件
timePropertiesDS.currentUtcOffset	动态	～37	由当前主时钟声明
timePropertiesDS.leap61	动态	T/F	由当前主时钟声明

7.3.19 虚拟 PTP 端口

PTP 时钟上的虚拟 PTP 端口连接到外部相位/时间输入参考（例如 GNSS 接收机），但是对于时钟来说，它看起来像一个 PTP 从端口。这允许外部接口参与 BMCA，并可以被选择作为时间/相位源。这个特性没有包含在 IEEE 1588—2008 标准中，但是在 ITU-T G.8275 的附件 B 中有涉及。

当部署 PTP 与 GNSS 接收机结合的混合解决方案时，该特性提供了很大的灵活性。图 7-5 显示了一个"示例拓扑"中虚拟端口的基本轮廓。

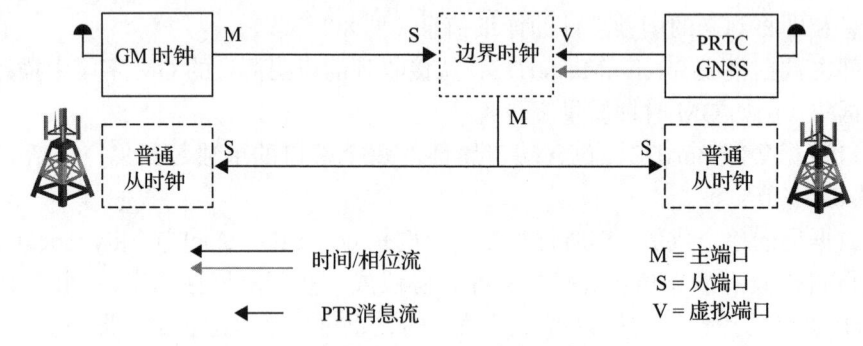

图 7-5 时钟分发网络中的虚拟端口示例

当这个特性在边界时钟中使用时，它允许 BMCA 选择本地时间参考作为时间/相位的主源，但如果本地源故障，仍然有可能选择另一个端口（以从状态同步到远程主时钟）。

到本地时间源的物理接口是一个正常的时间/相位接口，例如每秒 1 个脉冲（1PPS）和当日时间（ToD）；也可能有一个频率源，如 10MHz。没有 PTP 消息跨越该接口。BMCA 要求虚拟端口确定从端口选择顺序的数据字段在边界时钟上配置。例如，stepsRemoved、 domain number、priority1/priority2 等字段由网络工程师在配置文件中定义。其他的字段，比如 GM 标识或者 stepsRemoved，必须由 BC 上的实现来确定（因为这里没有真正的 PTP GM）。

7.3.20 协商

IEEE 1588—2008 标准涵盖了可选组件。例如，单播发现选项允许 PTP 在不提供多播（在许多 IP 网络中可能是这种情况）的网络中联系主时钟。它与另一个可选组件协商组合使用的，以发现在 IP 单播上可用的最佳主时钟。因此，下面的讨论对那些使用单播 PTPoIP 部署的用户最有意义。

首先，工程师用所有可能的主时钟的 IP 地址配置所需的从端口。通过协商过程，该 PTP 端口通过发送单播 PTP 信令向这些 IP 地址请求同步服务。简单地说，从 IP 使用 REQUEST_UNICAST_TRANSMISSION 类型、长度、值（TLV）实体请求主 IP 进行声明、Sync 和 Delay_Resp（或 Pdelay_Resp）消息的单播传输。请求提供服务的端口称为授权端口。

在协商单播传输时，从端口请求消息流所需的消息类型、消息速率（logInterMessagePeriod）和持续时间（durationField）。正常情况下，在 IEEE 1588 中，速率表示为消息间隔的对数（以 2 为底数），例如，−4 表示每秒 16 个分组，而 +1 表示每 2s 一个分组。在本章前面的 7.3.4 节中解释了对消息间隔使用对数的机制。

接收该请求 TLV 的授权端口应该响应一个包含 GRANT_UNICAST_TRANSMISSION TLV 的信令消息。它向请求从端口发送授权 TLV 信号，无论它是同意还是拒绝请求。

以下是协商过程中可能采取的操作：

- 请求单播传输：从端口使用此 TLV 来请求一个定时消息的流（例如，请求声明消息来查看配置的主时钟的质量）。该消息 TLV 包含指定所需消息间隔的对数和授权持续时间（默认为 300s）等字段。在授权过期之前，如果从端口想继续接收服务，它必须发出另一个请求。
- 授权单播传输：任何接收到请求 TLV 的授权端口都会响应一个授权 TLV 来确认授权或拒绝授权。TLV 中包含消息类型、授权消息间隔的对数和授权的持续时间等字段。如果授权被拒绝，持续时间将为 0s。
- 取消单播传输：请求授权的从端口可以通知授权端口它不再需要被授权的服务。它通过发送带有希望取消的消息类型的名称"取消 TLV 消息"来实现这一点。提供服务的授权端口也可以决定通知授权端口它不能再提供消息流，并向从端口发送相同的 TLV。
- 确认取消单播传输：接收到取消 TLV 的授权端口响应此确认取消 TLV，然后立即停止发送从端口想要取消的消息。类似地，任何接收到取消 TLV 的从端口也应该发送此确认取消 TLV 消息并停止使用服务。

- 启用单播协商：该 TLV 用于启用或关闭单播协商机制。接收到此 TLV 消息的授权端口将取消所有未完成的授权并禁用该机制。

提示：以下状态的 PTP 端口不允许参与协商：初始化状态、故障状态、禁用状态。

根据 IEEE 1588—2008 的附件 A.9.4.2，对于单播实现，建议的消息间隔速率如表 7-6 所示。

表 7-6　单播协商时建议的消息间隔速率

消息	默认消息间隔	最小消息间隔	最大消息间隔
声明消息	1（1 个每 2 秒）	−3（8 个每秒）	3（1 个每 8 秒）
Sync 消息	−4（16 个每秒）	−7（128 个每秒）	1（1 个每 2 秒）
Delay_Resp	−4（16 个每秒）	−7（128 个每秒）	6（1 个每 64 秒）

根据相同的建议，持续时间字段应该具有 10～1000s 的可配置范围（默认为 300s）。如图 7-6 所示是两个 PTP 端口之间的协商过程。

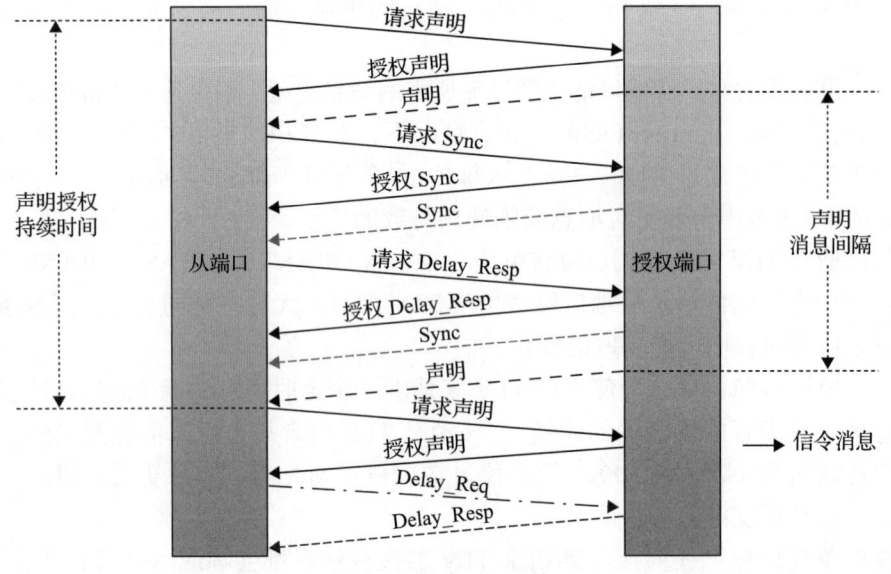

图 7-6　协商过程示例

从端口首先请求一个声明消息来确定上行时钟的质量。授权端口响应授权的确认，并开始发送（单播）声明消息。从端口的 BMCA 确定（通过时钟质量和优先级）这个授权端口是一个可接受的主时钟，然后请求一个 Sync 事件消息流。授权端口确认 Sync 服务的授权，并立即以请求的速率发送 Sync 消息（对于一个两步时钟，每个 Sync 消息后面会跟着一个 Follow_Up 消息）。

如果这是一种双向机制，从端口现在将请求授权 Delay_Resp 消息。同样，授权端口以确认授权 Delay_Resp 服务作为响应。声明消息继续以请求的速率到达，直到授权过期，然后从端口将不得不再次请求一个声明消息流（由授予端口授予）。请记住，默认情况下，请求的授权间隔是 300s，因此从端口需要每 5 分钟为每种消息类型请求一次服务。

现在，因为从端口已经收到了 Delay_Resp 的授权，所以从端口可以自由地向授权端口发送 Delay_Req 消息。授权端口用一个 Delay_Resp 响应每个 Delay_Req，以确定计算所需的最终时间戳。

7.4 PTP 时钟

PTP 设备有五种基本类型：
- 普通时钟（OC）。
- 边界时钟（BC）。
- 端到端透明时钟（E2E TC）。
- 点对点透明时钟（PTP TC）。
- 管理节点。

在 IEEE 1588—2008 的定义中，OC 只是具有单个 PTP 端口的 PTP 时钟，在正常情况下，它处于从状态或主状态（还有其他可能的状态）。显然，这意味着 OC 要么位于 PTP 域中时钟层级结构的开始（见 7.4.1 节），要么位于结束（普通从时钟）。因为 OC 只能处理来自单个 PTP 端口的一个方向的时间传输，所以它不能在链的中间。

BC 是一种拥有多个 PTP 端口的时钟，它是一些端口在主、从（或被动）状态下的组合。简单地说，它从上行主时钟接收时钟信息，恢复时钟，并通过主端口将其分发到下行。如果 BC 终止了一个 PTP 流，并在主端口和从端口之间重新发起一个新的流，那么 BC 就会"重置"PTP 消息的 PDV。在现代电信网络中，BC 通常是最常见的时钟类型。

TC 是一种通过确定 PTP 事件消息的准确停留时间来帮助提高时间传输准确性的时钟。该设备测量这个时间（即接收、处理和发送 PTP 事件消息所花费的时间），并将这个停留时间写入 PTP 消息的 correctionField 中。例如，端到端 TC 不会终止或中断主端口和从端口之间的 Sync 和 Delay_Req 消息流，而是更新消息中的一个字段，从而帮助从时钟恢复时间，提高准确性。

为了完整性，这里包含了一个管理节点，因为它不参与 PTP 时间信息的处理（因此不是一个真正的时钟），而是一个用于管理、配置和监视整个网络中时钟的设备。但是，这里提到是因为在 IEEE 1588—2008 中定义为一种时钟类型，并且处理 PTP 管理消息，尽管在电信配置文件中没有使用 PTP 管理消息。

7.4.1 GM（普通）时钟

GM 时钟是 PTP 域中所有时钟的最终时间源，而主时钟是单个 PTP 通信路径上其他时钟同步的时间源。如图 7-7 所示，PTP 时钟组织成一个主从同步层级结构，但整个系统层级结构的最上层时钟是 GM 时钟。记住,因为普通时钟只能有一个端口,所以任何普通时钟都必须是域层级结构中的 GM 时钟,或者是普通从时钟。

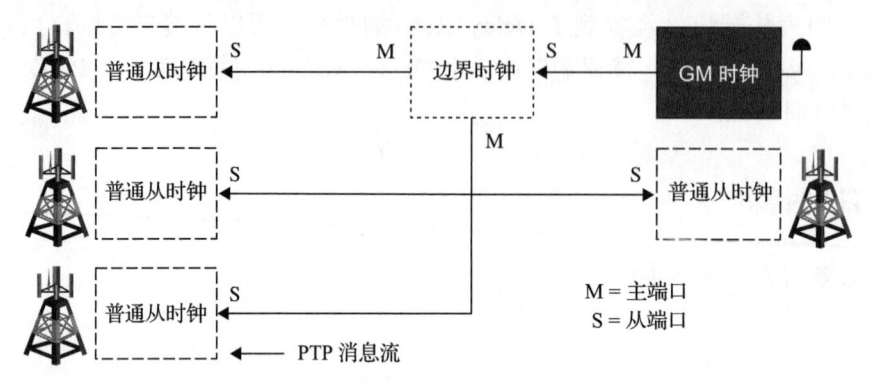

图 7-7 主从和 GM 层级结构

从图 7-7 中可以看出,GM 时钟方框右边有一个蘑菇形状的图标,代表着与 GNSS 天线的连接(天线形状通常有点像蘑菇)。此图标表示存在作为频率源或频率、相位和时间源的 GNSS 接收机——分别为 PRC 或 PRTC。

因为 5G 移动设备通常需要相位同步,所以可以假设这个同步源通常是 PRTC。天线图标表示 PRTC 是一个 GNSS 接收机(这是最常见的源),但它也可能是其他一些设备,如原子钟。只需把它视为一个有效的时间或频率源的符号即可。

一种部署选择是,GM 有一个外部 GNSS 接收机(或原子钟),并通过三个输入信号接收频率、相位和时间,即 10MHz、1PPS 和 ToD。因此,GM(作为一个 PTP 实体)是一个独立于 PRTC 的设备。第 3 章提供了更多关于同步源的 PRTC 和输入信号的详细信息。

然而,另一个部署选项是 GM 可以有一个内置的 GNSS 接收机,该设备用于内部恢复同步源。在这种情况下,GM 时钟是一个 GM+PRTC 组合,唯一需要的是一个连接外部 GNSS 天线的连接器(因为天线几乎总是在设备的外部)。

在电信配置文件的相位同步规范中,GM 时钟被称为电信 GM 时钟(T-GM)。

7.4.2 从(普通)时钟

除了 GM 时钟,普通时钟的另一种形式是从时钟。同样,从时钟只有一个 PTP 端口,与上行主端口有 PTP 连接。

从时钟既可以监听上行的 PTP 流(通过二层或三层的多播机制),也可以通过协商过程请求 PTP 消息的单播服务。在单播协商的情况下(通过 PTPoIP),从时钟配置可能的主端口的 IP 地址。

具体来说,对于电信配置文件,从时钟有两种允许的传输机制(取决于配置文件,详情见以下部分）：
- 基于 L2（以太网）多播的 PTP 传输。
- 基于 IP（IPv4 或 IPv6）的 PTP 传输。

使用 L2 机制时，接口上的 PTP 端口只需监听 PTP 消息的两个标准多播 MAC 地址之一。没有特定的配置来联系另一个 PTP 时钟上的任何主端口。该端口只是订阅流量，BMCA 决定该端口将进入何种状态（在本例中为从端口），该端口将开始从 PTP 消息中恢复时钟。

在 L3（IP）配置中，传输是单播的（注意，其他非电信配置文件可能使用多播），因此没有"订阅"多播地址的能力。此时，操作员必须将从端口配置为远程主端口的 IP 地址。然后从端口将联系该 IP 地址上的 PTP 端口，并请求它想要接收的数据包流。它首先会请求声明消息，以确定主端口是否将自己作为可追溯的主端口来发布。如果是这样，那么它也可以请求接收定时消息，并开始向主端口发送 Delay_Req 消息。关于该过程的工作细节，请参阅 7.3.20 节。

为了实现冗余，操作员通常会给从端口配置几个 IP 地址，这样当一个或多个连接失败时，从端口总能找到一个有效的主端口进行同步。

注意，在三层端口上，可能无法预测 PTP 分组的入（出）端口，因为这可能由 IP 路由协议动态确定。这可能是一个问题，因为用于发送和接收 PTP 消息的接口可能没有激活时间戳。对于位于网络中间或环中的设备尤其如此，但对于位于远程小区站点的路由器，你可能会期望只有一条到回传网络的链路。

7.4.3 边界时钟

根据 PTP 的官方定义，BC 是一个具有多个 PTP 端口的时钟。它至少有一个从端口（从远程主端口恢复时钟）和一个主端口（将时钟向下行传递到另一个从端口）。当然，它可以有多个主端口，因为它能够向多个方向发送 PTP 流量。

如图 7-8 所示，展示了 BC 如何适应定时分发网络。从主端口（本例中为 GM）发出的 PTP 消息流将被转发到 BC 的从端口。在入端口处，这些消息被标记时间戳、处理和丢弃。类似地，创建反向的消息时（如 Delay_Req），记录传输时间，并将消息传输到主端口。

在出端口，会出现此进程的镜像。PTP 消息被创建，并打上时间戳，发送到下行从站。类似地，对于相反传输方向，如传入的 Delay_Req，将被打上时间戳、响应（带有 Delay_Resp）并丢弃。请注意，由于重新创建了 PTP 消息流，因此 PTP 消息流的 PDV 被"重置"为零。

但是，在 BC 内部，有硬件连接来分发节点周围的时间和频率，从入口端到/从定时硬件到出端口。这意味着通过合理设计的边界时钟的时间传输是可预测的，因为时间传输不会受到其他流量、转发平面事件或节点上的不对称延迟的影响。

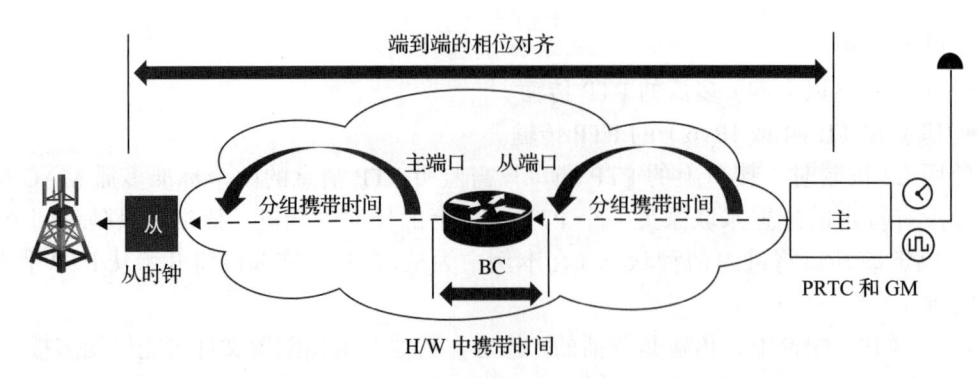

图 7-8 PTP 边界时钟

《5G 移动网络的同步（下册）》12.1 节涵盖了设计的硬件方面，包括构建精确时钟所需的更多细节。但是总的来说，当一个合理设计的边界时钟传输时间时，它应该只会在端到端的相位偏移上增加一个非常小的时间误差（大约几十纳秒）。第 9 章和《5G 移动网络的同步（下册）》第 12 章详细介绍了电信配置文件边界时钟的性能。

7.4.4 透明时钟

透明时钟有两种基本类型：端到端 TC 和点对点 TC。电信配置文件中部署的是端到端 TC，但某些行业配置文件中（例如支持电力行业的配置文件）使用了 P2P TC。本节将详细地介绍这两种类型，但是要理解，根据配置文件和行业用例的不同，其中一种或另一种（或两者）可能是不允许使用的。

使用 TC 的基本思想是，通过计算 PTP 事件消息被延迟的时间，从时钟可以减少恢复时钟的误差。表 7-7 给出了一个简化的例子，其中有 4 条消息在主时钟和从时钟之间流动，它们在主时钟和从时钟之间通过两个 TC 在同一路径上流动。

表 7-7 同步消息示例

传输中同步消息时间	TC-1 中停留时间	TC-2 中停留时间	校正传输时间
250μs	20μs	30μs	250−（20+30）=200μs
350μs	100μs	45μs	350−（100+45）=205μs
210μs	5μs	5μs	210−（5+5）=200μs
400μs	50μs	155μs	400−（50+155）=195μs

考虑到四条同步消息传输的时间十分不同（210 ~ 400μs 之间），因此大多数这些同步消息在传输中存在延迟（如 TC 传输时间列所示）。因此，事件消息上的时间戳已经"老化"，并且至少有三个时间戳将无法帮助计算精确的时钟偏移和平均路径延迟值。但如果我们校正两个 TC 中的时间戳，然后我们可以看到，校正后的传输时间现在在 195 ~ 205μs 的范围内，这是非常有用的。

那么，这是如何实现的呢？

端到端透明时钟

端到端 TC 允许 PTP 流量通过，但是会更新 PTP 事件消息中的 correctionField 来调整消息在 TC 中停留的时间。它通过记录消息的进入时间戳和出口时间戳，并从出口时间中减去进入时间来实现这一点。相减的结果就是消息停留在时钟中的时间，然后该值被添加到 PTP 消息中的 correctionField。以类似的方式计算和更新 Delay_Req 中的 correctionField。

图 7-9 描述了 PTP 消息如何通过端到端延迟机制中的各种时钟流动。请注意，BC 终止了 PTP 流，而 TC 重新传输传入的 PTP 消息。请注意，IEEE 1588—2019 现在指出，TC 中的 PTP 消息是作为一个新数据包重传的，尽管从概念上讲，它似乎只修改了 correctionField。

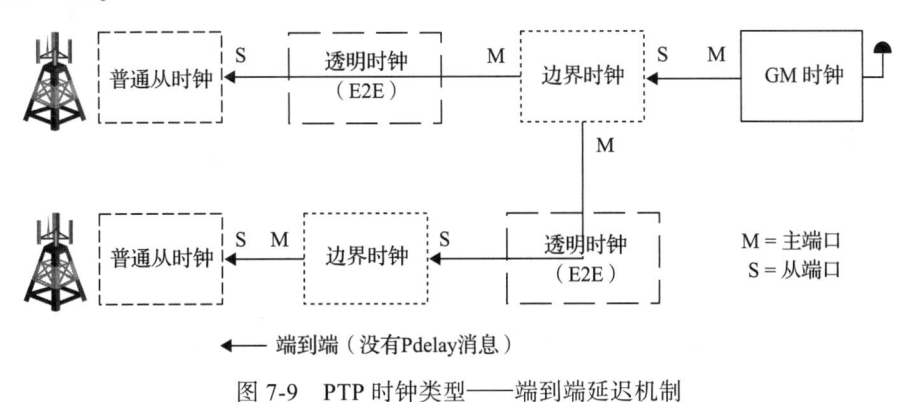

图 7-9　PTP 时钟类型——端到端延迟机制

对于两步主时钟的情况（其中 Sync 消息设置了 twoStepFlag），端到端 TC 将不会更新 Sync 消息中的 correctionField，而是用 Sync 消息的停留时间更新相关 Follow_Up 消息中的相同字段。所以，对于一步时钟，t1 时间戳和 correctionField 都位于 Sync 消息中，但是对于两步时钟，t1 时间戳和 correctionField 都在 Follow_Up 消息中（但是它包含的时间戳指向 Sync 消息，而不是 Follow_Up）。

然后在下行从端口处读取该 correctionField 值，以便在恢复时间和相位时考虑停留时间。请记住，端到端是电信配置文件中使用的唯一方法。IEEE 1588—2008 的 11.3 节详细解释了该机制。

回想一下关于一步和两步时钟的讨论，一步和两步 TC 是有区别的。例如，如果一步端到端 TC 收到一个 Sync 消息，它会像往常一样用停留时间更新 correctionField。然而，一个两步的 TC 只会更新 Sync 消息，以表明有一个 Follow_Up 消息与这个 Sync 消息相关联（通过设置 twoStepFlag）。然后，它将生成并发送一个带有时间戳和 correctionField 填充的 Follow_Up。

提示：*在 IEEE 1588—2008 附件 C 中，有许多使用 TC 的 correctionField 的详细示例，针对每个具有一步和两步时钟的 E2E 和 P2P 情况。*

点对点透明时钟

P2P TC 将 Sync 和 Follow_Up 消息视为端到端的情况,但会丢弃所有 Delay_Req 和 Delay_Resp 消息。因此,与端到端的情况不同,不能使用主端口和从端口之间的 Delay_Req/Delay_Resp 机制来计算主端口和从端口之间的平均路径延迟。相反,应该使用 P2P 机制计算相邻节点之间的平均路径延迟。该值将添加到通过 P2P TC 传输的 Sync 或 Follow_Up 消息中。P2P TC 与边界时钟和普通时钟的交互过程如图 7-10 所示。

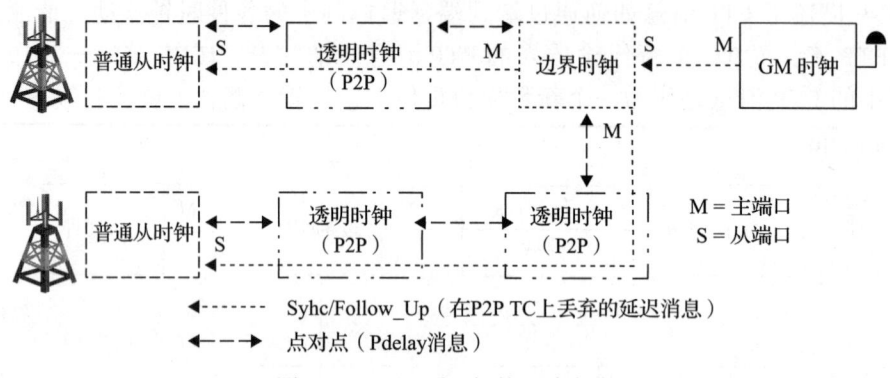

图 7-10 PTP 延迟拓扑和消息流

如图 7-10 所示,主、从状态的 PTP 端口都支持 P2P 延迟机制。P2P TC 将 Sync 和 Follow_Up 消息(短线箭头)视为端到端的情况,但会丢弃所有 Delay_Req 和 Delay_Resp 消息。

当路径中存在 P2P TC 时,由于 Delay_Req 和 Delay_Resp 被 P2P TC 丢弃,因此无法计算主端口和从端口之间的端到端平均路径延迟。相反,P2P 机制使用 Pdelay 消息计算相邻链路之间的延迟(长线箭头),并且端到端 TC 将此值添加到传递的 Sync 或 Follow_Up 消息的更正字段中。

链路延迟的计算是基于 Pdelay_Req、Pdelay_response 和可能的 Pdelay_Resp_Follow_Up 消息与对等体的交换,如图 7-11 所示。作为这些交换的结果,P2P TC 的每个端口的链路延迟是已知的。

P2P 方法以与端到端方法中的 Sync 消息相同的方式使用时间戳。因此,单向链路延迟可以通过以下公式中的时间戳来计算:

$$\text{meanPathDelay} = (t_2 - t_1 + t_4 - t_3)/2$$

注意,不支持点对点的设备不允许在 P2P TC 之间存在(因为这将影响计算结果)。因此,P2P TC 和 E2E TC 不应该在同一个点对点域中共存。此外,P2P 延迟机制仅限于每个 P2P 端口最多与一个此类端口通信 PTP 消息的拓扑结构(点对多点不工作)。一种理解方式是,这纯粹是一种"逐跳"机制。

综上所述,两种机制的差异可以总结为如图 7-12 所示。

提示：*在 IEEE 1588—2008 附件 C 中，有许多这些消息流的详细示例，针对每个具有一步和两步时钟的 E2E 和 P2P 情况。*

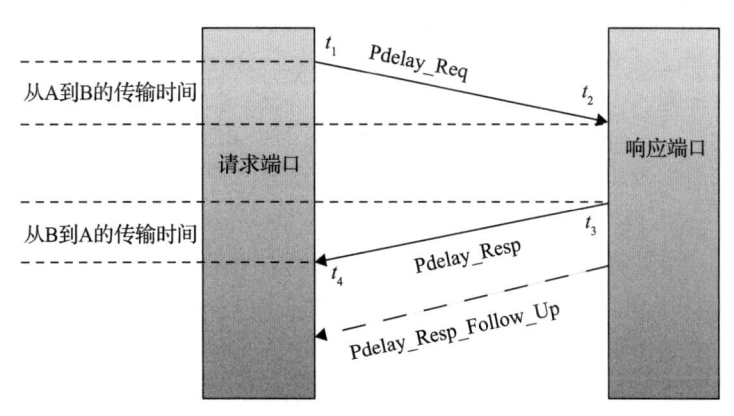

图 7-11 点对点延迟机制

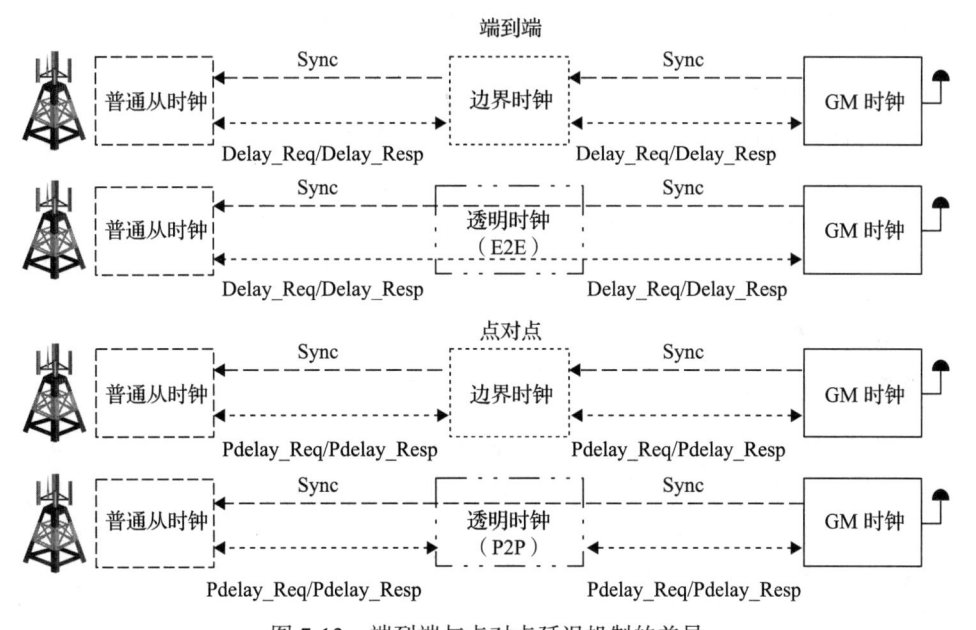

图 7-12 端到端与点对点延迟机制的差异

7.4.5 管理节点

PTP 管理节点主要处理用于管理节点和时钟之间的 PTP 管理消息。这些消息用于查询和更新时钟维护的 PTP 数据集，以及配置 PTP 时钟并进行监控和故障管理。

总之，这些消息在大约 50 个 TLV 实体中的任意一个上执行 GET 和 SET 等操作。其中有些 TLV 适用于整个时钟，而有些只适用于时钟上的一个端口。时钟 TLV 的一个例子是 DEFAULT_DATA_SET，用于检索（GET）时钟上的一个数据集（参见前面的 7.3.18 节）。端口 TLV 的一个例子是 ANNOUNCE_RECEIPT_TIMEOUT，用于检索（GET）或更新（SET）端口上的 Announce 超时值。

本书没有更深入地介绍管理节点，因为它并不广泛应用，而且在电信配置文件中不允许使用。关于管理节点和管理消息的更多细节，请参见 IEEE 15882008 第 15 章。

7.5 配置文件

IEEE 1588—2008 规范包含了可以应用于多种任务的工具。在前面的 7.3.1 节中提到，PTPv2 在 PTP 中引入了配置文件的概念。配制文件允许组织设计一个特定的 PTP 实现，以应用于特定的用例或应用程序。

众多可能的选择意味着没有必要要求一个网络单元应该"支持 1588—2008"而不进一步详细说明。前面的部分已经说明了在 1588 标准中有多少种不同的方法，因此让两个 PTP 时钟相互通信意味着就一系列实现选项达成一致。其中包括域号、TLV 和数据集值、消息速率、封装、传输等。说一个设备"支持 1588"就像说它"支持路由"。当存在许多不同的路由协议时，它们之间不容易相互通信。

当然，1588—2008 中有许多必须遵循的元素，但是没有一个元素会在所有情况下实施、验证和支持所有的 1588 选项。选择更小的可用选项配制来实现特定的解决方案是有意义的。它还使性能预测更加简单，并极大地简化了互操作性。

本节将介绍最重要的配置文件，但重点是电信配置文件，因为它们是你在 WAN 拓扑中最可能遇到的配置文件。

7.5.1 默认配置文件

当 IEEE 1588—2008 引入配置文件的概念时，它在标准附件 A 和 J 中提出了几个"默认配置文件"。这些附件包含了（少量）参数值，以帮助实现一个"默认"的 PTP 解决方案。大多数参数都有一个默认值（例如，默认域号应该是 0）和最小支持范围（例如，声明消息速率的对数应该在 0～4 之间）。如果需要，供应商可以支持更大的范围。

默认配置文件有两种选择：
- 附件 J.3 延迟请求 – 响应默认 PTP 配置文件。
- 附件 J.4 点对点默认 PTP 配置文件。

显然，J.3 默认使用端到端延迟请求 – 响应机制，而附件 J.4 配置文件默认使用 P2P 机制。尽管这两种机制非常不同，但标准允许链接在两个特征中执行其中一种机制。除了基本的选择机制和一些值以及消息速率，没有其他的规定。请注意，在 IEEE 1588—2019 版中，附件 J.3 和 J.4 已经移至 I.3 和 I.4。

因此，就传输和封装的规范而言，L2 或 L3、以太网、IPv4 或 IPv6、多播或单播、或某种组合，都没有提出建议。显然，需要进一步达成重要的协议，以确保两个时钟都支持默认配置文件，并能够相互操作。

请注意，有时可能会在一些称为"Telecom 2008"的设备中遇到该配置文件。这是一个预先标准化的 Telecom 配置文件版本，它基于与 G.8265.1（或 G.8275.2）非常类似的默认配置文件。虽然它可以在相位场景下工作，但主要在通过分组进行频率同步的移动运营商中经常遇到这种情况。详情见 IEEE 1588—2008 附件 A。

还要注意，默认配置文件几乎不能保证从时钟恢复时间的准确性，也不能保证时钟（网络元素）携带时间的性能。考虑默认配置文件性能的一个好方法是，在实现之后，你可能会发现"效果可能会有所不同"。为了纠正这种情况，还设计了若干其他的配置文件。

7.5.2 电信配置文件

有以下三种电信配置文件：
- G.8265.1：用于频率同步的电信配置文件。
- G.8275.1：用于相位/时间同步的电信配置文件，从网络提供完整定时支持。
- G.8275.2：用于相位/时间同步的电信配置文件，从网络提供部分定时支持。

配置文件的选择是基于用例和网络拓扑的。图 7-13 给出了不同配置文件的示意图。第一个配置文件用于频率同步的分发，因此只显示主时钟接收频率信号（来自 PRC/PRS），而相位/时间配置文件则显示从 PRTC 接收的相位、时间和频率。

第一个配置文件明确禁止网络提供 PTP 辅助（这意味着它不允许边界时钟或透明时钟），第二个配置文件要求每个节点必须是一个 PTP 时钟（边界或透明），第三个配置文件允许在可能的情况下提供 PTP 辅助。

请注意底部两个相位/时间配置文件如何为其时钟创建一组新的名称，通常是通过在每个 IEEE 1588 术语前面添加单词"Telecom"来构建的。这些时钟类型在 G.8275 的其他地方定义，其特性和性能在 G.8273x 中指定。请参阅第 8 章，了解 ITU-T 建议结构的更多细节。

G.8265.1——频率同步电信配置文件

本建议定义了一个配置文件，用于跨分组网络传输频率，而 SyncE 不能实现这一点。如图 7-13 所示，该配置文件适用于网元不支持 PTP 主时钟与从时钟之间任何中间节点的情况。当然，考虑到这个限制，在这样的网络上使用此配置文件并不能保证满足给定应用程序的性能要求。

该配置文件的主要特点如下：
- 域号的取值范围为 4 ~ 23，默认值为 4。
- 可以使用基于 IPv4 的单播 UDP（IEEE 1588—2008 附件 D）和可选的基于 IPv6 的

PTP（IEEE 1588—2008 附件 E）来传输 PTP 消息。

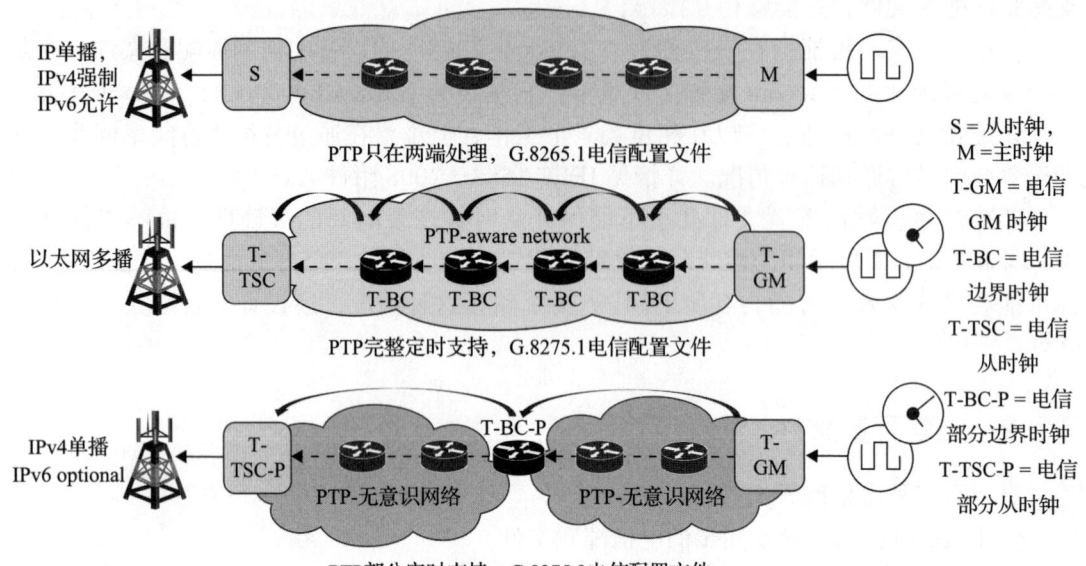

图 7-13 三种电信配置文件

- Sync、Delay_Req 和 Delay_Resp 的消息速率从每 16 秒至少 1 个数据包到每秒 128 个数据包。声明信息的消息速率从每 16 秒至少 1 个数据包到每秒 8 个数据包，默认为每 2 秒 1 个数据包。
- 使用单播消息协商——一种允许从时钟在单播环境中向主时钟请求定时服务的机制（参见 7.3.20 节和 IEEE 1588—2008 第 16.1 条）。默认情况下，请求服务的时间间隔为 300s，取值范围为 60～1000s。
- 定义了备用的 BMCA（aBMCA），其主要特性是时钟状态总是静态的，所以主端始终是主端，从端始终是从端。主端和从端之间没有端口状态的动态变化。
- 一步时钟和两步时钟都是允许的，主端口可以自由地使用任何方法，而从端口需要接受其中一种方法。
- 虽然有些实现继续使用双向系统（请参阅 7.3.14 节），但允许使用单向操作来恢复频率。
- 定义了分组定时信号故障（Packet Timing Signal Fail，PTSF），即主时钟的 Announce 消息丢失（PTSF-lossAnnounce）；或定时消息丢失（PTSF-lossSync）；或者消息超出了从时钟的输入容忍范围（PTSF- 不可用）。PTSF- 不可用通常是由同步消息的 PDV 过大造成的。这些信号故障事件触发算法选择另一个没有经历 PTSF 的最高质量级别的参考。
- 支持质量（clockClass）值的范围为 80～110（与大多数其他配置文件不同）。这些值用于将时钟质量等级信息从主时钟传送到从时钟。请参见下面的要点。
- 允许与其他同步网络（如 SyncE、SDH）互操作。配置文件通过将 QL 值（SSM 或 ESMC）映射到 Announce 消息的 clockClass 字段来实现这一点。这样做可以将时钟完全追溯到 PRC/PRS，即使定时信号可能已经跨越了其他网络，如 SDH 和 SyncE。

最后两点是针对频率部署 G.8265.1 的主要好处。G.8265.1 的表 1 显示了传输 QL 信息的各种方法之间的映射：同步状态消息（SSM）、G.781（选项 I、II 和 III）和 PTP G.8265.1 电信配置文件。

G.8265.1 作为 PTPoIP 部署在以太网、IP 和 MPLS 网络上，主从网络之间的节点像其他任何节点一样简单地交换帧。当然，网络应该以服务质量（QoS）为前提，以尽量减少这些时间敏感消息的 PDV。

从时钟被配置为任何可能的主时钟的 IP 地址，然后建立单播协商，请求一系列的声明消息和定时消息。这些都是静态定义和配置的；没有发现机制。当从时钟被配置了多个主 IP 地址时，以下参数会影响主时钟的选择过程：
- 时钟质量等级（clockClass）。
- PTSF 状态。
- 从时钟配置的本地优先级。

此配置文件在两种用例中广泛使用。第一种是电路仿真（CEM），在这种情况下，传统的同步网络被分组传输取代，并且 SyncE 不可用。第二种是 3G 和 4G 移动网络，它们需要频率同步，但同样，SyncE 不是一个可选项。

G.8275.1——具有来自网络完整定时支持的相位/时间同步电信配置文件

该建议定义了一个配置文件，旨在结合物理形式的频率（通常是 SyncE），通过分组网络传输相位/时间。如图 7-13 所示，该配置文件只适用具有网络完整定时支持功能的拓扑结构（每个网元都是一个 PTP 时钟）。

在此配制文件中，主时钟称为电信主时钟（T-GM），边界时钟称为电信边界时钟（T-BC），从时钟称为电信时间从时钟（T-TSC）。还可以部署（端到端）电信透明时钟（T-TC）。

在只包含 PTP 时钟的网络上使用该特征文件，可以严格控制分布式时间的准确性。这是因为 T-BC 和 T-TSC 时钟的性能限制在另一个建议（G.8273.2）中被指定，并且每个节点都在处理 PTP。但 G.8265.1 和 G.8275.2 并不一定如此。

配置文件本身并不能保证任何性能，因为它仅仅描述了 PTP 的功能。其他建议，如涉及时钟特性和性能以及端到端网络拓扑的建议，都与性能有关。第 8 章更详细地介绍了这些不同文档之间的相互作用。

此配置文件的建议指定了 G.8275 中下列时钟类型的特征和行为：

- 电信主时钟（T-GM）：1588—2008 普通时钟，具有 G.8272 的特性，只有一个主端口。
- 电信主时钟（T-GM）：另一个具有相同特征的时钟，但它有多个（仅主）端口。根据 1588—2008 规则，任何具有多个端口的时钟都是边界时钟，因此该设备是一个作为 T-GM 的 1588—2008 边界时钟。
- 电信边界时钟（T-BC）：一种边界时钟，可以作为另一个 GM 的主时钟或从时钟，其性能特性来自 G.8273.2。
- 电信透明时钟（T-TC）：1588—2008 中定义的端到端 TC，具有 G.8273.3 中的性能特性。
- 电信时间从时钟（T-TSC）：具有 G.8273.2 中定义的性能特征的普通从时钟。

该配置文件的主要特点如下：

- 域号取值范围为 24～43，默认值为 24。
- 多播以太网（1588—2008 的附件 F）用于传输 PTP 消息。支持不可转发的多播地址 01-80-C2-00-00-OE 和可转发的多播地址 01-1B-19-00-00-00。如本配置文件附件 H 所述，PTP 也可以通过光传输网络（OTN）进行传输。
- VLAN 标签是明确禁止的，因此没有服务等级（CoS），因为没有 VLAN 头来携带它，尽管有一些例外的 T-TC。有关 QoS 机制的更多信息见第 9 章。
- Sync、Delay_Req 和 Delay_Resp 的消息速率固定为每秒 16 条消息，而 Announce 的消息速率也固定为每秒 8 条消息。定时服务没有协商；消息不断地发送到两个多播地址中的任何一个。
- 定义了一个备用的 BCMA（aBMCA），允许 PTP 端口在主备状态之间动态切换，使配置文件能够支持自动配置。这种机制允许 aBMCA 根据 Announce 消息建立一个高效的 PTP 层级结构，以发现到普通主时钟的最短路径。这在环形拓扑、故障事件和网络重排中特别有用。记住，T-GM 的端口只能是主状态（不能是从状态），而 T-TSC 普通时钟只能是从状态的 PTP 端口。
- 需要一种物理形式的频率（通常是 SyncE）与 PTP 相结合。这通常被称为"混合模式"，因为它是分组和物理方法的混合。
- 一步时钟和两步时钟都是允许的，主时钟可以自由地选择其偏好的方法，而从时钟则需要接受其中一种方法。
- 需要使用双向方法，因为这是恢复相位所必需的。Delay_Req 和 Delay_Resp 消息被使用，但是 Pdelay 消息集没有被使用，所以该配置文件中不允许使用 P2P TC。
- 质量（clockClass）值在 6～255 之间（取决于时钟类型）。正常运行时，网络中期望的值为 6。
- 本地优先级可以在时钟的每个 PTP 端口上配置，以便当存在多条通往主时钟路径的情况下，作为一个决策器。在操作员希望定义首选路径时使用。

- 修正了优先级 1 的值为 128，但允许 T-GM 和 T-BC 时钟优先级 2 的值配置在 0～255 范围内（默认为 128），T-TSC 时钟的优先级为 255。如果时钟质量相等，aBMCA 会选择一个接收较高优先级（较低值）的端口作为主时钟的从端口。G.8275.1 的附录 IV 描述了优先级 2 属性的可能用例。

G.8275.1 非常容易配置和部署——不要让多播的引用影响你。对于运行 IOS-XR 的 Cisco 路由器，只需几行配置就可以在物理接口上启用 PTP 和 SyncE，这就是全部需要做的。PTP 报文通过该接口发送到多播 MAC 地址。当链路另一端的接口配置为 PTP 时，该接口将接收并处理这些消息，从而终止该 PTP 流。

该配置的设计允许根据时钟质量可追溯性（结合可选的可特征本地优先级）选择最佳参考源，这有助于自动建立时间分布的最佳网络拓扑。每当网络中出现故障事件或重新排列时，这个过程就会重新运行，以便在新的拓扑上收敛。

T-BC 或 T-TSC 运行一个具有一个或多个 PTP 端口的 PTP 时钟。时钟中的 aBMCA 处理其端口上接收到的 Announce 消息，并决定每个端口应该处于何种状态。因为这个配置只通过单跳与其邻居通信，所以每个 PTP 端口可能会接收到不同的 Announce 信息。根据 Announce 消息和配置的本地优先级，aBMCA 将每个端口置于主、从或被动状态。

在 aBMCA 调查端口后，被选择为时间源的端口将置于从状态，其他候选端口将置于被动状态（任何时候只有一个端口处于从状态）。其他端口处于主状态（为下行时钟提供接收时间的可能性）。详情见 7.3.16 节和 7.3.17 节。

该配置文件的主要用途是在广域网上传输频率、时间和相位，目前它最常用于需要相位同步的移动技术（特别是 5G 和时分双工无线电）。

G.8275.2——具有来自网络部分定时支持的相位/时间同步电信配置文件

本建议定义了一个配置文件，用于在分组网络中传输频率和相位/时间，其中 SyncE 是可选的。该配置文件基于具有部分定时支持（PTS）或辅助部分定时支持（APTS）的特殊情况的网络。

在 PTS 网络上使用此配置文件，其中元素对 PTP 一无所知，只是将 PTP 消息交换为 IP，不允许控制分布式时间的准确性。但是，网络中包含的支持 PTP 的元素越多，性能就越好。关于 PTS 与 APTS 的其他考虑事项和细节在 G.8271.2 关于网络拓扑的建议中有涉及。

该建议指定了 G.8275 中下列时钟类型的特征和行为：

- 电信主时钟（T-GM）：1588—2008 普通时钟，只有一个主端口。
- 电信主时钟（T-GM）：另一个具有相同特征的普通时钟，但它有多个（仅主）端口。根据 1588—2008 规则，任何具有多个端口的时钟都是边界时钟，因此，该设备是一个作为 T-GM 的 1588—2008 边界时钟。
- 电信边界时钟部分（T-BC-P）：由网络部分支持的边界时钟。T-BC-P 和多端口 T-GM 之间的区别是，T-BC-P 可以成为另一个时钟的从端口，而 T-GM 永远不能。

- 电信边界时钟辅助（T-BC-A）：只有网络部分支持的边界时钟，但有本地时间参考（如 GNSS 接收机）作为主要时间源的辅助。通过 PTS 网络恢复时钟的从端口，仅在本地时间源故障时作为参考。G.8273.4 介绍了 T-BC-A 的时钟特性和性能特性。
- 电信透明时钟部分（T-TC-P）：1588—2008 中定义的端到端 TC，只有网络部分支持。
- 电信时间从时钟部分（T-TSC-P）：一个普通的从时钟（因此只有一个 PTP 端口），由网络提供部分支持。
- 电信时间从时钟辅助（T-TSC-A）：一种普通的从时钟，只有网络部分支持，但有本地时间参考（如 GNSS 接收机）作为主要时间源。通过 PTS 网络恢复时钟的从端口，只在本地时间源故障时使用。建议 G.8273.4 中包含了 T-TSC-A 的性能特性。

注意，当时钟是 T-TSC-P 或 T-TSC-A 时，它是一个普通的时钟，要么有一个从端口，要么有多个 PTP 端口，根据 IEEE 1588 的定义，其为一个边界时钟。在有多个 PTP 端口的 T-TSC 上，同一时间只能有一个端口处于从状态，不能有一个端口变为主状态。

该特征的主要特点如下：
- 域号取值范围为 44～63，默认值为 44。
- 基于 IPv4 的单播 UDP（1588—2008 附件 D）和可选的基于 IPv6 的 PTP（1588—2008 附件 E）来传输 PTP 消息。
- Sync、Delay_Req 和 Delay_Resp 的消息速率从每秒至少 1 个数据包到每秒 128 个数据包。Announce 的消息速率从每秒至少 1 个数据包到每秒最多 8 个数据包。
- 单播消息协商———一种在单播环境下允许从时钟向主时钟请求定时服务的机制（参见 7.3.20 节和 1588—2008 的 16.1 条）。默认情况下，请求服务的时间间隔为 300s，取值范围为 60～1000s。
- 定义了一个备用的 BCMA（aBMCA），允许 PTP 端口在主备状态之间动态切换，使特征能够支持自动配置。G.8275.1 和 G.8275.2 的机制十分相似；然而，使用 PTS 网络传输消息的效果意味着这个选择过程可能不是最优的，因为不是每个上行节点都在处理 PTP（aBMCA 无法看到该拓扑结构）。
- 一步时钟和两步时钟都是允许的，主时钟可以自由地选择其偏好的方法，而从时钟则需要接受其中一种方法。
- 根据远程主端口的需求，从端口可以决定请求单向或双向流量。主端口必须能够支持这两种方法。对于双向操作，Delay_Req 和 Delay_Resp 消息被使用，但是 Pdelay 消息集不被使用，所以该配置文件中不允许使用 P2P TC。
- 质量（clockClass）值在 6～255 之间（取决于时钟类型）。正常运行时，网络中期望的值为 6。
- 本地优先级可以在时钟的每个 PTP 端口上配置，以便当存在多条通往主时钟路径的情况下，作为一个决策器。在操作员希望定义首选路径时使用。
- 分组定时信号故障（PSTF），即主时钟的定时消息丢失（PTSF-lossSync）或超出从时钟的输入容忍范围（PSTF- 不可用）。有一个新的端口数据集成员（portDS.SF），它表明端口（如果值为 TRUE）发生了信号故障，在选择最佳主端口的决策中不再能够被视为候选端口。
- 修正了优先级 1 的值为 128，但允许将 T-GM、T-BC-P 和 T-BC-A 时钟优先值 2 的值配置为 0～255（默认值为 128），T-TSC-A 和 T-TSC-P 时钟的优先值 2 的值固定为 255。如果时钟质量相等，aBMCA 会选择一个接收较高优先级（较低值）的端口作为主时钟的从端口。G.8275.2 的附件 I 描述了优先值 2 属性的可能用例。

G.8275.2 作为 PTPoIP 部署在以太网、IP 和 MPLS 网络上，主端口和从端口之间的未知节点像其他任何端口一样交换帧。当然，网络的设计应该尽量减少这种未知交换对传输时间准确性的影响——在第 9 章中有更多的讨论。

G.8275.2 的配置和部署很简单，但在大型网络中，手动配置最近主节点的地址和管理 IP 地址可能很复杂和繁重。对于运行 IOS-XR 的 Cisco 路由器，通过几行配置（物理接口可选 SyncE），便可在 L3 接口上启用 PTP。

与 G.8265.1 一样，拓扑都是静态定义和配置的，并且没有发现机制。从端口被配置为任何可能的主时钟 IP 地址，并建立单播协商，请求一系列的 Announce 消息和定时消息。然而，与 G.8265.1 不同的是，此配置文件允许边界时钟，并且它们的端口可以改变状态，就像 G.8275.1 一样。根据 Announce 消息和配置的本地优先级，aBMCA 将每个端口处于主、从或被动状态。详情请参阅 7.3.16 节和 7.3.17 节。

同样，与 G.8275.1 一样，该配置的设计允许基于时钟质量可追溯性（结合可选的可配置本地优先级）选择最佳参考源，这有助于为时间分布建立最佳网络层级结构。当网络中出现故障事件或重新排列时，这个过程就会重新运行，以便在新的拓扑上收敛。这里的主要区别是，最佳主端口不能被"发现"；它必须属于操作员在从端口上配置的 IP 地址之一。

虽然过程与 G.8275.1 基本相同，但结果可能大不相同，且不是最优的。如图 7-14 所示。在这种情况下，操作员将从端口配置为两个主端口的 IP 地址。其中一个路径得到了 BC 的良好支持，另一个则通过质量不确定的网络。

从端口被配置为与两个独立的 T-GM 通信，每个 T-GM 都有自己的 IP 地址。人们期望，在 T-GM（IP 地址 10.2.2.2）和从端口之间完全配置了边界时钟的网络将提供最精确的时钟。从端口和 T-GM（IP 地址为 10.1.1.1）之间的未知网络很可能产生严重不对称的不良 PDV。

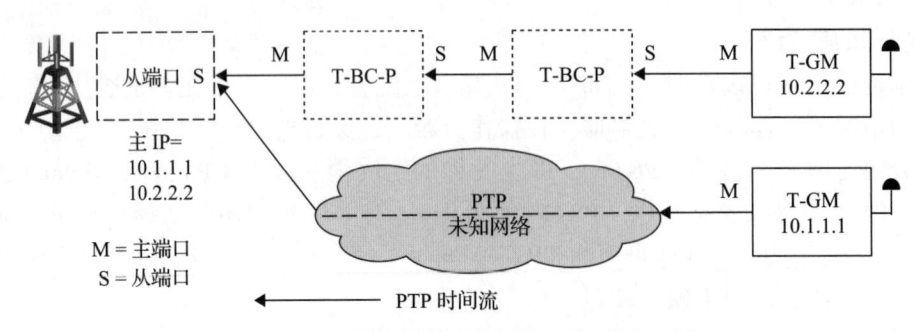

图 7-14 使用 G.8275.2 和 PTPoIP 的示例网络

然而，在其他条件相同的情况下，aBMCA 很可能会在未知网络中选择 GM，因为在比较步骤移除参数时，它"更接近"T-GM。在部署 G.8275.1 配置文件时不会出现这种情况。操作员必须使用本地优先级或其他机制手动估计和配置最佳路径，因为 PTP 不知道 IP 地址以外的任何网络路径信息。在大型网络中，管理从端口的配置文件以选择到最近的主端口的最佳路径是一项重大的操作流程。

G.8275.1 和 G.8275.2 之间的另一个主要区别是对 PTSF 事件的处理，它是一种表示从端口上 PTP 消息故障的方式。尽管 G.8275.1 依赖于 Announce 超时机制来指示分组定时丢失，但 G.8275.2 机制更彻底，考虑到使用广域路由网络作为传输介质，这并不奇怪。请注意，G.8275.1 的最新修订版也将 PTSF 概念引入了此配置文件中。

G.8275.2 的用例是操作员需要频率和相位定时，但又不具备提供完整路径支持的网络能力。当操作员可能没有自己的传输网络，而依赖于第三方网络传输的电路时，就会出现这种情况。一个非常常见的场景是通过 APTS 方法使用 G.8275.2 作为小区站点上 GNSS 接收机的备份。第 9 章提供了关于这个主题的更多信息。

7.5.3 其他行业配置文件

本章深入介绍了 IEEE 1588—2008 和电信配置文件；然而，还有其他的配置文件专门设计用于处理额外用例或独特的行业规范。本节将在较高的层级上介绍这些配置文件，以帮助理解与之前介绍的特征相比的差异。对于每个配置文件，在网络上都有充足的资料可供使用，如果你已经了解了这些配置文件，那么理解它们应该是很简单的。

表 7-8 总结了主要配置文件、支持 SDO、采用状态以及每个配置文件的基本特征。

表 7-8 主要配置文件特征

行业	SDO	版本	配置文件	传输/类型	时钟
1588*	IEEE	2019	附件 I.3 Delay Request-Response 默认 PTP 配置文件	未定义的 E2E	OC, BC, TC
1588*	IEEE	2019	附件 I.4 点对点默认 PTP 配置文件	未定义的 P2P	OC, BC, TC
电信	ITU-T	2014	G.8265.1 频率同步电信配置文件	IPv4，IPv6 E2E	OC

（续）

行业	SDO	版本	配置文件	传输 / 类型	时钟
电信	ITU-T	2020	G.8275.1 阶段 / 时间电信配置文件（完全支持）	以太网 E2E	OC, BC, TC
电信	ITU-T	2020	G.8275.2 阶段 / 时间电信配置文件（部分支持）	IPv4，IPv6 E2E	OC, BC, TC
企业	IETF	草案	TICTOC 企业 PTP 配置文件	IPv4，IPv6 E2E	OC, BC, TC
工业	IEC	2016	IEC 62439-3 PTP 工业配置文件（附件 C）3 层 E2E	IPv4 E2E	OC, BC, TC
工业	IEC	2016	IEC 62439-3 PTP 工业配置文件（附件 C）2 层 P2P	以太网 P2P	OC, BC, TC
工业	IEC	2016	IEC 62439-3 PTP 工业配置文件（附件 B）与 HSR 和 PRP	以太网 P2P	OC, BC, TC
电力	IEC	2016	电力自动化（可选 HSR 和 PRP）	以太网 P2P	OC, BC, TC
电力	IEEE	2017	C37.238—2011 "功率配置文件"修订	以太网 P2P	OC, BC, TC
音频视频	IEEE	2020	802.1AS TSN 通用 PTP 配置文件（gPTP）	以太网 P2P	OC, BC
音频	AES	2018	AES67 媒体配置文件	IPv4 E2E/（P2P）	OC, BC
视频	SMPTE	2015	ST-2059-2 广播配置文件	IPv4/IPv6 E2E/(P2P)	OC, BC, TC
定时	CERN	2011	分布式同步授时技术 v2.0	未定义的 E2E	OC, BC

*请注意，在 IEEE 1588—2019 版中，附件 J.3 和 J.4 已经移至 I.3 和 I.4。

以下是主要的 PTP 配置文件及其背景：

- IEEE 802.1AS—2020：时间敏感应用的定时和同步。广义 PTP（gPTP）是 IEEE 时间敏感网络（TSN）任务组所涵盖的一个配置文件（TSN 以前被称为音视频桥接 [AVB]）。2020 年，IEEE 802.1 TSN 任务组发布了对 2011 年标准的批准修订。
- 来自国际电工委员会（IEC）的 PTP 行业配置文件（PIP）用于二层点对点（L2P2P）和三层端到端（L3E2E）的传输。IEC 62439-3（2016）标准在附件 C 中概述了两个配置文件。它还包含附件 A 和附件 B，概述了如何使用并行冗余协议（PRP）和高可用无缝冗余（HSR）来创建双重连接（冗余）PTP 时钟。
- IEC 61850-9-3（2016）电力设施自动化配置文件（PUP）。该配置文件改编自 IEC 62439-3（2016）附件 C 中的 L2P2P 配置文件，并包含在此联合 IEC/IEEE 标准中。在这个配置文件中，双重连接时钟的使用是可选的。
- IEEE C37.238—2017。称为"电力配置文件"，它采用上述 PUP，并将其扩展，以定义 PTP 在电力系统、变电站和配电网中的应用。
- SMPTE ST-2059-2 和 AES67 媒体配置文件。这对配置文件来自两个不同的行业组织（电影和电视工程师协会和音频工程协会），支持在专业和广播环境中传播音频和视频内容。
- PTP 企业配置文件，RFC draft-ietf-tictoc-ptp-enterprise-profile-18（可能会是一个较晚的草案版本，取决于你何时阅读本文）。此企业配置文件适用于大型企业网络，例如，在金融公司中，其中所需的时间准确度比 NTP 提供的时间准确度更严格。
- White Rabbit（WR）。这是 PTP 的一个扩展，开发它是为了在基于分组的网络中以亚纳秒级的精度同步节点。它利用 PTP 1588—2008 结合 SyncE 以及链路设置和校准方法来解决链路不对称问题（这需要专门的硬件）。

7.5.4　IEEE 802.1AS—2020：时间敏感应用的定时和同步：广义 PTP（gPTP）

时间敏感网络（之前称为音视频桥接）是 IEEE 的一套标准，它在以太网上提供确定性的行为（例如，通过控制延迟），以支持时间敏感的应用程序。应用可以包括音频/视频流、低延迟工业传感器和实时过程控制。TSN 封装了一套标准，以提高以下类别的分组网络的确定性：
- 网络元素之间的时间同步（此配置文件）。
- 端到端路径的调度和流量整形。
- 路径选择、预留和故障转移。

这些标准的时间部分包含在 IEEE 802.1AS—2020 中，其中包括一个名为"IEEE 802.1AS 配置文件用于全双工点对点链路上的时间传输"的配置文件。这个配置文件将广义 PTP（gPTP）配置文件定义为 IEEE 1588—2008 PTP 文档中完整选项集的一个严格定义的配置文件。

IEEE 802.1AS—2000 中的介绍：本标准规定了满足对时间敏感应用的同步要求所采用的协议和过程，如音频和视频，跨桥接和虚拟桥接局域网（由局域网媒体组成，传输延迟是固定和对称的）。

这个标准要求任何两个时间感知系统由 6 个或更少的时间感知系统（意味着最多 7 跳）分开，在正常的稳态运行期间，两个时间感知系统将同步到 1μs（峰峰值）内。Announce 和 Pdelay_Req 的消息速率固定为每秒 1 次，Sync 是每秒 8 次。域号固定为 0，优先级 1 的值限制为几个值（非 GM 节点固定为 255）。

gPTP 配置文件和 IEEE 1588—2008 之间的差异包括以下几点：
- gPTP 定义了性能特征（在附件 B 中），而 1588—2008 没有。其中对本地时钟（自由运行）、时间感知系统（时钟）和端到端性能都有要求。
- gPTP 要求 PTP 传输可以在第二层进行（1588 附件 F），而 1588—2008 允许更高层的传输（包括附件 D 和 E 中的 IPv4/IPv6）。802.1AS 文件面向的是熟悉 802 标准的人群，并从这个方面涵盖了 PTP（这意味着它不容易阅读）。
- gPTP 将 PTP 时钟定义为时间感知系统；普通时钟作为时间感知的"端点"；边界时钟是时间感知的"桥梁"。这些时间感知节点需要支持 P2P 延迟机制，并像

1588—2008 中的 P2P TC 一样（但参与 BMCA）。因此，有了这种 P2P 需求，就不可能将未知的节点混合到一个定时分发网络中。
- PTP 需要使用两步处理（使用 Follow_Up 和来自 Pdelay_Resp 的 Follow_Up），而 1588—2008 既允许一步处理，也允许两步处理。
- BMCA 是 1588—2008 中的默认 BMCA，带有一些小扩展。

在 BMCA 的指导下，端口可以采用以下四种角色之一。
- 主：距离下行时间感知系统的时间源最近的端口。
- 从：距离根时间感知系统最近的端口。
- 被动：不是主、从或禁用的任何端口。
- 禁用：端口被禁用或不支持 802.1AS 处理。

图 7-15 展示了使用 802.1AS—2020 中的 BMCA 和 Announce 消息（一种很好的方式是，它很像快速生成树协议）构建的定时网络的层级结构。

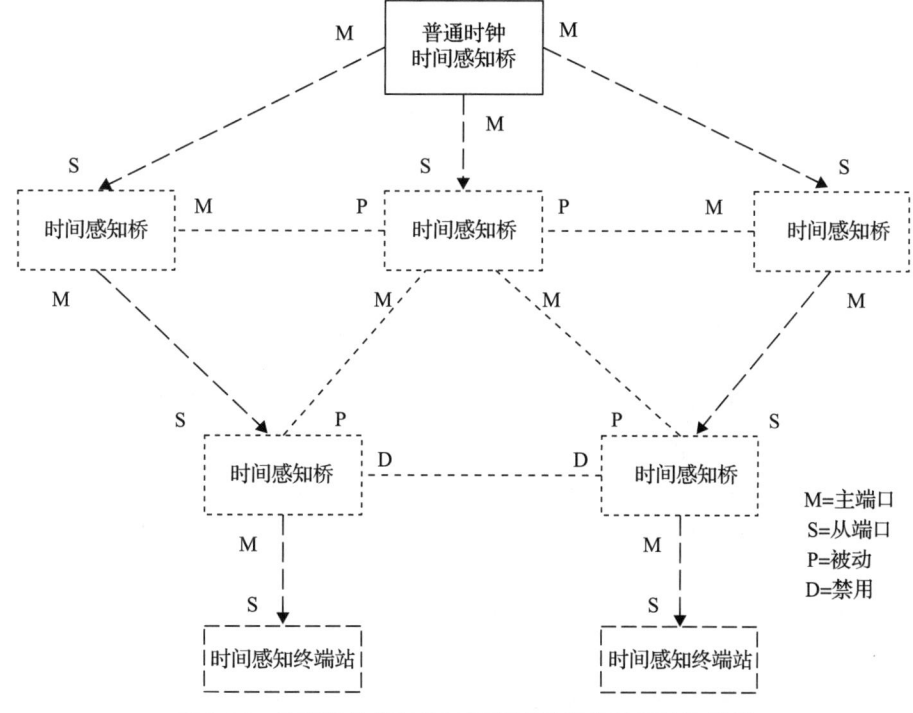

图 7-15 具有端口状态的时间感知系统的层级结构示例

在讨论 5G 无线接入网（RAN）前传网络的定时要求时，TSN 再次成为一个话题。IEEE TSN 任务组制定了 IEEE 802.1CM—2018 标准"时间敏感前传网络"，该标准能够通过以太网在 RAN 中传输时间敏感的前传流量。关于 TSN 和 TSN 配置文件的更多细节，请参阅 4.3.2 节。

IEEE 802.1CM 标准定义了性能配置文件，指定了以太网设备的特性、选项、配置、默认值、协议和过程，这些都是构建能够传输无线通信网络所必需的。请注意，RAN 前传网络在 802.1CM 中使用 TSN 技术，但它不使用 802.1AS PTP 配置文件。

TSN 任务组还在研究两个配置文件，其中精确的时间同步起着特殊的作用：
- IEC/IEEE 60802：工业自动化 TSN 配置文件。
- IEEE P802.1DG：汽车车载以太网通信的 TSN 配置文件。

IEC/IEEE 60802 中的用例和严格要求引发了对 gPTP 热备服务的修订工作，这意味着能够使用具有多个域的独立备份 GM。

7.5.5　IEC 62439-3（2016）PTP 行业配置文件（PIP）

IEC 62439-3（2016）规定了两种冗余协议（HSR 和 PRP），旨在当网络中发生链路或网元单个故障时提供无缝恢复。这种冗余是基于使用这两种方法之一（或它们的组合）连接的"双重连接"网络单元来并行传输重复信息。

除了定义 PRP 和 HSR 方法，该标准在定时方面还定义了一个 PTP 行业配置文件（PIP），以将工业（以太网）网络同步到亚微秒级精度。该标准的附件 C 规定了 PIP 配置文件的两种变体：
- L3E2E（第 3 层，端到端），用于在 L3 网络上运行并具有 E2E 延迟测量的时钟（来自 1588—2008 附件 J.3）。
- L2P2P（第 2 层，点到点），用于在 L2 网络上运行并具有 P2P 延迟测量的时钟（来自 1588—2008 附件 J.4）。

IEC 与 IEEE 合作，采用了 L2P2P 版本作为电力公用事业自动化配置文件（PUP），并将其联合发布为 IEC/IEEE 61850-9-3（见下）。SDO 同意保持这两个文件一致。请注意，在提到 PTP 时，IEC 标准指的是 IEC 61588:2009（2.0 版本），而 PTP 仅是 IEC 采用的 IEEE 1588—2008 版本。IEC 将采用 1588—2019 作为第 3 版，未作修改。

附件 A 规定了如何使用 PRP 或 HSR 在没有网络级别单点故障的同时活动冗余路径上附加 PTP 时钟，它是一个非常详细的附件（大约 45 页），展示了 PTP 是如何与这些协议结合使用（它不是一个配置文件）。这个想法是让 PTP 运行在 HSR/PRP 之上，以利用其冗余特性。

但是，附件 A 扩展了默认的 BMCA，因为需要支持由同一主设备同步的双重连接端口。由于来自同一个主设备的消息出现在两个不同的端口上，所以需要一个特定于应用程序的进程来选择具有最佳时钟质量的端口。任何 PTP 时钟双重连接都需要支持此扩展。

附件 B 定义了双重连接时钟的新配置文件，命名为"电力自动化的 IEC/IEEE 61850-9-3 精确时间协议配置文件"。相同的，附件 C 的 L2P2P 配置文件额外要求时钟必须双重连接（使用附件 A 中方法）。不同的是 61850-9-3（从附件 C 复制）允许 PTP 时钟的双重连接（冗余条款 9），但并不要求，而 62439-3 附件 B 配置文件则要求这样做。

IEC 62439-3（2016）还作为一系列其他标准的基础，用于处理电力行业基于分组的时间同步。图 7-16 展示了这些不同的 PTP 标准之间的高层关系。请注意，IEC 使用其自己发布的 PTP 标准（IEC 61588）作为 PTP 参考，而不是 IEEE 1588。

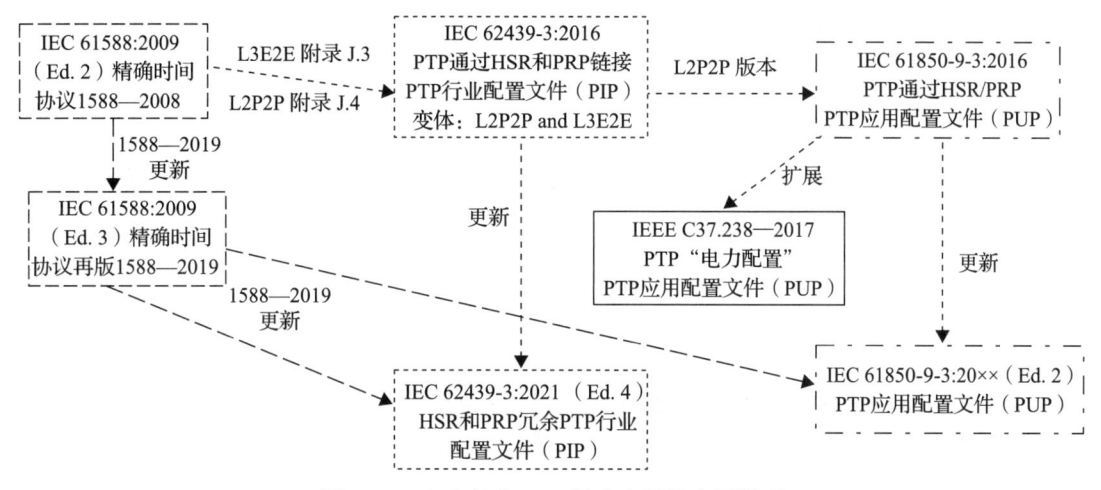

图 7-16 电力行业 PTP 标准之间的高层关系

IEC 62439-3 标准有三个"版本"，分别在 2010 年、2012 年和 2016 年发布。2016 版是一个技术修订版，将取代其他版本，预计将于 2021 年发布第四版，与 61850-9-3 版本的第 2 版一致，并解决新的 IEEE 1588—2019 版本中的变化。

这些配置文件大量使用透明时钟，对其性能的要求比边界时钟更严格。此配置文件将许多 PTP 参数定义为特定值，例如将 Announce、Sync 和 Pdelay_Req 的消息间隔限制为每秒 1 次。

7.5.6　IEC 61850-9-3（2016）电力设施自动化配置文件（PUP）

正如上一节 IEC 62439-3 中提到的，该配置文件只是该标准附录 C 中 L2P2P 配置文件的复制，以及 62439-3 附件 A 中概述的支持 HSR/PRP 冗余的可选要求。此配置文件的目标是在跨越大约 15 个 TC 或 3 个 BC 后，实现比 ±1μs 更好的网络时间不准确性。

根据 IEEE 1588—2008（附件 F），该 PUP 配置文件利用了二层多播通信，并使用了 IEEE 1588—2008（附件 J.4）中默认的 P2P 配置文件导出的 P2P 延迟测量方法，尽管其值范围有限。和它的父配置文件一样，这个配置文件将许多 PTP 参数设置为特定的值，比如 Announce、Sync 和 Pdelay_Req 的消息间隔为每秒 1 次。

对于单连接的时钟，这是使用默认 BMCA 的 1588—2008 默认配置文件的一个受限制的特征。当时钟包含可选的双重连接时，则该配置文件采用 IEC 62439-3:2016 附件 A 中规定的扩展 BMCA。

这些 PIP 和 PUP 配置文件大量使用 TC，并对 TC 性能的要求比边界钟更严格。在这些电源拓扑中，边界时钟是在两个或多个域中具有端口的时钟。边界时钟与一个域的主时钟同步，并在另一个域扮演主时钟的角色。

BC 用于将两个或多个独立的网络基础设施同步到一个主时钟，而不需要在网络之间桥接数据包。可以这样想，它们的作用有点像连接两个局域网广播域的路由器。

IEC/IEEE 于 2016 年发布了 PUP，其稳定日期为 2020 年，这意味着新版本预计将于 2021 年发布。此配置文件是 IEC 62439-3PIP 配置文件的一个副本，准备工作已经由 IEC 小组进行，并反映在 61850-9-3 的新版本中（版本 2）。其中一项更新是它符合 IEEE 1588—2019 的新 PTPv2.1 版本。

实现 PUP 配置文件的设备往往是专门用于变电站和电网监测的设备，如智能电子设备（IED）和相量测量单元（PMU）。另一方面，该配置文件在服务提供商部署的通用路由器中并没有得到广泛的应用。

每两年，业界都会聚集在一起进行 IEC 61850 互操作性（IOP）测试活动，（截止撰写本书时）最后一次发生在 2019 年 10 月。测试的一部分是测试变电站设备的 PTP 实现的性能和能力。在 2019 年的展会上，有 13 家公司提供了与 IEC 61850-9-3/IEEE C37.238 兼容的设备，还有 13 家公司也提供了兼容的应用程序或 IED。

7.5.7　IEEE C37.238—2011 和 2017 电力配置文件

电力配置文件在 IEEE C37.238—2017"IEEE 1588 精确时间协议的 IEEE 标准配置文件"中定义，该标准是对之前 C37.238—2011 标准的修订（C37.238—2017 附件 B 概述了 2011 年和 2017 年版本之间的差异）。配置文件版本号已经从 1.0 升级到 2.0。

C37.238 指定了一种扩展 PUP（IEC 61850-9-3:2016）性能的配置文件，以定义利用分组传输的 PTP 在电力系统保护、控制、自动化和数据通信应用中的使用。一个扩展例子是在 Announce 消息中引入了一个新的 TLV 来追溯主时钟和网络时间的不准确性。

另一个扩展在 2011 版 61850-9-3 中要求以（CoS）优先级值为 4 发送 PTP 消息，所以必须包括一个默认 VLAN ID 为 0 的 802.1Q VLAN 标签。这个 VLAN 标签导致了 2011 版和 61850-9-3 之间的互操作性问题。

随后，C37.238—2011 被划分为 PUP（IEC 61850-9-3）配置文件中规定的基本配置文件和专注于 PUP 配置文件之外的扩展能力的 2017 版。此更改的目标是增加不同实现之间的互操作性。这也是 IEEE 1588—2008 中许多选项和值在这些配置文件中被设置为固定值的原因。与前面的两个配置文件一样，Announce、Sync 和 Pdelay_Req 的消息间隔固定为每秒 1 次。

此配置文件不仅不允许消息速率的变化，而且特别不允许使用其他一些机制。包括端到端路径延迟机制、单播传输和协商。

传输网络中的设备需要从主时钟通过 16 个 TC 节点将时间分发到终端设备。终端设备恢复的时间与标准时间源 UTC 之间的时间误差应小于 ±1μs。这甚至适用于每个链路上高达 80% 线速（线路速率）的网络负载。

7.5.8　SMPTE ST-2059-2 和 AES67 媒体配置文件

SMPTE 配置文件是 SMPTE ST-2059 标准的一部分，专门为在专业广播环境中同步视频设备而创建。此配置文件通过向所有设备提供时间和频率同步，来帮助在多个设备之间保持多个视频源的同步。它的设计目标如下：

- 从设备在连接到一个运行的 PTP 网络的 5s 内实现同步。
- 相位对准后，保持任意两个从设备相对于主参考的时间准确度在 1μs 以内。
- 传输音 / 视频信号同步和时间标记所需的同步元数据（SM）。

最后一个要求是由主时钟中的主端口支持的，该端口发送管理消息，每秒钟附加一次 SM TLV（例如，电信配置文件将不支持这种方式）。关于频率精度，PTP 主时钟也应保持与国际标准秒的最大偏差不超过百万分之 5（ppm）的频率。

AES67 媒体配置文件是 AES67 标准的一部分，支持媒体网络中用于高性能流媒体的专业质量音频应用程序。对精度和频率稳定性的要求不像 ST-2059-2 那么严格（例如，视频标准的频率必须在 10×10^{-6} 以内，而不是 5×10^{-6} 以内）。

尽管来自不同的组织，但两个配置文件中的大多数主要参数之间的差异很小，即 AES67 和 SMPTE ST-2059-2。两者选择的传输类型都是 IPv4（多播），并基于 Internet 组管理协议（IGMP）版本 2（IGMPv3 可选），尽管 SMPTE 也允许使用 IPv6。两者都需要 delay-request/response 机制（IEEE 1588—2008 附件 J.3）作为路径延迟测量机制，尽管 SMPTE 和 AES 也可选地支持 P2P 延迟测量机制（1588—2008 附件 J.4）。它们都支持普通时钟和边界时钟以及默认的 1588 BMCA 算法。

这两个配置文件都支持不同范围的消息速率，SMPTE 要求 Sync 消息和 Announce 消息使用更高的速率，但是在允许的范围内存在大量重叠。由于这些相似点，可以通过仔细选择配置文件参数，将它们组合在同一网络上。

在符合两个配置文件的一致点上，不同类型的媒体流可以通过使用一个单一的、通用的 PTP 时钟分发系统进行同步（参见 AES-R162016，"AES67 和 SMPTE ST-2059-2 互操作性的 PTP 参数"）。

请注意，SMPTE ST-2059-2 的新版本原定于 2020 年底出版，但在撰写本书时尚未发布。预计报告将包括下列改动：

- 新的默认设置可以更好地对齐 SMPTE 和 AES67 配置文件。

- 区分多播、单播和混合的通信模式。
- 利用可追溯标志。
- 删除一些不合适的术语。

这两个标准（以及其他与音频和视频本身相关的标准）是广播相关行业的一个非常重要的组成部分。

7.5.9 PTP 企业配置文件（RFC 草案）

企业配置文件是由 IETF 的 IP 连接和时钟传输定时（TICTOC）工作组提出的标准，该工作组负责发布了大约四个与 PTP 和时钟相关的 RFC。本草案文件定义了针对大型企业网络的 PTP 配置文件，例如大型金融组织中的网络。参见第 2 章中的一些用例。

在企业中，有几个需求推动了准确定时的采用：

- 法规，如欧盟的 MiFID-II，要求业务交易的准确时间戳和这些时间戳的可追溯性（如高频和低延迟交易）。
- 跨多台计算机测量单向延迟和累积延迟的需求，不仅在本地，也有跨数据中心的需求。
- 增加的规模和速度，需要更精确的时间标记测量。

企业配置文件没有详述任何关于定时性能的细节，但是越来越多的企业定时需求无法通过使用更传统的方法来实现，比如 NTP（请参阅 7.2 节）。NTP 通常是一个只有软件的解决方案，精度有限，如果不增加显著的硬件支持（PTP 已有的硬件支持），就无法提高性能。

由于 IEEE 1588—2008 包含了许多选项，所以该配置文件被设计用来限制可用的选项、值和参数，以增加不同实现之间的互操作性。

企业配置文件使用 UDP 通过 IPv4（1588—2008 附件 D）和 IPv6（附件 E）上的点对点传输，具有端到端延迟机制。P2P 机制是特别不允许的。该配置文件支持 OC、TC 和 BC 时钟的单播和多播混合传输，具体如下：

- Announce 消息是多播（固定为每秒 1 个）。
- Delay_Req 可以是单播或多播，主端口必须用与 Delay_Req 相同的方法对携带的 Delay_Resp 进行应答。
- Sync 消息是多播。

为企业配置文件定义的选项允许使用 PTPoIP 传输时与运行 IEEE 1588—2008 端到端默认配置文件（附件 J.3）的时钟进行互操作。

这个配置文件的一个有趣的特性是时钟应该支持不同的域。这允许运营商在企业网络中运行多个独立且冗余的时间源。终端设备可以通过结合不同实例的 PTP 堆栈信息来使用来自多个主时钟的时间信息，每个实例都在不同的域中操作。

如果网络设计良好，并且每个域采用不同的路径，那么这将导致非常良好和弹性的时间分布。从端口可以交叉验证它们在不同域接收到的不同的定时值，并丢弃任何非法的结果。因此，在域内的时钟上支持 BCMA 的默认版本，但如果它们在不同的域，则时钟可能会追溯多个主时钟。

此配置文件的默认消息速率为每秒 1 个，范围从每秒 128 个到每个 128s。只有 Announce 消息固定为每秒 1 个。不允许协商消息速率。

7.5.10　分布式同步授时技术（WR）

分布式同步授时技术（WR）是一个起源于欧洲核研究组织（CERN）设施的项目，现在已经扩展到其他研究机构。最初的要求是支持粒子物理学的科学实验，但后来被应用到许多需要高度精确时间的应用中。该项目旨在创建一个基于以太网的低延迟网络，可以提供高精度的时间分发。其目标是实现数千个节点之间的同步，覆盖数十千米范围，达到亚纳秒级精度。

WR 利用了以下技术：
- 基于以太网的传输（通过光纤，通常是单根双向光纤，以减少任何不对称）。
- 相位 / 时间传输的 PTP。
- SyncE 用于频率同步。
- 减少链路不对称和提高时钟精度的方法。

使用了几种技术来提高准确性：
- 使用 SyncE 结合 PTP 提供频率同步（在其他实现中也可用，如 G.8275.1 电信配置文件）。
- 增加时间戳的粒度和准确性（在以前的实现中通常为 8ns，限制了可能的准确性）。
- 测量和校准 WR 网络单元内的时间分布和电路板布局的硬件实现中的任何不对称（假定大部分是一个固定值，因此可以补偿）。
- WR 扩展到 PTP（WRPTP），一个 PTP 配置文件，包括 WR 链路建立过程、额外消息和 TLV。
- 对固定的、可以测量和校正的物理媒体引起的不对称误差的测量和校正。一个例子是两个不同波长在单个双向光纤中的传播速度差异。
- 节点间物理链路不对称的校准和校正，通常被认为是动态的（如光纤在一天和季节的周期性温度变化下传播速度的变化）。

测量双向延迟的过程依赖于 PTP 1588—2008（附录 J.3）的端到端延迟机制及其相关的精度来给出一阶估计。然后，另一个过程，使用一种称为数字双混频器时差（DDMTD）的技术，用于以更高的精度水平测量 / 控制链路两端的相位差。这个方法的细节超出了本书的范围，但是在本章的末尾有一些参考资料。

当构建一个支持 WR 的网络时，它使用以太网 802.1 网桥（交换机）功能和一些 WR 扩展来确保更确定的性能和更低的延迟（很像 TSN，参见 IEEE 802.1AS—2020）。

为了达到最高的精度，WR 在每个方向上使用单个双向光纤进行双向通信，每个方向上使用不同的波长。在这种情况下，大部分的不对称是由于在每个方向上的传播速度不同引起的，因为光纤中的速度取决于激光的频率。对于每种类型的纤维，这可以被精确地确定（尽管这种差异可以随着温度的变化而变化，这也可以进行建模和校正）。

WRPTP 配置文件指定了一个修改后的 BMCA（mBMCA），主要的区别是 WR 时钟可以有多个处于从状态的端口，每个端口都与不同的主时钟通信——一种"热备份"形式。这使得 WR 时钟可以在需要切换到新主时钟的事件期间保持预期的准确性。

考虑到硬件支持有助于时间分发，实际的 PTP 流量在 WR 中通常不像人们预期的那么高。同步消息的数量默认为每秒 1 条，范围可能为每秒 2 条到每 64s 1 条。域名号固定为 0。通常，超出这个范围的规范大多是未定义的（例如，传输类型）。

WR 是一个开放的标准，对硬件和软件实现都是如此，因此支持它的信息和产品都是现成的。目前的版本是 2011 年的 2.0 版本。与现有标准的兼容性使得混合网络成为可能，即时间关键节点直接连接到 WR 网络核心，而其他不那么重要的设备则使用标准交换机连接到 WR 网络核心。

请注意，WR 规范很可能被 IEEE 1588—2019 的高精度延迟请求响应默认 PTP 配置文件（附件 I.5）所取代。

7.6　PTP 安全

很明显，定时和同步是我们现代基础设施的关键组成部分，因此，就像所有基本服务一样，它会吸引有恶意的不良行为者，寻找任何公开的漏洞。因此，定时分发网络的安全性是运营商部署时需要考虑的重要问题。从安全方面来说，定时分发网络在安全方面有一个优势，但也有一些其他的缺点。其优点是，基于分组的定时基本上是在与其他所有重要数据相同的网络上运行的。这意味着网络工程师为其数据网络执行的常规安全措施现在同样适用于基于分组的定时分发网络。一般来说，分组网络的安全性和信任超出了本书的范围；关于这个主题有大量的参考文献。你可能会发现 IETF RFC 7384 对了解背景信息特别有帮助，它涵盖了 PTP 和 NTP 的安全要求。

使用传输网络定时的安全缺点分为两类：
- 端到端定时解决方案可能需要大量的 GNSS 接收机或其他无线电设备作为时间源。这种设备很容易受到干扰。
- PTP 流量不同于其他的分组流量，因为它对亚微秒级的时间敏感。时间敏感性意味着它容易受到传输中任何形式的延迟影响，特别是如果延迟是不对称的（每个方向的延迟长度不同）。

一旦在一个方向上延迟分组流几微秒，就可以使所有下行设备偏离对齐。除了适用于所有其他分组网络的基本访问控制措施，几乎没有什么方法可以减轻（甚至检测到）这种情况。

除此之外，PTP 的漏洞就没有那么大了。大多数 PTP 消息中的数据主要是时间戳，因此数据不够敏感，不需要强加密。一些人建议使用加密来"隐藏"敏感的 PTP 数据包在数据流中的事实，不让任何攻击者知道。这种方法没有帮助，因为 PTP 流量的固有特征使其很容易被检测到，即使在加密后，也允许简单的延迟攻击。

另一个方面是对时间戳的验证，比如需要提供源身份验证、消息完整性保护（确保消息不被更改）和防御重放攻击。在 IEEE 1588—2008 的附件 K"安全协议（实验性）"中描述了一种执行此操作的机制。它基于标准的加密技术，并使用共享密钥和带密钥的哈希消息认证码（HMAC）。

正如附录名称所表明的那样，这一特点并不是强制性的，也没有被广泛采用。此外，许多基于 1588—2008 标准的特征也没有使用该机制。由于互操作性和操作简单性的原因，它没有被广泛采用。尽管如此，不可否认的是，安全是 PTP 需要进一步发展的方面。因此，尽管附件 K 已经从 PTP 的新版本中删除，但安全性在 1588—2019 附件 P"安全性"中得到更大的关注也就不足为奇了。

1588—2019 推出的新集成安全机制，为点对点消息提供了源认证、消息完整性和重放攻击保护。与现在已经不存在的 1588—2008 的附件 K 类似，该机制依赖于标准的加密技术、共享密钥和 HMAC 完整性检查，但它是一种不同的实现方式。参见 1588—2019 第 16.14 节和附件 P。这些部分定义了两种基本方法：

- 认证 TLV，允许源身份验证和消息完整性。此 TLV 将包含各种字段，包括计算的 PTP 消息的完整性校验值（ICV），用来确保它没有被未经授权的一方更改。
- 一种密钥交换机制，用于（安全）分发构建和验证认证 TLV 所需的安全参数（如算法类型和共享密钥）。该标准没有指定此密钥分发过程的方法。

ICV 是通过哈希算法计算的，HMAC-SHA256-128 被认为是一个应该被支持实现的算法。该机制设想了两种基本的完整性校验方法，一种是在附加处理之前立即验证消息，另一种是在处理之后进行验证。每种情况都有不同的考虑因素。其中一种涉及 TC 的使用。

由于 TC 需要在主端口到从端口的传输过程中更新 Sync 消息的 correctionField，这显然使现有的完整性校验无效，因此 TC 必须有一个共享密钥的副本来重新生成 ICV，或者 correctionField 必须排除在哈希计算之外（这可能会破坏整个操作的目的）。

在延迟验证的情况下，可以公开用于生成 ICV 的密钥，以便后续的完整性校验，但这对需要该密钥的 TC 更新 correctionField 后重新计算 ICV 没有帮助。然而，为了允许这一点，标准中有一种机制将 correctionField 从 ICV 哈希计算中排除。

1588—2019 附件 P 是关于密钥分发问题的详细信息和确保 PTP 数据传输安全的多

方面方法的良好信息来源。请注意，在 IEEE 1588—2019 发布之后，IEEE 还批准了其他项目（见 7.7.3 节）来进一步定义这些方面。

除了 PTP 本身的安全性，时钟源的多样性以及它们之间的相关性和交叉校验是使基于精确时间同步的应用程序更具鲁棒性的最佳方法。电力自动化（变电站安全）也是如此，在金融服务行业也普遍使用。第 9 章提供了关于实际部署的安全方面的更多信息。

7.7　IEEE 1588—2019（PTPv2.1）

如前所述，IEEE 1588—2008（PTPv2）已经更新为新的修订版本，正式被 IEEE 批准为 1588—2019，称为 PTPv2.1。选择这个版本号背后的理念是表明 v2.1 的主要目标是尽可能保持与 PTPv2 的向后兼容。

简而言之，这两个版本彼此兼容，只要满足以下条件：
- 仅在其中一个版本中出现的选项或特性都没有被使用。
- 使用了两个版本的共同特性，并进行了类似的配置。

在前面章节中，可能了解到，版本之间可能存在的兼容性问题是可选的安全机制。

新标准不遗余力地指出了任何不同之处，并特别强调了兼容性。新标准的第 19.4 节详细介绍了新旧实现之间可能产生兼容性问题的领域，表 139 特别强调了选项的兼容性。然而，新版本比以前加入了更多的内容，页数急剧增加。简单总结一下，1588—2019 新版本解决了以下主要问题：

- 高精度：使用高精度技术改进了时间同步性能，并提供了一个可选的新配置文件来支持它（这可能会取代 WR 规范）。
- 管理：性能监视和数据信息模型。在新标准的 16.11 节、16.12 节和附件 J 中讨论了监控 PTP 实现的方法和选项，并对 PTP 数据集采用了信息模型（以允许远程管理）。
- 架构更新和澄清：配置文件隔离方法；PTP 冗余；重组标准，将依赖媒体的功能与独立媒体的功能分开，允许创建特殊的 PTP 端口。另一个架构变化是采用 PTP 实例的概念作为 PTP 协议的实例化，在单个设备中操作，并且恰好在一个域中（将运行的 PTP 实例概念从 PTP 域中分离出来）。
- 安全性：一种 PTP 集成安全机制，为 PTP 提供包含消息完整性和身份验证的安全层。IEEE 增加了一个新的附件 P 来帮助实现一个安全的定时分发网络。

当然，1588—2019 包括通常的澄清、小修正和印刷更正。下面两个部分详细介绍了版本之间更重要的变化和 PTPv2.1 中添加的新特性。

7.7.1　从 PTPv2 到 PTPv2.1 的更改

PTPv2 和 PTPv2.1 之间的主要变化如下：

- 2008 版本允许多域 PTP 网络的概念，但规范关注的是具有单个 PTP 域的网络。结果，确实标准中某些部分的不一致可能导致混乱。2019 版的修改（特别是关于一般要求的 6.1 节）解决了这些问题。一个新的信息丰富的附录 O 给出了域间交互的示例。
- TC 的规范在两个方面发生了变化。2008 的 TC 规范允许一个（可选的）默认数据集和端口数据集的单一副本。2019 版本弃用了旧的 transparentClockDefaultDS 和 transparentClockPortDS，取而代之的是允许每个 PTP 实例的默认数据集和端口数据集中的属性。以前，TC（关于数据集）的规范是独立于域的，但是由于新的数据集规范是针对每个 PTP 实例的，所以它们是特定于域的。
- 添加了分发 clockIdentity 的新规则，以减少将重复的 clockIdentity 值分发给不同时钟的可能性。这是因为构建 EUI-64 值的规则在 2008 版发布后被 IEEE 注册机构更改了。
- 修改了 PTP 报文的共同头部，允许保留字段变为 PTP 次要版本号或 minorVersionPTP。对于该新版本的标准，versionPTP 属性的值为 2，minorVersionPTP 属性的值为 1。这使得新版本的协议版本可以表示为 2.1 而不是 3。该版本的 PTP 接受 minorVersionPTP 字段值相等或不同，但 versionPTP 字段值相等的消息。
- 关于 PTP 数据集的一节已经修改，允许使用（可选）第 15 节中的 PTP 管理机制之外的外部管理工具来管理 PTP 数据集。它建议第 8 节中的数据集规范可以映射到其他数据建模语言，包括 MIB（用于 SNMP）和 YANG。因此，第 8 节已经从 PTP 协议操作中使用的数据定义扩展到信息模型。

7.7.2　v2.1 中的新特性

下面是 v2.1 中最重要的新特性和添加项：
- 提高准确性：通过使用第 1 层频率同步（附件 L）和不对称校准（16.7，16.8），以及附件 I.5 中新的高精度延迟请求 – 响应默认 PTP 配置文件，提高了准确性。添加了两个新的提高性能的信息附件 M 和 N，附件 M 包括使用基于 DDMTD 的相位偏移检测器（如 WR 所使用的）。
- 特殊 PTP 端口：特殊端口允许包含基于提供固有定时支持技术的网络链接，而不是使用 PTP 定时消息，例如 IEEE 802.11 Wi-Fi 和无源光网络（PON）（见 19.4.6 节）。从 PTP 网络的角度来看，一个特殊的 PTP 端口只能与一个兼容的特殊端口相连。
- 混合多播 / 单播操作模型：新版本包含了新的 TLV，为 PTP 会话中混合多播和单播消息提供了更强的支持（参见 16.9 节）。这个可选特性是可用的，但在 2008 版本中没有详细描述。

- 外部配置：一个新的（可选）特性允许在管理控制下对端口状态进行外部配置（参见 17.6 节）。对此管理方法没有定义，但可以包括标准机制，如 SNMP 或 YANG。以前，端口状态只能由 BMCA 进程确定。17.7 节（可选）也允许使用受限的端口状态集。
- 安全增强：1588—2008（可选）安全附件 K 已被删除，1588—2019 引入了（可选）16.14 节关于 PTP 集成安全机制，并引入了一个信息丰富的安全附件 P。请参阅 7.6 节，了解关于安全机制更改的更多细节。
- 特征隔离：新的（可选）部分（16.5 节）介绍了当不同 SDO 在同一网络上运行时，配置文件下运行的 PTP 实例隔离。配置文件隔离在 2008 版是非常初级的（主要依赖于域名号），但现在已经扩展到包括一个 PTP 报头字段 sdold（从 transportSpecific 字段改编而来）。sdold 是 SDO 可以从 IEEE 注册机构获得的组织 ID 值。通过要求在其配置文件中使用此值，SDO 可以将属于其配置文件的消息与其他 SDO 的消息隔离开来。请参阅 16.5 节。
- 从事件监控：该（可选）特性允许监控来自从状态的 PTP 端口的定时信息。一些网络已经部署了各种特定于应用程序的方法，这些方法允许类似的功能。然而，这种特征分析定义了一个独立于应用程序的机制。它包括三个新的 TLV 的定义，以携带远离从端口的信息。其中一个 TLV SLAVE_RX_SYNC_COMPUTED_DATA 允许共享计算字段，如 offset frommaster 和 meanPathDelay。还定义了支持该特性的其他数据集。这简化了从设备监控定时信息的实现和部署。
- 性能监控选项：附件 J 引入了另一种（可选）机制，用于报告节点上运行的 PTP 实例指标。它定义了新的数据集，包括性能监控数据集（performanceMonitoringDS）和性能监控端口数据集（performanceMonitoringPortDS）。这允许管理人员访问来自 PTP 实例的统计数据和指标，包括时钟和端口参数。详见附件 J。
- 路径上的性能指标：还有一个额外的（可选）机制来报告来自 PTP 定时路径上各个点的同步精度指标。路径上实现此特性的每个节点（包括 TC）根据其对时间准确度预期下降的贡献更新精度指标。一组指标可以包含在增强精度度量 TLV 中，以确定时间不准确性的总体预期。该 TLV 沿着定时路径传播，供节点根据需要使用。例如，一个 PTP 配置文件可以定义一个 aBMCA，该 aBMCA 利用这些数据允许从设备选择最精确的主设备。

很明显，v2.1 包含了许多新的、有趣的和有用的选项。出于向后兼容性的考虑，其中许多选项都是可选的，但很明显，在未来几年内，这些选项中的一些将会被更多地采用。

7.7.3 IEEE 1588 的下一步工作

2019 版并不是标准演变的结束。IEEE 已经开始了一些项目，这些项目将被包括在未来的 IEEE 1588 修订版中。这些项目在 IEEE 所谓的项目授权请求（PAR）中进行了描述，并被称为 P1588a 到 P1588g。这些项目预计将于 2022 年底完成。这些项目将在未来数年内解决下列议题：

- 安全性：定义一个默认的安全配置文件，并继续安全性方面的工作（例如，密钥管理）。
- BMCA 增强：增强可用于支持 BMCA 的数据；提供信息以允许采用和指定替代的 BMCA；修改和澄清。
- 管理：定义 YANG 和 MIB 数据模型。
- 传输：PTP 到 OTN 的映射规范。
- 校准：增强对延迟和不对称校准的支持。
- 额外的编辑和澄清：修正错误并澄清不清楚的文本，包括开发包容性名称作为标准中某些术语的替代。

当然，编写配置文件的 SDO 现在将开始在其配置文件的定义中采用 v2.1 中期望的新特性。另一方面，必须谨慎行事，以免造成向后兼容性问题。

正如 4.3.1 节所述，现在已经批准了几个 PAR 作为 IEEE 1588 的后续工作。有关这些项目的更多信息，请参阅第 4 章结尾的参考文献。

参考文献

3GPP. "Evolved Universal Terrestrial Radio Access (E-UTRA); Base Station (BS) radio transmission and reception." *3GPP*, 36.104, Release 16, 2021. https://www.3gpp.org/DynaReport/36104.htm

Annessi, R, J. Fabini, F. Iglesias, and T. Zseby. "Encryption is Futile: Delay Attacks on High-Precision Clock Synchronization." *arXiv*, 2018. https://arxiv.org/pdf/1811.08569.pdf

Audio Engineering Society (AES)

"PTP parameters for AES67 and SMPTE ST 2059-2 interoperability." *AES*, AES-R16-2016, 2016. http://www.aes.org/publications/standards/search.cfm?docID=105

"AES standard for audio applications of networks – High-performance streaming audio-over-IP interoperability." *AES*, AES67-2018, 2018. http://www.aes.org/publications/standards/search.cfm?docID=96

Cota, E., M. Lipinksi, T. Wlostowski, E. van der Bij, and J. Serrano. "White Rabbit Specification: Draft for Comments." *Open Hardware Repository*, 2011. https://ohwr.org/project/wr-std/wikis/Documents/White-Rabbit-Specification-(latest-version)

IEEE Standards Association

"Active projects of the P1588 Working Group." *IEEE P1588*, 2020. https://sagroups.ieee.org/1588/active-projects/

"IEC/IEEE International Standard – Communication networks and systems for power utility automation – Part 9-3: Precision time protocol profile for power utility automation." *IEC/IEEE Std 61850-9-3:2016*, 2016. https://standards.ieee.org/standard/61850-9-3-2016.html

"IEEE Standard for a Precision Synchronization Protocol for Networked Measurement and Control Systems." *IEEE Std 1588:2002*, 2002. https://standards.ieee.org/standard/1588-2002.html

"IEEE Standard for a Standard for Precision Synchronization Protocol for Networked Measurement and Control Systems." *IEEE Std 1588:2008*, 2008. https://standards.ieee.org/standard/1588-2008.html

"IEEE Standard for a Standard for Precision Synchronization Protocol for Networked Measurement and Control Systems." *IEEE Std 1588:2019*, 2019. https://standards.ieee.org/standard/1588-2019.html

"IEEE Standard for Local and Metropolitan Area Networks – Timing and Synchronization for Time-Sensitive Applications in Bridged Local Area Networks." *IEEE Std 802.1AS-2011*, 2011. https://standards.ieee.org/standard/802_1AS-2011.html

"IEEE Standard for Local and Metropolitan Area Networks – Timing and Synchronization for Time-Sensitive Applications." *IEEE Std 802.1AS-2020*, 2020. https://standards.ieee.org/standard/802_1AS-2020.html

"IEEE Standard for Local and Metropolitan Area Networks – Timing and Synchronization for Time-Sensitive Applications." *IEEE 802.1AS-Rev, Draft 8.3*, 2019.

"IEEE Standard for Local and Metropolitan Area Networks – Time-Sensitive Networking for Fronthaul." *IEEE Std 802.1CM-2018*, 2018. https://standards.ieee.org/standard/802_1CM-2018.html

"IEEE Standard Profile for Use of IEEE 1588 Precision Time Protocol in Power System Applications." *IEEE Std C37.238-2011*, 2011. https://standards.ieee.org/standard/C37_238-2011.html

"IEEE Standard Profile for Use of IEEE 1588 Precision Time Protocol in Power System Applications." *IEEE Std C37.238-2017*, 2017. https://standards.ieee.org/standard/C37_238-2017.html

"Standard for a Precision Clock Synchronization Protocol for Networked Measurement and Control Systems Amendment: Enhancements for Best Master Clock Algorithm (BMCA) Mechanisms." *IEEE Amendment P1588a*, 2020. https://standards.ieee.org/project/1588a.html

"Standard for a Precision Clock Synchronization Protocol for Networked Measurement and Control Systems Amendment: Addition of Precision Time Protocol (PTP) mapping for transport over Optical Transport Network (OTN)." *IEEE Amendment P1588b*, 2020. https://standards.ieee.org/project/1588b.html

"Standard for a Precision Clock Synchronization Protocol for Networked Measurement and Control Systems Amendment: Clarification of Terminology." *IEEE Amendment P1588c*, 2020. https://standards.ieee.org/project/1588c.html

"Standard for a Precision Clock Synchronization Protocol for Networked Measurement and Control Systems Amendment: Guidelines for selecting and operating a Key Management System." *IEEE Amendment P1588d*, 2020. https://standards.ieee.org/project/1588d.html

"Standard for a Precision Clock Synchronization Protocol for Networked Measurement and Control Systems Amendment: MIB and YANG Data Models." *IEEE Amendment P1588e*, 2020. https://standards.ieee.org/project/1588e.html

"Standard for a Precision Clock Synchronization Protocol for Networked Measurement and Control Systems Amendment: Enhancements for latency and/or asymmetry calibration." *IEEE Amendment P1588f*, 2020. https://standards.ieee.org/project/1588f.html

"Standard for a Precision Clock Synchronization Protocol for Networked Measurement and Control Systems Amendment: Master-slave optional alternative terminology." *IEEE Amendment P1588g*, 2020. https://standards.ieee.org/project/1588g.html

International Electrotechnical Commission (IEC). "Industrial communication networks – High availability automation networks – Part 3: Parallel Redundancy Protocol (PRP) and High-availability Seamless Redundancy (HSR)." *IEC Std 62439-3:2016*, Ed. 3, 2016. https://webstore.iec.ch/publication/24447

European Broadcasting Union (EBU). "Technology Pyramid for Media Nodes." *EBU*, Tech 3371 v2, 2020. https://tech.ebu.ch/publications/technology_pyramid_for_media_nodes

International Telecommunication Union Telecommunication Standardization Sector (ITU-T)

Arnold, D. "Changes to IEEE 1588 in the 2019 edition." *ITU-T SG 15 (Study Period 2017) Contribution 1966*, 2020. https://www.itu.int/md/T17-SG15-C-1966/en

"G.8275: Architecture and requirements for packet-based time and phase distribution." *ITU-T Recommendation*, 2020. http://handle.itu.int/11.1002/1000/14509

"Q13/15 – Network synchronization and time distribution performance." *ITU-T Study Groups*, Study Period 2017-2020. https://www.itu.int/en/ITU-T/studygroups/ 2017-2020/15/Pages/q13.aspx

Kirrmann, H. and W. Dickerson. "Precision Time Protocol Profile for power utility automation application and technical specifications." *PAC World Magazine*, 2016. http://www.solutil.ch/kirrmann/PrecisionTime/PACworld_2016-09_038_043_IEC_IEEE_61850-9-3.pdf

Internet Engineering Task Force (IETF)

Arnold, D. and H. Gerstung. "Enterprise Profile for the Precision Time Protocol with Mixed Multicast and Unicast Messages." *IETF*, draft-ietf-tictoc-ptp-enterprise-profile-18, 2020. https://tools.ietf.org/html/draft-ietf-tictoc-ptp-enterprise-profile-18

Mills, D. "Network Time Protocol (NTP)". *IETF*, RFC 958, 1985. https://tools.ietf.org/html/rfc958

Mills, D. "Network Time Protocol Version 3: Specification, Implementation and

Analysis." *IETF*, RFC 1305, 1992. https://tools.ietf.org/html/rfc1305

Mills, D. "Simple Network Time Protocol (SNTP) Version 4 for IPv4, IPv6 and OSI." *IETF*, RFC 4330, 2006. https://tools.ietf.org/html/rfc4330

Mills, D., J. Martin, J. Burbank, and W. Kasch. "Network Time Protocol Version 4: Protocol and Algorithms Specification." *IETF*, RFC 5905, 2010. https://tools.ietf.org/html/rfc5905

Mills, D. "Security Requirements of Time Protocols in Packet Switched Networks." *IETF*, RFC 7384, 2014. https://tools.ietf.org/html/rfc7384

Mills, D. "Computer Network Time Synchronization: the Network Time Protocol on Earth and in Space," Second Ed., CRC Press 2011

Mills, David L. et al, "Network Time Synchronization Research Project." https://www.eecis.udel.edu/~mills/ntp.html

Moreira, P., P. Alvarez, J. Serrano, I. Darwezeh, and T. Wlostowski. "Digital Dual Mixer Time Difference [DDMTD] for Sub-Nanosecond Time Synchronization in Ethernet." *2010 IEEE International Frequency Control Symposium*, 2010. https://ieeexplore.ieee.org/document/5556289

SMPTE. "SMPTE Profile for Use of IEEE-1588 Precision Time Protocol in Professional Broadcast Applications." *SMPTE ST 2059-2:2015*, 2015. https://ieeexplore.ieee.org/document/7291608

UCA International Users Group (UCAIug). Precision Time Protocol Profile IEC 61850 Interoperability Testing (IOP), "IEC 61850 2019 Interoperability Testing (IOP) – Final Test Report." *UCAIug*, 2019. http://www.ucaiug.org/IOP_Registration/IOP%20Reports/IEC%2061850%202019%20IOP%20Final%20Report%2020200122.pdf

| Chapter 8 | 第 8 章

ITU-T 定时建议

定时和移动方面最准确的参考资料来自众多标准制定组织（SDO）（参见第 4 章）。SDO 发布了大量的书面规范信息，规范了众多部署场景对定时的需求和用法。对于自学者来说，主要问题是这些标准和建议并不容易获得、阅读或理解。

本章仅介绍 ITU-T 组织提出的最重要和最相关的建议。在介绍的各种类型的规范中，读者可就自身需要选取最有价值的文献。本章主要为初学者提供指导，并不对每个建议进行权威解读。对于其他细节，读者可以参阅相关标准以获取更深入的理解。

本章旨在帮助读者了解各种标准。

8.1 ITU 概述

国际电信联盟（ITU）是一个总部设在瑞士日内瓦的多边组织，是联合国专门从事信息和通信技术的机构。其作用总结如下：成立于 1865 年，旨在促进通信网络的国际互联，职责是分发全球无线电频谱和卫星轨道，制定确保网络和技术无缝互联的技术标准，努力改善全球服务不足社区获得信息和通信技术（ICT）的机会。每次通过手机打电话、访问互联网或发送电子邮件，都将受益于 ITU 的工作。

ITU 由三个主要活动领域组成，分为以下几个部门：
- ITU 电信标准化部门（ITU-T）：主要负责制定支持电信和其他技术领域的标准，如音频和视频压缩。
- ITU 无线电通信部门（ITU-R）：主要负责协调无线和无线电标准，以及频谱和卫星轨道的分发。
- ITU 电信发展部门（ITU-D）：负责许多项目，重点是改善生活在服务不足地区和新兴市场的人们获得现代电信服务的机会。

就本书而言，最重要的部门是 ITU-T，该部门通过制定大量标准来支持电信行业发展。ITU-T 更愿意将标准称为建议。对于移动、广播和卫星行业，ITU-R 也发挥着非常重要的作用。

ITU-T 部门分为许多研究组（约 11 个），每个研究组都有 ITU-T 称之为问题的不同小组（每个研究组最多 20 个小组）。这些小组根据当前研究阶段的目标关注特定领域（在撰写本文时，2017—2020 研究阶段即将结束）。随着新的研究阶段的到来，研究重点可能会发生改变。

如第 4 章所述，ITU-T 中问题 13（Q13）主要研究定时问题。Q13 是第 15 研究组（SG15）的一部分，因此，这一群体被统称为 Q13/15，下面将更详细论述。

8.1.1 ITU-T 研究组 15 和问题 13

第 15 研究组（SG15）制定了一系列建议，为传输、接入、家庭网络和技术及基础设施定义了技术规范。SG15 中的 19 个问题涵盖了广泛的通信技术，如无源光网络（PON）、光纤、密集波分复用（DWDM）、粗波分复用（CWDM）和数字通信用户线路（DSL）。这些问题还涉及各种其他光学系统，如光传输网络（OTN）、分组传输网络（PTN）和城域传输网络（MTN）。

SG15 的问题 13（缩写为 Q13 或 Q13/15）负责网络同步和时间分发性能，以及由此产生的建议。作为其任务的一部分，Q13/15 还与其他几个 SDO 合作，例如：

- 电气和电子工程师协会（IEEE）1588，用于 PTP。
- IEEE 802.1 和 802.3，用于以太网。
- 贝尔实验室 / 电信技术公司（现在是爱立信的一个部门）和美国国家标准协会（ANSI），后者制定了同步光网络（SONET）的通用要求（GR）标准。
- 电信行业解决方案联盟（ATIS），经 ANSI 认证，也是 ITU 的行业成员和主要贡献者、3GPP 组织合作伙伴。
- 第三代合作伙伴项目（3GPP），是推动长期演进（LTE）和 5G 移动标准的主要组织。
- MEF 论坛（MEF），制定跨自动化网络的服务。
- O-RAN 联盟，负责无线接入网络（RAN）前传网络规范。
- 互联网工程任务组（IETF），负责互联网相关标准。

第 4 章有更多关于这些组织及其贡献的信息。在 ITU-T 中，Q13/15 负责以下与定时有关的主要建议：

- 定义、架构和功能模型：G.781、G.781.1、G.810、G.8260、G.8265、G.8273、G.8275。
- 网络性能：G.823、G.824、G.825、G.8261、G.8261.1、G.8271、G.8271.1、G.8271.2。
- 时钟：G.811、G.811.1、G.812、G.813、G.8262、G.8262.1、G.8263、G.8266、G.8272、G.8272.1、G.8273.1、G.8273.2、G.8273.3、G.8273.4。

- PTP 配置文件：G.8265.1、G.8275.1、G.8275.2。
- 其他文件和建议：G.703、G.8264、GSTR-GNSS，补充 68——同步操作、管理和维护（OAM）要求

本章将依次介绍这些建议和文件。Q13/15 还涵盖了其他几项与本主题无关的建议，本章不涵盖这些内容。

三位数的建议（G.7xx 和 G.8xx）主要与 TDM 和定时传输的物理方法有关，而四位数的建议倾向于基于分组的传输，包括同步以太网（SyncE）。这里两个定义有点重叠，因为 SyncE 使用基于分组的传输，但仍然是频率传输的物理方法。

Q13/15 最近的大部分开发工作都是基于分组的建议，尽管也参与了其他工作，例如 G.811.1 中增强型 PRC（ePRC）定义。表 8-1 仅显示了基于分组建议的分类，以及每个建议在整个解决方案架构中的作用。有关非分组（物理）建议的更多信息，请参阅 8.1.4 节。

表 8-1 ITU-T Q13/15 基于分组建议的分类

角色	频率	相位 / 时间 部分支持	相位 / 时间 完全支持
定义和术语		G.810 G.8260	
基本 / 网络要求	G.8261 G.8261.1	G.8271 G.8271.1	G.8271.2
时钟模型和性能限制	G.811（PRC） G.811.1（ePRC） G.8263（分组从时钟） G.8266（分组主时钟） G.8262（SyncE EEC） G.8262.1（SyncE eEEC）	G.8272（PRTC） G.8272.1（ePRTC） G.8273.1（T-GM）（尚未发布） G.8273.3（T-TC） G.8273.2（T-BC、T-BC-P、T-TSC，等）	G.8273.4（APTS）
方法和框架	G.8264（ESMC） G.8265（architecture）	G.8273（框架） G.8275（架构）	
电信配置	G.8265.1	G.8275.1	G.8275.2
同步层功能	G.781	G.781.1（尚未发布）	
其他文献和建议	G.703（接口定义） GSTR-GNSS（关于使用全球导航卫星系统（GNSS）作为电信主要时间基准的考虑） 补充 68——同步 OAM 要求		

注意，对于 PRC 和 PRTC 时钟，有几种建议并不严格适用于分组网络，但它们是基于分组的定时分发网络的必要组件，因此也包括在内。对于基于分组的传输，编号 G.826x 范围（左两列）的建议与频率分发有关，而 G.827x 范围内（右两列）的建议涉及相位和时间分发。

8.1.2 建议的产生

ITU-T 有许多行业成员，包括各种私营和公有公司、组织、教育机构、服务提供商、

监管机构和政府。大约每 9 个月，全体第 15 研究组都在日内瓦国际电联大楼举行为期两周的综合会议，称为全体会议。ITU-T 的成员组织派代表出席全体会议，SG15 的参会人员多达数百人。

两周日程有很多会议，大多数是在与特定问题有关的代表之间举行，但当有合作需要时，代表们也会组织更大规模的汇聚和多个问题之间的联合会议。Q13/15 通常迎来约 35～45 名代表出席全体会议。会议由一名报告员主持，并由一名助理报告员协助。

全体会议的代表向会议提交意见，其中包含想法和建议，并对建议的新内容或内容变更提出建议。从提交的提议数量来看，Q13/15 是最活跃的问题之一，每次会议超过 100 篇提议并不罕见。在（很长的）会议期间，每一份发言都依次处理，提议的代表会向会议介绍发言内容。届时，经过公开讨论之后，会议室的代表们达成共识，接受或拒绝该提案，或者建议进一步研究和考虑。

有时，在达成共识之前，代表们需要共同努力完善一些提案。这一共识将被记录在工作文件中，而激烈的讨论仍会继续发生在午餐桌上、咖啡休息时间和晚餐期间。

提案和工作文件的文本随后由该建议的编辑编入最新草案（每项建议都有一名代表担任编辑）。一旦考虑了所有意见，起草过程就开始了。对于每一项建议，编辑都将审查对文本所做的修改，会议室的代表们将以协商一致的方式批准适当的语言。考虑到意见和建议的数量，就不会惊讶这个过程需要花费如此长的时间。

在起草过程结束时，可能会提出几项建议供正式批准，这意味着这些建议（目前）已经完成，文件处于适合发布的状态。该文件可以是修订版、更正版、完整修订版或全新出版物。在得到更广泛的研究组同意后，ITU-T 官方机构将进行正式的批准程序，然后进行进一步的专业编辑和发布。在全体会议同意后，这一过程可能需要几个月时间。在上一次全体会议（2020 年 9 月）上，Q13/15 批准了 8 个新版本的建议，而在之前的一次全体会议（2020 年 2 月）上有 14 个新文件，其中 12 个是建议。在撰写本书期间，2021 年 4 月中旬，正在进行一个虚拟全体会议，提议批准了 6 份文件，其中包括对现有建议的修订和修正。

以上就是产生建议的过程。唯一的附加细节是，一些问题涉及太多材料，以至于需要在两次全体会议之间安排了临时会议加以讨论。临时会议只需由一个问题的代表参加，会议不限地点。对于 Q13/15，临时会议发生在全体会议之前或之后的 3～5 个月，会期一周，参会代表通常 30～40 名。临时会议上不能批准任何建议，但投稿和起草工作可照常进行。

8.1.3 建议的说明

请注意，Q13/15 会不断审查和更新这些建议，因此任何给定文件的各种版本都可随时下载。即使只有一个版本（通常是最新版本）被认为有效，但这并不意味着在网络中运行的设备使用了有效版本。

一般来说，这些标准在日常产品中的实施往往滞后很长一段时间，最长可达几年。这是因为制造振荡器、锁相环（PLL）、伺服电机、堆栈、时钟、物理层（PHY）设备、全球导航卫星系统（GNSS）芯片组等组件的供应商需要时间来更新设计，然后测试、认证和制造更新版本的产品。

然后，设备供应商需要将这些新设备整合到其后续版本的产品中，这中间可能需要对当前的硬件进行彻底的重新设计或调整。硬件完成后，接下来需要软件工程设计、验证测试、性能调整，最后交付运营。正因如此，新功能和措施的实际采用存在一些明显滞后。

在过去几年中，ITU-T 发布建议的方式也发生了变化。从历史上看，每项建议都必须结合若干修正案、更正（勘误表）、文字勘误和修订来阅读。由于几乎没有一份文件包含一个建议的完整文本，普通读者很难阅读。

然而，最近，ITU-T 已经转向了一种系统。根据该系统，ITU-T 重新发布了完整的最新建议，其中的更改栏指示了对文本的更改。这样，对建议的修改现在包含完整的文本（而以前只包含对原文的修改），从而方便读者阅读。

此外，许多建议包含附件和附录。它们之间的区别在于，附件是规范性的（意味着它是规范的一部分），附录是信息性的（仅用于信息和提供知识的目的）。为了表明附件中材料的重要性，附件中有一个副标题，称"本附件是本建议的组成部分"。

为了声称符合建议，实施者必须处理附件，但不一定是附录。尽管如此，对于一些建议来说，附件可能是可选组件。另一方面，附录仅仅是建议的说明或补充信息。

这些建议的描述是 2020 年 9 月 ITU-T（虚拟）全体会议发布的版本。正如在建议产生过程中所述的那样，许可发生在此次全体会议上，但正式的批准和发布过程还需要几个月的时间。

8.1.4 物理和 TDM 与分组建议

如表 8-1 所示，将每个建议分为以下几个主要类别：
- 物理和 TDM 定时。
- 分组网络中的频率（syncE）。
- 基于分组的定时分发（频率、相位和时间）。

ITU 已经在 SDH、SONET 和 SyncE 等领域制定了许多与定时相关的建议。本书将建议分为物理的（非分组）和基于分组的定时，但是也有重叠。显然，没有理想的分类方法，这种方法力图尽可能使分类清晰。需要注意，类别之间的界限可能会有些模糊。例如，在一些建议（如 G.8261）中，存在分组和物理频率同步方法的混合。此外，基于分组的相位和时间同步的实现可以与分组网络上的物理频率分发（例如 SyncE）结合来实现。

表 8-2 说明了用于本章建议分组和分类的方法。

表 8-2 本章建议分组和分类的方法

方法	频率	相位和时间
物理方法	物理和 TDM 用例： ● 传统 TDM 和电路仿真 ● 仅 2G/3G/4G 频率	传统同步（此处未涉及）
分组方法	分组网络中的频率： ● SyncE 和 ESMC ● 仅 2G/3G/4G 频率 ● 分组方法的频率	基于分组的时间/相位： ● PTP 相位/时间 ● 时间/相位 4G/5G 移动
PTP 电信配置文件	PTP G.8265.1 电信配置文件	G.8275.1 和 G.8275.2 配置文件

8.1.5 建议的类型

不同类型的建议有不同的目的，因此了解你需要哪种类型的建议以及目的很重要。这些建议是分层的，顶层建议定义要解决的端到端问题，以及解决问题时使用的假设和要求；后续建议针对同步解决方案的不同层级和方面。图 8-1 说明了这些建议如何相互支持。

架构文档设置了假设并定义了问题。网络限制文档定义了端到端性能预算。设备限制文件定义了链中每个组件的性能。同样，作为一般分类方法，也有一些重叠，边界有时模糊不清。

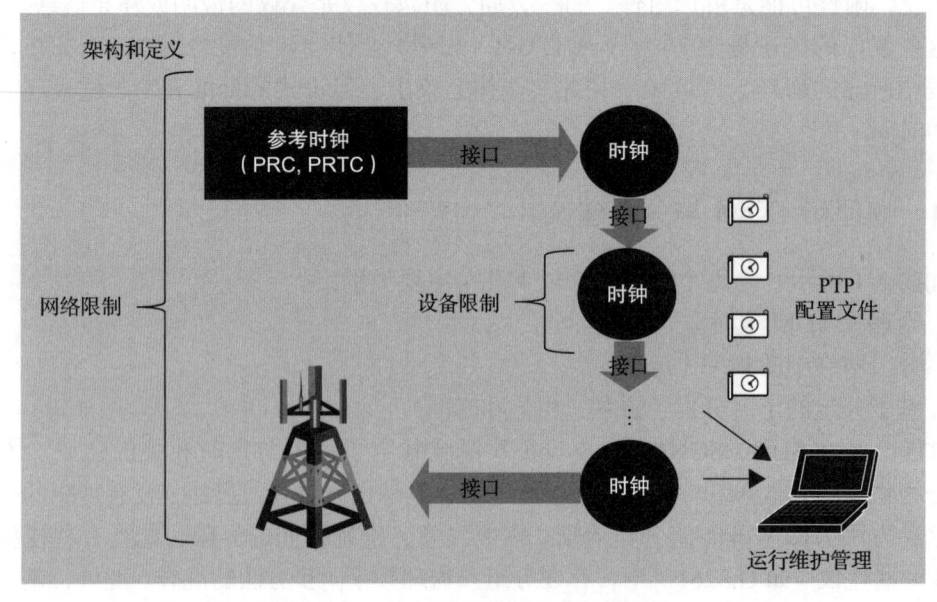

图 8-1 ITU-T 同步和定时建议的类别

下面详细列举每种同步方法中的建议类型：
- 功能架构可以包含定义、术语和缩写，以及定时场景的架构、框架和要求。
- 同步层函数包含场景的原子函数或功能块。这些建议还可能包括控制平面功能的基本逻辑流程和状态图。许多工程师认为它们描述了解决方案的控制平面。
- 网络限制和解决方案要求概述了整个定时分发网络中需要满足的端到端性能和要求。这些文件定义了定时链末端定时信号的预期质量，并用复杂的数学模拟进行了广泛建模。
- 设备时钟规范和限制定义了端到端定时分发的每个组件需要满足的性能和功能要求，以便不会违反网络限制。其中包含许多定义参考时钟（如PRTC）规范和性能的建议。
- 电信配置文件定义协议、消息流、字段和值，以及将在先前定义的时钟上运行的时钟选择机制。这些配置文件定义了用于传输频率、相位和时间的确切机制和消息。
- 其他文件和建议可能较难归类，例如定义定时接口（如10MHz信号）电气规范的文件和建议，或者用来实现网络传输质量级别可追溯性的方法（如ESMC），也可能包括与场景或运营方面（如OAM）相关的文件。

表8-3将Q13/15建议纳入这些类别，并通过时间传输的方法进行分组。我们要明白，没有必要尝试和理解所有这些建议，甚至是一个重要的子集。所以，虽然有时候感觉有点不知所措，但不要失去信心。

表 8-3 TDM 与基于分组的同步方法

要求	TDM 和物理网络	分组网络
功能架构	G.810	G.8260，G.8265，G.8273，G.8275
同步层功能	G.781，G.707（SSM）	G.8264（ESMC），G.781.1
网络限制和解决方案要求	G.823，G.824，G.825	G.8261，G.8261.1，G.8271，G.8271.1（FTS），G.8271.2（PTS）
参考时钟规格	G.811（PRC），G.811.1（ePRC）	G.8272（PRTC），G.8272.1（ePRTC）
设备时钟频率规范	G.812，G.813，G.8262（OEC），G.8262.1（eOEC）	G.8262（EEC），G.8262.1（eEEC），G.8263，G.8266（PEC-M）
设备时钟相位/时间规范	—	G.8273.1（T-GM），G.8273.2（T-BC/T-TSC），G.8273.3（T-TC），G.8273.4（APTS）
电信频率配置文件	—	G.8265.1
电信相位/时间配置文件	—	G.8275.1，G.8275.2
接口特征	G.703	—

然而，如果只关心使用PTP作为定时传输，那么还有另一种方法可以将其提炼为更合理的建议子集。这种提炼对于许多读者来说是有意义的，因为它与一个只需要一小部分建议就可以实现的用例一致。表8-4简要概述了常见用例以及当部署基于PTP的频率

或相位/时间解决方案时应该从哪里开始。

例如，对于为移动网络实施定时的工程师来说，起点可能是选择的配置文件 G.8275.1，接下来是 G.8273.2 中关于电信边界时钟（T-BC）和电信时间从时钟（T-TSC）的建议。然后，与该配置文件相关的网络架构（用于完全路径上的定时支持）将是 G.8271.1 对完全定时支持的建议。

表 8-4 PTP 部署的常规分组建议

网络架构	架构	网络限制	时钟	配置
分组频率	G.8265	G.8261.1	G.8263	G.8265.1
完全定时支持	G.8275	G.8271.1	G.8273.2	G.8275.1
部分定时支持	G.8275	G.8271.2	G.8273.4	G.8275.2
辅助部分定时支持	G.8275	G.8271.2	G.8273.4	G.8275.2

这几条建议中包含的内容便涵盖了工程师需要的大部分知识。可能会出现围绕 SyncE 或增强 SyncE 的问题，进而需要查阅 G.8262、G.8262.1 和 G.8264。需要指出的是，这通常可能发生在最初部署、验收测试、修复互操作性问题或出现差错时（希望很少），日常操作中一般无须查阅这些文档。

8.2 ITU-T 物理和 TDM 定时建议

要解决的第一个建议与使用物理和 TDM 方法进行频率传输有关。这些建议中有许多针对频率同步的历史方法，尽管这些技术曾经（并且仍然）广泛用于较旧的 2G/3G 移动网络无线电基站。但它们也与更先进的技术相关，例如 SyncE，因为其设计目标与现有的来自 SDH 和 SONET 的传统方法相似。

第一部分将对不同类型的建议进行分类，以及它们如何适应整体情况。后续部分将依次讨论每个类别，并概述适用于该类别的建议。

8.2.1 物理同步标准的种类

使用物理和 TDM 方法的频率定时建议可大致分为以下几类：
- 定义、架构和要求：G.781、G.810。
- 端到端解决方案和网络性能：G.823、G.824、G.825。
- 节点和时钟性能：G.811、G.811.1、G.812、G.813。
- 其他建议：G.703。

许多读者可能会对本节中有关通过物理方式进行频率传输的内容不是很感兴趣。但其他读者，例如对电路仿真（分组网络上的 TDM 电路）感兴趣的读者，将会认识到本节内容的重要性。本节也同样适用于对移动同步感兴趣的读者，因为即使是基于分组的频率传输方法（以及 SyncE）也需要这些物理建议提供支持。

本书涵盖这些建议定义了（各种质量级别的）独立节点时钟的性能和频率分发链中端到端性能的频率限制。在使用实验室设备测试独立网元或网络性能时，工程师需要知道在测试结果中应用什么性能模板掩码来确定测试是否通过，而这些模板掩码由这些建议定义。

8.2.2 定义、架构和要求

这些高层建议是后续所有物理频率建议的基础，包含了使用物理方法分发频率同步的定义和术语以及其架构和要求。此处内容并不介绍所有相关协议，只包含了那些直接适用于物理频率定时的部分。

G.781：同步层功能

ITU-T G.781 定义了原子功能集，这些功能集是它在同步、网络和传输这三层定义的一部分。这些功能描述了 SDH、以太网和 OTN 网元的同步，以及这些网元如何参与网络同步。从建议的范围来看，本建议规定了一个基本同步分发构建块库，称为"原子函数"，以及一组规则，通过这些规则将原子功能组合起来，来描述数字传输设备的同步功能。

尽管 G.781 是一个相当大的文档，对于新读者来说有些复杂，但它确实包含了大量有关基本概念的实用信息。该建议将可用的 TDM 网络技术分为以下选项：

- 选项 I：基于 2048kbit/s 层级结构（例如 E1）。它包括 2048kHz 和 2048kbit/s 的专用定时电路（无业务负载）。
- 选项 II：基于 1544kbit/s 层级结构，包括 1544kbit/s、6312kbit/s 和 44 736kbit/s（例如 T1）。它包括 64kHz 和 1544kbit/s 的专用定时电路（无业务负载）。
- 选项 III：基于 1544kbit/s 层级结构，包括 1544kbit/s、6312kbit/s、33 064kbit/s、44 736kbit/s 和 97 728kbit/s。它包括 64kHz 和 6312kHz 的专用定时电路（无业务负载）。

G.781 包括以下主要主题，附件和附录：

- 同步基础，包括同步接口概述、质量级别（QL）定义、同步状态消息（SSM），以及各种质量级别的类型、长度、值（即 TLV）。还包括保持和等待恢复定时器、源优先级、自动源选择和定时环路阻断的概念。
- 各种同步层的原子函数。
- 附件 A，"同步选择过程"。这是一个非常重要的附件，它详细说明了时钟在多种条件下选择最佳频率源的流程。
- 附录IV，"支持第二代 SSM 和第一代 SSM 的选项 II 设备的交互工作"。
- 附录VI，"首字母缩写词'SEC'的使用说明"。本附录阐明了如何使用术语 SEC

来表示同步设备时钟、SDH 设备时钟，以及与质量级别 QL-SEC 之间的关系。这一点贯穿本章。
- 附录Ⅶ，"混合 SSM 和 eSSM 的用例"。

G.781 为频率同步方法定义了一个非常重要的功能，定义了选择最佳可用频率源的过程（在第 5 条中结合附件 A）。要了解这个过程是如何工作的，请参阅 6.8 节。

G.781 中的另一个要点也涉及缩略语 SEC 的新含义，这在附录Ⅵ和第 3.6 条中有解释。最初，术语"SEC"是用来指 SDH 设备时钟，但现在这个术语已经改变（从 2018 年左右开始），用来表示同步设备时钟。在本章后面关于 G.8261 的部分中也有关于这一点的说明。

这个新的 SEC 是一个通用术语，用于代表以下所有内容：SDH 设备时钟（G.813）、以太网设备时钟（G.8262 中的 EEC）和 OTN 设备时钟（G.8262 中的 OEC）。但是，一些旧的基于 TDM 的建议（如 G.813）仍然使用 SEC 来指代特定的 SDH 设备时钟。

G.810：同步网络的定义和术语

ITU-T G.810 是一个相当老的建议，20 多年来几乎没有更新了。它给出了 ITU-T 定时和同步建议中使用的定义和缩写。从建议的范围来看：

本建议提供了定时和同步建议中使用的定义和缩写。它还提供了关于需要限制数字系统上的相位变化和损失的背景信息。

本建议包括以下主要主题和附录：
- 与时钟设备、同步网络、时钟运行模式、时钟特性和一些针对 SDH 的术语有关的定义。
- 相位变化和损失，及其标准。
- 时钟测量。
- 附录Ⅱ，"频率和时间稳定量的定义和性质"，涵盖了 Allan 偏差（ADEV）、修正 ADEV（MDEV）、时间偏差（TDEV）、时间间隔误差（TIE）和最大时间间隔误差（MTIE）。

本建议是了解同步和定时中常用术语和概念的良好背景读物，从不同角度解释了它们，且不难阅读（至少大部分），可作为学习过程中的辅助工具。

8.2.3 端到端网络性能

这些建议属于一个集合，定义了一组时钟以及使用物理方法携带频率的网元的端到端网络性能。这些建议可以追溯到很久以前，在过去 20 年里几乎没有更新过。

G.823：基于 2048kbit/s 层级结构的数字网络中的抖动和漂移控制

ITU-T G.823 涵盖了基于 2048kbit/s 层级体系的业务和同步网络的抖动和漂移的网络限制。这些接口的电气特性在 G.703 中定义。以下是相关的介绍和建议：过多的抖动和漂移会对数字信号和模拟信号产生不利影响，如对数字信号产生比特错误、滑动和其他异常，对模拟信号产生不需要的相位调制。因此，有必要在网络接口处对最大抖动和漂移幅度以及相应的最小抖动和漂移容限进行限制，以确保信号的传输质量和设备设计的合理性。

本建议包括以下主要主题、附件和附录：
- 业务接口的网络限制（输出抖动、输出漂移）。
- 不同质量时钟的同步接口（输出抖动、输出漂移）的网络限制，例如主参考时钟（PRC）、同步供应单元（SSU）、SDH 设备时钟（SEC）和准同步数字体系（PDH）。
- 业务和同步接口的抖动和漂移（输入）容限。
- 附件 A，"同步网络限制下的网络模型"。
- 附件 B，"网络漂移参考模型和参数"。
- 附录 I 和 II：漂移覆盖的注意事项和测量方法。

G.823 已有 20 多年历史，要想阅读完整建议，只需要阅读 2000 年的最新建议即可。该建议用于基于 2048kbit/s 系统的电路，只适用于除美国、加拿大、日本以外使用欧洲类型电路的大部分地区。

G.824：基于 1544kbit/s 层级结构的数字网络中的抖动和漂移控制

ITU-T G.824 覆盖了基于 1544kbit/s 层级结构的同步网络和业务的抖动以及漂移的网络限制。这些接口的电气特性在 G.703 中定义。这基本上是 G.823 的 T1 版本。从建议的范围来看：过多的抖动和漂移会对数字信号和模拟信号产生不利影响，如使数字信号产生比特错误、不受控的漂移，使模拟信号产生不需要的相位调制。因此，有必要对网络接口处出现的抖动和漂移设置限制，以保证传输信号的质量。

该建议包括下列主要主题和附件：
- 业务接口（输出抖动、输出漂移）的网络限制。
- PRC 时钟和 1544 参考接口的同步接口（输出抖动，输出漂移）的网络限制。
- 业务（输入）和时钟（输入）接口的抖动和漂移容限。
- 附件 A，"漂移参考模型和漂移预算"。

尽管 G.824 已有 20 多年历史，但在 2015 年发布了修订版。完整阅读该建议需要两个文档。该建议适用于基于 1544kbit/s 系统的电路，因此只适用于使用北美型电路（包括美国、加拿大、日本）的用户。

G.825：基于同步数字体系（SDH）的数字网络中的抖动和漂移控制

ITU-T G.825 涵盖了基于 SDH 体系的同步网络和业务的抖动以及漂移的网络限制。SDH 的网络架构在 G.803 中定义，其中包括光学、电气和其他内容跨越了其他多个建议。从建议的范围来看：本 ITU-T 建议是定义能够令人满意地控制 SDH 网络接口（NNI）中存在的抖动和漂移的参数和相关值。

如前所述，G.823 中规定了基于第一级 2048kbit/s 比特率的 PDH 和同步网络的抖动和漂移要求，而 G.824 覆盖了基于第一级 1544kbit/s 比特率的网络。

本建议包括以下主要主题和附录：
- 同步传输模块（STM-N）接口的网络限制（输出抖动、输出漂移）。
- STM-N 输入接口的抖动和漂移容限。
- 抖动和漂移的产生和传输。
- 附录Ⅰ，"网络接口抖动要求和输入抖动容限之间的关系"。
- 附录Ⅱ，"同步接口输出漂移的测量方法"。

G.825 也已有 20 多年的历史，但在 2001 年发布了一份勘误表，并在 2008 年发布了修订版，增加了关于 STM-256（40Gbit/s）接口的信息。

8.2.4 节点和时钟性能

这些建议涵盖了物理定时分发网络中时钟体系的定时要求。该网络利用层级结构中每一层的主从关系构建一个时钟体系。每个时钟通过同步分发网络同步到更高级别，最高级别是 PRC。

层级结构及其相关的建议如下：
- G.811 中的 PRC。
- G.812 中的从时钟（中转节点）。
- G.812 中的从时钟（本地节点）。
- G.813 中的 SDH 网元时钟。

一个同步网络参考链中的 SDH 网元时钟的总数被限制为 60，这进一步限制了该拓扑结构。注意，并非是网元数目限制为 60，而是单个链的限制是 60。关于同步链其他方面的更多信息，请参阅 G.803 中的第 8 节。针对这些不同时钟类型的建议将在以下各节中逐一讨论。

因涵盖内容的限制，传统的频率定时并不是本书的重点。还有许多其他可用资源更详细地介绍了 PDH、SDH 和 SONET 定时。因此，下面将介绍不同的 TDM 时钟类型，然后再讨论分组定时。

G.811：主参考时钟的定时特性

ITU-T G.811 将 PRC 时钟的（定时）特性定义为同步网络的频率源。从建议的范围来看：本建议概述了适用于数字网络同步的主参考时钟（PRC）的要求。这些要求适用于数字设备规定的正常环境条件。

本建议包括以下主要主题：
- 频率精度要求（一周 $1/10^{11}$）。
- 噪声产生（输出接口的漂移和抖动）。
- 输出接口定义。

虽说最初的建议要追溯到20世纪70年代，但G.811的最新版本"只有"25年历史，且在2016年发布了修订版。该修正版涵盖了增强型主参考时间时钟（ePRTC）和10MHz接口的一些变化。值得庆幸的是，该修正版以全文形式发布，所以只需要一个文档就可以阅读完整的建议。

G.811.1：增强型主参考时钟的定时特性

ITU-T G.811.1将增强型PRC时钟的（定时）特性定义为同步网络的频率源。ePRC的频率精度是PRC的10倍。从建议的范围来看：本建议概述了适用于频率同步的增强型主参考时钟（ePRC）的要求。这些要求适用于设备所规定的正常环境条件。

本建议包括以下主要主题：

- 频率精度要求（一周 $1/10^{12}$）。
- 噪声产生（输出漂移和抖动）。
- 输出接口定义。

G.811.1是最新的建议，涵盖了最新的ePRC时钟。与G.811一样，它是一个相对简短和直接的文档。

G.812：适用于同步网络中节点时钟的从时钟定时要求

ITU-T G.812概述了在同步网络中用作节点定时设备的最低要求，涵盖了频率偏差，引入、保持和退出范围，噪声的产生、容忍和传输，以及瞬态响应和保持性能。从建议的范围来看：节点时钟的功能是，选择一个到达同步通信站的外部同步链作为主动同步参考，以衰减其抖动和漂移，随后将其分发给站点中的电信设备。

这些节点时钟基本上都是比网元时钟更好的定时设备，可以在频率分发网络中使用以提供更好的性能（尤其是在与PRC连接失败的保持期间）。所以，它们比网元好，但不如PRC时钟。

G.812定义了六种不同的时钟类型：

- 类型Ⅰ：用于优化2048kbit/s层级结构的网络。
- 类型Ⅱ：用于优化1544kbit/s层级结构的网络，具有更严格的保持要求。
- 类型Ⅲ：用于优化1544kbit/s层级结构的网络，延时要求不那么严格——用于端局。
- 类型Ⅳ：用于优化1544kbit/s层级结构的网络。
- 类型Ⅴ：该建议1988版的中转节点时钟（历史）。
- 类型Ⅵ：该建议1988版的本地节点时钟（历史）。

本建议包括以下主要主题、附件和附录：

- 频率精度。
- 引入、保持和退出范围。
- 噪声产生（锁定漂移、非锁定漂移、抖动）。
- 噪声容限（漂移和抖动）。

- 噪声传输。
- 短期和长期保持的相位瞬态响应。
- 接口定义。
- 附件 A，"Ⅳ、Ⅴ 和 Ⅵ 型时钟规范"。
- 附录 Ⅱ，"噪声传递的测量方法"。

G.813：SDH 设备从时钟（SEC）的定时特性

ITU-T G.813 概述了 SDH 设备时钟的最低要求。从建议的范围来看：本建议包含 SEC 的两个选项。第一个选项，即"选项 1"，适用于优化 2048kbit/s 层级结构的 SDH 网络。这些网络允许 G.803 中最坏情况的同步参考链。第二个选项，即"选项 2"，适用于优化特定 1544kbit/s 层级结构的 SDH 网络，包括 1544kbit/s、6312kbit/s 和 44 736kbit/s 的速率。

本建议包括以下主要主题和附录：

- 选项 1 和选项 2 SEC 节点的频率精度。
- 两个选项的引入、保持和退出范围。
- 噪声产生、噪声容忍度、噪声传输。
- 瞬态响应和保持性能。
- 附录 Ⅰ，"关于网络限制和输入噪声容限之间关系的指南"。
- 附录 Ⅱ，"关于带宽要求、噪声累积和有效载荷漂移累积的注意事项"。

如果对该主题感兴趣，附录是很好的阅读材料。

本书介绍此建议的主要原因是，它定义了选项 Ⅰ 和选项 Ⅱ SEC 节点（以太网、TDM 和光纤）的频率限制，有助于测试时钟的定时性能。

8.2.5 其他文件

在物理频率部分中，有一个文档 G.703 与其他文档不太匹配，但又非常重要。G.703 建议规定了接口的物理和电气特性。这是一个重要的建议，有助于实现供应商和施工方之间的互操作。当然，G.703 中定义的许多接口并不是针对定时的，但有几个定义的接口与承载物理定时信号高度相关。

G.703：分级数字接口的物理/电气特性

ITU-T G.703 定义了适用于 PDH 和 SDH 的所有接口的物理和电气特性。从建议的范围来看：建议 ITU-T G.703 规定了如 ITU-T G.702（PDH）和 ITU-T G.707（SDH）中所述的分级比特率接口的物理和电气特性。接口根据一般特性、输出端口和输入端口或交叉连接点的规范、外导体或屏蔽层的接地和编码规则进行定义。

本建议包括以下主要主题：

- 从 64kbit/s 到 139 264kbit/s 的许多接口。

- 定时接口，包括 2048kHz、每秒 1 个脉冲（1PPS）、10MHz 和当日时间（ToD）。
- 3 阶高密度双极（HDB3）等改进的交替标记反转码的定义。

本章包含 G.703 的主要原因是，它定义了三个接口的电气特性，这些接口专门用于传输定时信号，例如，在 GNSS 接收机和分组主设备之间。以下 G.703 条款定义了这三个接口：

- 第 15 条，"2048kHz 同步接口（T12）"：定义了 2048kHz 同步信号（用于频率）。
- 第 19 条，"ITU-T G.8271/Y.1366 中定义的时间同步接口"：定义了基于 V.11（使用 RJ-45）的时间/相位分布接口，用于承载 1PPS 和 ToD 信号。
- 第 20 条，"10MHz 同步接口"：定义了 10MHz 接口（用于频率）。

该建议非常古老，但 2016 年的最新版本是全文发布的，所以只需该版本的文档就可以得到完整的建议。

8.3 分组网络频率的 ITU-T 建议

ITU-T 对分组网络的频率定时建议分为两组，由于之间有一些重叠，因此难以精确分类。其中一组建议用于分组传输网络（如 SyncE）的物理定时，另外一组建议用于使用分组本身传输频率（如 PTP 和其他用于电路仿真的技术）。其中有一些建议更普遍地适用于这两种情况，如 G.8261。

本节涵盖的建议包括：

- 基于分组的频率和电路仿真网络限制：G.8261, G.8261.1。
- 同步以太网时钟：G.8262、G.8262.1。
- 分组网络携带定时质量（ESMC）：G.8264。

8.3.1 基于分组的频率和电路仿真

本节仍然关注频率传输，但针对的是使用基于分组的技术而不是物理方法来承载频率信号的情况。

本节最常见的网络实现用例是用电路仿真（CEM）替代端到端 TDM 电路。在物理方法（例如，SyncE）不可用或成本太高的情况下，许多移动网络也使用这些方法为 2G/3G 网络提供频率同步。

G.8261：分组网络中的定时和同步

ITU-T G.8261 定义了分组网络中频率同步的许多特性。它规定了网络抖动和漂移的最大限值，还规定了网络节点在 TDM 和同步接口处对抖动和漂移的最小容限。从建议的范围来看：本建议定义了分组网络中频率同步方面的内容。它规定了抖动和漂移不能超过的最大网络限制。它规定了在 TDM 和同步接口这些分组网络边界处应提供的抖动和漂移的最小设备容限。它还概述了网元同步功能的最低要求。

这意味着它定义了几种场景中抖动和漂移的具体限制（使用 MTIE 和 TDEV 掩码）。因此，在测试频率性能时，无论是网络范围还是独立节点的性能，G.8261 都包含了需要满足的参考性能指标。

阅读本建议时会遇到以下常见术语：

- 基于分组的设备时钟（PEC）：支持基于分组的时间分发方法的时钟。
- 同步设备时钟（SEC）：支持同步时间分发方法的时钟，例如：
  - SDH 设备从时钟（SEC）：使用 SDH 时分复用电路传输时间的时钟。
  - OTN 设备时钟（OEC）：在 OTN 上使用同步方法（如 SyncO）的时钟。
  - 以太网设备时钟（EEC）：使用同步方法（如 SyncE）的时钟。

正如前面"G.781"中所述，在最初的建议（如 G.813）中，"SDH"仅用于指代 SDH 设备时钟。但从 2018 年左右开始，Q13/15 逐渐过渡到使用更通用的"SEC"术语来描述所有支持频率分发同步方法的时钟。（详见 G.781 附录 Ⅵ。）因此，现在许多建议都采用了这种命名法，以避免使用不同形式传输技术的时钟使有不同的名称。这就是在 G.8261（以及其他地方）中"SEC"有几种不同用法的原因。

G.8261 建议涵盖了两个主要用例：

- 当携带参考定时信号进行频率同步时，本建议将其称为分组网络定时（PNT）域。
- 当使用电路仿真，并且电路有自己的业务时钟时，该业务时钟使用诸如自适应时钟恢复（ACR）等分组技术进行传输。本建议将其称为电路仿真服务（CES）域。

第二个用例的一些信息有待进一步研究。本建议包括以下主要主题、附件和附录：

- 分组网络同步和 TDM 定时要求（SDH 和 PDH）。包括 PNT 域和 CES 域等分组网络中同步网络工程方面的内容。
- 分组网络（PNT 域）上的参考定时信号分发。
- 通过分组网络（CES 域）传输的恒定比特率业务的定时恢复，包括同步、差分和自适应技术。
- 使用多个部署案例的 CES 和 PNT 的网络限制。
- 频率传输损失的影响。
- 附件 A，"同步以太网的建议网络架构"。
- 附件 B，"IWF 功能的 CES 和 PNT IWF 划分和网络示例"（描述 PNT 和 CES 域之间的互通，包括自适应和差分时钟）。
- 附录 Ⅳ，"应用和用例"（提供各种移动技术频率同步的应用和用例示例）。
- 附录 Ⅵ，"基于分组方法的测量指南"（给出测试用例和场景，以确认所需的性能指标）。
- 附录 Ⅺ，"本建议包含的要求与其他关键同步相关建议之间的关系"（这是一个非常好的参考附录）。

- 附录Ⅻ，"分组网络定时的基本原则"。

附录Ⅵ包含一组 17 个测试用例，它们有不同的拓扑结构、业务条件和故障场景，包括背景业务模型。许多运营商使用这些测试用例来确认实验室中分组时钟的性能。附录Ⅵ对了解 G.8261 非常重要，特别是当开始探索频率同步测试时。

G.8261.1：适用于基于分组方法（频率同步）的分组延迟变化网络限制

ITU-T G.8261.1 涵盖了通过分组进行频率同步时适用的分组延迟变化（PDV）网络限制。它还规定了几个与大多数移动回传网络最坏情况模型相对应的假设参考模型（HRM）。从建议的范围来看：本建议涉及两个主要应用，通过基于分组的方法（如，使用 PTP 或 NTP 分组并使用自适应方法）分发同步网络时钟信号，以及根据自适应时钟恢复方法在分组网络上分发业务时钟信号……

本建议还包括两个主要用例：

- 当携带用于频率同步的参考定时信号时，必须对网络中生成的 PDV 进行限制，以便在试图从从时钟的分组流中恢复频率时，能够满足可接受的性能要求。
- 当使用电路仿真时，电路有自己的业务时钟，该时钟使用 ACR 进行传输。这种情况下的大部分信息有待进一步研究。

本建议包括以下主题：

- 几个网络高级冗余管理器（High-Level Redundancy Manager，HRM）。
- 分组网络中网络限制的参考点，即适用网络限制的点。例如 PRC 的输出、主分组时钟的输出以及从分组时钟的输入和输出。
- PDV 网络限制，其定义是分组从时钟输入端的最大允许 PDV 水平。这些限制可能因 HRM 而异。

G.8261.1 确实需要与 G.8260 一起阅读，但它给出了在分组网络上传输频率所需的网络拓扑和性能方面的一些概念。

8.3.2 同步以太网

SyncE 建议建立在现有的 TDM 和物理频率传输以及适用于使用分组技术进行频率传输的建议之上。因此，在本节中将看到通过以太网（分组）链路进行物理频率传输的时钟建议。本节将介绍标准的 SyncE 时钟和更新、更准确的增强型 SyncE 时钟。

这些时钟曾经被描述为以太网设备时钟（EEC）和增强型以太网设备时钟（eEEC）。大约从 2018 年开始，Q13/15 开始将 G.813 的 SDH 设备时钟（SEC）、EEC（G.8262）和 OTN 设备时钟（OEC）统称为通用同步设备时钟（SEC）。同样，eEEC（和增强型 eOEC）现在被称为增强型 SEC（eSEC）。

因此，需要注意缩写 SEC 的含义。一些较早的建议，如 G.813，可能会保留 SEC 的定义，即 SDH 设备时钟，而其他建议（如 G.781 和 G.8261）则使用新的术语含义，因为它们适用于不同的传输类型。

G.8262：同步设备从时钟的定时特性

ITU-T G.8262 定义了 SyncE 的以太网设备时钟（或用较新的描述，即以太网版本的 SEC）。从建议的范围来看：建议 ITU-T G.8262 概述了用于同步网络设备的定时设备的要求，这些网络设备使用物理层来提供频率同步。该建议定义了时钟要求，例如带宽、频率精度、保持和噪声产生。

这是分组网络中的网络时钟（如，在支持 SyncE 的路由器中），相当于 G.813 的 SEC 时钟（用于物理/TDM）。应该能看到，至少对于选项 I 网络（基于 E1/SDH）来说，这些限制是等效的。

本建议包括以下主要主题和附录：
- 选项 I 和选项 II 网络中 EEC 的频率精度。
- 两个选项的引入、保持和退出范围。
- 噪声产生、噪声容限和噪声传输。
- 瞬态响应和保持性能。
- 同步输入和输出接口。
- 附录 II，"本建议所包含的要求与其他关键同步相关建议之间的关系"。
- 附录 III，"适用于同步以太网的以太网接口列表"。
- 附录 IV，"关于 1000BASE-T 和 10GBASE-T 同步以太网的注意事项"。

附录，特别是 III 和 IV，对于理解建议非常重要。如果网络中使用的是较旧、速度较慢的以太网技术，不要认为网络会自动支持 SyncE。在基于铜缆的以太网上部署 SyncE 时，可能还需要解决一些问题（见第 9 章）。G.8262 在 2020 年 3 月全文再版，并进行了修正。

G.8262.1：增强型同步设备从时钟的定时特性

ITU-T G.8262.1 定义了增强型 SyncE 的增强以太网设备时钟。从建议的范围来看：本建议概述了用于同步网络设备的定时设备的新要求，这些设备支持涉及时间和相位传输的同步时钟。它支持基于网络同步线路编码方法的时钟分发（例如，同步以太网、同步光传输网络），以提供频率同步。

本建议主要针对增强型同步以太网设备时钟（eEEC）和增强型同步 OTN 设备时钟（eOEC）的要求。

eEEC（或者用更新的描述，eSEC 的以太网版本）是 G.8262 的 EEC 时钟的更新、更准确的替代者。支持它的设备已经开始普及。另外需要注意的是，eEEC 还需要支持 G.8264 最新修订案中描述的质量级别值的扩展范围（eESMC）。

本建议包括以下主要主题和附录：
- 频率精度。

- 引入、保持和退出范围。
- 噪声产生、噪声容限和噪声传输。
- 瞬态响应和保持性能。
- 同步输入和输出接口。
- 附录Ⅰ,"本建议中包含的要求与其他关键同步相关建议之间的关系"。
- G.8262 的其他附录对 G.8262.1 仍然有效。

8.3.3 以太网同步消息信道（ESMC）

携带有关定时信号的来源和可追溯性信息的概念在前面的章节中有所涉及，如 6.6 节。在 6.6.2 节中，解释了使用以太网帧携带 QL 信息的机制。本建议详细说明了该机制。

该建议稍微有点不寻常（意思是很难归类），因为它涉及在分组网络中传输物理时钟质量级别。这与 G.781 中介绍的 SDH/SONET 的 SSM 是直接等效的。主要区别在于，信息使用以太网固有的方法在帧中传输。与 G.781 一样，可以认为 G.8264 是一个指定了用于同步的控制平面功能的建议。

G.8264：通过分组网络分发定时信息

ITU-T G.8264 定义了一种允许在分组网络中进行时钟质量追溯的机制，最初侧重于以太网，而非其他分组网络。

本建议还用正式的建模语言详细描述了所需的架构，并使用定时流来描述定时在架构中流经的位置和方式。从建议的范围来看：它规定了同步状态消息（SSM）的传输信道，即以太网同步消息信道（ESMC）、协议行为和消息格式。

与本建议相关的物理层是 [IEEE 802.3] 中定义的以太网媒体类型。

因此，G.8264 定义了 ESMC，并被设计为支持 SyncE。该建议包括以下主要主题和附录：

- 分组网络架构、定时流和功能块。
- 下一代定时架构。
- SyncE 传输频率。
- SyncE 的 SSM。
- 多运营商背景下使用 SyncE。
- 附录Ⅰ,"定时流示例"。
- 附录Ⅱ,"基于 ITU-T G.805 和 ITU-T G.809 的功能模型"。

2018 年发布的第 1 号修正案进行了修改，将 ePRC 纳入了同步增强型 SSM 代码表中。以前的修改添加了增强型 QL 值，这些值包含在扩展的 TLV 中。这种扩展的 QL TLV 机制是为了与 QL 的 eEEC 值一起使用而开发的，关于这些变化的进一步信息，可参阅 6.6.2 节和 6.6.3 节。

因此，了解不同 SyncE 版本之间的互通很重要。在一个网络中，有可能出现支持扩展 QL TLV 的 eEEC、支持标准 QL TLV 的 EEC 和支持扩展 QL TLV 的 EEC 等网络节点。这些问题在 G.8264 的"不同 SyncE 版本之间的互通"中有论述。

8.4 ITU-T 基于分组的定时建议

ITU-T 以解决方案为主导制定其同步建议。该过程从其他标准组织定义需要解决的问题开始。例如，3GPP 需要一个解决方案来为 5G 移动无线电提供准确的相位同步。

考虑到这个问题，ITU-T 提出了一系列建议，以端到端地解决这个问题。ITU-T 详细说明了问题的各个方面，例如解决方案的架构、时钟性能、网络拓扑、时间误差预算，以及实现所有这些的配置文件。有关这些不同类别的更多详细信息，请参阅本章 8.1.5 节。

然后通过非常全面和复杂的仿真来验证和确认端到端的假设。这不仅仅是关于 PTP 配置文件，它们只是这个过程的结果。

在本节中，这种方法清楚地展示了基于分组的定时，包括频率和时间及相位。正是由于这个原因，作者强烈建议采用基于标准的方法来进行定时。遵循已经规划好的道路会带来可预测的结果，而以自己的方式进行则可能会产生不可预期的后果。有许多大型的网络已经建成并投入运行，证明了这种方法的可行性。

8.4.1 基于分组的同步标准类型

基于分组的定时建议大致分为以下几类，在这些类别中，以下是基于分组定时的关键：

- 定义、架构和要求：G.8260、G.8265、G.8273、G.8275。
- 端到端解决方案和网络性能：G.8271、G.8271.1、G.8271.2。
- 节点和时钟性能：G.8272、G.8272.1、G.8273.1、G.8273.2、G.8273.3、G.8273.4。
- PTP 配置文件：G.8265.1、G.8275.1、G.8275.2。
- 其他文件：G.8264、GSTR-GNSS、补充 68- 同步 OAM 要求。

下面部分总结了这些类别中的每一项建议。其中包含每个最重要建议的概要，这些建议都涉及基于分组的定时。对读者来说，这部分有两个目的：

- 指明建议中的定义和描述端到端解决方案。
- 找到关于实施的更多信息，以及其中所包含内容的概要。

8.4.2 定义、架构和要求

这些建议是后面所有其他建议的基础，包含了定义、术语，以及基于分组的同步分发频率、时间和相位的架构和要求。

G.781.1：基于分组网络的同步层功能

G.781.1 规定了通过基于分组的方法（使用 PTP）传输时间和频率同步的功能架构模型和相应的原子函数。从建议的范围来看：该功能架构包含两个同步层，即网络同步层和同步分发层。此外，本建议中定义的一些与同步相关的原子函数是传输层的一部分。

请注意，这项建议仍在研究中，尚未公布，所以它还不能公开下载。

G.8260：分组网络中同步的定义和术语

ITU-T G.8260 提供了关于分组网络中定时和同步的建议中使用的定义、术语和缩写。从建议的范围来看：它包括分组网络的各种同步稳定性和质量指标的数学定义，还提供了关于分组定时系统的性质和分组网络产生损失的背景信息。

G.8260 建议包含了本书中涉及的许多概念的定义，其中包含更为数学化的论述。该文档不是很长，但在解释概念方面，复杂性更高。该建议包括以下主要主题：

- 术语的定义，如不同形式的时间误差。
- 分组定时系统的性质，包括重要时刻的定义。
- 基于分组的定时系统与物理层定时系统的区别。
- 分组时钟的类别，包括分组主时钟和分组从时钟。
- 双向定时协议以及从主到从的定时流。
- 分组定时信号设备接口特性。

最重要的是，G.8260 定义了以下术语：分组主时钟、分组从时钟和分组定时信号。还有一个附录概述了分组测量指标，如 MTIE 和 TDEV，以及关于滤波和分组选择的信息。

本建议是第 5 章中所涉及主题的进一步内容。修订版（包括所有修正案的全文）已于 2020 年发布。

G.8265：基于分组的频率分发的架构和要求

ITU-T G.8265 描述了电信网络中基于分组的频率分发的架构和要求。它简要介绍了 NTP、PTP 等基于分组的频率分发实例。从建议的范围来看：本建议描述了使用基于分组的方法进行频率分发的总体架构。这些要求和架构构成了在运营商环境中实现基于分组的频率分发所需的其他功能的规范基础。所描述的架构涵盖了仅在网络端点之间进行协议交互的情况，即在一个分组主时钟和一个分组从时钟之间。

因此，本建议不包括分组主时钟和分组从时钟之间的设备参与定时解决方案的架构细节。该建议包括下述主题的讨论：

- 对分组定时的要求。
- 基于分组的频率分发的架构，包括冗余和网络划分。
- 基于分组的频率分发协议：PTP 和 NTP。

- 安全方面。

G.8265 内容丰富，易于阅读。关于使用分组定时的频率分发的更多细节，详见 G.8261 附录Ⅻ，尽管这是一个更数学化的论述。

G.8273：相位和时钟的框架

ITU-T G.8273 是使用基于分组的方法传输时间/相位的相位和时钟框架建议。这意味着它全方位审视了时钟建议（G.8273.x 系列），但并没有包含关于时钟的大量具体内容。从建议的范围来看：本建议是用于同步网络设备的相位和时钟的框架建议，其中的同步网络设备运行在 [ITU T G.8271]、[ITU-T G.8275] 和 ITU-T G.8271.x 系列建议定义的网络体系架构中。

本建议是 ITU-T G.8273.x 系列定义的相位和时钟的框架。它包含详细的相位和时钟测试和测量方法的附件。

本建议包括以下主要主题、附件和附录：

- 相位和时钟的一般性介绍，概述了 G.827.x 系列建议所涵盖的时钟类型。
- 附件 A，"时间/相位时钟的测试和测量"。
- 附件 B，"相位/时钟设备相关测量方法规范"。
- 关于测试时钟性能方面的几个附录。

附件和附录包含了相位和时钟测试和测量的细节，值得学习和研究。

2020 年 10 月的全体会议上对这一建议进行了修正，并被全文重印，因此只需要阅读一份文件。

G.8275 基于分组的时间和相位分发的体系架构和要求

ITU-T G.8275 描述了使用 PTP 的电信网络中基于分组的时间和相位分发的体系架构和要求。从建议的范围来看：这些需求和架构构成了在电信环境中实现基于分组的时间和相位分发所需的其他功能规范的基础。所描述的架构涵盖了协议交互发生在所有节点之间、在分组主时钟和分组从时钟之间或仅在分组主时钟和分组从时钟之间的子集节点之间的情况。

这个范围提到，主时钟和从时钟之间的每个节点都将参与"协议交互"，这基本上意味着节点间可以相互理解和处理 PTP（而不是简单地交换包含 PTP 的分组）。这是另一种说法，即每个节点都需要成为边界时钟或透明时钟。尽管有这句话，第 7 节或附录 I 中包含的场景却并非如此。

比较 G.8265 和 G.8275，除了 G.8265 用于频率、G.8275 用于时间和相位，它们所涉及的范围基本一样。G.8275 中使用的许多术语都建立在 G.8260（和 G.810）中引入的概念之上。

本建议包括以下主要主题、附件和附录：

- 基于分组的时间/相位分发的一般介绍和要求。

- 基于分组的时间/相位分发的体系架构（包括冗余）。
- 安全方面。
- 附件 A "基于 ITU-T G.805 的时间/相位模型"。
- 附件 B "在 PTP 时钟上包含一个虚拟 PTP 端口"（因其同时适用于两个配置文件，已从 G.8275.x 配置文件移入 G.8275；对附件 C、附件 D 和附录Ⅷ也同样如此）。
- 附件 C "使用备用 BMCA 建立 PTP 拓扑的选项"。
- 附件 D "同步不确定指示（可选）"。
- 附录 I "提供协议级别 PTS[部分定时支持] 的分组网络的时间和相位分发架构"（即节点不处理 PTP）。
- 附录Ⅷ "PTP 时钟模式和 Announce 消息相关内容的说明"。

附录Ⅷ描述了时钟端口状态、总体时钟状态和 Announce 消息内容之间的联系，读起来很有意思。

G.8275 第 7 条，"基于分组的时间/相位分发的架构"涵盖了不同情况下的分组网络设计，尤其值得一读。该架构描述了两种情况：

- 网络中的所有节点（如通过边界时钟）结合物理层频率（通常是 SyncE），来提供定时支持。
- 中间节点不提供定时支持，但位于网络边缘的 GNSS 提供定时支持，PTP 作备份。这种情况被称为辅助部分定时支持（APTS）。

可参阅 G.8271.1 和 G.8271.2 的相关介绍来了解这两种不同网络拓扑的详细处置。最后，G.8275 还研究了时钟源定位的不同选项，以及如何解决冗余问题。新版本的 G.8275 在 2020 年 10 月的全体会议上通过。

8.4.3 端到端解决方案和网络性能

前面介绍的基于分组的定时建议集中在术语、定义、要求和架构。这些构成了与端到端网络拓扑、设计和性能有关的下一个类别建议的基础。

由于 ITU-T 设计了一套建议作为总体定时解决方案，因此首要任务之一是定义用来承载定时的分组网络的特征。这些建议还定义了通过该网络分发的时间信号必须满足的性能限制。这些值称为网络限制，包括端到端网络的时间误差预算。

在这方面，ITU-T 覆盖了分组网承载频率的情况（G.8261 和 G.8261.1），以及分组网承载时间和相位的情况（G.8271、G.8271.1 和 G.8271.2）。每个系列的第一个建议涵盖了一般方面，而 .1 和 .2 版本则涉及特定网络拓扑的具体限制和误差预算。

G.8271：电信网络的时间和相位同步

ITU-T G.8271 提供了相位和时间同步的基础。因此，它相当于 G.8261 的频率分发。从建议的范围来看：本建议定义了电信网络中的时间和相位同步。它规定了根据所需的质量恢复相位同步和/或时间同步的分发参考定时信号的合适方法。它也给出了相关时间和相位同步接口及相关的性能。

本建议包括以下主要主题、附件和附录：
- 对时间和相位同步的要求，包括对各种类型的移动无线电技术的相位精度要求。
- 用 GNSS 接收机或基于分组的方法来分发相位和时间的方法。
- 网络参考模型及时间和相位同步接口。
- 附件 A "每秒 1 个脉冲（1PPS）的时间和相位同步接口规范"（适用于 1PPS 和 ToD 定时端口）。
- 附录 Ⅰ，"时间分发链中的时间和相位噪声源"（PRTC、主、从定时噪声特性）。
- 附录 Ⅱ，"时间和相位终端应用同步要求"（提供了各种移动无线电技术的详细需求，并包括来自其他标准组织的源文件参考）。
- 附录 Ⅲ、附录 Ⅳ、附录 Ⅴ，共同涵盖了网络和传输链路的不对称补偿。
- 附录 Ⅵ，基于 TDD 的移动通信系统的时间同步（基于时分双工技术的移动无线电系统需要注意的问题）。
- 附录 Ⅶ，"时间尺度"（各种时间尺度的信息）。

即便回避一些数学描述，附录 Ⅰ 也很值得一读，它概述了所有可能出现时间误差的地方和原因。G.8271 在 2020 年 3 月被批准重新完整重印。

G.8271.1：网络完整定时支持的分组网络中的时间同步的网络限制

ITU-T G.8271.1 规定了网络提供完整定时支持（或"全路径支持"）的分组网络中的时间和相位同步的网络限制。这种全路径支持的情况与 G.8271.2 涵盖的无路径支持的情况直接等效。

注意，因为这里定义的网络具有完整定时支持，所以每个节点都必须处理 PTP，因此网络实现为"逐跳"拓扑。在这种情况下，PTP 通过 2 层（以太网）多播承载，并按照 G.8275.1 电信配置文件实现。

本建议规定了适用于 G.8271 中概述的基于分组分发的网络模型的限制。这里涉及的限制是网络产生的最大时间和相位误差，以及设备需要容忍的最小相位和时间误差。从建议的范围来看：本建议规定了不应超过的相位和时间误差的最大网络限制。它规定了在相位和时间同步接口的分组网络边界应提供的相位和时间误差的最小设备容限。它还概述了网元同步功能的最低要求。

本建议使用基于分组的方法，利用网络对协议级别的完整定时支持（FTS），解决时间和相位在网络上分发的情况。

G.8271.1 包括两种部署案例，一种是从时钟嵌入终端应用中（对于移动来说意味着无线电有一个 PTP 从时钟），另一种是从时钟外部于终端应用。在第二种情况下，时间信号通过其他方法传递给最终应用（例如携带相位的定时信号，如 1PPS）。

对于以上每种部署案例，标准在不同的点（A、B、C、D 和 E）上定义了限制。部署案例 1 中隐藏了 D 点，因其嵌入在最终应用中。

该建议包括以下主要主题和附录：
- 网络从 A 到 E 各点的网络限制。
- 附录Ⅰ，"用于噪声累积模拟的时钟模型"（T-BC 和 T-TC 的噪声累积模型）。
- 附录Ⅱ，"用于推导网络限制的假设参考模型"。
- 附录Ⅲ，"网络限制考虑因素"（如何在嵌入式从设备情况下测量网络限制）。
- 附录Ⅴ，"设计选项示例"（包括 TE 预算和故障场景）。
- 附录Ⅶ，"最大相对时间误差"（包括绝对时间误差和相对时间误差的差值，图Ⅶ.1 显示了差值；这是工程师在前传链路中部署时间的一个非常重要的概念）。
- 附录Ⅷ，"微波设备链中的预算模型"。
- 附录Ⅸ，"xPON 或 xDSL 设备链预算模型"。
- 附录Ⅻ，"前传链路和集群的设计方案示例"。

G.8271.1 是最重要的建议之一，它定义了用于传输基于分组的同步的端到端的网络行为。这是部署基于分组的时间传输的"最佳"模型。它包含大量关于定时同步网络更详细设计决策的详细信息。

该建议的两个版本在 2020 年获批，都是完整的再版。

G.8271.2：网络部分定时支持的分组网络中的时间同步的网络限制

ITU-T G.8271.2 规定了在网络提供部分定时支持（或"没有全路径支持"）的分组网络中对时间和相位同步的网络限制。这种部分路径支持的情况与 G.8271.1 建议的完全路径支持的情况直接等效。

该建议涵盖了两个部分定时支持的用例：
- 辅助部分定时支持（APTS），其中 PTP 用作本地 GNSS 主源的备份定时源。此备份仅在 GNSS 本地中断的情况下且在有限时间内（通常为 72 小时）使用。
- 来自网络的部分定时支持（PTS），其中（通过传输网络承载的）PTP 是同步的主源，但网元不处理 PTP 以减少时间误差。

从建议的范围来看：本建议使用基于分组的方法，利用网络对协议级别的部分定时支持，解决网络中时间和相位分发问题。特别地，它适用于 [ITU-T G.8275] 中描述的辅助部分定时支持（APTS）和部分定时支持（PTS）的架构，以及 [ITU-T G.8275.2] 中定义的精确时间协议（PTP）配置文件。

注意，因为这里定义的网络只有部分定时支持，PTP 必须通过 IP（IPv4 或 IPv6）承载，因此 PTP 与 G.8275.2 电信配置文件密切相关，其中 G.8275.2 使用 IP 上的 PTP（PTPoIP）。

这一建议涵盖了三种新的 PTP 时钟类型：
- T-BC-P，部分支持的电信边界时钟。
- T-TSC-A，辅助部分支持的电信时间从时钟。
- T-TSC-P，部分支持的电信时间从时钟。

-P 型时钟是嵌入在网络中的边界时钟和从时钟，PTP 定时支持只能从网元的子集获得。T-TSC-A 是在同一部分感知拓扑中由本地时间参考（通常是 GNSS 接收机）辅助的 PTP 从时钟。

该建议包括以下主要主题和附录：
- 网络各点（A' 和 A-E）处的网络限制。
- 附录Ⅰ，"部分时间支持网络的部署场景"。
- 附录Ⅱ，"在具有部分定时支持的网络中处理精确时间协议流量的注意事项"（由于网元没有 PTP 辅助，工程师必须非常仔细地设计网络，以尽量减少时间误差源）。
- 附录Ⅲ，"利用频率保持精确时间"。
- 附录Ⅳ，"部分感知网络中的噪声积累模型"。

G.8271.2 也是一个非常重要的建议，适用于运营商无法在其网络上提供完整定时支持的情况。

8.4.4 节点与时钟性能建议

继端到端网络拓扑、限制和预算之后，下一步是处理网络中的单个网元和时钟。一旦分发了端到端预算，就需要对单个网元的性能进行表征。在 ITU-T 术语中，这些节点值被称为设备限制，包括每个单独时钟类型（全局主时钟、边界时钟、透明时钟和从时钟）的几种定时误差。

这些时钟建议包括如恒定时间误差、噪声产生、噪声容限、噪声传输、相位误差、抖动和漂移等参数。有关这些参数的更多细节，请参阅第 5 章。

下面几节以携带频率的 PTP 网元为例。在这种情况下，关于频率源（PRC 或 ePRC）的建议参见上一节的 G.811 和 G.811.1。由于这种架构没有路径支持，因此只有一个涵盖主和从分组时钟的建议（G.8263）。

接着介绍从 PRTC 时间源开始携带时间和相位网元的情况（G.8272，G.8272.1）。之后介绍 PTP 全局主时钟（G.8273.1）、T-BC 边界和 T-TSC 从时钟（G.8273.2）、T-TC 透明时钟（G.8273.3）和 APTS 时钟（G.8273.4）。

G.8263：基于分组的设备时钟的定时特性

ITU-T G.8263 概述了，当从基于分组的设备主时钟（PEC-M，G.8266）定时时，基于分组的设备从时钟（PEC-S，G.8265）定时功能的最低要求。它论述了基于分组的频率同步传输，而不是一些物理方法。从建议的范围来看：本建议着重于移动应用，特别是终端应用（如移动基站）的频率同步交付。它支持 [ITU-T G.8265] 中定义的架构。其他应用有待进一步研究。

本建议包括时钟精度、分组延迟变化（PDV）、噪声容限、保持性能和噪声产生。

G.8263 时钟通常部署在 G.8261.1 定义的网络类型上，并使用 G.8265.1 PTP 配置文件进行传输。图 8-2 展示了其中一种部署案例的简化视图。

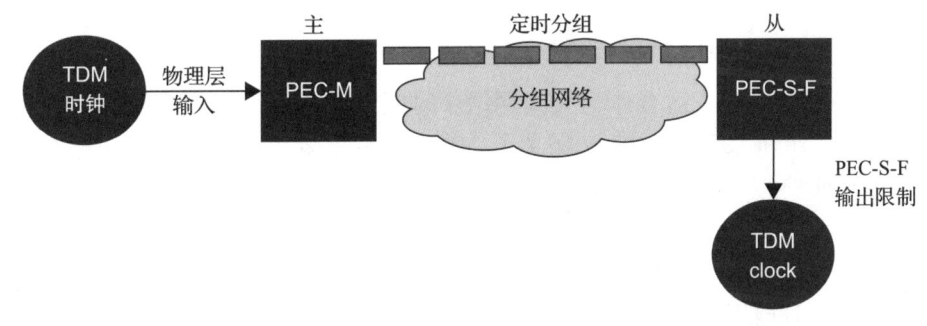

图 8-2　G.8263 分组设备频率从时钟拓扑结构

PEC-M 的输入端连接到物理层频率时钟（SEC、SSU、PRC）的输出端。主设备从该频率源产生分组，并将其发送到基于分组的频率从时钟设备（PEC-S-F），然后将其恢复。

G.8263 定义了该网络中所有点的适用限制。该建议包括以下主要主题：
- 假设参考模型。
- 分组网络中的网络限制参考点。
- PEC-M 网络限制。
- PEC-S-F 网络限制。
- PDV 网络限制。

G.8266：电信全局主时钟的频率同步的定时特性

ITU-T G.8266 概述了，当从可溯源到 PRC/PRS 或 PRTC 的物理频率源定时时，基于分组的设备主时钟（PEC-M）定时功能的最低要求。它论述了基于分组的频率同步传输，而不是一些物理的方法。从建议的范围来看：本建议定义了在 [ITU-T G.8265] 中定义的网络架构和 [ITU-T G.8265.1] 定义的相关配置文件中运行的电信全局主时钟定时功能的最低要求。当使用基于分组的方法时，支持频率同步分发。

该建议包括用于频率同步的 T-GM 时钟的时钟精度、噪声容限、噪声传输、噪声产生和保持规范的标准度量。基本上，它是 G.812 的分组版本（G.8262 用于以太网接口），因此，有许多限制都相同，具体取决于时钟类型是 Ⅰ、Ⅱ 或 Ⅲ。

G.8266 定义了 PEC-M 的频率适用限制。该建议包括以下主要主题、附件和附录：
- 频率精度。
- 引入、保持和退出范围。
- 噪声产生（漂移和抖动）。
- 噪声容限和传输。

- 瞬态响应和保持性能。
- 附件 A，"电信全局主时钟功能模型"（含 T-GM/ PEC-M 功能模型）。
- 附录 I，"漂移传递的测量方法"。

G.8272：主参考时钟（PRTC）的定时特性

ITU-T G.8272 规定了适合作为分组网络中时间、相位和频率同步源的 PRTC 时钟的要求。从建议的范围来看：本建议定义了 PRTC 的输出要求。PRTC 的精度应按照本建议的规定进行维护。本建议还包括 PRTC 与 T-GM 时钟结合的情况。在这种情况下，它定义了 PRTC 和 T-GM 组合功能的输出性能，即精确时间协议（PTP）消息。

因此，G.8272 基本上规定了 PRTC 提供可追溯到公认时间标准（通常为协调世界时（UTC））的参考时间信号的精度。如建议的覆盖范围所述，存在两种情况：

- PRTC 仅提供频率、相位和时间的物理信号——通常是第 3 章和第 7 章中概述的 1PPS、ToD 和 10MHz 信号。
- PRTC 与 PTP 全局主时钟结合，频率、相位和时间与设备直接发出的 PTP 分组一起分发。

对精度的要求包括这两种情况，尽管在第二种情况下，显然测量的是 T-GM 的误差以及 PRTC 本身的误差。但是该建议未允许这样做；虽然在组合情况下时间误差样本是通过移动平均低通滤波器测量的，但限制是相同的。

本建议涉及两类设备：PRTC-A 和 PRTC-B。PRTC-B 的时间输出比 PRTC-A 的时间输出更精确，因此更适合需要更高精确时间的应用场合。一般来说，PRTC-B 是通过使用性能增强的 GNSS 接收机以及位于对环境（特别是温度）更好控制的地方来实现的。

本建议包括以下主要主题和附录：

- 锁定时相对参考时间（如 UTC）的恒定时间偏移。
- 设备输出时产生的相位误差（漂移和抖动），对这两类设备它被规定为 MTIE 和 TDEV 模板掩码（对于漂移）。
- 相位和时间以及频率接口，定义用于承载物理定时信号（如 1PPS 或 2MHz 信号）的接口特性。
- 附录 I，"测量 PRTC 或 PRTC 与 T-GM 结合的性能"（当考虑在实验室测试 PRTC 时，这是一个非常有用的信息来源）。

请注意，目前没有从 PRTC 获得保持的要求。

如果对 PRTC 感兴趣，以下关于 GNSS 系统的技术报告也许很有帮助："关于利用 GNSS 作为电信主要时间参考的 GSTR-GNSS 思考"。该报告将在 8.2.5 节描述。

G.8272.1：增强型主参考时钟的定时特性

ITU-T G.8272.1 提供了更高精度的 ePRTC 时钟，适合作为分组网络中时间、相位和频率同步源。从建议的范围来看：ePRTC 提供了可追溯到公认时间标准（如协调世界时

(UTC))的参考时间信号和频率参考。与 [ITU-T G.8272] 中定义的主参考时钟（PRTC）相比，ePRTC 具有更严格的输出性能要求，并包含一个直接来自自主主参考时钟的频率输入。

本建议定义了 ePRTC 输出要求，包括集成了 T-GM 时钟的 ePRTC。

PRTC 和 ePRTC 情况之间的区别是，ePRTC 有（严格的）需要稳定频率源的保持要求。这意味着 ePRTC 基本上需要原子钟（PRC）振荡器来满足其性能要求。本文还讨论了组合 ePRTC+T-GM 的情况——当 ePRTC 中嵌入 T-GM 功能时，不允许额外的时间误差或漂移。

本建议也包括两类设备：ePRTC-A 和 ePRTC-B。ePRTC-B 预期性能高于 ePRTC-A，尽管其性能值尚未达成一致。

本建议包括下列主要主题和附件：
- 锁定时相对于参考时间（如 UTC）的恒定时间偏移。
- 设备输出时产生的相位误差（漂移和抖动），对于漂移这规定为 MTIE 和 TDEV 掩码。
- 瞬态响应和相位/时间保持性能，基于（来自 GNSS）相位/时间输入丢失期间的本地频率参考（原子钟）。
- 相位和时间以及频率接口，定义了用于携带物理定时信号接口的特性。对 V.11 1PPS 接口有性能要求，以提供更高的精度。
- 附件 A，"ePRTC 自主主参考时钟要求"。

与 PRTC 一样，如果对 ePRTC 感兴趣，以下关于 GNSS 系统的技术报告非常有用："关于在电信中使用 GNSS 作为主时间参考的 GSTR-GNSS 考虑"。该报告将在 8.2.5 节描述。

G.8273.1：电信全局主时钟（T-GM）的时间同步定时特性

ITU-T G.8273.1 概述了 T-GM 时钟的定时特性，从范围来看：本建议定义了在 [ITU-T G.8275] 中定义的网络架构以及 [ITU-T G.8275.1] 和 [ITU-TG.8275.2] 中定义的相关配置文件的电信全局主时钟的定时功能的最低要求。

注意该建议仍在开发中，尚未发布，因此还不能供公开下载。建议的有些方面在其他建议中有所涵盖。

G.8273.2 网络完整定时支持的电信边界时钟和电信时间从时钟的定时特性

ITU-T G.8273.2 是通过分组网络进行许多精确相位和时间同步部署的最重要建议之一。在网络提供完整定时支持的情况下部署时，它规定了 T-BC 和 T-TSC 时间和相位时钟的最低要求。从建议的范围来看：本建议定义了网元中电信边界时钟和电信时间从时钟的最低要求。这些要求适用于设备规定的正常环境条件。本建议的当前版本主要关注物理层频率支持的情况。与无物理层频率支持的情况（即仅有 PTP 的情况）相关要求有待进一步研究。

本建议包括电信边界时钟和电信时间从时钟的噪声产生、噪声容限、噪声传输和瞬态响应。

注意该建议目前仅适用于"物理频率支持"的情况，即 PTP 与用于频率传输的某些物理方法（通常是同步）结合部署。

该建议包括以下主要主题和附录：

- 物理层频率性能要求。
- 具有完整定时支持的 T-BC 性能要求。包括时间误差噪声产生、恒定时间误差（cTE）、滤波动态时间误差（dTE）、相对时间误差（rTE）、噪声容限和噪声传输等参数。
- 瞬态响应和保持性能。
- 相位和时间以及频率接口，定义用于携带物理定时信号的接口特性。对 C 类和 D 类时钟的要求有所增加。
- 附录Ⅲ，"T-BC 和 T-TSC 的性能要求背景"。
- 附录Ⅴ，"用作 T-BC 和 T-BC 链的级联媒介转换器的性能评估"。
- 附录Ⅷ，"两个 T-BC 输出端口之间的相对时间误差测量"（定义了 T-BC 任意两个输出之间的两个新的相对时间误差生成限制）。

根据其性能，本建议将 T-BC 和 T-TSC 时钟定义为 4 类，A 类到 D 类（按精度递增）。A 类和 B 类时钟适合与 SyncE（G.8262）或其他类似基于 TDM 方法的设备一起部署。对于 C 类和 D 类时钟，建议中的值是基于假设它与 eSyncE（G.8262.1）一起部署模拟得出的。

这些时钟类别的重要性将在关于部署和时间误差预算的内容描述中变得显而易见。显然，时钟传输时间越精准，在不超过端到端预算限制的情况下，时间通过的时钟就越多。类似地，通过使用对总时间误差贡献较小的时钟，可以最小化在时钟链末端传递给应用的时间误差。

该建议有两个版本，分别于 2020 年 3 月和 10 月获得批准。

G.8273.3：网络完整定时支持的电信透明时钟的定时特性

ITU-T G.8273.3 定义了电信透明时钟（T-TC）在具有完整定时支持的分组网络上传输时间和相位时的最低要求。从建议的范围来看：本建议规定了同步网络设备中使用的时间和相位同步设备的最低要求。它支持基于分组的网络的时间和/或相位同步分发。本建议定义了透明时钟的最低要求，这些要求适用于设备规定的正常环境条件。

该建议包括以下主要主题和附录：

- 物理层频率性能要求。
- T-TC 性能要求。包括最大绝对时间误差噪声产生（max|TE|）、恒定时间误差（cTE）、

滤波动态时间误差（dTE）、相对时间误差、噪声容限和噪声传输等参数。
- 瞬态响应需求有待进一步研究，透明时钟不支持保持功能。
- 附录Ⅰ，"流量负载测试模式"（描述了一些测试透明时钟的指南）。
- 附录Ⅲ，"T-TC 级联媒体转换器性能估计"。

本建议将 T-TC 时钟的噪声产生性能定义为 A、B、C 三类（为了提高性能）。这三类要求与 T-BC 和 T-TSC 案例的要求类似。

注意，建议主要关注同步 T-TC 时钟，这意味着使用一些物理方法（通常是 SyncE）对 T-TC 时钟进行频率同步。因此，它也要求"物理频率支持"，且仅适用于以端到端传输时钟模式运行的透明时钟（参见 7.4.4 节）。它还假设部署满足完全定时支持的端到端网络限制（来自 G.8271.1），并使用 G.8275.1 PTP 电信配置文件。

G.8273.3 的新版本在 2020 年 10 月的全体会议上获得批准。

G.8273.4：网络部分定时支持的电信边界时钟和电信时间从时钟的定时特性

ITU-T G.8273.4 规定了在 APTS 或 PTS 架构中运行的时间和相位同步网络中使用的同步时钟的最低要求。从建议的范围来看：当嵌入 APTS 或 PTS 时钟的网络设备由另一个电信边界时钟（T-BC）或电信全局主时钟（T-GM）定时时，本建议允许对相位/时间同步分发进行适当的网络操作。本建议规定了网元对 APTS 和 PTS 时钟的最低要求。这些要求适用于设备规定的正常环境条件。本建议包括 APTS 和 PTS 时钟的噪声产生、噪声容限、噪声传输和瞬态响应。

APTS 和 PTS 架构由 G.8271.2 定义，由此产生的同步部署假定使用 G.8275.2 PTP 电信配置文件。在本建议中，PTS 的物理频率源（如同步）可选，但不用于 APTS。

本建议（结合 G.8271.2）定义了 FTS 和 APTS 架构中边界时钟和从时钟的要求。规定了以下时钟类型：
- T-BC-A：辅助部分支持的电信边界时钟。
- T-BC-P：部分支持的电信边界时钟。
- T-TSC-A：辅助部分支持的电信时间从时钟。
- T-TSC-P：部分支持的电信时间从时钟。

本建议包括以下主要主题和附录：
- T-BC-A 和 T-TSC-A 的性能要求，包括最大绝对时间误差（max|TE|）、恒定时间误差（cTE）、滤波动态时间误差（dTE）、噪声容限、噪声传输、瞬态响应和保持。
- T-BC-P 和 T-TSC-P 的性能要求，其值范围与辅助时钟情况相近。
- 附录Ⅲ，"关于使用同步设备时钟来维持部分定时支持网络的时间保持的考虑"。

APTS 是专为 GNSS 主源丢失、PTP 备份源暂时不可用的短期保持场景而设计的。但是，不要指望 APTS 能够在双重故障条件（如未知网络的随后重排）下提供精确的长期保持或提供精确的定时。G.8273.4 的新版本在 2020 年 3 月的全体会议上获得批准。

8.4.5 电信配置文件

最常参考的建议包括三个主要电信配置文件，即 G.8265.1、G.8275.1 和 G.8275.2。尽管前面提到的建议描述了解决方案、网络和时钟，但构成世界网络节点元素的真正实现是这些配置文件。

如果在测试、验收、初始部署或日常操作期间，对这些协议的实施或互操作性有任何疑问，则可用各个概要文件的建议来回答任何问题或解决任何分歧。

通常，一个网络中只有一个配置文件，但是一些移动运营商可能会同时使用 G.8265.1 以及 G.8275.1 和 G.8275.2 两个相位配置文件之一来进行频率支持。但是，注意，许多网元只包含实现单个时钟所需的硬件，因此不能同时成为多个时钟域中的 PTP 时钟。

G.8265.1：频率同步的精确时间协议电信配置文件

ITU-T G.8265.1 是用于在分组网络中传输频率的 PTPoIP 配置文件。从建议的范围来看：该配置文件规定了 [IEEE 1588] 的功能，这些功能是确保网元频率交付互操作性所必需的。该配置文件基于 [ITU-T G.8265] 中描述的架构和 [ITU-T G.8260] 中描述的定义。本建议还规定了在电信环境中使用所需的、不在 PTP 配置文件范围的一些方面，并补充了 PTP 配置文件。

该配置文件完成了整个蓝图，正是该协议的实现提供了架构和网络拓扑建议中概述的解决方案。本建议包括以下主要主题、附件和附录：

- 使用 PTP 进行频率分发的详细信息，包括 IEEE 1588—2008 中一些 PTP 选项的选择。这包括 PTP 映射（IP）和消息速率，以及允许最佳主时钟算法（BMCA）的形式。该配置文件要求支持 IPv4（IEEE 1588—2008 附件 D），而 IPv6（IEEE 1588—2008 附件 E）是可选的允许传输机制。
- 附件 A，"无网络定时支持的 ITU-T PTP 频率分发配置文件（单播模式）"。此附件包含主要细节，如数据集、TLV、标志值等允许值。
- 附录 I，"混合单播/多播模式的 PTP 消息"。本附录包含关于 PTP 部署的信息，尤其是考虑到 PTP 最初设计用于多播环境。电信环境中的一些 PTP 实现使用了"混合模式"，其中一些消息是多播的，另一些消息是单播的。

本建议概述了 G.8265.1 的实现和部署细节。此配置文件广泛用于电路仿真应用以及较老版本的移动通信网络的频率同步。具体见第 2 章，以了解频率同步在移动空间中的应用概述。

2019 年发布了 G.8265.1 的全文修订版。本次修订在 SSM 质量等级和 PTP 时钟等级值之间的映射表中添加了几个新注释。

G.8275.1：网络完整定时支持的精确时间协议相位/时间同步电信配置文件

ITU-T G.8275.1 配置文件是现代网络和向 5G 过渡的运营商最重要的配置文件之一。它利用二层版本的 PTP 服务于那些从主到从的每一跳都完全支持 PTP 的网络。根据

2020 年 3 月版建议的范围和摘要：ITU-T G.8275.1 建议包含用于网络有完整定时支持的相位和时间分发的 ITU-T 精确时间协议（PTP）配置文件。它提供了以一种与建议 ITU-T G.8275 中描述的架构一致的方式利用 IEEE 1588 的必要细节。本版本配置文件中定义的参数是根据有物理层频率支持的情况来选择的，对于没有物理层频率支持的情况（即只有 PTP）还需进一步研究。

该配置文件是完成所有难题的最后一环，正是该协议实现提供了架构和网络拓扑建议中概述的解决方案。G.8275.1 是在传输网络中部署相位定时以获得最佳性能的推荐配置文件。它需要网络的完整定时支持（这对一些没有自己传输链路的运营商来说可能有些困难）。

本建议包括以下主要主题、附件和附录：

- 详细介绍用 PTP 进行相位/时间分发的用法，包括 IEEE 1588—2008 中提供的一些 PTP 选项的选择。这包括 PTP 映射（以太网多播）、消息类型、BMCA 以及支持的时钟类型。
- 附件 A，"具有网络完整定时支持的相位/时间分发 ITU-T PTP 配置文件。"此附件包含主要细节，如数据集、TLV、标志值等允许值。
- 附件 B，"使用备用 BMCA 建立 PTP 拓扑的选项"（随附件 C、E、V 移至 G.8275）。
- 附件 H，"OTN 上的 PTP 传输"。
- 附录 Ⅲ，"选择 PTP 以太网多播目的地址的考虑因素"。讨论多播业务的 MAC 地址选择问题（通常可在时钟中配置）。
- 附录 Ⅴ，"PTP 时钟模式和 Announce 消息相关内容的描述"（移至 G.8275）。
- 附录 Ⅶ，"时钟类与保持规范之间的关系"。

新标准的 6.2.7 节特别给出了在使用 G.8275.1 时，对 PTP 消息使用 IEEE 802.1Q 虚拟局域网（VLAN）标签的注意事项。简而言之，VLAN 标记是不允许的，如果 T-GM、T-BC 或 T-TSC 接收到带有 VLAN 标记的 PTP 消息，该消息将被丢弃。使用 T-TC 透明时钟时可能会有一些例外情况，但在任何其他时钟类型上，带有 VLAN 标记的 PTP 消息绝不应出现在 PTP 端口上。

本建议包含许多附录和附件，对理解该技术的大规模部署非常有帮助。这里只列出了主要的配置文件，但强烈建议下载该文档，并在部署此配置文件时熟读它们。

G.8275.1 是 ITU-T 最活跃的建议之一，收集了代表们的许多意见，因此会定期更新。2020 年 3 月进行了修订，包括几项修正案，2020 年 10 月全体会议批准了一项修正案。

G.8275.2：网络部分定时支持的精确时间协议相位/时间同步电信配置文件

ITU-T G.8275.2 配置文件是向 5G 过渡的运营商（尤其是在北美）的另一个重要配置文件。它涵盖了 PTP 的第 3 层（单播）版本，适用于那些不能从主到从的每一跳都完全支持 PTP 的网络。根据建议的范围：该配置文件规定了 IEEE 1588 功能，这些功能是确保网元互操作性以提供准确的相位/时间（和频率）同步所必需的。该配置文件基于 [ITU-T G.8275] 中描述的网络架构对部分定时支持（PTS）或辅助部分定时支持（APTS）的使用和 [ITU-T G.8260] 中描述的定义。

假定此配置文件在精心规划的情况下使用，其中网络行为和性能可以限定在明确定义的限制范围内，包括静态不对称性限制。在部分定时辅助的情况下，可以实现对静态不对称性的控制。在无辅助模式下使用此配置文件需要仔细考虑如何控制静态不对称性。

G.8275.2 是推荐的配置文件，其中运营商不能选择来自网络的完整定时支持。然而，正如前面所提到的，在本书中，工程师必须注意如何部署它，因为将 PTP 切换到无法感知的、非 PTP 感知的网元可能会导致时间准确度显著降低。

本建议包括以下主要主题、附件和附录：

- 关于 PTP 用于相位/时间分发的详细信息，包括 IEEE 1588—2008 中一些可用的 PTP 选项的选择。这包括 PTP 映射（IP 单播）、消息类型、BMCA、单播协商，以及支持的时钟类型。
- 附件 A，"具有网络部分定时支持的 ITU-T PTP 时间分发配置文件（单播模式）"（包含主要细节，如数据集、TLV、标志值等允许值）。
- 附件 B，"使用备用 BMCA 建立 PTP 拓扑的选项"（与附件 C、E 和附录Ⅳ一起移至 G.8275）。
- 附件 C，"在 PTP 时钟上包含外部相位/时间输入接口"（移至 G.8275）。
- 附件 F，"从 PTP 时钟类值到质量级别的映射"。该附件涵盖了 PTP 时钟将在其频率接口上输出的质量级别。
- 附录Ⅳ，"PTP 时钟模式和 Announce 消息相关内容的描述"（移至 G.8275）。
- 附录Ⅵ，"环状拓扑中 PTP over IP 传输的考虑"（讨论在环状拓扑中部署 PTPoIP 时可能出现的严重问题）。
- 附录Ⅷ，"链路聚合的操作"（讨论在包含链路聚合组（LAG）或"以太网/端口束"的拓扑中 PTPoIP 的传输问题）。

与 G.8275.1 一样，本建议中包含许多附录和附件，它们对理解该技术的大规模部署非常有帮助。这里只列了主要的，如果要部署这个配置文件，强烈建议下载并熟读该文档。

G.8275.2 也是 ITU-T 中的非常活跃的建议之一，收集了许多代表的意见，因此也经常更新。2020 年 3 月有一次修订，包括几项修正案和 2020 年 10 月全体会议上一项经批准的修正案。

8.4.6 其他文件

还有一些其他的可能感兴趣的文件。这些文件不是建议，而是可能有帮助的额外信息的来源。

在电信中使用 GNSS 作为主时间参考的 GSTR-GNSS 考虑

ITU-T GSTR-GNSS 是一份非常有用的技术报告，阐述了作为时间源使用 GNSS 接收机的许多基础技术。它提供了有关设计和操作基于 GNSS 电信时钟的相关信息，用于那些需要高精度时间恢复的应用。根据文件的范围：本技术报告面向电信运营商、制造商、芯片供应商和测试设备供应商，这些供应商对 GNSS 接收相关的信息和问题的高层视图感兴趣。这包括一般信息，基本变量、参数和方程，操作模式，以及挑战的性质和应对方法。本技术报告并不收集或总结关于 GNSS 接收主题的资料，包括科学出版物、博士论文、实验测试报告和在线百科全书中的文章等。

本报告包括以下主要主题和附录：
- 对 GNSS 系统的高层描述。
- 影响基于 GNSS 的 PRTC 性能的因素。
- GNSS 时间分发中的时间误差来源。
- 减少基于 GNSS 的 PRTC 的时间误差。
- 减少 GNSS 时间分发误差的操作方案，包括多星座和多波段接收机、增强系统、差分 GNSS 和后处理等技术。
- 附录Ⅰ，"GNSS 接收机中的电缆延迟效应和校正"。
- 附录Ⅱ，"电离层延迟，对 GNSS 接收机的影响，以及影响的缓解"。
- 附录Ⅴ，"天线电缆内多次反射的影响"。
- 附录Ⅵ，"卫星共视"（通过在不同位置同时观测相同的卫星，来进行精确的时间比较）。
- 附录Ⅶ，"接收机信号处理中的多径效应"。

这份报告容易且值得阅读。

系列 G 补充 68——同步 OAM 要求

ITU-T 补充 68——同步 OAM 要求，概述了已经部署定时解决方案的 OAM。根据建议的范围：本补充资料概述了同步操作、管理和维护（OAM），包括故障管理、性能监控、告警和事件。

本补充资料包括以下主要主题：
- 故障管理。
- 性能监控。
- 告警和事件。

本补充资料涵盖三个用例：
- 物理层上的频率同步。
- 基于分组传输的频率同步。
- 时间同步。

8.5 定时建议未来的变化趋势

在过去几年中，同步标准化过程取得了一些惊人的进展。这主要是由 5G 和移动通信行业的创新推动的。预测标准可能会朝哪个方向发展是一项冒险的任务，但一些变化是显而易见的。

或许 Q13/15 建议最有可能的变化将来自新版 IEEE 1588—2019 PTP 协议 v2.1 的发布。根据 IEEE 1588—2019 第 19 条，PTP v2.1 被设计为可与当前 PTP v2.0 互操作。当然，运营商很快就会开始部署支持 PTP v2.1 元素和功能的 PTP 支持节点。如果该网络时钟不使用 v2.1 中引入的任何功能，那么它应该与使用 v2.0 的现有部署兼容。

然而，在某种时刻程度上，ITU-T 建议将不得不与新版本保持一致，并开始采用 2019 年新版 IEEE 1588 标准中增加的一些功能。这方面的一个例子可能是新 PTP 版本引入的安全特性元素。

此外，还将继续研究支持 G.8271.1、G.8273.2 和 G.8273.3 数学模拟的细节和结果。同时，定义边界时钟（更新到 G.8273.2）端口之间的相对时间误差（rTE）的工作也在进行中。这限制了网元上不同接口端口之间或 PTP 和 1PPS 输出之间出现的时间误差量。

看起来唯一可能的其他变化将是进一步采用新的网络拓扑和限制（在 G.8271.1 中），以特别支持在 RAN 前传中使用高精度 C 类 T-BC 边界时钟网络的情况。在 5G RAN 网络中，支持基于集群同步概念的工作也在进行中（关于它的概念，请参见 G.8271.1 的附录 Ⅻ）。

前传的采用大部分来自 RAN 的 5G 演进，以及围绕移动网络无线电部分标准化的行业倡议（例如，O-RAN 联盟）。有关前传标准化工作的更多信息，参见第 4 章。

参考文献

IEEE Standards Association. "1588 Standard for Precision Synchronization Protocol for Networked Measurement and Control Systems." *IEEE Std. 1588:2008*, 2008. https://standards.ieee.org/standard/1588-2008.html

IEEE Standards Association. "1588 Standard for Precision Synchronization Protocol for Networked Measurement and Control Systems." *IEEE Std 1588:2019*, 2019. https://standards.ieee.org/standard/1588-2019.html

ITU-T. "Q13/15 – Network synchronization and time distribution performance." *ITU-T Study Groups*, Study Period 2017-2020. https://www.itu.int/en/ITU-T/studygroups/2017-2020/15/Pages/q13.aspx

ITU-T. "Transmission systems and media, digital systems and networks." *ITU-T Recommendations*, G Series. https://www.itu.int/rec/T-REC-G/en

Telcordia Technologies. "Synchronous Optical Network (SONET) Transport Systems: Common Generic Criteria." *GR-253-CORE*, Issue 5, 2009. https://telecom-info.njdepot.ericsson.net/site-cgi/ido/docs.cgi?ID=SEARCH&DOCUMENT=GR-253&

Chapter 9 第 9 章

PTP 部署考虑因素

本章探讨了使用基于分组的传输在广域网（WAN）上传输定时信号时需要解决的主要问题。在大多数情况下，这意味着使用某种形式的 PTP 来传输该信号，尽管也有其他基于分组的技术。

本章汇集了前几章的所有理论，以便了解如何使用传输网络设计和实施定时解决方案。本章并不仅仅针对移动用例或 5G 用例，相关经验主要适用于任何具有类似特征和性能目标的部署。

本章将介绍如何使用基于分组的方法设计网络来携带定时信号。这主要意味着使用某种形式的 PTP，尽管也有其他基于分组的方法可以传输频率、相位和时间。对于相位/时间的情况，本章主要介绍 PTP，但也介绍了通过分组传输频率的其他选项。

本章主要讨论使用分组方法的定时传输，因此集中于 PTP，虽然也简要介绍了 NTP 和其他一些分组方法。另外还提到了 IEEE 1588—2008 的附件 A "使用 PTP"，其中涵盖了 PTP 部署过程中可能出现的重点问题。

9.1 部署和使用

工程师应考虑可用的选项（见表 9-1）来部署定时解决方案。《5G 移动网络的同步（下册）》11.2.1 节更详细地介绍了这些选项之间的权衡和每个选项的优点（在移动环境中）。

表 9-1 不同同步类型的定时方法

方法	频率同步	相位同步	时间同步
精确时间协议（1588，PTP）	√	√	√
网络时间协议（NTP）	√	√	√
其他分组方法	√		

(续)

方法	频率同步	相位同步	时间同步
同步以太网（SyncE）	√		
全球导航卫星（GNSS）接收机	√	√	√
原子钟	√	需要校准（GNSS）	需要校准（GNSS）

本节从通过网络传输的定时信号源开始。第 3 章介绍了各种形式的主参考时钟（PRC）、主参考源（PRS）和主参考时间时钟（PRTC）及其相关信号。本节在第 3 章的基础上进行了扩展，详细介绍了它们的用法和实现。

9.1.1 物理输入和输出信号

频率输入和输出（10MHz、BITS 等）

检查定时信号源时需要考虑以下主要因素以及这样做时一些常见陷阱：

- 确保电缆和连接器正确并且能够共存（例如，通过匹配阻抗和增益 / 损耗等信号特性）。
- 选择信号类型并了解它们的配置差异。
- 提供质量级别（QL）可追溯性，并确保配置与质量等级类型相匹配。如果信号没有 QL 值，则将接收节点配置为在信号出现时使用预期的 QL。

在基于分组的频率分发网络开始阶段，将有一个带有频率输入的基于分组的主设备时钟（PEC-M）或 PTP 全局主时钟（GM）。该输入参考通常是来自同步供给单元（SSU）或大楼综合定时供给（BITS）的信号，例如 10MHz、2MHz、同步以太网（SyncE）或一些基于 E1/T1 时分复用（TDM）的电路。确保电缆和连接器正确无误是基础，以下章节将详细介绍。

连接器有很多种，有几种看起来非常相似，很容易将一个连接器插入另一个连接器并造成损坏，因为它们并不完全兼容。避免这种损坏需要选择正确的连接器。接下来要考虑的是确认连接器是公头还是母头，这可利用接头转换适配器实现。

以下是常见的主要连接器类型：

- Bayonet Neill-Concelman (BNC)：BNC 连接器在 PRC/PRS 装置和设备上非常常见，用于测试定时或任何需要频率输入的设备。BNC 连接器通常用于传输 10MHz/2MHz 信号，并可用于传输不平衡的 75Ω E1/T1 信号（稍后会详细介绍）。
BNC 连接器有 50Ω 和 75Ω 两个版本，相关电缆类型与阻抗匹配。使用时应该检查阻抗，不平衡的 E1/T1 为 75Ω，而大多数 10MHz 定时接口为 50Ω。还有一个 BNC 的较小版本称为迷你 BNC（"迷你"是相对的，实际它们仍然有点大）。
- SubMiniature version B（SMB）连接器：SMB 连接器是一种可插拔版本的连接器，通常称为 GNSS 天线连接器。SubMiniature version A（SMA）是一种螺旋式连接器，而 SMB 是一种点击式可插拔连接器。它们的外形与其他类型的连接器相似，所以在将它们连接到不熟悉的设备时要小心。一些供应商使用 SMB 以减少设备输入/输出端口占用的空间。

- DIN 1.0/2.3：在大型桌面设备中，BNC 的大尺寸并不是主要问题，但对于披萨盒路由器的前面板来说，空间有限。因此，Cisco 和其他一些设备制造商将 DIN 1.0/2.3 用作 10MHz 输入/输出的连接器，但 DIN 1.0/2.3 连接器与 SMB 连接器不同。DIN 1.0/2.3 连接器广泛用于音/视频行业，它们是即插即用快速断开可插拔设备，与 SMB 非常相似，但它们不兼容。
- BITS 和 E1/T1：设备中常见的传统 E1/T1 电路有两种基本形式。不平衡 75Ω 曾经很普遍（两条电缆，一条用于传输，一条用于接收，带有 75Ω 同轴电缆和常见的 BNC 连接器），但如今，面板上的 BITS 接口主要是一个 RJ-48c 端口，通过 CAT-5 非屏蔽双绞线生成平衡信号。E1 的阻抗为 120Ω，T1 的阻抗为 100Ω，信号在引脚 1、2、4 和 5 上传输。该系统也可用于传输不成帧的 2MHz 信号。

BNC 连接器

PRC/PRS 一般都是配备几个（母）BNC 连接器（称为插座或插孔），但接收信号的设备也会有一个母头连接器。所以，用来连接它们的普通电缆是公对公电缆，两端各有一个插头。图 9-1 显示了 BNC 母头连接器的正面和中心，以及一根公对公电缆（两端各有一个插头）。

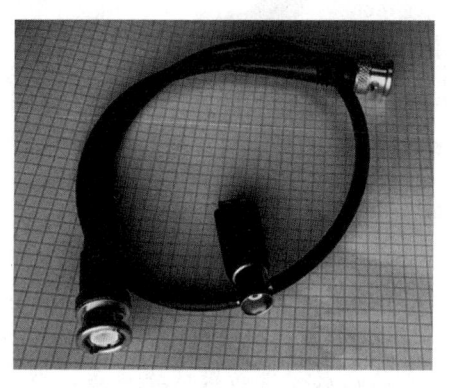

图 9-1　BNC 母头连接器和公对公同轴电缆

请注意，这些电缆只能在较短长度内保持高质量信号，不应使用超过几米的电缆。事实上，使用超过 10～15m 的电缆意味着在远端无法检测到信号。关于这些接口类型的电气标准和其他标准，ITU-T G.703 中有更多详细信息。

当然，如果 PRC/PRS 上的接口与路由器或定时设备上的接口不匹配，则需要使用适配器来转换接口或改变连接器类型。如果一个接口是不平衡的同轴电缆（50/75Ω），另一个是平衡的 UTP，那么就需要一个巴伦（平衡–不同衡转换器）来转换阻抗。该设备还能转换媒体类型，允许将 UTP RJ-48c 插入一端，将 BNC 同轴电缆插入另一端。图 9-2 显示了一个典型的平衡–不平衡变换器，它同时还可起到媒体转换器和阻抗匹配器的作用。

图 9-2　在 120Ω 平衡 UTP 和 75Ω 不平衡同轴电缆之间转换的平衡–不平衡转换器

DIN 1.0/2.3 连接器

当使用 Cisco 路由器执行定时项目时，定时接口上下一个最常见的连接器是 DIN 1.0/2.3。前面板上的连接器是母插座，因此连接电缆需要有一个公插头。图 9-3 左侧显示了 Cisco ASR 900 系列路由器的前面板，中间的是一个母插孔，右侧的是公插头。

图 9-3　DIN 1.0/2.3 带有相应公插头的插孔

由于许多其他定时设备（尤其是拥有大量占地面积的大型设备）都有 BNC 连接器，因此最方便的电缆之一就是 BNC 公插头对 DIN 1.0/2.3 公插头的适配电缆。

提示：由于 DIN 是德国标准制定组织的首字母缩写，因此有许多现成的物品是"DIN 标准"，其中之一是非常流行的音频接口（好吧，那是 30 年前的事了），所以不要拿错了。实际上，它们是早期几代鼠标线的默认连接器，旧台式个人电脑的后面都使用它们。所以，需要具体说明需要哪种 DIN 连接器。

RJ-45 UTP BITS 接口

要考虑的最后一个主要连接器是 RJ-45 型连接器（实际上是 RJ-48c，但是大多数人把它称为 RJ-45，因为看起来像以太网端口）。通常，在路由器有一个 BITS 端口以提供 2MHz、2Mbit/s E1 或 1.544Mbit/s T1 信号。请注意，根据 G.703 标准，2MHz 指的是 2048kHz 的频率，但术语 2MHz 和 2.048MHz 的频率在某种程度上可以互换使用。

该接口看起来很像以太网端口和电缆，但其特定的引脚（1、2、4 和 5）意味着大多数以太网电缆可能与预期用途不匹配（此时最好避免 UTP 布线标准中的陷阱）。除非使用专为 E1/T1 设计的 UTP 电缆，否则应该准备好更改电缆连接器的引脚。仅仅因为 UTP 电缆上的 RJ-45 连接器适合 RJ-48c 端口，并不意味着接线连接正确。

请注意，工程师和移动服务提供商（MSP）经常使用 BITS 端口来快速检查路由器的频率对齐情况。将一台测试设备（具有可用的频率参考信号）插入 BITS 端口，可以针对测试设备快速测量网元中的时钟频率。

大多数供应商因空间限制、产量低、昂贵的生产工艺、需求减少等原因，正在逐步淘汰 BITS 端口。

频率输入和输出（SyncE）

提供参考频率的 PRC/PRS 等设备也越来越多地配备以太网端口（以及常见的 10MHz）。目前，任何 PRTC 交付阶段都支持以太网，并支持 SyncE 输出。这意味着设备的最佳频率源之一是使用 SyncE，主要是因为它是简单的以太网。

通常，光纤以太网接口可以设计为支持 SyncE，并在设备文档中声明支持 SyncE，以确保单个端口也支持 SyncE（某些端口可能有限制，如仅支持输出）。但在一些涉及旧接口类型的情况下可能会出现问题。例如，低速铜质接口（1GE 或以下）可能不支持 SyncE，或者可能对其提供的支持有限（例如，如果没有端口 up/down 事件，接口可能不支持 SyncE 流方向的改变）。经验法则是，端口越慢、越旧，实现 SyncE 或发出警告的可能性就越小。

需要特别注意的是，小型可插拔（SFP）铜缆设备通常不支持 SyncE。这些 SFP 是插入路由器千兆以太网（GE）SFP 端口的设备，允许设备连接到 UTP(1000BASE-T) 铜缆。这是因为符合这些标准的可插拔端口没有足够的引脚来连接铜质 SFP 以携带 SyncE。这是 SFP 端口的问题，而不是正常的铜缆端口的问题，因为后者没有此限制。

一些专有的 SFP 可以部分解决这个问题，尽管它们存在一些缺点。其中一个主要缺点是，它们一个是主 SyncE，另一个是从 SyncE，是两个独立的设备，无法更改状态。这意味着它们在环中的使用受限，因为环中的 SyncE 方向不能在不交换信号方向的情况下改变（如果它们的功能在工厂中是硬编码的，也可能是 SFP 本身）。

最好的方法是，如果解决方案需要 SyncE 通过使用铜缆运行，请确保网元包含用于铜缆 1000BASE-T 的本地 1-GE RJ-45 端口，因为铜缆 SFP 几乎无法工作。

频率输入和输出（质量等级）

接收稳定、准确的参考频率信号作为输入是很重要的，但同样重要的是接收有关质量等级（QL）和信号源可追溯性的信息。有关更多信息请参阅 3.1.6 节。

并非所有类型的频率传输都支持携带有关时钟质量的信息。例如，诸如 10MHz 和 2MHz 这样的纯频率信号不具备发送时钟质量或可追溯性信号的方法。为了解决这个缺点，工程师可以用 QL 来配置网元，以便在输入信号可用时对其进行假设。

这样，如果工程师将 10 MHz 输入配置为具有 QL-PRC（主参考时钟）的 QL，路由器将在链路接通时假设信号为 PRC 质量。请注意，在北美，对于选项 II 网络，人们会将其配置为 QL-PRS（主参考源），因为 QL-PRC 适用于选项 I 网络（见下文选项）。

当 PRC/PRS 频率源失去其输入参考（例如来自太空的 GNSS 信号）时，它必须向下行节点发送此丢失信号，但同样，对于 10MHz 等信号没有可用的 QL。因此，为了发出质量丢失信号，PRC/PRS 会关闭（压制）它正在传输的频率信号。依赖该参考源的下行网元看到信号消失，于是将该频率源（以及为其配置的 QL）排除争用。然后，它根据 QL 级别，从可以看到的信号中选择一个新的频率源。

其他一些信号类型仅在配置为使用特定传输模式时才支持 QL 信息。这意味着，工程师必须配置 PRC/PRS 和路由器，以使用支持携带 QL 的传输形式。通过这样做，路由器将能够接收传入的 QL 信号，以选择可用的最佳频率源。当然，路由器上的配置可以覆盖任何接口上接收到的 QL。

这种情况的一个很好的示例是 E1/T1 电路的同步状态消息（SSM）位。为了使 E1 发送 SSM 位以表示其质量级别，必须将其配置为使用循环冗余校验 4（CRC-4）的帧类型。其他帧不支持 SSM。对于 T1 电路也存在类似情况，因为仅在配置为使用称为扩展超级帧（ESF）的帧方法时才支持 SSM 信号。

最后一个容易陷入的陷阱是，处理 QL 信息的设备被配置为使用不兼容的 QL 值集：一些使用来自 SDH E1 的值，另一些使用来自 SONET T1 的值。默认情况下，Cisco 路由器根据 ITU-T SDH E1 方案（选项 I）解释 SSM 和 QL 值，因此北美工程师应立即更改该方案，以使用适合其地理位置的方案（选项 II）。

如果 PRC/PRS 发布一组与选项 II 市场一致的 SSM 值，并且路由器仍处于选项 I 的默认状态，则节点将误解其接收到的值，并对其应使用的源做出错误决定。这是一个很常见的错误，整个网络必须运行与 QL 方案相同的选项值（除非在北美和其他大陆之间运行国际 TDM 链路）。

相位/时间输入/输出（1PPS，ToD）

1PPS（每秒脉冲数）和时间日期（ToD）的相位输入信号在某种程度上是有区别的、互不相同，尽管它们共同作用于相位和时间传输。在最简单的形式中，1PPS 只是一个简单的脉冲，以每秒一次的速率循环。另一方面，ToD 是一种传输方法，它携带从 PRTC 到路由器的时间日期表示。更详细的信息，请参见第 3 章。

1PPS 信号的正脉冲长度必须在 100ns ～ 0.5s（根据 ITU-T G.703 第 19.2.1 条），这通常可以根据接收设备的需要进行配置。有时，接收设备需要校准以适应所选择的任何脉冲长度。在大多数情况下，1PPS 信号通过 50Ω 同轴电缆传输（其他选项的覆盖范围如下）。记住，能够传输 1PPS 脉冲的同轴电缆的长度非常有限，肯定远小于 10m；然而，对于高精度应用，同轴电缆应很短（小于 2m）且具有非常好的质量。

1PPS 连接器通常与定时设备上的频率连接器类型相同，常见的是 BNC，有些设备还可支持 SMB。Cisco 路由器支持带有 DIN 1.0/2.3 插孔的 1PPS 信号，与 10MHz 频率连接器相同（参见图 9-3 的左侧）。

一些网元还支持一种称为微型同轴连接器（MCX）或微微型同轴连接器（MMCX）的形式（如 SMB 和 DIN 1.0/2.3）。这些是欧洲流行的连接器（在 IEC 标准中有规定），常用于由于太小而无法容纳 SMA 连接器设备（如手持导航设备）的 GPS 天线连接器。

1PPS 的第二个选择是将其与 ToD 一起携带，在超过 100 Ω UTP 的串行接口不同引脚上运行（规范和管脚见 ITU-T G.703 第 19.1 条）。在 RJ-45 形式接口中，这是一个平衡信号（如 ITU-T V.11），两个引脚承载 ToD 的正负值，另两个引脚承载 1PPS。

当然，从布线和部署角度来看，使用 UTP/RJ-45 方法携带 1PPS 和 ToD 的组合比为每个信号使用单独的连接器更容易。但是，如果试图使用标准以太网电缆，就需要准备好更换引脚。

但是，也许最大的问题是 ToD 的格式。ITU-T（G.8271 附件 A）现在提供一种标准化的 ToD 格式，然而整个行业尚未普遍采用。有几个事实上的标准（NTP、UBX、NMEA），但没有一个得到行业 100% 的支持。还有一种称为"Cisco"的格式（有关格式的更多信息，请参阅第 3 章）。

虚拟端口（1PPS、ToD 和频率）

ITU-T G.8275.1 建议中的附件 C 引入了虚拟端口的概念，因此该功能有时被称为附件 C 支持。因为它适用于 G.8275.1 和 G.8275.2，该规范被移至 ITU-T G.8275 的附件 B 中，因此原有名称现在令人困惑。最好将其称为虚拟端口支持。

虚拟端口的概念是使定时端口（1PPS、ToD 和 10MHz）或 GNSS 输入看起来像一个"虚拟"PTP 从端口。普通的 PTP 从端口具有端口数据集和 PTP 消息的实际传输。另一方面，虚拟端口连接到外部 PRTC 源（无 PTP），并具有一个虚拟数据集，因此对于状态机来说它看起来与其他从端口一样。

通常与端口相关的大多数参数，例如在该端口上接收的 Announce 消息中的值，要么保留为默认值，要么由操作员配置。由于没有实际的 PTPAnnounce 消息进入虚拟端口，工程师必须选择并配置适用于该网络且与实际 GM 不冲突的值。这些值可能包括 Announce 消息中的优先级 2 和时钟质量参数，包括时钟类别。

需要注意一点，虚拟端口只能在电信边界时钟（T-BC）上配置，因为这个额外的端口会导致它超过任何其他普通时钟 [如电信全局主时钟（T-GM）或电信时间从时钟（T-TSC）] 通常允许的端口数（一个）。图 9-4 显示了具有虚拟端口的 T-BC 以及与 T-GM 之间的区别。

一个微小而重要的细节是，T-GM 永远不会有远程备份，因为 1588 中有一条铁一般的规则，即 T-GM 永远不能从另一个时钟源接收时钟输入。它可以从本地源获取频率、相位和时间，但永远不能有一个同步到另一个 PTP 时钟的从端口。

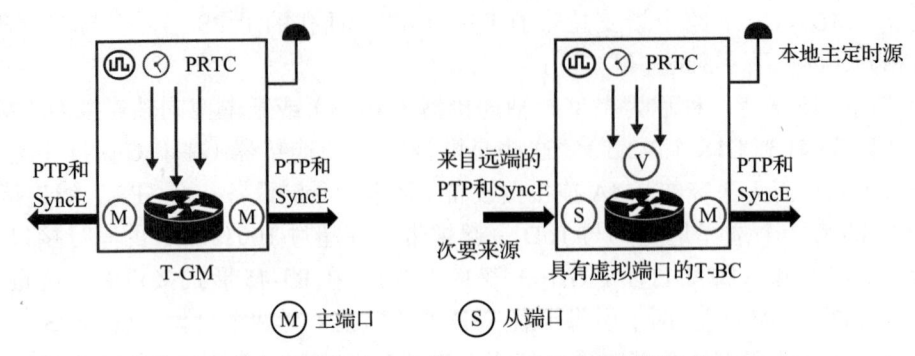

图 9-4　具有嵌入式 GNSS 的 T-GM 和具有虚拟端口的 T-BC

因此，如果有个时钟使用 GNSS 作为其主源，但需要从另一个（远程）PTP T-GM 进行备份，那么就必须将设备配置为具有虚拟端口的 T-BC。使其成为允许你配置从端口的 T-BC，以便在本地 GNSS 中断时作为备份。

有关虚拟端口的详细信息，请参阅 ITU-T G.8275 的附件 B。

GNSS（全球导航卫星系统）

《5G 移动网络的同步（下册）》的第 11 章提供了更多关于使用基于 GNSS 的系统为 5G 同步构建分布式定时解决方案的详细信息，请参阅该章，以了解总体解决方案来设计备选方案。以下部分介绍了 GNSS 部署的一些实施考虑因素。

带有虚拟端口（和 T-GM）的 T-BC 的信号源可以是嵌入式 GNSS 接收机，带有一些内部连接器，用于将频率和相位/时间信号路由到定时子系统。它也可以是一个外部 GNSS 接收机（一个单独的设备），并通过外部物理电缆（1PPS、ToD 和 10MHz/2MHz/SyncE）连接到 T-GM/T-BC。

这两种方法都是可行的，尽管嵌入式（单盒）解决方案允许两个功能之间更紧密的集成，尤其是出于维护和操作的原因。如果操作员想要选择一个比可能嵌入路由器更加"功能齐全"的 GNSS 接收机，那么使用单独的系统效果会更好。这将允许操作员选择一个提供可选额外功能的接收机，例如铷保持振荡器或多个物理信号输出连接器。

对于天线，定时领域的许多设备使用 SMA 插孔作为外部 GNSS 天线的默认连接器（SMA 是 SMB snapon 版本的螺口式替代品）。有时也会使用其他类型的连接器，例如 BNC 和螺纹 Neill-Concelman（TNC）连接器，后者是 BNC 的螺口式版本，但 SMA 非常常见。SMA（以及 MCX）可以在许多廉价的消费级"贴片"天线中找到，这些天线可用于车载导航的便携式接收机等设备。对于一些非正式测试和实验室环境中的概念验证，可以使用一个带有 SMA 的设备。

大多数使用长距离电缆（>50m）的专业天线在安装时通常使用非常粗重的低损耗同轴电缆，此时 SMA 连接器就太弱了，无法承受电缆的重量和张力。通常需要使用更大更强的接线盒作为连接器，例如称为 N 型连接器的大型连接器，将电缆端接在接线盒上（见下面关于分流器的列表要点）。然后，使用轻型 N-to-SMA 配线电缆完成与接收机的连接。

这就引出了如何选择天线用于生产或正规实验室环境中使用的问题。作者经常面临这个问题，简短的回答是，天线的选择和安装应由具有所需专业知识和经验的本地承包商负责。要安全准确地（合法地）安装天线，需要满足许多本地要求，业余爱好者安装的现成天线可能无法满足这些要求。

以下是规划 GNSS 天线安装时需要考虑的几个事项：

- 天线的选择必须基于其产生的（信号）增益，电缆衰减引起的信号损失将消耗天线增益。电缆损耗越大（质量越低或价格越便宜），天线增益就需要越大，以应对损耗。鉴于天线电缆的长度和质量，安装人员必须平衡该增益/损耗，以允许足够强的信号到达接收机。
- 为了增强来自太空的非常微弱的信号，GNSS 天线基座中包含一个前置放大器。该前置放大器由 GNSS 接收机施加在同轴天线电缆上的电压供电（通常小于 5V DC）。同样，在确定到达接收机天线端口的信号强度时，该放大增益应计算在内。
- 很多时候，当为 GNSS 应用安装天线时，同一位置的许多其他接收机也可以共享天线。出于这个原因，许多装置都包含一个分离器，它允许信号在多个接收机之间共享。该分离器必须能够调节来自所有接收机的直流电压，以确保不会为前置放大器过度供电。将信号分拆到多条路径也会降低信号强度，为增益/损耗计算增加了另一个因素
- 天线将在载有所需 GNSS 信号的狭窄频谱周围检测不需要的无线电信号的频宽。因此，天线装置配有滤波器，只允许通过非常窄的频率范围，即接收机希望检测的频率范围。安装人员必须确保天线对 GNSS 接收机可以处理的频带敏感，并使用正确的窄带滤波器，以便所需的信号能够通过并到达接收机。

当天线没有检测到传输或滤波器阻挡了大部分信号时，那么使用多波段多星座接收机是毫无意义的。

- 当地（消防）部门可能有关于什么类型的电缆可以穿过建筑物管道的规定，特别是电缆外部绝缘层等级。例如，可能需要使用一种称为低烟雾（LSF）的电缆类型，以符合各种法律要求。对于必须在室外铺设的电缆段，也可能有类似的规定。
- 天线必须位于高处，并能（尽可能）清楚地看到天空。此外，必须远离其他天线，尤其是远离其他辐射能量源。天线甚至可能需要某种形式的屏蔽，以防止电磁干扰（EMI）。找到接收 GNSS 信号的最佳位置并不像人们想象的那么简单；需要经验。
- 在许多建筑中，安装人员需要获得认证（职业健康和安全），才能进入受限空间，

- 如内部电缆管道和屋顶区域。屋顶上可能有一些危险的设备，比如微波发射机。
- 天线安装需要包括浪涌保护，以保护建筑物内的人员和设备免受危险能源（如闪电）的侵入。如果操作不当，可能导致严重的生命安全问题。出于类似原因，在使用现成的消费级天线时，不要将其放在高处或放在室外，尤其是在暴风雨天气条件下。
- 最后，应测量天线安装的准确位置和高度，以确保天线接收到有效信号，而不是附近结构反射的多径信号。同样，应确定天线电缆的长度，并校准 GNSS 接收机，以补偿该电缆长度。

出于所有这些原因，作者建议，需要可靠准确源 GNSS 设备的操作人员聘请当地专业人员设计和安装 GNSS 天线。有关部署基于 GNSS 的解决方案与其他方法的更多信息，请参阅《5G 移动网络的同步（下册）》第 11 章。还有一份 ITU-T 文件（技术报告）"关于在电信中使用 GNSS 作为主时间参考的 GSTR-GNSS 考虑"，其中包含了关于该主题的有用信息。

9.1.2 分组网络中的频率分发

第 6 章涵盖了使用物理方法通过传输网络传输频率信号的许多关键方面（信号在电线或光纤中传输）。但在很多情况下，运营商希望关闭这类网络，或者传输这些信号的设备不再具有成本效益。

一些提供传统传输服务（如 E1/T1 和低速光纤）的服务提供商（SP）也在逐步放弃基于 TDM 的网络，转而采用基于分组的传输。很多时候，SP 将客户端电路保留为基于 TDM 的基础网络，而将提供该服务的核心网迁移到基于分组的传输。在客户 TDM 电路最近的访问点（POP）终止处，TDM 信号被采样转换成分组，并转发到另一端。在另一端，TDM 电路被重新生成，作为到达客户的终结链路。业界通常将这种方法称为电路仿真（CEM），如图 9-5 所示。

替换端到端同步网络链路的一部分显然意味着，尽管链路的每一端都可以运行同步协议，但中间存在一个不提供同步方案的"间隙"。因此，SP 必须以某种方式构建一个定时网络，用以取代退役的 TDM 核心定时网络。出于简单的经济原因，大多数服务提供商决定应该使用传输网承载服务来传输新的定时信号。

如第 6 章所述，对于以太网类型的网络，分组网络中用于频率传输的明显选择是使用 SyncE（暂时偏离基于分组的频率）。图 9-5 说明了使用 SyncE 向客户 TDM 电路提供定时信号的方法（在 CEM 规范中称为附接电路）。

在 SP 网络中，每个 POP 上的所有 CEM 路由器都通过 SyncE 从参考 PRC/PRS 接收频率信号。除了 SyncE，CEM 路由器还通过以太网同步消息信道（ESMC）接收 QL 信号，表明该信号可追溯到高质量源。CEM 使用这些信号为 TDM 附加电路提供时钟并设置 SSM 位，以向客户设备发送 QL 信号。在每个客户场所，TDM 设备看到该电路可追溯到一个高质量源。因此，它从线路恢复频率并将其用作设备时钟，并应用该频率来接收和发送其信号到 POP。

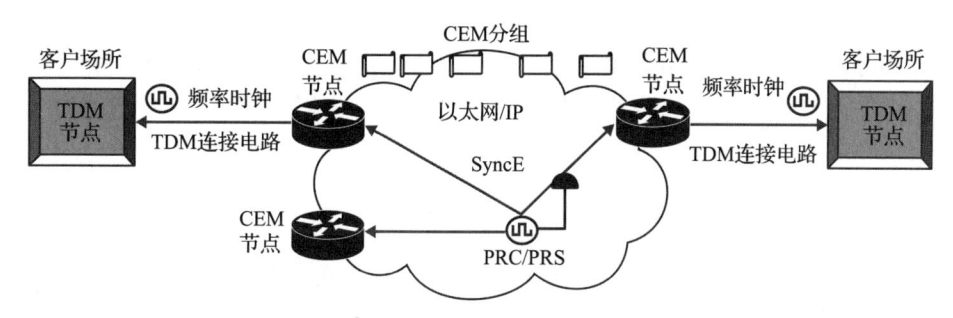

图 9-5　通过以太网仿真的 TDM 电路，使用 SyncE 定时

移动运营商在 3G 时代首次遇到这个问题，当时许多移动无线电设备从 E1/T1 传输到以太网，而无线电仍然需要频率同步。当时，大部分运营商的回传网络安装的网元不支持 SyncE（首选解决方案）。由于这些限制，许多人采用了基于分组的频率分发方法，最常见的是使用 PTP 电信配置文件来进行频率同步，G.8265.1。

上述模型的限制之一是：客户有自己的频率源并希望 SP 透明地为客户携带该频率源，也就是客户希望在两个 AC 上都有自己的频率，而不是使用 SP 的频率。有关此问题的说明，请参见图 9-6。

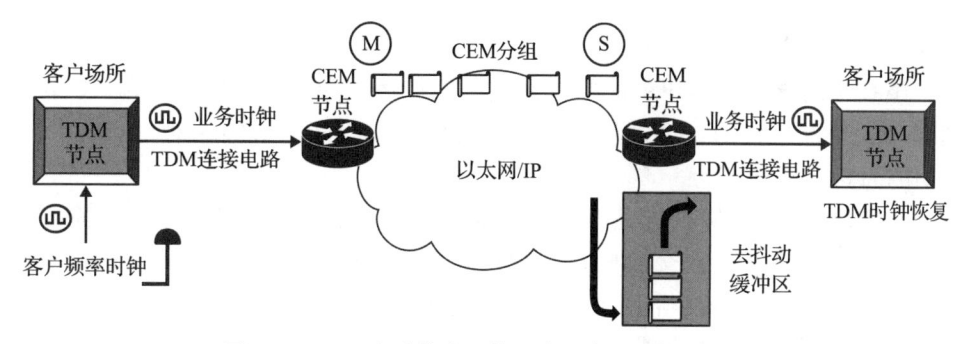

图 9-6　TDM 电路仿真，使用自适应时钟恢复定时

物理方法和分组方法的差异

本节简要总结了物理方法和分组方法携带频率的差异，以及它们对定时链末端频率恢复的质量影响。尽管指标有很多共同点，但特征不同。它们分为以下几类：

- 信号带宽：分组传输频率使用的速率在每秒 1 ~ 128 条消息或 128Hz（对于 PTP）的范围内。对于 E1 定时信号是 2MHz，对于 SyncE 可能是数兆赫兹。因此，两种方法之间的定时数据传输速率差异很大。

- 规律性：物理信号在短时间尺度上非常规律，而分组速率在短时间间隔内可能变化很大。是的，随着时间的推移，分组流可能具有非常一致的平均速率，而 PDV 会导致消息之间的间隔不规则。
- 噪声特性：对于分组定时，定时噪声的主要原因是 PDV，它比物理信号中的抖动和漂移具有更大的幅度和分布。分组定时不仅依赖于网元，还依赖于传输和拓扑。所有这些因素使噪声更加粗糙、复杂，并且难以预测和抵消。
- 流量不敏感：改变流量模式会影响分组定时信号中产生的 PDV，而 SyncE 信号不受分组流的任何影响。

来自物理层的定时信号通常大部分是静态的，呈高斯（钟形曲线）分布（G.8260）；因此，使用每个可用的重要时刻（数据点）来过滤尽可能多的噪声并实现最佳稳定性是有意义的。

相比之下，基于分组的定时信号更加动态且不具有高斯分布（例如，参见本章后面的图 9-14），这意味着有更多离群数据点。因此，恢复机制通常只需要通过某种形式的过滤来选择所有分组的一个子集。在尝试估计分组流的可能性能时，测量方法也存在类似的问题。

尽管有这些充分的理由，SyncE 仍然可能不是最适合运营商的解决方案。在谈论部署 PTP 作为一种分组方法来携带频率之前，应该了解一些可以解决其中一些问题的其他一些流行方法。G.8261，特别是第 8 条，有关于这些技术的附加参考信息。

自适应时钟恢复（ACR）

在共享基础设施上传输不同时钟的一种方法是使用一种称为自适应时钟恢复 (ACR) 的技术。该技术用于来自客户的时钟必须被透明传输，并在服务的另一端 AC 处重新生成的情况。此外部时钟的一个通用名称是业务时钟，与网络时钟相对，网络时钟是 SP 网络使用的时钟的名称。

使用 ACR 的一个示例可能是客户在总部拥有自己的专用电话网络，但需要连接到远程办公室的小型企业电话交换机（PABX）。该电路现在正在使用分组进行仿真，因此需要在两个位置之间的 CEM 电路上透明地传送业务时钟。

在讨论该系统基本工作原理之前，必须首先了解 CEM 本身。显然，本书不能包含对 CEM 的完整处理，因此请参阅本章末尾的参考文献（主要来自 IETF）以获取进一步阅读来源。

CEM 的基本思想是互通路由器终止 TDM 电路，由电子电路定期对输入信号进行采样（对于 E1 为 2048kHz）并恢复数据。然后它将数据绑定到一个 IP 分组中（例如，每毫秒一次），将其转发到仿真电路的另一端。图 9-6 显示了基于 ACR 定时的 CEM 业务。此功能常用现场可编程门阵列（FPGA）来实现。

业务另一端的 CEM 路由器开始接收来自源的分组，但不会立即开始处理和转发这些分组。接收机总是比发送机滞后一点，以便总是有一个分组可供处理。对于同步协议，当填充 TDM 帧时总要有可用数据，否则就要插入空白了。

为了防止出现空白插入，接收机会建立一个小分组缓冲区，以防某些分组到达太晚。该缓冲区称为去抖动缓冲区。对于 E1/T1 电路的仿真，通常需要缓存几毫秒的数据，并且缓存区是可配置的，以便可以根据传输网络中经历的 PDV/抖动进行调整。

因此，在去抖动缓区冲填充约 50% 以后，CEM 路由器上的电路开始消耗去抖动缓冲区（显然是先进先出）。这为它提供了几毫秒的缓冲，以防分组延迟到达。它读取队列中的第一个分组并将其推送到 AC 上的 TDM 成帧器中以传输到客户站点。请注意，由于这些电路都是双向的，因此在相反的方向上也有一个等效的过程。但是定时只能沿一个方向流动（见图 9-6 中从左到右）。

请注意，图 9-6 中的定时流程与图 9-5 略有不同。在左侧，CEM 节点不再向客户端的 TDM 节点提供时钟信号；相反，它正在接收时钟信号。该 CEM 节点上的附接电路接口使用 TDM 作为线路时钟，以恢复来自客户的频率。然后，它使用恢复的频率通过附接电路传回数据。CEM 节点本身可能仍然（可选）具有一个网络时钟（例如，SyncE），但这并不重要，因为它不会将其用于该电路。这一切都很好，但会在下行端产生问题。

问题是，右侧的 CEM 没有来自主 AC 的频率信号，因此无法以正确的频率驱动从 AC。当然，CEM 节点可以从网络时钟中获取频率信号（例如，使用 SyncE）。但是这个频率会与输入 AC 的频率不同，进而导致客户电路两端之间的数据完整性问题。

如果右侧的 CEM（ACR 从时钟）节点运行附接电路的速度比左侧（主）端更快，那么它在数据发送过程中，会耗尽去抖动缓冲区中的数据（导致缓冲区下溢）。相反，如果推送数据的速度太慢，则去抖动缓冲区将填满，导致缓冲区上溢，从而丢失数据。

因此，右侧 CEM 从节点使用 ACR 方法来调节附接电路的频率——基于去抖动缓冲区的填充百分比。如果去抖动缓冲器被填满，说明驱动附接电路的速度太慢，必须加快频率。如果去抖动缓冲器正在耗尽，说明驱动电路的速度太快，必须降低频率。因此，它根据分组到达速率调整发送到下行客户设备的频率，而上行主时钟决定了分组的到达速率。

请注意，由于定时只在一个方向上传递（在图 9-6 中，从左侧的主时钟到右侧的从时钟），因此该 ACR 时钟恢复仅发生在右侧的从节点上。左侧 CEM 节点从客户电路获取其时钟，并使它成为 ACR 主时钟。

请记住，这是仅在单个接口上的业务时钟；CEM 节点永远不会使用客户频率来驱动整个 CEM 节点上的（网络）时钟。同一路由器上的其他 AC 可以使用来自另一个客户的不同时钟。

还有一些其他 AC 可以反转时钟方向并使用网络时钟——这意味着客户设备必须接收时钟，如图 9-5 所示。

关于性能，ACR 频率恢复的精度容易受 PDV 影响。如果分组网络的延迟是恒定的，则分组到达目的节点的频率不受网络影响。由于网络延迟，恢复时钟的相位会有延迟，但在从端不会出现频率或相位漂移。另一方面，如果延迟有变化，则从时钟恢复过程可能会将其解释为主时钟的相位或频率的变化（尽管事实并非如此）。

ACR 的一大优势是每个接口都可以运行不同的（业务）时钟。因此，对于第三方电路供应商来说，ACR 是一个非常好的工具，允许他们在同一个共享基础设施上透明携带来自许多客户的不同业务时钟，而该基础设施有自己的网络时钟。

但 ACR 确实有一些限制，尤其对于大规模 TDM 电路的密集安装而言，可能无法很好地扩展。此外，与任何物理方法相比，锁定和使时钟稳定的机制在某种程度上有些松散和低不确定性。这是因为 ACR 基本上是一个时间平滑过程。

因此，在配置 ACR 时钟并开始恢复时钟后，建议在测量恢复时钟的最大时间间隔误差（MTIE）之前等待 15～20 分钟。这种行为记录在 ITU-T G.8261 的附录 2 中。此外，在从时钟上保持稳定的频率输出对振荡器的质量提出了更高的要求，尤其是在分组网络遭受高 PDV 的情况之下。

由于这些原因（以及其他原因），在大型安装中使用了一种替代方法，称为差分时钟恢复（DCR），它将网络时钟引入解决方案中。

差分时钟恢复（DCR）

DCR 旨在解决与 ACR 相同的问题，即网络如何透明承载业务时钟，而 AC 不必与传输网的网络时钟对齐。如前所述，使用 ACR 时，下行节点通过将其频率与分组到达速率对齐，从 CEM 电路的上行恢复时钟。

使用 DCR 时，上行（主）时钟在 CEM 分组包含的实时传输协议（RTP）报头中插入时间戳。从时钟从那些差分时间戳中恢复时钟。配置 CEM 电路时，包括 RTP 通常是一个可选组件，但使用 DCR 时是强制性的，因为差分时钟信息是在 RTP 中传输的。有关 RTP 的更多详细信息，请参阅 IETF RFC 3550。

图 9-7 说明了 DCR 方法的工作原理。CEM 电路的主从端都有一个可用的网络时钟，可追溯到一个公共频率源（通常可追溯到一个 PRC/PRS，但可能只是一个不同质量的普通时钟）。该 CEM 节点上行主 AC 接口使用 TDM 作为线路时钟从客户那里恢复频率。与 ACR 情况一样，它使用该频率来接收传入的 AC 数据并传输输出的数据。

但是，使用 DCR 时，主端的电子电路（例如 FPGA）会生成一个时间戳，以捕获网络时钟和（客户）业务时钟之间的频率差。它在 RTP 标头中包含该时间戳以及来自附接电路的数据。在（右侧）从端，CEM 节点使用时间戳，通过根据自己的网络时钟参考重放时间戳，以从主端重建 TDM 时钟频率。

DCR 与 ACR 相比，主要区别在于，DCR 工作时，仿真电路的两端必须可追溯到共享的频率源。运营商和服务提供商更倾向于选择 DCR 而不是，因为它在大型运营商的部署中扩展性更好。此外，与 ACR 相比，DCR 对 PDV 不敏感。

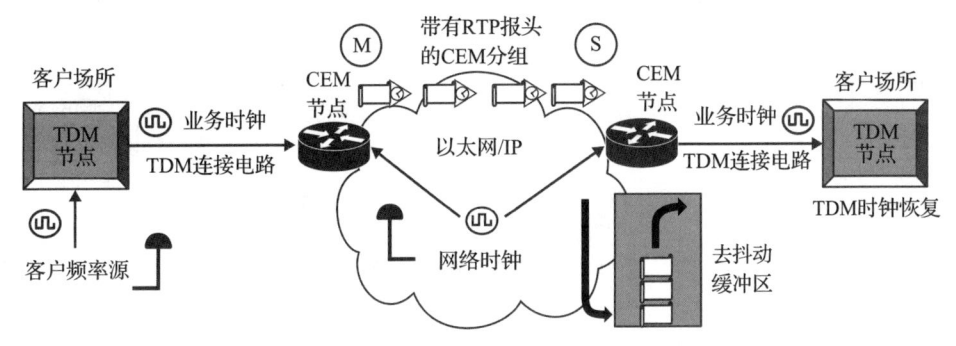

图 9-7 TDM 电路仿真，采用差分时钟恢复定时

NTP 用于频率

大多数网络工程师使用 NTP 只是为了保持网络中节点的系统时钟彼此大致对齐，大部分时间用于故障隔离和事件关联等操作任务。当使用不准确的时间戳捕获网络告警和系统日志消息时，在复杂情况下尝试确定事件的顺序就变得非常困难。但是，在某些特定情况下，NTP 已被部署用于在分组网中传输准确的频率。

最常见情况是，爱立信使用 NTP 为其基站（eNodeB/eNB）提供频率同步，主要用于 3G/LTE 移动网络。移动无线电要求空口稳定性为 50×10^{-9}，工程师们认可这相当于无线电设备输入端 16×10^{-9} 的要求。对于小型基站，可能会稍微宽松一些。

理论上，假设使用相同的算法、相同的时钟和相同的网络条件，则 NTP 和 PTP 提供基本相同的性能。另外，这两种实现都必须有硬件时间戳的支持（对于 NTP 来说并不常见）。性能上的一个不同之处在于，当使用 PTP 时，NTP 不支持更高的可用分组速率。现实情况是，PTP 在定时和网络社区中得到了更广泛的支持，并且有更好的硬件支持。

此处提及此部署选项只是为了完整性，因为它可能是你会遇到的一个选项，尤其是在使用爱立信设备 5G 之间的移动网络中。否则，没有理由要求必须处理它，因为该行业的其他人更喜欢其他方法，尤其是 PTP。

PTP 用于频率

最流行的替代使用分组方法在网络上承载频率的方案是使用 PTP 技术。对于大多数情况，这意味着使用 ITU-T G.8265.1 电信配置文件进行频率同步。主要原因有两个：

- 它拥有强大的工业和网元支持。
- 它旨在与 SyncE、PDH 和 SDH/SONET 在定时方面进行互操作。

图 9-8 说明了与前面所示相同的 CEM 应用，但在这种情况下，所有 CEM 节点都使用 PTP 时钟而不是 SyncE 进行定时（与使用 SyncE 的图 9-5 进行比较）。运营商将 PRC/PRS 放置在网络中的某处与运行 G.8265.1 配置文件的 GM 结合。网络中需要频率的每个节点都作为 PTP 从设备运行以恢复时钟。传输使用 IPv4（可选 IPv6），并且没有透明或边界时钟，因为在定义标准中明确禁止对路径的支持。

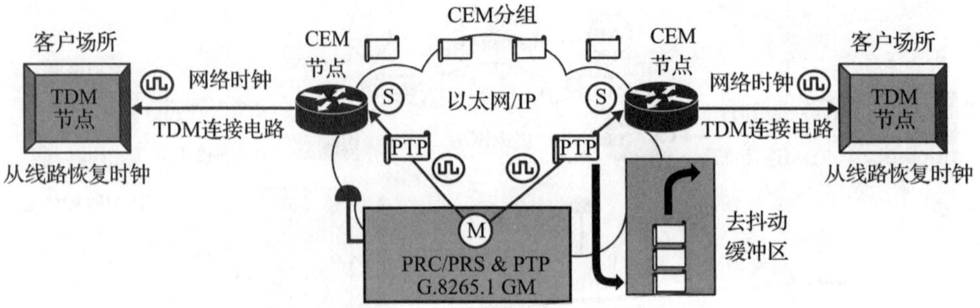

图 9-8 TDM 电路仿真，使用 PTP 电信配置文件 G.8265.1 定时

请注意，G.8265.1 是一种仅传输频率的方法，因此不必是双向协议，这意味着只需要从主到从的消息，即 Sync 和可选的 Follow_Up 消息。有关更多详细信息，请参阅 7.3.14 节和 7.5.2 节。因此，G.8265.1 部署中不会出现不对称问题，但过多的 PDV 是一个严重的问题，必须加以控制（后面将详细介绍 PDV）。

G.8265.1 部署最多的两个用例可能是电路仿真和不需要相位的移动网络（例如，3G/4G 频分双工 [FDD] 无线电）。随着移动用例开始需要相位/时间，该解决方案的主要用途就剩下 CEM 了。同样，这只有在其他替代方案不可用的情况下才适用——因为 SyncE 将是首选项。

图 9-9 显示了 G.8265.1 的灵活性如何用于将不同的频率域绑定在一起，特别是在那些没有物理方法携带频率的区域。在这种情况下，路由器 C 和 D 之间的右侧以太网不支持 SyncE，这通常是个问题。

频率来自最左侧的 PRC/PRS，并用作路由器 A 的频率源。指示频率源的 QL 信息将使用 SSM 比特来承载（如果由 BITS 信号支持）。路由器 A 使用该频率作为向由器 B 发送的 SyncE 链路上的频率源。QL 信息承载于同一条链路的 ESMC 分组中。

路由器 B 使用 ESMC QL 信息帮助选择来自 A 的 SyncE 输入作为网络时钟。然后将该频率用作到路由器 C 的 TDM 链路的时钟源。由于在这种情况下没有 CEM，B 和 C 之间的 TDM 链路仅用于该应用的 IP 数据传输。同样，QL 信息可以用 SSM 比特或传输类型的等效比特来携带。路由器 C 将从线路时钟恢复频率，因为它可以看到可追溯的 PRC 并将其用作节点的网络时钟。

但是路由器 C 到 D 的网络不支持 SyncE，而路由器 C 支持 G.8265.1 的分组主功能。路由器 C 使用从 TDM 电路恢复的参考频率作为 PTP G.8265.1 主设备源。QL 信息，即对 PRC/PRS 信息的可追溯性，被映射到适当的 PTP 时钟质量信息，如 clockClass 属性。该信息在转发给路由器 D 的 Announce 消息中携带。

路由器 D 支持 PTP 从功能，并可以看到指示可追溯到 PRC/PRS 频率源的 Announce 消息。然后它向路由器 C 的主端口发起 PTP 消息流（参见 7.3.20 节）。路由器 D 使用 PTP 时间戳流来恢复频率，并从中推导出网络时钟。然后将该时钟用作其他电路（例如

SyncE）的频率源，用于更下行的其他节点。

为了使所有这些互操作能够有效工作，必须了解如何在不同的承载频率系统之间映射不同的时钟 QL 级别。G.8265.1 的表 1 概述了 QL 信息在不同机制之间的映射。以图 9-9 为例，假设它是一个选项 I 网络，如果路由器 A 获得 SSM 值为 0x2，它会将其解释为 QL-PRC。然后，ESM 值也将是 QL-PRC，路由器 B 会将其转回 SSM 值 0x2。路由器 C 将恢复该 SSM，并将其映射到 PTP 链路的 84 时钟类。然后路由器 D 将该时钟类解释为下行 SyncE/ESMC 的 QL-PRC。

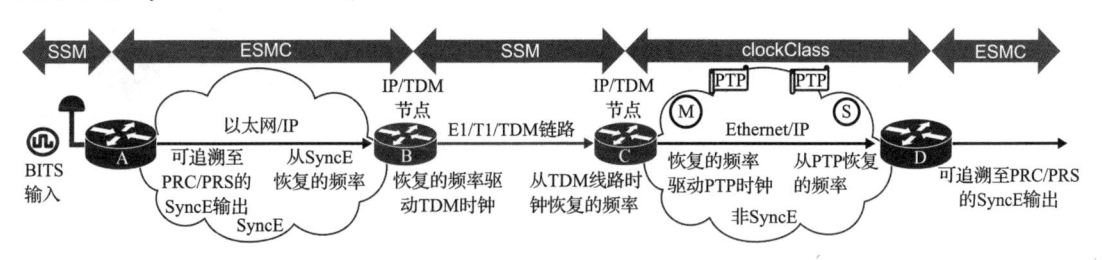

图 9-9　E1/T1、SyncE 和 G.8265.1 PTP 配置文件之间的频率同步

该示例是为了展示使用标准的灵活性，以确保可以使用可用的工具简单地解决困难的网络问题。当然，这仅表明信号可以从一端传递到另一端，并且 QL 的映射将真实再现。但这并不意味着频率信号到达所需位置时就可以满足应用要求。路径的每一步都会引入时间误差，因此定时工程师有责任确保频率质量指标均符合要求。

注意，有时你可能会在某些名为 Telecom 2008 的设备中遇到该配置文件。这是基于大致默认配置文件的电信配置文件的预标准化版本，但非常类似于 G.8265.1（或 G.8275.2）。我们经常在移动运营商中使用它，这些运营商主要通过分组进行频率同步，尽管它可以在相位场景中工作。有关详细信息，请参阅 IEEE 1588—2008 的附件 A。

9.1.3　基于分组的相位分发

现在是时候从基于分组传输的频率分发转向使用相同技术的相位 / 时间分发了。其实很多细节都有一些共性；如果说有区别的话，可以说是相位 / 时间情况是频率情况的超集，这意味着它们大致相同，但相位 / 时间情况更难实现。

在基于分组传输的网络上实现准确相位 / 时间分发的选项数量有限，几乎所有选项都涉及某种形式的 PTP。实现可能略有不同；例如，特定行业可能要求使用特定类型的通信配置文件。该要求可能基于该行业特有的情况，或者因为消息必须由已经广泛部署的传输方法承载。电源配置文件就是一个很好的例子。有关电源配置文件和其他配置文件的详细信息，请参阅第 7 章。

下面重点讨论电信配置文件，但这些原则也同样适用于试图实现精确相位 / 时间同步的其他情况和配置文件。

PTP 用于相位/时间

图 9-10 说明了分组上承载相位/时间的架构。该方法用于从时间源（PRTC）获取频率、相位和时间，并由全局主时钟通过分组网络发送时间信息。然后在从时钟上恢复这些信号，并用于同步从节点和托管在其上的任何相关应用（此处用基站中的无线电代表）。

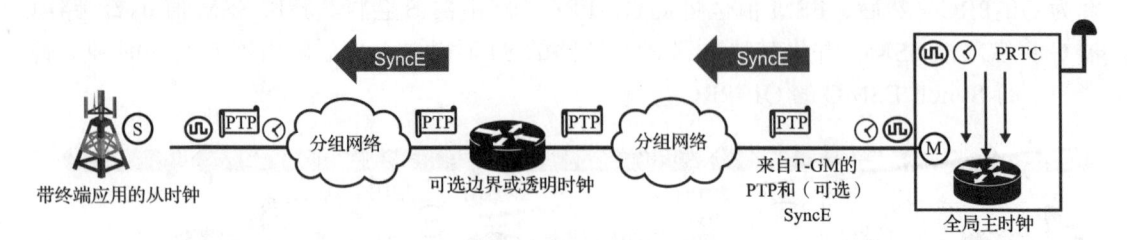

图 9-10 使用带有可选 SyncE 的 PTP 通过分组进行相位/时间同步

正如所看到的，这个概念很简单，但要使其正常工作涉及很多细节。下面介绍了成功部署的主要因素。许多主题已在前面章节中简要介绍过，本章将把这些背景与实际实现时的特定选择联系起来。

网络定时工程师的选择非常明确。如果可能，分组定时网络应使用以下方法来分发时间：

- 在每个节点（和传输）中使用具有时间感知功能的完整定时感知网络，并使用 2 层 ITU-T G.8275.1 电信配置文件。
- 尽可能将定时架构分散部署。不建议在网络中心部署几个 PRTC+T-GM，然后尝试通过多跳将定时传递到网络最远处。
- 使用带有 G.8275.1 支持的 T-BC 或电信透明时钟（T-TC），并在每个网元中嵌入来自 G.8273.2（用于 T-BC 或 T-TSC）或 G.8273.3（用于 T-TC）认证的性能级别（特别是噪声生成方面）。
- 将 PTP 相位/时间与 SyncE 或增强型 SyncE（G.8262.1）相结合，以在所谓的混合模式下承载频率。
- 使用 PTP 感知传输系统，旨在尽可能减少不对称性并控制任何 PDV 的产生。
- 避免（除非必要）在非感知节点上使用 G.8275.2 电信配置文件。若不能阻止使用，那么必须严格限制其使用范围，因为无法控制单个非感知节点将如何处理经过的定时信号。在这些情况下，最好的方法是尽可能运行 G.8275.1，然后在最后一跳使用配置文件互操作将其转换为 G.8275.2。
- 围绕预算时间差错设计定时解决方案，而不是作为网络演练。本章后面的 9.5 节中将阐述更多有关预算的内容。

工程师需要知道应用程序需要多精确的相位和频率，然后弄清楚如何在该预算时间误差内将时间交付给网络。

有关每个因素的详细信息，请参阅后面的内容。《5G 移动网络的同步（下册）》第 11 章将进一步扩展本章知识，其中特别关注 4G 和（尤其是）5G 无线电应用。即使移动同步不是你关注的问题，也可以从这样一个行业中学到一些经验，该行业在全国范围内甚至在偏远的山顶上，都需要微秒级的定时精度。

9.1.4 完整定时支持与部分定时支持

第 8 章讲述了处理涵盖网络拓扑和要求的 ITU-T 建议，详细说明了适合 PTP 部署的网络形式和拓扑。一种情况是一个完整"时间感知"的网络，它在时间源和时间消耗之间的网络的每个点处辅助设置时间信号——称为完整定时支持（FTS）。

另一种选择是在某些点上可能会提供辅助，但不是在所有点上都有辅助——称为部分定时支持（PTS）。有关这两种不同方法的信息，请参阅第 8 章关于 G.8271.1（FTS）和 G.8271.2（PTS）的部分。

预期 FTS 案例使用 ITU-T G.8275.1 电信配置文件结合 SyncE 来承载频率，而 PTS 案例使用 ITU-T G.8275.2 电信配置文件和 PTP over IP（PTPoIP）实现，并且频率的 SyncE 是可选的。它们之间的明显区别在于一个关键因素：FTS 案例可以保证一定程度的确定性性能，而 PTS 案例不能。

图 9-11 说明了两者之间的区别。

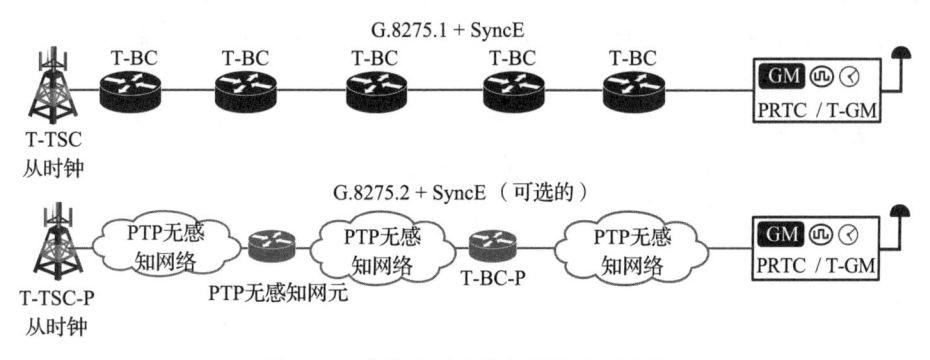

图 9-11 完整定时支持与部分定时支持

这意味着如果你的网络已经（成功地）使用 G.8265.1 承载频率，但不能假设该网络也能使用 G.8275.2 准确地承载相位/时间。尽管二者在许多方面都非常相似，但如果没有显著的缓解和更新，相位/时间的传输可能不会成功。对于不对称性来说尤其如此，因为它在仅恢复频率时不是一个重要因素，但需要非常严格地控制相位/时间。

9.1.5 混合模式与分组模式

本书会经常建议 PTP（承载相位/时间）部署应与 SyncE（承载频率）结合使用。在部署方面，定时工程师需要了解这是否可行，以及两种方法的权衡取舍。

当使用物理方法传输频率时，有一种半技术性的方式来描述性能差异的原因。当开始同步从时钟时，定时系统需要完成两个独立的功能。从时钟必须使本地振荡器运行在尽可能接近其（正确）标称频率的位置（在前面的示例中，使用 20MHz 作为典型的参考振荡器）。

为了通过仅分组的方法实现这一目标，从设备必须观察时钟一段时间并确定时间是否过快或过慢，然后调整本地振荡器，等待一段时间，然后重新测试。这是必要的，因为来自主设备的数据是不规则的（非高斯）和低带宽的（由于消息速率有限）。从设备只有周期性的时间戳来引导它，并且在分组网络中存在可变性，这些数据会在一定程度上移动。

但是对于物理频率信号，例如千兆以太网的 125MHz 信号，从设备可以从输入的 SyncE 中恢复频率，并将其除以适当的因子，从而为定时子系统提供非常干净的锁相环参考（PLL）馈送到本地振荡器。这意味着，由于（相对）可靠的参考信号，从设备可以快速获得稳定的频率锁定。

一旦时钟实现频率锁定并且振荡器以正确的速率运行，第二个任务就是 PTP 伺服系统必须使用标准 PTP 时间戳机制（第 7 章）将相位与主机对齐。这很简单，因为振荡器现在已经通过物理信号同步了；只需计算出与主设备的偏移量和路径延迟即可计算相位／时间。

使用分组方法恢复频率有点慢且烦琐，主要是因为它接收的数据量被限制为每秒 16 组 PTP 时间戳（对于 G.8275.1）。同时，仅从带宽角度看，在物理信号情况下，每秒有数百万个参考数据点（重要实例）。请参阅《5G 移动网络的同步（下册）》第 12 章了解有关选择、下采样和对齐输入信号的定时子系统和物理组件的详细信息。

使用 SyncE（或其他一些物理方法）承载频率的另一个主要好处是，它不受分组网络的不确定性行为的影响。无论网络的流量负载如何，SyncE 信号始终可用且稳定。另一方面，分组信号会受到路径上发生的其他事情的影响。

SyncE 的另一个重要作用是，它能够帮助从时钟保持非常好的保持性能。这种保持性能的提升是因为，一旦从时钟在相位上对齐，如果主时钟和从时钟都以相同的频率运行，那么它们之间的相位差就不会改变。然后当相位／时间的 PTP 源消失时，仍然有一个频率信号来保持振荡器对齐，因此相位不会超出规定。没有了频率源，振荡器就只能自行应对，从而受制于其自身的物理特性。这些情况（有和没有 SyncE）将在本章后面的"保持"部分更详细地介绍。

SyncE 显然具有真正优势。要成功部署，至关重要的就是，网元和传输系统能够正确传输 SyncE（和 ESMC），以及 PTP 时钟能够在混合模式（物理频率加上分组相位／时间）下运行。

9.1.6　PTP 感知节点与 PTP 无感知节点

使网络定时工程师工作更容易的另一个方面是，网络尽可能由可作为 PTP 感知设备

（即某种形式的 PTP 时钟）的网元组成。当然，其中最常见的是边界时钟和透明时钟。对于电信配置文件，它们分别称为 T-BC 和 T-TC。

透明时钟在概念上很直白；它使用精确的振荡器（理想情况下带有频率参考，例如 SyncE）来测量 PTP 消息在通过节点时的驻留（中转）时间。然后将此驻留时间添加到校正字段中，以便从设备可以补偿消息在传输路径中遭受的任何延迟。本章后面 9.3.4 节包含了如何使用校正字段的示例。

边界时钟涉及的东西更多一些。如图 9-12 所示，这个概念很直白，尽管硬件设计相当复杂。《5G 移动网络的同步（下册）》第 12 章有一节是关于时钟硬件设计的，因此可以参考该节以获得关于如何设计和实现 PTP 感知 T-BC 的更详细描述。

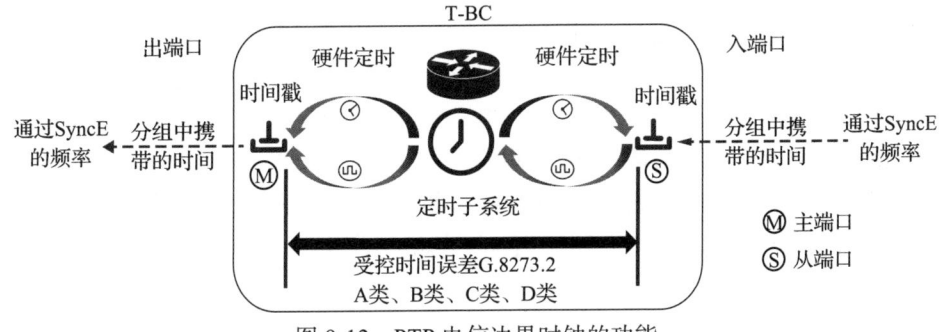

图 9-12 PTP 电信边界时钟的功能

首先看频率子系统，（右侧）入端口的 SyncE 用作系统的频率源。SyncE 恢复并通过硬件信号路由到处理频率的 PLL。然后，PLL 的输出频率最终路由到所有出端口（包括左侧的一个）。

对于相位 / 时间，入端口配置为从端口，传入的 PTP 消息在到达时带有时间戳。时间戳的时钟源来自定时子系统的硬件路径。在时间戳之后，传入的消息和时间戳被转发到负责处理分组的定时子系统的组件，然后使用时间戳来计算时间偏移和平均路径延迟。

输出的 PTP 消息在定时子系统的分组处理组件中创建，然后从指定为 PTP 主端口的出端口转发出去。当消息离开该出端口时，就会使用来自定时子系统硬件路径的参考时间信号对它们标记时间戳。

定时感知时钟的全部意义在于，该系统旨在消除许多可能导致定时错误的原因。使用硬件信号进行时间传输可以避免分组交换的正常处理可能导致的许多问题，例如排队、调度等。这意味着时钟将根据设计和组件的质量，具有易于预测和可靠的性能，免受流量负载的影响。这种性能由 ITU-T G.8273.2 建议中的许多指标来描述，其中时钟运行的类别分为 A 类、B 类、C 类或 D 类。工程师最关心的是噪声生成参数，即时间通过节点引入的时间误差（噪声）。本章后面的 9.4 节提供了有关此主题的更多详细信息，包括噪声生成。对于指标本身的详细信息，可参考第 5 章。

9.1.7 辅助部分定时支持

结合 PTP 感知节点，FTS 拓扑与 PTS 拓扑相比，优势显而易见，因此有强烈的动机使用该方法。当这种方法不可行时，G.8275.2 PTPoIP 可以通过不支持 PTP 的节点进行切换，缺点是性能难以预测且会因流量而降级。这产生了一个问题，考虑到这些限制，这个配置文件的意义何在？

G.8275.2 PTPoIP 的最初用例是基于运营商的需求（尤其是在北美），许多部署的 GPS 接收机在局部 GPS 中断的情况下提供备份。许多移动业务提供商（MSP）依赖第三方 SP 电路来提供蜂窝站点和移动核心之间的大部分回传链路，这也受到了阻碍。这意味着他们希望有一个定时传输方案，但没有机会使用路径上的 PTP 支持。

因此，运营商与 ITU-T 合作商定了一个选项，即使用 IPv4（可选 IPv6）在第三方电路上传输 PTP，而无须任何路径的辅助。另一个动机是运营商更喜欢基于 IP 的协商，因为他们喜欢控制其网络上的设备配置。PTPoIP 模型提供了这一点，而 G.8275.1 配置文件更多地基于一种自动确定最佳拓扑的方法。

这种方法的缺点是任何可能由运营商租用的第三方电路都没有路径定时支持，而且可能包含大量但未知的不对称性。这种情况下的解决方案是辅助部分定时支持（APTS）。图 9-13 说明了这种方法的主要元素。

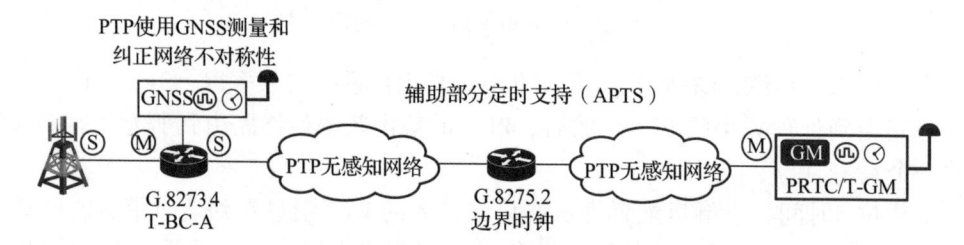

图 9-13　辅助部分定时支持解决方案的架构

在第三方网段的末端，有一个 BC 或者甚至可能是一个嵌入在终端应用中的从时钟（在这个例子中是一个蜂窝基站无线电）。到该点，由于 PTP 消息已经跨越了许多 PTP 无感知网元，因此可能存在大量累积的不对称性。

最终的从时钟或 BC 有一个本地时间源（在这种情况下可能是 GPS 接收机）用作其主同步源。但是，该时钟还包含一个从端口，用于从远程 PRTC 和 T-GM 组合的 PTP 时间信号中恢复时间。因为该时钟上的 PTP 伺服系统有可用的 GNSS 参考，所以它可以测量 GNSS 提供的相位和从 PTP 从端口恢复的相位之间的差异。这种测量的差异主要由不对称性组成，或者是动态不对称性或者是静态不对称性（9.3.4 节中会详细介绍）。

PTP 从设备不断测量和保留不对称量。如果本地 GPS 接收机变得不可用，则 PTP 将选择该 PTP 从端口作为其相位/时间源。这里的额外步骤是，伺服系统随后将最新的不对称值作为对输入信号的校正。这补偿了进行该测量时存在的任何不对称性。

当然，在 GPS 参考消失后，由于该时钟和远程 T-GM 之间网络的任何后续重新排列和瞬态而导致的误差的任何变化都无法测量，因此这不是一个长期解决方案，但作为一种增加韧性的短期应急措施，它是有价值的。

在《5G 移动网络的同步（下册）》11.3.6 节中有关于此解决方案的更多信息，该方案特别针对移动运营商。

9.1.8 闰秒和时间尺度

在过去一年与客户（其中大多数是中型到超大型 MSP）以及众多有线电视运营商的交谈中，反复出现几个问题：

- 系统如何处理闰秒事件，操作员必须做什么？
- 为什么要为整个闰秒问题烦恼？有些人提出的解决方案是，只运行一些本地挂钟时间并忘记与不同时间尺度有关的复杂性会简单得多。

以下章节处理这两个问题。

闰秒

第 1 章和第 7 章都从背景的角度详细介绍了闰秒问题。但究竟如何在操作环境中处理闰秒？

有两种基本机制可用于分发闰秒信息：

- 使用协调世界时（UTC）源，它同时发布闰秒信息。
- 基于国际地球自转和参考系统（IERS）服务及其公告 C 所提供的信息进行配置和操作程序。

GNSS 系统在其定时和导航消息中携带闰秒信息，使接收机能够了解和应对闰秒事件。GNSS 系统发出闰秒事件即将到来的信号以及它可能是什么类型的事件（最常见的是 61 秒的分钟）。该信息允许 GNSS 接收机准确地将 GNSS 系统本地的时间刻度转换为 UTC 的准确值。有关 GNSS 系统及其时间刻度如何工作的更多详细信息，请参见第 3 章。

如果接收机支持该功能，并且允许 ToD 消息格式，则 GNSS 接收机可能能够使用 ToD 链路将该信息传递给 PTP 主时钟。这样，PTP 时钟可以了解变化，然后使用 Announce 消息通知下行从时钟闰秒事件即将到来。

第二种方法是，在 IERS 宣布即将到来的未来事件时，使用 PTP GM 时钟上的配置来发出闰秒事件信号。通常，公告 C 会在事件发生前大约五个月发出警告，以便有足够的时间为即将发生的变化做准备。GM 上的配置指示了 TAI 和 UTC 之间的新（更改）时间偏移量以及生效的日期和时间。因此，配置可能表明闰秒偏移量将在 2021 年 12 月 31 日 23∶59∶59 UTC 之后的第 2 秒（从当前的 37s）更改为 38s。

无论使用何种方法，GM 时钟都会在需要时使用该信息用新的闰秒信息填充 Announce 消息。事件发生前的 12 小时，PTP GM 更改宣布的 Announce 消息以表示 61 闰秒事件即将到来。这是提前完成的,这样,即便从时钟在切换期间与 GM 断开连接,从时钟仍然知道闰事件正在发生。

在正常操作中,PTP 使用 PTP 时间刻度,这意味着时间戳反映了原子钟时间,即国际原子时(TAI)。TAI 时间刻度中没有闰秒事件,因为它是单调的。因此,了解闰秒对 PTP 时间戳没有影响非常重要。它仅影响 Announce 消息的内容,然后反映在 PTP 数据集中。唯一需要 UTC 偏移量的场景是,从时钟需要将 PTP 时间戳转换为 UTC(出于人类可读时间戳的目的,或者用作 NTP 服务器的来源)。

作为一个人工示例,下面显示了当闰秒时间到来时,PTP 从时钟上会发生什么。首先,从时钟收到 Announce 消息,表明闰秒将在接下来的 12 小时内到来。然后,12 小时后,更新 Announce 消息以清除闰秒标志,但将 UTC 偏移量从 37 增加到 38。

```
Dec 31 12:00:20.823: ptpd: Old leap61 Flag is 0  New leap61 Flag is 1
Jan 01 00:00:00.000: ptpd: Old leap61 Flag is 1  New leap61 Flag is 0
Jan 01 00:00:00.000: ptpd: OldUtcOffset is 37 , New UtcOffset is 38
```

请参阅 IEEE 1588—2008 的附件 B,以了解有关 PTP 中时间刻度和纪元使用的详细信息。

时钟应该运行 UTC 还是 TAI?

正如前面所提到的,在正常情况下,PTP 使用 PTP 时间刻度,这意味着纪元是基于 PTP 纪元(1970 年 1 月 1 日 00:00:00 TAI),并且时间刻度是 TAI。有关详细信息,请参阅 7.3.15。

一些工程师问为什么必须处理基于 TAI 的 PTP 时间戳和所有这些闰秒麻烦,而事实上他们希望看到 UTC。一些人提议他们希望在 UTC 而不是 TAI 上运行 PTP 安装,并询问这种方法有什么问题。

确实,PTP 有能力运行不同时间刻度,称为 ARB(任意)时间刻度。这个时间刻度可以是用户可能期望的任何值,例如自哈雷彗星最后一次出现以来的秒数。但它应该是单调的,因为运行非单调的时间刻度可能会给 PTP 之外的其他应用带来一些严重问题。

要考虑的主要事情是,当遭遇可能向后、重复或只是向前跳过的时间戳时,就像 UTC 时间可能发生的那样,下行系统会发生什么。你甚至可以更进一步,实现不使用时区的本地时间版本,但这会在夏季(夏令时)切换时出现混乱。

之前在运行某种本地时间形式的大型 IT 主机系统上使用了此实施选项。因此,在从夏季(夏令时)切换到秋季标准时间时,所有机器都必须关闭至少一个小时。所有这些都必须在凌晨 3:00 之前关闭(或者任何事先安排的切换时间),并且系统仅在时钟再次超过关闭时间一个多小时后重新启动。

此操作对于防止应用崩溃和数据库损坏是必要的,因为时间倒流了(想象一下从凌晨 2:50 开始并在凌晨 2:05 结束的事务)。在向前跳到夏季(夏令时)期间,需要执行类似的过程,以确保事务经过的时间是正确的,尽管不必等待一小时。其他计算经过时间(如电话通话记录）的机器始终使用 GMT/UTC，因此计算电话计费的通话时间不会有任何问题。

该轶事仅作为示例给出，以说明使用非单调时间刻度存在许多缺点。关键是 PTP 时钟的下行可能出现难以预测的意外后果。

9.2 影响定时性能的因素

第 6 章介绍了由物理信号承载频率的情况下定时性能的许多方面，第 5 章介绍了适用于同步性能鉴定的许多参数和指标。另一方面，第 8 章详细介绍了定义性能的各种建议，包括时钟/节点和端到端网络。

本节从两种不同场景（均基于 PTP）部署分组定时的角度来分析性能：

- 基于分组的频率分发。
- 基于分组的相位分发。

除了 PTP 分组性能，还需要检查 PTP 恢复后信号中的时间误差和漂移值。毫不奇怪，使用物理方法测量频率质量的所有指标也适用于基于分组的方法。由于分组网络中对频率的大部分需求来自与 TDM 网络的互通，因此物理方法和分组方法之间的指标有许多共同之处。

对于相位/时间同步也是如此。PTP 分组的性能和频率信号的质量会对相位的时间指标产生影响。当然，还取决于其他因素：振荡器质量、PLL 特性、滤波带宽，以及 PTP 伺服的质量。有关 PTP 时钟设计的更多细节将在《5G 移动网络的同步（下册）》第 12 章描述，但以下各节将讨论影响定时性能的因素。

9.2.1 基于分组的频率分发性能

如前所述，物理频率分布和基于分组的频率分布之间的主要区别之一是可用于恢复频率的数据量。当使用 PTP 传输频率时，通常接受的速率为每秒大约 64 个分组（至少是 Sync 消息的速率）。

即使每秒只有 64 个分组，其中一些分组到达的时间也比预期晚，数据过度延迟必须被丢弃。这是因为 PTP 消息中过长的（且可变的）延迟会使得时间戳变得陈旧，比其他分组老化得更多。为了缓解这一问题，分组选择机制将尝试丢弃任何"坏"数据，并将重点放在仅受到轻微延迟影响的"幸运"分组上。参阅本章后面的 9.3.5 节，以探讨发生 PDV 的原因。

那么问题来了，从时钟如何处理这些幸运的分组？常见的模型大体上基于 ITU-T G.8263，这也是一种常见的实现方法。

首先分组定时信号由分组选择算法处理，选择用于恢复时钟的分组。来自所选分组的时间信息作为相位/时间偏移检测器的输入，以比较参考时间和本地时间。这两个时间的差值用于控制驱动本地时间刻度的本地振荡器的速率。其结果是，调整本地时间刻度以接近主时间刻度的速度前进。

通常，本地参考来自一个（本地）稳定振荡器。

从设备中振荡器的性能是决定从时钟能够达到的频率精度的关键因素。从分组的角度来看，恢复准确频率的主要障碍是PDV。因此，在时钟设计中选择振荡器时，需要考虑恢复频率的要求以及网络的PDV水平。

关于基于分组的频率性能限制，G.8261已经给出了一些典型部署的总体要求指南。详细内容参见该指南。

这基本上意味着，基于分组的同步链末端的频率精度与TDM业务掩码对齐，例如E1/T1业务掩码。ITU-T G.8261.1定义了网络链中最终时钟频率的输出漂移限制。该输出漂移限制与G.823限制（一系列频率时钟的TDM版本）保持一致，旨在满足移动蜂窝无线电用例下16×10^{-9}的频率要求。

建议G.8261.1还有第二个用于基于分组的频率定时的功能：它定义了一个PDV网络限制模型。当然，这些网络限制必须与链中最终时钟所需承受的最小PDV限制兼容。频率时钟性能建议G.8263中规定了时钟PDV的容差。注意，对于PTP，有一定数量的PDV会阻止从时钟完全对齐。

基本上，PDV必须允许至少1%的分组在接近可能的最小传输时间（即延迟下限）的群组中到达。这1%是在一个200s的滑动窗口上计算的，G.8261.1中定义的群组距离延迟下限最多150μs。选择的方法取决于实现方式，G.8260中有很多关于几种方法的信息。

图9-14说明了当分组延迟随时间变化时，理想的PDV曲线可能是什么样子。很明显，在这个例子中，有许多分组接近延迟下限，因此包含良好的数据（新鲜的时间戳）帮助时钟恢复频率。也有相当多的分组延迟严重，所以分布是相当不均匀的。G.8260的图I.2中有PDV直方图的示例。

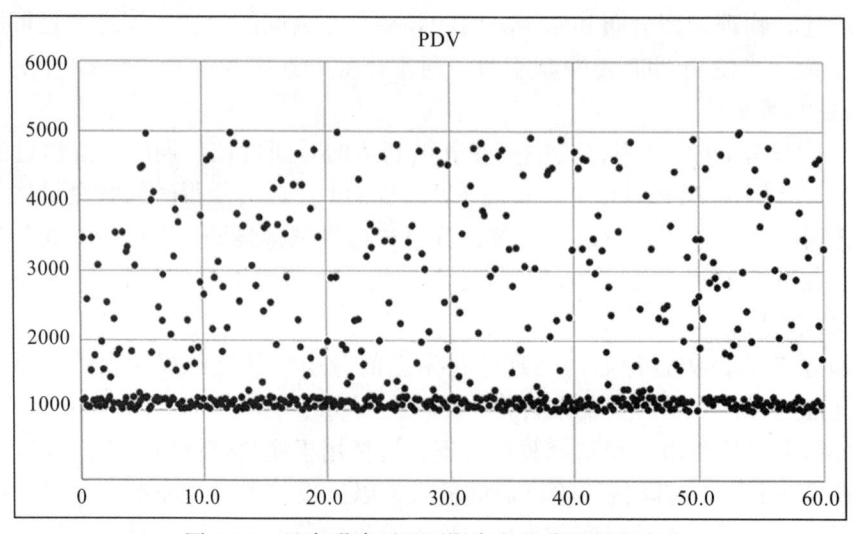

图9-14 具有明确延迟下限定义的分组延迟变化

总之，对于基于分组的频率来说，对性能的主要影响是 PDV，唯一可以缓解的方法是去除/减少它，并改进从时钟的振荡器。通常情况下，在主设备和从设备之间使用 PTP 边界时钟可以重置 PDV，但 G.8265.1 频率同步的电信配置文件明确禁止这样做。

尽管这个问题足够难，但不幸的是，对于相位/时间情况来说，问题更加困难和复杂，并且增加了不对称性的额外维度。

9.2.2 基于分组的相位分发性能

尽管指标可能会改变，但从频率情况中得到的大部分经验也适用于相位/时间的情况，比如，PDV 仍然是一个问题，尽管其影响在一定程度上取决于部署方式。值得庆幸的是，有一些技术可以帮助缓解相位/时间情况下的 PDV，但这些技术在使用 G.8265.1 配置文件时是不可用的。但是，对于相位/时间来说，最令人头疼的是不对称性，这一主题在第 7 章中已经讨论过。

为了加深记忆，从设备上的 PTP 需要知道从主设备传输 Sync 消息需要花费多长时间，以便比较主设备的时间戳与自己的时钟，并根据传输时间来校正自己的时钟。PTP 在确定主设备到从设备的传输时间时，假定它正好是往返时间的一半。任何使此假设无效的操作都会在正确时间的计算中引入误差，并导致从设备的相位偏移（误差）。这就是引起相位/时间恢复准确度的不对称性。请参阅 7.3.6 节和 9.3.4 节。

根据定义，不对称性是指网络的任何行为或特征，导致 PTP 消息的正向（主到从）传输时间比反向（从到主）传输时间更长或更短。在 9.3.4 节中将介绍更多关于不对称的内容，但在此之前，是时候重温一下第 5 章中讨论的一些定时指标了。

9.3 定时性能参数

除了定义分组相位/时间传输性能的端到端网络限制，还有一系列适用于各个时钟本身的定时指标。标准制定组织（主要是 ITU-T）制定了许多建议，以确保时钟可以组装成一个没有问题的定时网络。为此，SDO 定义了设备限制的指标，这些指标定义了各个网络时钟的性能。

即使是最基本的问题也可能使定时网络不可用，例如时钟链中的时钟（$N+1$）不能容忍（作为输入）前一个时钟（N）产生的输出。在构建定时网络时，工程师需要采购满足定义的设备限制和标准的网元，以确保它们能够相互协作。

对于使用基于分组的方法进行相位/时间分布，包括以下因素：

- 噪声产生：当一个时钟由一个理想的输入参考分组信号供给时，在其输出端产生的时间误差量。
- 噪声容限：在时钟的输入端可以容忍的最小时间误差量，此误差量不会导致该时钟拒绝该输入并产生误差。

- 噪声传输：一种时钟属性，描述了如何在 PTP 和 1PPS 输出接口中检测到来自输入 PTP 接口的时间误差。
- 瞬态响应：物理频率（SyncE）或 PTP 分组定时源信号重新排列后的时钟响应。
- 保持：在 PTP 分组定时信号和/或物理层频率输入丢失期间，PTP 和 1PPS 输出信号的最大偏差。

《5G 移动网络的同步（下册）》中的 12.3 节介绍了通过测试定时设备和网络来测量和验证这些行为和限制。这不是功能测试，而是确认设备满足这些特定定时指标的测试，因此它涉及使用专门的时间测试设备。该测试对于希望确认所选设备是否适合其部署情况的工程师很有价值。

第 8 章介绍了适用于测量时钟性能的建议。对于 PTP 分组相位/时间的情况，G.8273.2 是最重要的建议之一，它涵盖了边界和从时钟性能。根据该规范，定时设计者认为噪声产生是构建定时解决方案最重要的参数。对于噪声产生的性能，G.8273.2 根据该测试的结果（主要）将性能级别划分为不同类别（当前为 A 到 D）。

在第 5 章中有更多关于这些参数及其含义的信息，因此，若要完全理解本节内容，应该了解第 5 章的基本思想。9.4 节概述了如何将这些定时指标应用于各种时钟类型。

9.3.1 最大绝对时间误差

如第 5 章所述，最大绝对时间误差或 max|TE| 是在测量过程中观察到的（未过滤的）时间误差（TE）的最大绝对值。虽然 TE 是衡量两个时钟在任何时刻彼此的差值的指标，但 max|TE| 是在观察或测量期间达到的最大值。简而言之，TE 表示现在有多糟糕，而 max|TE| 表示曾经有多糟糕。

max|TE| 的值是在测试网络端到端定时最常见的测量值之一。同样，谈到满足应用的两点之间相位对齐要求时，max|TE| 是要监控的指标。但当应用于独立时钟时，max|TE| 表示在给定理想输入时，时钟在测试运行期间产生的最大噪声量。

理论上说，max|TE| 的值可能会随着时间推移而变化，一些不需要的噪声可能会干预，导致其变化超出预期。如果这个状态只持续很短的时间，对最终应用来说可能不是问题。很多时候，这个值在一个较长时期内（通常是 1000s）平均化，以给出一个预期的长期平均值。这个平均值称为恒定 TE（cTE），而动态 TE（dTE）是 TE 的短期变化。

当时钟正常工作时，T-BC 和 T-TSC 的时间输出应准确到 max|TE| 限制范围内。该值包括所有噪声成分，这意味着 cTE 和 dTE 噪声产生。

9.3.2 恒定时间误差

cTE 是最受关注的 PTP 时钟特征，主要因为它是用于选择边界时钟或从时钟类别的主要指标。cTE 和其他指标的值在 ITU-T 建议 G.8273.2 中概述，该建议定义了 T-BC 和

T-TSC 时钟的性能特征。《5G 移动网络中的同步（下册）》的第 12 章中包含了有关如何执行 G.8273.2 测试和测量的相关内容。

边界时钟的 cTE 是通过向设备从端口提供理想的 PTP 和 SyncE 输入信号并测量从主端口返回的时间戳中的任何变化来确定的。通过这样做，工程师可以测量在时间流经节点时产生了多少噪声。取这些测量 1000s 内的平均值，以确定 cTE。

cTE 在很大程度上是时钟的一个特征；这并不意味着 cTE 是一个固定值，而是它不会有明显变化，因为设计良好的 BC 只有少量的移动部件，这些部件可能会根据日期产生不同的 TE 值（动态 TE 描述了这一点）。因此，PTP 感知网元产生的 cTE 值与使用相同组件以相同方式生成的其他设备的 cTE 值相似。

当构建一个有多个 T-BC 时钟的网络时，cTE 会测量到 T-BC 可能产生长期 TE。来自第一个 T-BC 的 TE 输出将作为输入馈送到链中的下一个 T-BC。因此，在定时链的整个长度上，cTE 的影响是相加的。最坏的情况可能是将 10 个 B 类 T-BC 时钟连接在一起，每个时钟产生的最大 cTE 为 +20ns。则时钟链的最终时钟的输出处将产生高达 200ns（10 × 20ns）的 cTE。如果它们都是 –20ns 的 cTE，那么最终将是 –200ns。

当然，你还需要添加来自网络链路的不对称性传输带来的 cTE。在下面的章节中会有更多这方面的内容。

另外一点是，cTE 捕获了不受过滤影响的 TE 分量。cTE 是 TE 的常量分量（称为静态偏移量），表示精度的测量。可以通过过滤，在某种程度上控制 TE 的分量是 dTE。

9.3.3 动态时间误差

之前的研究表明，max|TE| 衡量的是网络或一个定时节点可以预期的精度和稳定性。max|TE| 被分解成两个子分量：cTE 和 dTE。

dTE 是 TE 的动态分量，测量 TE 的可变部分。如图 9-15 所示，dTE 测量 TE 的稳定性，对 max|TE| 贡献很大。因此，为了确保 TE 的最小值，重要的是使 dTE 保持较小值。总之，cTE 规定了 TE 的精度，而 dTE 衡量其稳定性。

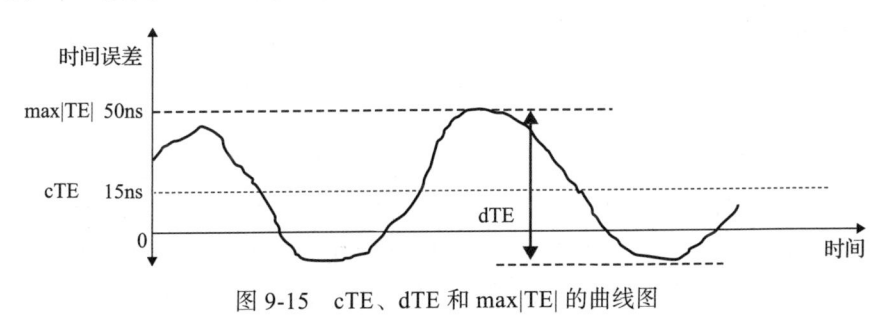

图 9-15　cTE、dTE 和 max|TE| 的曲线图

dTE 是整个 TE 的主要组成部分，是什么原因导致的呢？网络或定时节点的任何行

为，只要对 TE 的贡献不是确定性的，都会导致 dTE。例如，在端到端网络情况下，dTE 的一个来源是由 PTP 无感知节点引起的 PDV，因为无感知节点引起的分组延迟在某种程度上是随机的，这大大增加了 dTE。

dTE 的另一个来源是时间戳误差。PTP 感知节点上的时间戳功能的特征之一是时间戳的分辨率（或粒度）。分辨率只是时间戳可以表示的最小值，分辨率越低，时间戳精度的可变性就越高。

以分辨率为 16ns 的时间戳引擎为例，任何一个时间戳的精度都可以在 −8ns~+8ns 的范围内，因为时间戳仅在 0、16、32、48、64 等值下可用。由于这种阶梯函数，误差不是固定的，并且在每个时间戳的 16ns 范围内变化。这种可变性成为 PTP 节点内生成的 dTE 的主要组成部分。请注意，PTP 消息本身可以携带时间戳的亚皮秒值，但如果时间戳值的精确度太低，则也无济于事。

对于这个问题，使 dTE 最小化的最有效方法之一是采用具有较高时间戳分辨率的时间感知节点。关于 PTP 时钟设计中时间戳引擎及其精度，《5G 移动网络的同步（下册）》第 12 章将进一步详细介绍。现在，只需知道时间戳的这种可变性是影响 PTP 时钟中 dTE 的一个重要原因即可。

了解时间误差在使用混合模式的定时网络中是如何积累和传播的也很重要，混合模式使用 SyncE 的频率与 PTP 的相位和时间相结合。为了理解这一点，需要了解 SyncE 频率域与其对基于分组的时间同步过程的影响。

读者可以参考 G.8273.2 的附录Ⅲ来具体了解 T-BC 和 T-TSC 模型反映的两个定时域之间的关系。一个 PTP 时钟，内部可以有两个独立的时钟，一个锁定于物理频率输入，另一个锁定于 PTP 输入。时间时钟使用频率时钟来定时，这也意味着，频率时钟的 TE（在应用滤波器后）被时间时钟继承。

回顾一下，每个定时节点通过 LPF 传输物理层的频率输入，以过滤掉任何抖动。当在混合模式下工作时，尽管抖动被过滤掉了，但频率时钟会将 SyncE 网络中积累的漂移注入时间时钟。这成为在混合模式下运行节点的另一个 dTE 来源。

在讨论导致 dTE 的机制时，值得注意的是，不同来源的 TE 变化率会有所不同。正如第 5 章所讨论的，TE 的任何变化都可以根据频率进一步分类为漂移（发生频率较低）和抖动（发生频率较高）。使用同样的惯例，dTE 被分解成两个子组件：dTEH 和 dTEL，分别代表 dTE 的高频和低频成分。

dTEH 可称为 dTE 的抖动部分，dTEL 可称为 dTE 的漂移部分。它们是根据带宽（通常约定的频率线是 0.1Hz）相互区分的。dTE 的这些子分量可以通过定时节点的低通和高通滤波器来滤波。有关更多详细信息，请参阅第 5 章中的带宽和滤波器概念。

结合 TE 的三个组成部分，一个节点产生的最大 |TE| 可以理解为 cTE、dTEH 和 dTEL 值的组合。其中，cTE 是以纳秒为单位测量和规定的（正负值），而 dTE 是 TE 的变化，所以它不是那么简单。另外，除了定时节点产生的 TE，还必须考虑确定端到端

网络限制的方法。

不用精确的数学计算，只需了解，网络限制中的 max|TE| 是使用均方根（RMS）方法对网络所有节点的 dTE 进行平均计算的。可以用一个简单的关系式来表示各种 TE 成分的组合：

$$\max|TE| \leq \text{SUM}（所有节点的 cTE）+ \text{RMS}（所有节点的 dTE）$$

除了网络限制的 max|TE|，还测量并使用以下指标来表示 dTE 的两个子成分的限制：

- dTE_L：最大时间间隔误差（MTIE）和时间偏差（TDEV）掩码用于指定 dTE 的 dTE_L 分量。关于 MTIE 和 TDEV 的更多详细信息，请参考 5.2 节。
- dTE_H：TE 的峰–峰测量用于测量 dTE 的 dTE_H 分量。请注意，"峰–峰"是指 TE 的最低峰（最小观测值）和最高峰（最大观测值）之间的差异，以纳秒为单位。

max|TE|、dTE_L 和 dTE_H 的限制在 ITU-T G.8271.1（FTS 网络）、G.8273.2（T-BC 和 T-TSC 时钟）、G.8273.3（T-TC 时钟）和 G.8273.4（PTS/APTS 时钟）建议中规定。

9.3.4 不对称性

不对称性的主要问题是，定时信号链越长，不对称性累积就越多。除非这种不对称性是已知的和恒定的，否则一旦存在，就不能消除或补偿。这种累加不一定与 PDV 相同，因为 BC 上的 PTP 主端口会重新生成 PTP 消息流；因此，PDV 实际上被"重置"为零。插入 BC 时钟是可用于相位/时间配置文件的良好解决方案，不仅可用于重置 PDV，还可用于避免不对称性的过度积累（因为 PTP 消息不会通过 BC 传递）。

缓解不对称性的方法有限，包括：

- 补偿：任何已知固定的不对称性（例如电缆长度的差异）都可以通过从时钟的配置来测量和补偿。
- 避免：不允许不对称性累积是首要的解决方案。这意味着选择专门用于避免这种情况而设计的组件和元件。这同样适用于传输技术，因为一些传输类型本质上具有不对称性。
- PTP/定时感知：其实是一种避免形式。当网元允许时间通过非分组硬件机制传输时，它避免了在 NE 内部正常分组交换过程中增加的过度不对称性。
- PDV 避免：当在节点中出现 PDV 时，这是一个问题。但更大的问题是，PDV 在两个方向上发生的程度不同，是不对称的。同样，PTP 感知有助于避免这种情况。
- 避免第 3 层传输：L3 采用一些有用的技术，如链路捆绑和路径负载共享，这些技术没有确保在两个方向上以相似方式处理流量的机制，进而可能会增加不对称性。
- 非动态路由：路由系统可以很容易计算两个端点之间的优选路由方案，而这两个端点在每个方向上会采取不同的路径。

有关可能导致不对称性的各种方法的更多详细信息，特别是具有 PTP 无感知节点的 L3（PTPoIP）环境，请参阅《5G 移动网络的同步（下册）》中 11.3.4 节。

静态不对称性

静态不对称性是工程师可以处理的一种不对称性的形式；静态意味着不对称性是固定的，在没有重大事件（比重新加载路由器更重要）的情况下不太可能改变。典型的不对称性情况是由于光纤对中发送光纤和接收光纤之间的电缆长度不同而引起的。光纤每增加 1m 就需要大约 5ns 的额外时间来传输激光脉冲。如果接口光纤在一个方向用 5m 的电缆进行配线，在另一个方向用 10m 的电缆进行配线，则会产生大约 25ns 的不对称性。这就是构建极其精确时间传输的工程师使用双向光纤的原因之一（正向和反向路径在同一根光纤内使用不同的 λ）。

处理静态不对称性有两种基本方法：
- 从根本原理出发对不对称性进行估计。
- 如果可能的话，使用外部时间源进行测量。

在第一种方法中，设计工程师可能会理解一些光学和传输设备独有的和固定的不对称性。如果知道这些值以及构建网络链路时每台设备的使用数量，那么就可以对不对称性进行建模。另一个可能的例子是补偿不同波长在光纤中的不同传播速率，例如当使用双向光纤时。

第二种方法，测量静态不对称性，是在无法提前发现不对称性时发现它的唯一方法。例如，电缆补丁问题是一个只有通过测量才能合理检测到的问题。测量的主要缺点是操作困难和昂贵。然后，当对网络进行某些更改时，可能需要重复测量，这是不必要的运营成本。

动态不对称性

与静态不对称性不同，动态不对称性似乎不可预测。尽管动态不对称性看起来有些随机，但有其逻辑原因（如物理定律），但这些原因太复杂和混乱，无法理解、建模和补偿。

动态不对称性的最常见来源之一来自主从之间路径上的外部流量。此流量与 PTP 消息流竞争访问传输链路，因此这种流量变化的模式会导致 PTP 遭遇不同数量的 PDV（在每个方向上）。图 9-16 说明了正向路径和反向路径之间的不平衡流量模式如何影响 PTP 分组。

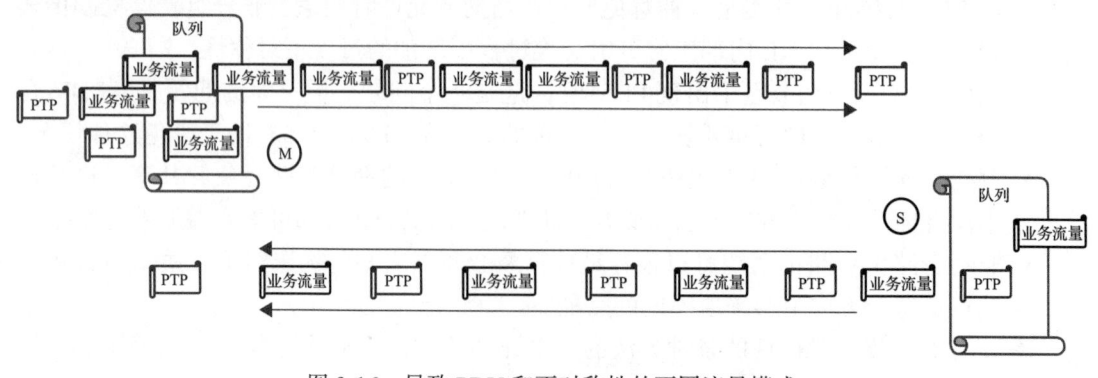

图 9-16　导致 PDV 和不对称性的不同流量模式

即使具有完美的服务质量（QoS）和优先级队列，在 PTP 无感知节点中，对时间敏感的 PTP 消息仍极有可能被拦截。这是因为，一个巨型帧可能已经开始在一个拥塞路径传输或通过，而 PTP 消息必须等待。当它在队列中等待时，它表示（或携带）的时间数据正在老化并变得陈旧。

还应该注意的是，这种影响会随着接口速度的提高而减弱，因为一个较大的分组从速度更快的接口传出所需的时间更少。这意味着任何排队的分组都不必等待那么长时间来清空它们前面的帧，从而减少了 PDV 影响。要了解在低延迟情况下如何在无感知节点中缓解接口排队影响的更多详细信息，请参阅《5G 移动网络的同步（下册）》第 11 章。

但是，对于网元，限制动态不对称性影响的最佳方法是使用设计良好的 PTP 感知时钟，因为它是针对减少动态不对称性（边界时钟）或测量动态不对称性（透明时钟）而设计的。这就是为什么 BC 只在传输过程中对 PTP 消息标记时间戳，目的是最大限度地减少在输出队列中等待时的老化。

对于网络中的传输系统，缓解不对称性的唯一策略是，在它达到导致问题的水平之前避免、限制和减少它。因此，主要的想法是尽可能多地过滤掉，并为无法通过过滤去除的余量进行预算。由于动态不对称性变化迅速，低通滤波器能安全地去除高频噪声（快速变化）。其中很难过滤的是较低频率的影响，例如人类日常周期引起的每日流量高峰和低谷。

因此，工程师接受某些动态不对称性的出现，并将其控制在某个限制内。大多数端到端预算允许网元和网络传输中存在一定动态不对称性，因此我们的想法是管理这些条件，使其保持在这些范围内。请参阅前面 9.3 节和后面的 9.5 节。

校正和校准

缓解任何静态不对称性的明确策略是对其进行建模或测量，因为任何已知和固定的东西都可以补偿。工程师可以使用不对称性的估计值来配置 PTP 从端口，以便在求解定时方程时，伺服器根据该已知值进行校正。

类似的机制也适用于构建 PTP 时钟，因为电子元件会在设备内部引入延迟。节点内的信号有时会采用不同长度的交替路径，这也会影响不对称性。但如果这些值不变，硬件设计人员就可以校准信号以处理延迟、等待时间或由此产生的不对称性。有关构建准确 PTP 时钟的更多详细信息，请参阅《5G 移动网络的同步（下册）》第 12 章。

IEEE 1588—2008 的附件 C 中有大量例子解释了处理驻留（透明时钟）和不对称性校正的机制。IEEE 1588—2008 中的图 C.2 是一个很好的参考图，适用于一步主时钟、一步透明时钟和边界时钟上的一步从端口的简单情况。该例使用了端到端延迟响应机制，这对于许多读者来说是常见的场景。本节使用与 IEEE 1588—2008 中的图 C.2 中相同的时间值来解释主要机制。

图 9-17 说明了该示例，其中单个 PTP 消息交换确定了计算平均路径延迟和与主时钟的偏移量所需的四个时间戳。有关该过程的入门知识，请参阅 7.3.6 节。在这个简单的例子中添加的是针对不对称性和驻留时间的补偿。这两种机制都依赖于使用校正字段（CF）来携带不对称性的"累计总和"。

PTP 事件消息中的 OriginTimestamp 和 ReceiveTimestamp 仅包含秒和纳秒字段，因此无法在那里表示时间戳的亚纳秒部分。除了携带驻留时间，CF 的另一个功能是表示时间戳的亚纳秒部分（任何配置的不对称性也会在那里反映出来）。时间戳字段为 48 位（秒）和 32 位（纳秒）。

一些惯例：尽管 1588—2008 没有这样描述，你可以认为 CF 有两个子字段，纳秒和亚纳秒。任何推送到该字段的纳秒值（包括亚纳秒）都会乘以 216，所以低 16 位承载了驻留时间和时间戳的亚纳秒部分。这意味着 CF 最终成为一个 64 位的数字，前 48 位代表纳秒，后 16 位代表亚纳秒。

在本例中，与 PTP 文档中的其他地方一样，时间戳表示为秒：纳秒（本例中的秒值从 144 开始，而不是自 PTP 纪元以来的秒数，以保持合理的位数）。

图 9-17 需要一些解释。首先，从时钟比主时钟快 25.2ns，因此每个时钟的时间戳之间都有该偏移量。透明时钟没有时间概念，但它使用自己的振荡器或频率参考来计算驻留时间。GM 和 TC 之间的平均传输时间为 0.60ns，但链路中存在 0.05ns 的不对称性；TC 和 BC 之间的平均传输时间为 0.70ns，不对称性为 0.20ns。与第一跳相比，在第二跳中，前向较短（0.70 vs 0.90），这导致了负不对称性值（-0.20）。

这些不对称值是预先知道的，并且在面向上行时钟的端口上配置。这些配置值同时作用于接收和发送上的 CF。

依次执行该过程的每一步：

1. Sync 消息源的时间戳是 144s 和 7.3ns，在原始时间戳字段中表示为 144：7（仅保存秒和纳秒），在具有亚纳秒字段的 CF 中表示为 0.3ns。当到达从时钟时，这两个字段组合为 T1。

2. TC 在 0.65ns 后收到消息（一定是一个快速链路），并将 CF 中 0.3ns 加上测量的驻留时间 207.4ns。TC 还为该链路配置了 +0.05ns 的不对称性（正向变慢），也将添加到 CF 中。因此，现在 CF 的值是 207.75ns。

3. BC 在 0.50ns 后收到消息，但该链路具有（反向）不对称性，因此边界时钟将 -0.20ns 的不对称性添加到传入的 CF，因此 CF 现在是 207.55ns。

然而，当同步消息到达时，时间戳 T2 来自 BC 时钟，其值为 144：241.05。可以将来自主时钟的原始时间（144：7.3）、两次（实际的、未调整的）中转时间、TC 驻留时间和时钟偏移量 25.2ns（因为从时钟先于主时钟）相加得到相同的值来确认这一点。

4. BC 生成一个 Delay_Req，并在 originTimestamp 字段中放置一个估计的时间戳 T3（也可以直接在这里放置一个零）。因此，T3 的值是 144：651.1，但写进消息的 originTimestamp

值是 144∶300（一个估计值）。在传输之前，从 CF 字段中减去 −0.20ns 的不对称性（使其变为 +0.20ns）。

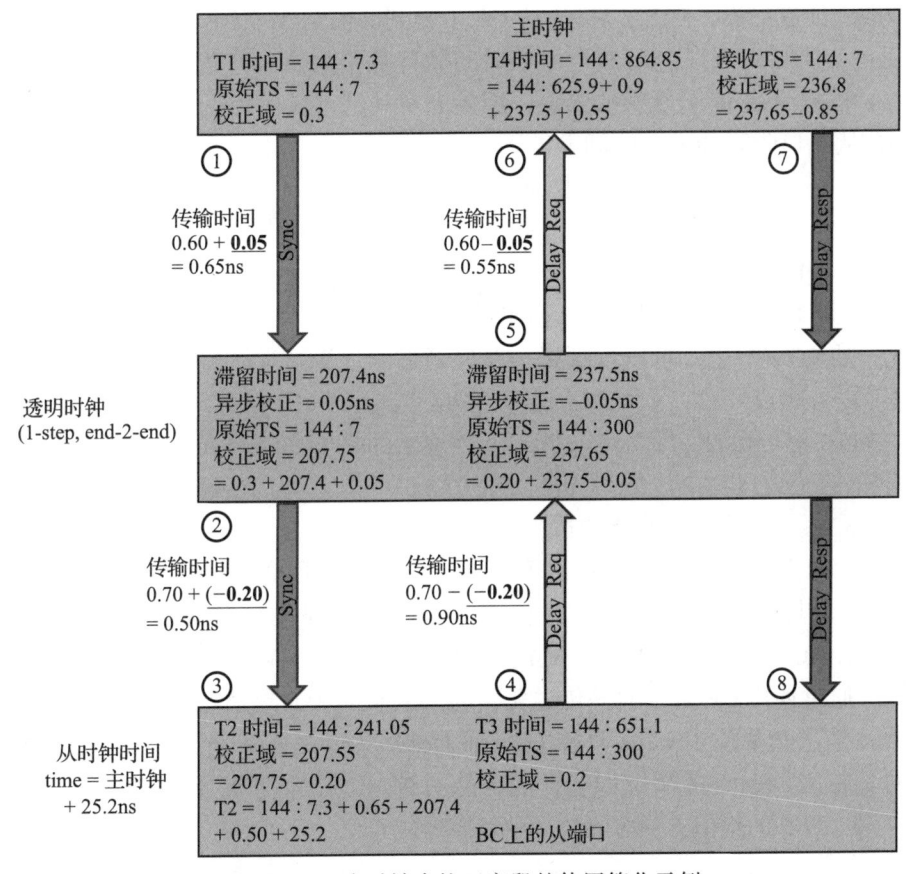

```
                              主时钟
                T1 时间 = 144∶7.3     T4 时间 = 144∶864.85    接收 TS = 144∶7
                原始 TS = 144∶7      = 144∶625.9 + 0.9        校正域 = 236.8
                校正域 = 0.3          + 237.5 + 0.55           = 237.65 − 0.85
                    ①                       ⑥                      ⑦
                传输时间              传输时间
                0.60 + 0.05   Sync    0.60 − 0.05    Delay_Req      Delay_Resp
                = 0.65ns              = 0.55ns
                                          ⑤
                滞留时间 = 207.4ns      滞留时间 = 237.5ns
    透明时钟     异步校正 = 0.05ns      异步校正 = −0.05ns
  (1-step, end-2-end)  原始 TS = 144∶7    原始 TS = 144∶300
                校正域 = 207.75         校正域 = 237.65
                = 0.3 + 207.4 + 0.05    = 0.20 + 237.5 − 0.05
                    ②                                              
                传输时间              传输时间
                0.70 + (−0.20) Sync   0.70 − (−0.20)  Delay_Req    Delay_Resp
                = 0.50ns              = 0.90ns
                    ③                       ④                      ⑧
                T2 时间 = 144∶241.05   T3 时间 = 144∶651.1
    从时钟时间    校正域 = 207.55        原始 TS = 144∶300
    time = 主时钟  = 207.75 − 0.20      校正域 = 0.2
     + 25.2ns    T2 = 144∶7.3 + 0.65 + 207.4
                 + 0.50 + 25.2          BC 上的从端口
```

图 9-17　一步时钟中校正字段的使用简化示例

5. TC 在 0.90ns 后接收到 Delay_Req 消息（在该方向上略慢），并将测量的驻留时间 237.5 加到 CF 中。但在通向 GM 的路径上也配置了 −0.05ns 的不对称性，因此它也将该值添加到 CF 中。现在，CF 值为 237.65 [0.20+237.5+（−0.05）]。

6. GM 在 0.55ns 后接收到 Delay_Req 消息，并生成时间戳 144∶864.85。

我们可以这样推导这个时间戳：从 BC 上的 T3 时间戳（144∶651.1）开始，然后减去 25.2ns 的时钟偏移（BC 速度快了那么多）。然后在剩下的 144∶625.9 中，加上 237.5 的 TC 驻留时间，以及 0.90ns 和 0.55ns 两次（真实的、未经调整的）传输时间。

7. GM 生成 Delay_Resp，并将来自 T4 时间戳的秒数放入 ReceiveTimestamp 字段中（与 OriginTimestamp 类似，该字段也不携带亚纳秒）。但是，GM 必须将传入的 CF 值以及 T4 时间戳的亚纳秒返给从时钟。因此，它从传入的 Delay_Req 的 CF 值中减去 T4 时间戳的亚纳秒值。

因此，T4 是 144：864.85，GM 将 144：864 写入 receiveTimestamp 字段。但传入的 CF 值是 237.65（来自 TC）；在复制到输出的 CF 字段之前，GM 从 237.65 中减去 T4 的亚纳秒值，即 0.85ns，Delay_Resp 的 CF 中得到的值是 236.8ns。

8. 现在，从时钟可以使用四个已知时间戳计算平均路径延迟和与主时钟的偏移量。由于 Delay_Resp 不是时间敏感的消息，因此未对其进行任何校正。

在 BC 从端口收到的四个时间戳如下：

1. 144：7，加在时间戳上的 CF 为 207.55ns。
2. 144：241.05。
3. 144：651.10。
4. 144：864，从时间戳中减掉的 CF 为 236.80。

因此，从 7.3.6 节中，可以看到平均路径延迟的计算是 $(t_2-t_1+t_4-t_3)/2$，与主时钟的偏移量是 $(t_2-t_1+t_3-t_4)/2$。平均路径延迟 =[144：241.05−（144：7+207.55）+（144：864−236.80）−144：651.10]/2。即 2.6/2=1.3ns（示例显示的是（0.65+0.5+0.9+0.55）/2 = 1.3ns）。与主时钟的偏移量 = [144：241.05−（144：7+207.55）+144：651.10−（144：864−236.80）]/2。即 50.4/2=25.2ns（尽管一开始就知道）。

尽管三个参与节点之间的链路是不对称的，但通过测量、配置和使用从时钟确定的两个时间值，纠正了不对称性。在这种情况下，TC 为从 GM 传入的链路配置了 +0.5ns 的不对称性，BC 为去往 TC 的链路配置了 −0.20ns 的不对称性。

此外，通过使用 CF 来接收并传送驻留时间到从时钟，也消除了 TC 花费时间的不对称性。Sync 消息花费了 204.7ns 通过 TC，而 Delay_Req 在另一个方向花费了 237.5ns。这将给从时钟带来 16.4ns 的相位误差，因为从时钟通过中间节点计算出的延迟为 221.1ns（即 204.7 和 237.5 的均值/平均值），而不是实际值。

9.3.5　分组延迟变化

讨论相位/时间分布时，PDV 的主题涵盖了两种不同的情况。在没有物理频率的情况下，与只有频率分组的情况类似。在某些方面，这就是 G.8265.1 和 G.8275.2 的共同点——它们都用于通过分组恢复频率。当然，主要的区别是 G.8275.2 支持边界时钟，所以可以使用该工具来对抗 PDV 的累积。图 9-18 说明了添加边界时钟是如何影响 PDV 的。

另一种情况是将 PTP 相位/时间与物理频率信号组合使用，最常见的是 SyncE。在这种情况下，使用物理方法携带频率，其中 PDV 不是问题。然而，需要注意，SyncE 会出现漂移，这会影响从时钟的相位/时间（参见 5.2.3 节）。

在基于分组的传输中，相位/时间信号以分组或帧的形式在网络上传输，并且这些分组与它们所经过的各种网元中的其他流量混合（多路复用）。分组网络本身并不同步，因此分组排队等待传输的速率和分组传输速率可能存在差异。这种差异通过允许分组之间的时间间隔、缓冲/排队或丢弃分组进行处理。

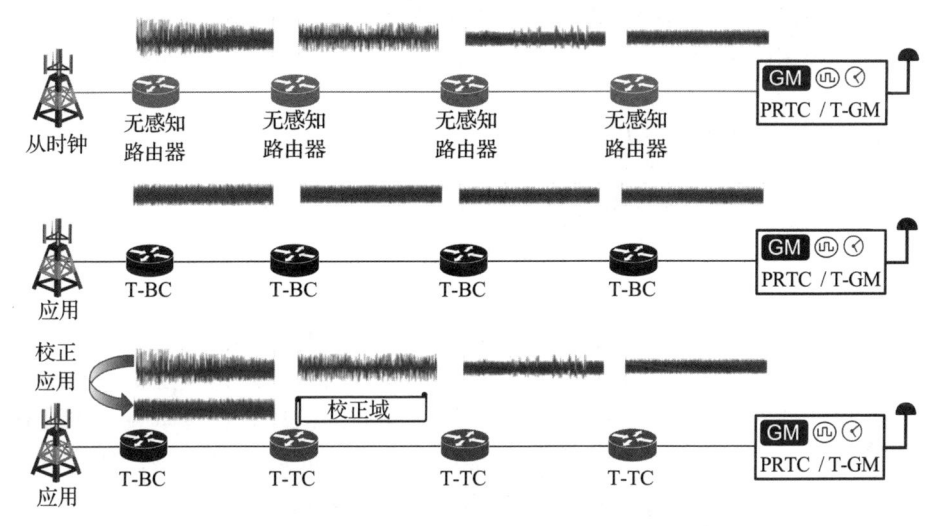

图 9-18 有、无边界时钟和透明时钟的 PDV 累积

分组还通过中间交换机和路由器进行路由，这些中间交换机和路由器会因处理、缓冲和排队而导致延迟。然后，在汇聚点，多个分组流可能会汇聚在单个阻塞点，然后排队，直到继续发送。由此产生的对单个资源的争用引入了可变延迟，并且在拥塞和过度使用期间，分组将被丢弃。

因为单个分组有可能采取不同的路径，当分组到达目的地时，从主时钟到从时钟的信息流可能会呈现显著的 PDV。在复杂拓扑结构中，分组甚至可能不按顺序到达，导致设备保留分组，直到有可能重新排序为止。类似的问题也出现在分组分段和重新组合中。为了帮助提高服务质量，分组网元配备有大缓冲区和深度分组队列，否则可能会受到其不确定性性质的影响。

总而言之，以下因素影响分组的 PDV：

- 输出排队，特别是与含有长帧（数千字节）的流量多路传输时，这些流量一旦开始传输就不能中断。
- 低频噪声，如昼夜效应。分组流量负载是非常动态的，（这种动态性）可以在一定程度上过滤掉，但长期影响难以过滤。
- 传输原因，如调制解调、等待传输时隙、缓存，以及不同传输技术的固有延迟特性等。
- 路由和重新路由。
- 路径共享技术和负载均衡，如接口捆绑和多径负载共享。
- 某些资源或接口上的拥塞或争用以及对应的 QoS 处理机制。

- 其他错误，如分组错误、重新排序、碎片，甚至分组丢失。

以下是进一步的参考资料。G.8261.1 规定了通过分组进行频率同步时适用的假设参考模型和 PDV 网络限制。G.8263 提供了大量的数学处理方法，尤其是附录 I。G.8263 第 7 条包含 PDV 相关内容。

9.3.6 分组选择和延迟下限

即使用 SyncE 来解决频率恢复时的 PDV 问题，由于无感知节点的流量负载不断变化会导致不对称延迟，PDV 仍然是相位/时间分量的问题。事实上，要恢复精确的相位和时间，在两个方向上发现真正的延迟下限比以往任何时候都更加关键。对于频率 PTP 的情况，延迟在某种程度上是恒定的，并且仅在主到从方向上就足够了。

在延迟下限时间内完成行程的消息，在尽可能短的时间内完成主从之间的传输。这意味着端到端路径的任何组件中没有排队，没有缓冲，也没有资源争夺。在没有拥堵的正常运行的网络中，合理比例的分组会在接近该下限时间内穿过网络。其他分组则可能会经历一些延迟，且还有其他少量分组可能会经历更长延迟。

因此，传输时间的分布，即使在负载较轻的网络上，也会逐渐走向长延迟，即所谓的长尾。因此，选择和限定消息流的方法是 PTP 伺服实现的重要部分。

因此，工程师需要知道哪些因素导致了 PDV，以及可以做些什么来限制它。从根本上说，PDV 是网元的特征以及其设计和实施方式。下面列出了到达 PTP 无感知节点时可能影响延迟下限值的因素：

- 输入处理和分组分类时延。
- 执行转发决策并查询下一跳的时延。
- 将消息通过交换架构转发到输出线路卡的时间。
- 策略应用时延（丢弃或标记分组的流量监控，以及排队和延迟分组的流量整形）。
- 输出排队延迟和队头阻塞。
- 传输过程中的映射和调制时延。
- 传播时延。
- 时间戳分辨率。
- PHY 和背板的时钟错误。

图 9-19 说明了从时钟可以容忍的 PDV 行为（上图）和不能容忍的 PDV 行为（下图）之间的差异。图 9-19 中的上图和下图都是一系列消息（Y 轴）在 60s（X 轴）观察期内传输时间的散点图。

关于分组选择和过滤的进一步信息，一个很好的参考是 G.8260 的附录 I，特别是 I.3 条。这超出了工程师对定时设计的影响范围，所以进一步深入研究没有帮助。然而，操作人员可以影响的是 PTP 消息速率。

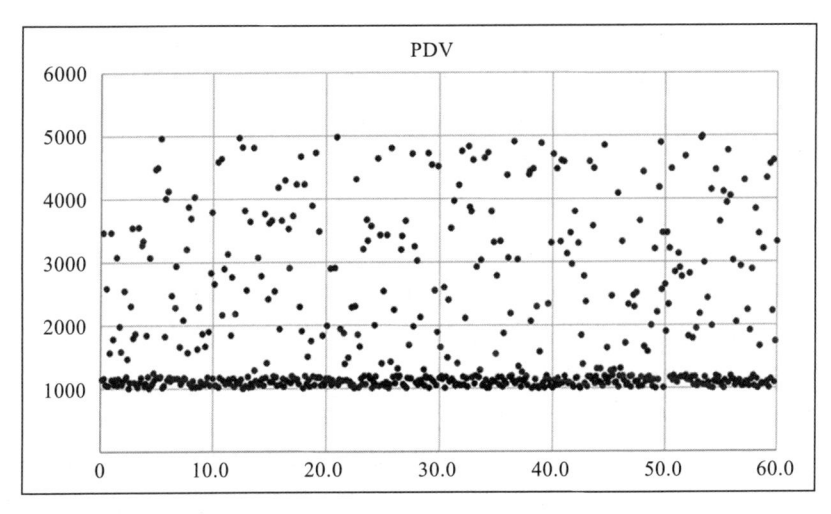

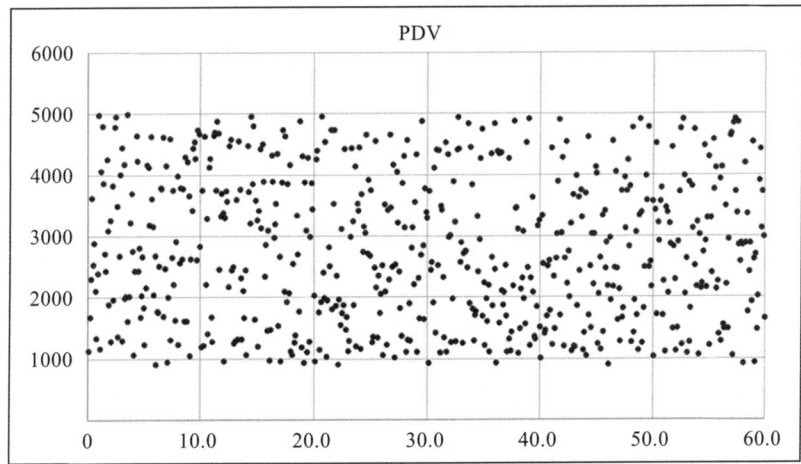

图 9-19 有、无明显延迟下限的 PDV 累积

9.3.7 分组/消息速率

在工程师中引发争论的一个问题是准确携带时间所需的适当分组速率。G.8275.1 配置文件的广泛采用在一定程度上缓解了这种争论，因为该配置文件中的速率是固定的，没有什么不同之处。在许多实施中，速率不能更改，因为一旦配置了配置文件，速率就会自动设置为建议中的值。其他一些非电信配置文件也会固定某些消息类型的速率（有关其他配置文件的详细信息，请参阅第 7 章）。

对于 G.8275.2 的 PTPoIP 情况（以及 G.8265.1 的频率），仍然存在灵活性，因为工程师仍然可以决定每条消息的期望速率。根据经验，大多数客户倾向于以每秒 32 ~ 64 条消息的速度部署这两个配置文件，其中 64 条是最常见的。

提高消息速率显然会影响时钟的可扩展性，因为每个从时钟交换更多消息意味着主时钟可以支持更少的从时钟。部署具有较低精度要求、较强可扩展性的 PTP 用例时，运营商往往会向较低的速率迁移（如有线电视行业）。

增加流量速率的主要驱动因素有以下几点：

- 拥有更多消息导致从时钟拥有更多数据，理论上应该能够提高精度、锁定次数和整体性能。
- 拥有更多的消息意味着有更好的选择和更多的机会接收一组代表最小传输时间的时间戳。如果消息受到大量 PDV 的影响，那么有更多可供选择的消息，就有更好的机会使好的时间戳不受阻碍地到达。
- 如果操作者因为极高的 PDV 而难以让从时钟锁定到主时钟，那么增加分组速率是试图接收足够好的消息来锁定的一种方法。在实践中，这种策略很少成功。

请注意，分组速率的选择可能会影响振荡器稳定性的要求。这是因为随着到达的数据减少，振荡器需要更加稳定，以使其受抖动的影响更小。根据实际部署经验，增加消息速率往往不能解决任何问题，但降低速率到一个低水平肯定会引发问题。

9.3.8 双向时间误差

正如前面 9.3.6 节所述，到达的分组中只有一部分可能具有足够新的数据来准确求解时间方程。当 SDO 设计用于建模时钟行为的模型时，必须规定（希望）反映实际实现中使用的分组选择机制的指标。G.8260 附录 I 提供了相当多关于这些选择方法的背景知识。

当带时间戳的 PTP Sync 消息到达从时钟时，它已经在传输过程中经历了一定时间间隔，称为前向延迟，d_{fwd}。这个延迟由一个固定但未知的延迟（交换时间和传播时间）和一个由其他因素（如中间设备的排队）导致的随机变量部分组成。这个随机成分是 PDV 的变化部分。

对于纯频率恢复（如 G.8265.1），固定延迟并不重要，但当然，随机延迟（PDV）确实会造成误差。另一方面，对于相位/时间，两者对时间误差都很重要。在相位/时间使用双向流量的情况下，Delay_Req 消息在另一个方向上会产生相同的效果。此延迟 d_{rev} 也是固定误差和动态误差的组合。

如果从时钟使用来自主时钟的 Sync t_1 时间戳作为参考，则从时钟的时间误差将等于 $-d_{fwd}$，因为从时钟将落后主时钟一个消息传输的时间量。对于反向路径也是类似的方法；从时钟上的误差将是 d_{rev}（信号是反向的）。这意味着，增加前向延迟会增加从时钟的负 TE，而增加反向延迟则会增加正 TE。

将这两种度量结合起来，就会产生双向时间误差。然而，从时钟可能需要在使用分组表征 TE 之前选择一个好的分组子集。可能还需要用适当的带宽对时间数据进行可选的过滤，以及一些机制来稳定恢复的时钟。这个过程的输出被称为分组选择的双向时间误差，或 pktSelected2wayTE。还有其他版本的表示过滤后指标值的双向 TE。

这个测量顺序及其变化用来直接描述时间误差。例如，噪声容限规范使用 pktSelected2-wayTE 的形式（指定确切的分组选择方法）来定义一个时钟必须容忍的输入噪声。该规范使用未经过滤的版本，因为它是对输入信号容忍度的测试。这个指标也出现在 G.8271.2 的端到端网络限制中。

图 9-20 是该指标随时间变化的一个示例，并显示了从中得出的几个值；即最小值、最大值和峰–峰值。另一个感兴趣的数值是最大 pktSelected2wayTE 绝对值或 max|pktSelected2wayTE|，它适用于实际需求，即重要因素是时间误差的大小而不是方向（值可以是负数）。

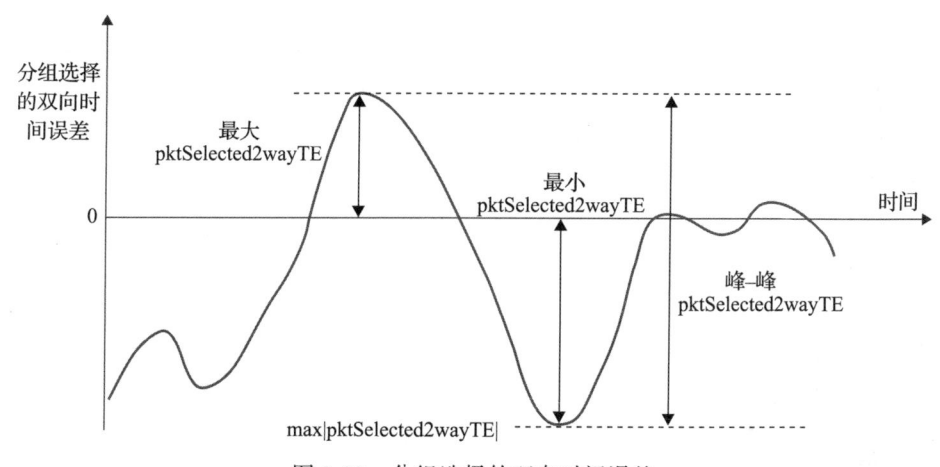

图 9-20 分组选择的双向时间误差

因此，对于端到端网络时间误差的测量，max|pktSelected2wayTE| 和同一度量的过滤版本测量了从分组流恢复的相位 / 时间的精度。

在《5G 移动网络的同步（下册）》第 12 章中，可以找到有关双向 TE 测量的更多详细信息。请参阅 G.8260 的附录 I 以获得对分组测量指标的更多数学处理方式，尽管建议中提供的信息仅供参考。

9.4 时钟性能

决定定时信号到达目的地时质量的一个关键方面是它所经过时钟的性能。非时钟网元对定时信号质量有不可预测的（负面的）影响，主要是因为它们没有能力确保质量。但是，如果网元确实在协议层面支持 PTP，而且实现得很好，那么在几乎所有情况下都可以靠它来提供有保证的性能水平。本节概述了各种类型时钟的性能特点。

本节主要关注 PTP 性能，因为使用物理方法传输频率的情况已经在第 6 章和本章前几节使用分组方法时介绍过。两种频率情况下的时钟性能测量非常相似，主要区别在于 PDV 和分组选择对分组传输情况下性能的影响。

ITU-T 建议规定了不同类型时钟的性能和特点，这些建议基于时钟的作用和定时网络结构。表 9-2 列出了 ITU-T 对应用于每个定时网络架构的不同时钟的建议。

表 9-2　ITU-T 对应用于每个定时网络架构的不同时钟的建议

ITU-T 建议	时钟类型	网络类型
G.8272	PRTC	—
G.8272.1	ePRTC	—
G.8273.2	T-BC / T-TSC	完整定时支持
G.8273.3	T-TC	—
G.8273.4（第 7 条）	T-BC-A / T-TSC-A	辅助部分支持
G.8273.4（第 8 条）	T-BC-P / T-TSC-P	部分支持

要试图理解 ITU-T 标准推荐的性能特征时，至少需要考虑三个方面：

- 性能指标：性能指标特定于时钟类型，并且定义非常精确。如果有指定的 MTIE 或 TDEV 掩码，通常对每种类型的时钟都不同。例如，如果一个 T-BC 不能使用为 PRTC 时钟定义的严格的 MTIE 掩码，那么这将没有任何意义。
- 测量方法：制定性能指标时，有一组用于测量和鉴定推荐指标的接口。了解在哪个位置可以收集测量的数据很有必要。对于通过分组进行相位 / 时间传递的情况，可以通过 PTP 分组、1PPS 接口的输出、从时钟的频率输出或在所有这些地方收集数据。
- 时钟规范的关键要素：正如前面 9.3 节中所列出的，ITU-T 时钟性能的五个关键要素是噪声产生、噪声容限、噪声传输、（同步）保持和瞬态响应。这些指标的限制和数值几乎出现在所有涉及时钟性能的规范中。

在第 5 章中，5.2.6 节、5.3 节和 5.4 节详细解释了这些术语。尽管第 5 章涉及频率传输的指标，但时钟性能的一般方法即使对于相位 / 时间来说也是一样的。

以下部分介绍了每种时钟类型的这些性能指标的关键方面。《5G 移动网络的同步（下册）》12.3 节涵盖了测试和验证定时行为和指标的过程。

有关时钟定时特性的各种 ITU-T 建议列表，请参阅 8.2.4 节。

9.4.1　PRTC 和 ePRTC

目前，ITU-T 在 G.8272 中定义了两种级别的 PRTC，并在 G.8272.1 中定义了新的增强型 PRTC（ePRTC）。G.8272 保留了原始的 PRTC 规范，即 ±100ns，但将其更名为 PRTC A 类（PRTC-A），并增加了一个新的 B 类（PRTC-B），将该精度提高到 ±40ns。

有关不同等级的 PRTC 和性能规范的详细信息，请参阅 3.3.3 节。表 9-3 总结了不同等级的 PRTC 及其精度和保持性能。

表 9-3　PRTC 性能等级

时钟类型	准确性	保持能力	ITU-T 建议
PRTC-A	± 100ns	None	G.8272
PRTC-B	± 40ns	None	G.8272
ePRTC-A	± 30ns	100ns / 14 days	G.8272.1
ePRTC-B	± 30ns	有待进一步研究	G.8272.1

一个 PRTC 的 TE（或噪声产生）特点如下：
- 时间误差。ToD 接口用于确定其输出端与参考相比的时间准确度。这指的是与 UTC 相比的当日时间误差和时间偏移（如果有的话）。

如果 PRTC 与单个设备内的 T-GM 结合，则可以使用从以太网接口接收的 PTP 分组测量此时间误差。
- 相位误差。建议规定的漂移限制用 MTIE 和 TDEV 掩码表示。1PPS 接口输出的信号用于测量相位误差并绘制 MTIE 和 TDEV 图。同样，如果 PRTC 与 T-GM 相结合，则可以使用从以太网接口接收的 PTP 分组来测量此相位误差。

请注意，当根据适用的主要时间标准（如 UTC）进行测量时，预计 PRTC-B 的输出将精确到 ±40ns。然而，ToD 接口并不产生精确时间信号，因此，要测量这种精度水平的对齐程度，ToD 需要与 1PPS 结合使用。

正如 G.8272 附录 I 提到的，有两个方面工程师需要谨慎对待：
- ToD 误差更难测量，因为与许多时间测试输入使用的合成频率信号不同，它需要一个 GNSS 信号发生器。
- PRTC 和 T-GM 的性能取决于本地振荡器的特性，这些特性根据几个因素而变化，如环境和振荡器的老化特性。测量应在与预期的 PRTC/T-GM 最终位置类似的环境条件下进行。

9.4.2　T-BC 和 T-TSC

ITU-T G.8273.2 规定了在网络提供完整定时支持的情况下部署 T-BC 和 T-TSC 时间和相位时钟的最低要求。请参考第 8 章中 G.8273.2 的相关内容，以了解该建议以及相关 ITU-T 建议的概况。

回顾一下，一个 T-BC 结合了一个从端口和一个或多个主端口。从端口是终止输入 PTP 消息流并用于恢复参考相位和时间的地方，而主端口是根据恢复的时钟生成新的 PTP 流的地方。这种 PTP 消息流的更新阻止了网络中端到端 PDV 的累积。T-BC/T-TSC 还使用物理层频率支持（一般是 SyncE）来提高稳定性和保持周期。

图 9-21 展示了一个 T-BC 和 T-TSC 的简单模型，指出了可能引入噪声（无论是外部还是来自时钟内部）的点（参考数字），以及 T-BC 可以将噪声传递到时钟链中其他下行时钟的点。

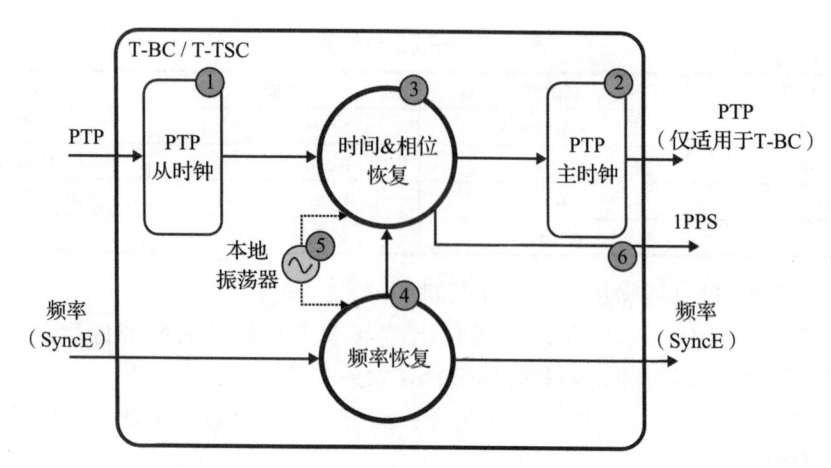

图 9-21 T-BC 和 T-TSC 模型以及引入噪声的点

这些点说明了以下错误：

1. PTP 从端口的时间戳噪声（误差）。

2. PTP 主端口（只有 T-BC 可以有一个主端口）的时间戳噪声（如粒度）。显然，这是一个由 T-BC 引入的任何噪声直接传递到下行时钟的点。

3. 时钟本身引入的噪声（例如，由于硬件信号等系统问题引起的噪声）。

4. 由恢复的物理频率（如 SyncE）引入的网络相位漂移。需要注意的是，恢复的频率在输入时钟之前会经过一个低通滤波器。

5. 本地振荡器引入的噪声（如漂移）。

6. 1PPS 输出中引入的噪声，这可能是由于时钟的硬件设计引起的（如 1PPS 信号中的路径延迟或偏移上升时间）。

时钟 TE 是所有上述提到的可能性的组合，各种性能限制（在输出端口测量）是这些特定点的测试。对于一个 T-BC 来说，性能在 1PPS 接口、PTP 接口和任何频率输出（如 SyncE）处进行测量。对于 T-TSC，1PPS 和频率输出接口是唯一的选择，因为 T-TSC 没有 PTP 主端口。

噪声产生

时钟噪声产生是指在输入端提供无误差（或理想）参考时，在时钟输出端测量到的噪声（通常是相位漂移）。图 9-22 说明了 T-BC 和 T-TSC 的这种情况，并指出了可能在 T-BC/T-TSC 内部引入噪声的点（图中的圆点）。

PTP 和 1PPS 信号都将输出 T-BC 内部不同分量产生的累积相位和时间噪声（对于 T-TSC，仅限于 1PPS 信号）。请注意，在物理频率输出处产生的噪声只受物理层频率输入的影响（在第 5 章中介绍）。

产生的噪声由三个参数定义，即 cTE、dTE 和 max|TE|，表 9-4 总结了 PTP 和 1PPS 输出时 T-BC/T-TSC 的最大限制。注意，有待进一步研究意味着 ITU-T 正在研究这些细

节，但尚未就实际数值达成一致。这种状态将会持续一段时间。

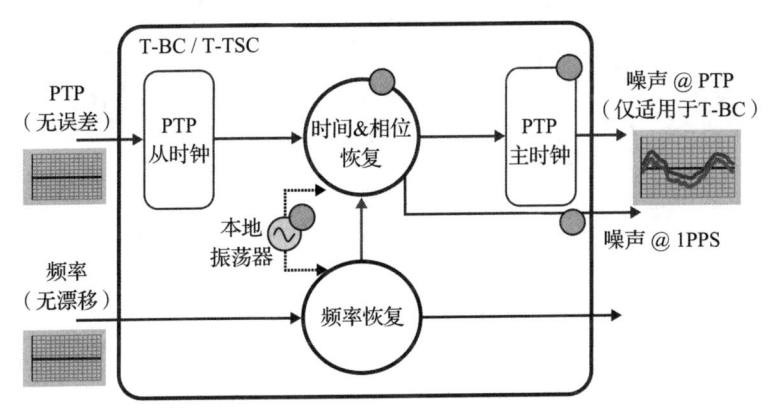

图 9-22 T-BC 和 T-TSC 内部的噪声生成

表 9-4 T-BC/T-TSC 的最大噪声产生

噪声类型	最大限制（由 ITU-T G.8273.2 定义）			
	A 类	B 类	C 类	D 类
max|TE|	100ns	70ns	30ns	5ns (max|TE_L|)
cTE	± 50ns	± 20ns	± 10ns	有待进一步研究
dTE_L*	40ns (MTIE) 4ns (TDEV)	40ns (MTIE) 4ns (TDEV)	10ns (MTIE) 2ns (TDEV)	有待进一步研究
dTE_H	70ns	70ns	有待进一步研究	有待进一步研究

* 规定的限度是在恒温下测量的。

噪声容限

噪声容限定义了从时钟在其输入端可以接收（容忍）多少噪声，并且仍然能够将其输出信号保持在规定的性能限度内。噪声容限是通过当接收到噪声输入时时钟继续正常工作来表明的。用来确定时钟是否继续正常工作的条件包括，当时钟：

- 没有引起任何告警。
- 没有切换到新的参考输入。
- 没进入保持状态。

如图 9-23 所示，T-BC/T-TSC 的输入信号是 PTP 端口和物理频率输入。为了测试容限，在这些接口（点）上产生一个输入噪声，并监测时钟以确保它能正确地容忍输入噪声。

对于 PTP 输入，没有 cTE 容忍度的要求，因为 PTP 从时钟本身不能识别或检测 cTE。要做到这一点需要额外的信息（如针对参考时钟的外部测量），以了解 cTE 的存在，并有可能纠正它。简单地说，时钟没有内置机制来检测 cTE，所以没有办法纠正或拒绝它。

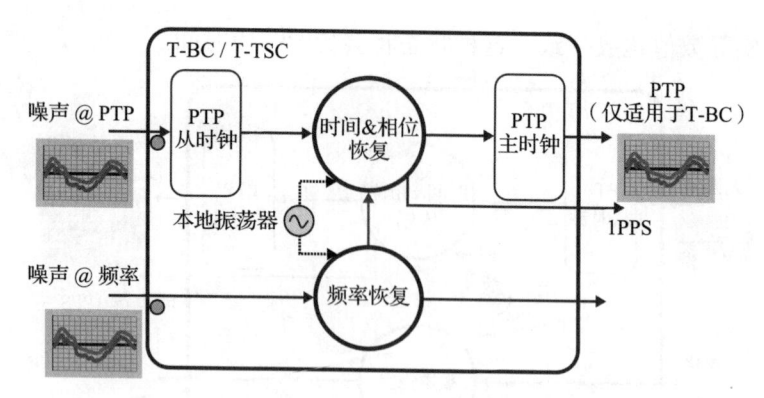

图 9-23 T-BC 和 T-TSC 的噪声容限

为了使解决方案发挥作用，T-BC/T-TSC（尤其是链中的最后一个）必须容忍整个 T-BC 链上可能累积的最大 dTE。MTIE 掩码用于指定 dTE，它是根据 G.8271.1 中规定的网络限制进行定义的。这是有道理的，因为如果链上的最后一个节点（看到最大 dTE）不能容忍累积的噪声作为输入，那么链就会被破坏。图 9-24 说明了 G.8271.1 中规定的一个时钟必须能够容忍的 dTE 网络限制。

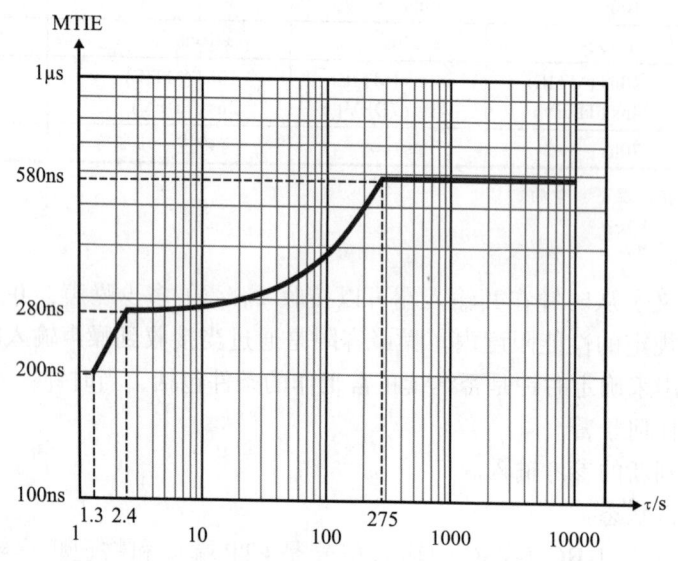

图 9-24 T-BC/T-TSC 的动态时间误差网络限制（MTIE）——基于 ITU-T G.8271.1 的图 7-2

对于频率，在 ITU-T G.8262、G.813 和 G.8262.1 中描述了（对于基于 eEEC 的 C 类时钟）在频率输入处应容忍的最大噪声。

噪声传输

顾名思义，时钟的噪声传输描述了时钟输入端的噪声有多少传输到了时钟的输出端。这个指标通常用带宽来表示，因为时钟是输入噪声的一个过滤器。

带宽也描述了在恢复频率、相位和时间之前应用于输入信号的滤波器特性。请参考 5.2.6 节，以了解时钟的噪声传输功能及其对定时网络的影响；5.1.3 节中广泛涉及时钟带宽。

噪声传递的特性由时钟中存在的众多定时路径决定。这些定时路径可以将时间误差从输入端传递到输出端，每个路径都需要测量其对噪声传输的贡献。如图 9-25 所示，对于一个 T-BC/T-TSC，有三个主要的定时流：

- PTP 输入到 PTP 和 1PPS 输出，图中用实线描述。
- 频率输入到 PTP 和 1PPS 输出，图中用虚线描述。该路径可以将相位漂移从物理层频率接口传递到 PTP 和 1PPS 输出接口。
- 频率输入到频率输出，图中底部从左到右的线。

图 9-25 的每个流都有一个与其相关联的带宽，该带宽描述了通过时钟的输入信号路径中滤波器的特性。

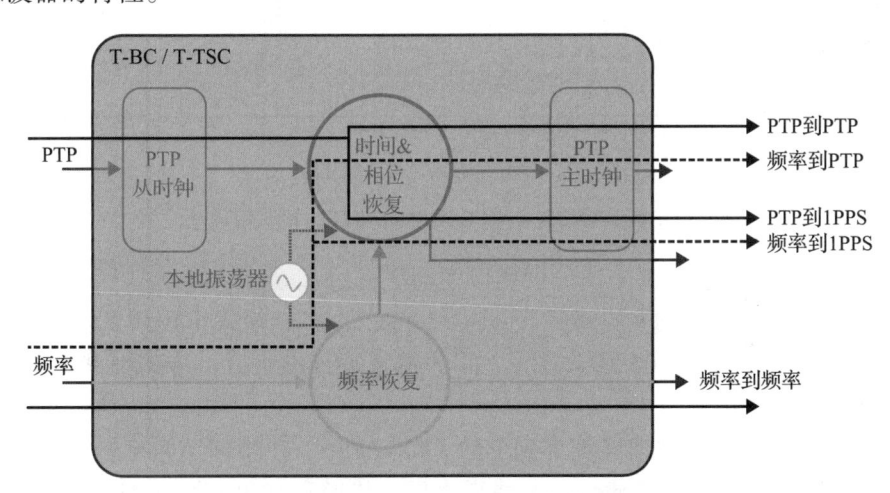

图 9-25 通过 T-BC/T-TSC 的噪声传输路径

频率时钟使用锁相环（PLL）（一般为硬件组件）进行频率恢复。此 PLL 采用 LPF 来过滤输入信号的高频噪声（记住，带宽也区分了抖动和漂移）。根据 G.8262，对于（SyncE）以太网设备时钟（EEC），此带宽范围为 1～10Hz。

类似地，时间时钟也使用 PLL（尽管是基于软件的）来从输入信号中恢复相位和时间。对于完整支持定时的 T-BC/T-TSC，此 PLL 的输入是 PTP 消息和从频率时钟恢复的频率。《5G 移动网络中的同步（下册）》第 12 章详细解释了在构建时间时钟中使用 PLL 背后的概念。

时间时钟还使用一个 LPF 过滤来自 PTP 分组输入噪声中的抖动。然而，根据 G.8273.2，此 LPF 的带宽必须在 0.05～0.1Hz 之间，这与频率时钟使用的带宽不同。

对于从频率到 PTP（和 1PPS）的路径，将前面描述的两个滤波器效果组合：频率输入首先由频率时钟过滤，然后由时间时钟过滤，但使用不同的带宽。由于这些滤波器的带宽不同，因此组合这些滤波器的结果最终看起来就像一个带通滤波器（见第 5 章），其特点如下：

- 在 0.05 ～ 0.1Hz 的范围内有一个较低的截止点（来自时间滤波器）。
- 对于 T-BC/T-TSC A 类和 B 类，上限值范围在 1 ～ 10Hz 之间，对于 C 类和 D 类，上限值范围在 1 ～ 3Hz 之间（来自频率滤波器）。

图 9-26 说明了 A 类和 B 类时钟的这种带通滤波器的情况。请注意，该图只是为了说明问题，并没有严格按照比例。

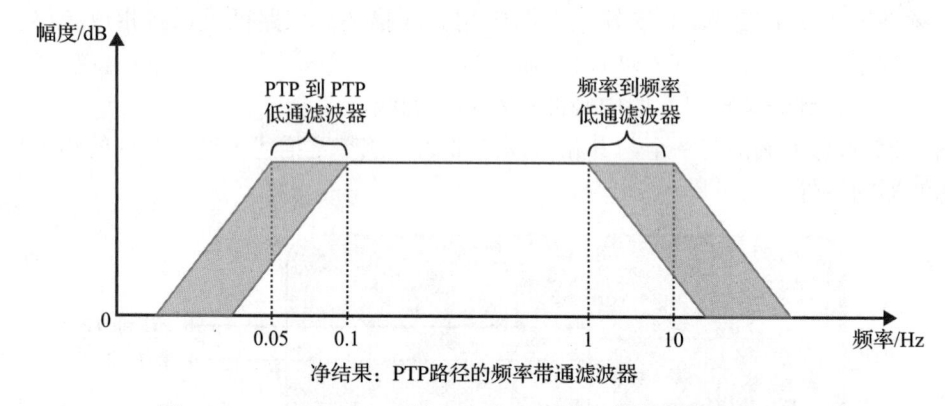

图 9-26　T-BC/T-SC A 类和 B 类 PTP 路径的频率带通滤波器

总之，对于噪声传输测试来说，适用以下情况：

- PTP 到 PTP（和 1PPS）的路径。T-BC/T-TSC 的 PTP 输入上出现的相位和时间噪声，通过时钟使用 0.05 ～ 0.1Hz 之间的带宽进行过滤后，传递到 PTP（和 1PPS）输出。
- A 类和 B 类时钟的物理层频率到 PTP（和 1PPS）。在物理层频率输入上出现的噪声，通过时钟使用带通滤波器过滤噪声后，传递到 PTP（和 1PPS）输出。滤波器的下拐角频率在 0.05 ～ 0.1Hz 之间，上拐角频率在 1 ～ 10Hz 之间。
- C 类和 D 类时钟的物理层频率到 PTP（和 1PPS）。在物理层频率输入上出现的噪声，通过时钟使带通滤波器过滤噪声后，传递到 PTP（和 1PPS）输出。滤波器的下拐角频率在 0.05 ～ 0.1Hz 之间，上拐角频率在 1 ～ 3Hz 之间。

瞬态响应

瞬态响应测量时钟对其输入参考信号某种重组的反应。对于具有完整定时支持的 T-BC/T-TSC 来说，输入端的瞬态是由物理频率信号（如 SyncE）或 PTP 消息流的重新调整引起的。

当 T-BC/T-TSC 失去其当前的 PTP 消息流并切换到另一个消息流时，就会发生 PTP 分组定时信号的重新调整。这种切换很可能导致 T-BC/T-TSC 的 PTP 定时输入出现瞬态。同样，当参考源发生变化时（例如，由收到的 QL 值的变化引发），会发生物理频率传输的重新调整。

请注意，重新调整并不意味着输入信号的消失，它只是更改为一个不同的路径或来源。信号完全消失不是瞬态，而是会迫使时钟进入保持状态。

当在一个具有完整定时支持的 T-BC/T-TSC 上使用两个不同参考信号（相位和频率各一个）时，有四种瞬态情况：

- PTP 定时信号和物理频率信号的重新调整。
- 只对 PTP 定时信号进行重新调整。
- 只对物理频率信号进行重新调整。
- 物理频率信号的长期重新调整，其定义是 PRC/PRS 可追溯的频率源丢失超过 15s。

目前，ITU-T（在 G.8273.2 中）只为第三种（物理频率的重新调整）定义了性能指标，其他情况的预期响应有待进一步研究。对于物理重新调整，该建议仅对 T-BC/T-TSC A 类和 B 类定义可接受的响应掩码，并给出最大允许响应限制。

保持

保持定义了 PTP 和 1PPS 输出信号在 PTP 分组定时信号和/或物理层频率输入丢失期间的最大偏差。因此，在 T-BC/T-TSC 中，有两种类型的保持：一种是只有 PTP 丢失，另一种是两种信号都丢失。

在第一种情况下，T-BC/T-TSC 丢失了 PTP 分组定时信号，但物理层的频率参考仍然可以追溯到 PRC/PRS。这也称为频率辅助保持，这有助于保持的性能，因为频率参考用于使时间输出以接近正确的速率"滴答"。

由此可见，保持时间取决于频率参考的质量。如果频率仍然可以追溯到 PRC，那么在很长一段时间内就有可能保持非常准确的相位/时间。一个可追溯到 PRC 的频率参考将网元（微秒级精度）的保持时间长度从几小时延长到一周以上。

对保持时间的要求是根据设备性能需要满足的 T-BC/T-TSC 等级来划分的。ITU-T G.8273.2 给出了 A 类和 B 类，在恒温和变温条件下，最大观测间隔为 tau (τ) 为 1000s 的保持要求。还要注意，保持性能是观测间隔本身的一个函数。对于 A 类和 B 类保持性能，建议还指出了在 1000s 持续时间内（在时钟进入保持状态后立即开始），T-BC/T-TSC 时钟的相位误差限制。

在 T-BC/T-TSC 的第二种保持情况下，PTP 分组定时信号和物理层频率输入同时都丢失，时钟只能依靠其自身内部振荡器的质量。在这种情况下，带有恒温晶体振荡器（OCXO）时钟的保持性能会比带有参考频率输入的时钟差很多。更多细节请见本章后面的 9.6 节。

9.4.3　T-TC

T-TC 的功能是测量传输 PTP 事件消息（Sync 和 Delay_Req）的驻留时间，以便链中的下一个从时钟可以补偿这些消息所遭受的 PDV。预期 T-TC 将测量驻留时间并利用它来更新 PTP 消息的 CF。T-TC 的性能基于它可以准确地测量和反映 PTP 事件消息所经历的延迟；换句话说，它是如何准确地更新 CF。

ITU-T G.8273.3 规定了由物理层提供频率输入参考的端到端 T-TC 的限制。它定义了 T-TC 添加到 CF 的最大误差（或噪声）限制。对于 T-TC，CF 中的这种误差被归类为噪声生成。

频率参考是为了确保振荡器正确计算驻留间隔。如果 T-TC 没有参考，那么，当振荡器运行得太快或太慢时，测量的精度就会出错。没有物理层提供的频率参考的 T-TC 的性能有待进一步研究。有关此 ITU-T 建议的概述，请参阅第 8 章中关于 G.8273.3 的介绍。

CF 中的不准确（或噪声）类型可以是以下之一：

- 固定误差（cTE）：当写入 CF 的时间与实际驻留时间偏移一个固定值时。从时钟将把这个（错误的）偏移量纳入其计算中，以恢复相位/时间。

  但是，如果在正向和反向上通过 T-TC 的偏移量相等，则该偏移量将被抵消。这意味着 Sync（正向）和 Delay_Req（反向）消息有相等的偏移量（方向相反）。然而，正向和反向偏移量之间的任何差异都会产生不对称性，并导致从时钟的输入上出现 cTE。

- 可变误差（dTE）：这是由 CF 精度中分组与分组之间的变化引起的。dTE 的典型例子是更新 CF 时间戳单位的分辨率或粒度。反映在 CF 中的任何 dTE 都会导致从时钟不能准确补偿 PDV。

ITU-T G.8273.3 定义了 T-TC 的这些限制，表 9-5 总结了 T-TC 噪声产生的三个主要参数：max|TE|、cTE 和 dTE。

表 9-5 T-TC 的最大噪声产生

噪声类型	最大限制（由 ITU-T G.8273.3 定义）		
	A 类	B 类	C 类
max|TE|	100ns	70ns	有待进一步研究
cTE	±50ns	±20ns	±10ns
dTE_L $	40ns (MTIE)	40ns (MTIE)	10ns (MTIE)
dTE_H	70ns	70ns	有待进一步研究

注：适用于恒温和变温，C 类除外，它只适用于恒温。

对于噪声传输行为，T-TC 不期望在其输出上放大任何输入时间误差。噪声容限和瞬态响应限制都有待进一步研究，而且透明时钟不支持保持能力。

9.4.4 T-BC-A 和 T-TSC-A

如第 7 章所述，具有辅助部分支持的 T-BC（T-BC-A）是一个仅从网络获得部分支持的边界时钟，辅以本地时间参考（例如 GNSS 接收机）作为主时间源。该 BC 上的 PTP 从端口通过 PTS 网络恢复 PTP 时钟，且仅在本地时间源失效时将其作为参考。以同样的方式，具有辅助部分支持的 T-TSC（T-TSC-A）是 T-BC-A 边界时钟的纯从属等效机制。

ITU-T G.8273.4 定义了 T-BC-A 和 T-TSC-A 的性能限制。有关此 ITU-T 建议的概述，请参阅第 8 章中 G.8273.4 的相关内容。

噪声产生

T-BC-A/T-TSC-A 的噪声产生表示当锁定一个理想的（无漂移的）PTP 信号作为输入时，在时钟输出端产生的噪声量。与 T-BC 的情况一样，T-BC-A 的输出是在 1PPS 输出或 PTP 主端口处测量的，而 T-TSC-A 的输出是在 1PPS 输出处测量的。

ITU-T G.8273.4 的表 7.1 总结了允许 T-BC-A/T-TSC-A 在时钟内部生成的 cTE 和 dTE。噪声产生的 max|TE| 值有待进一步研究。

噪声容限和传输

由于 T-BC-A/T-TSC-A 从本地时间参考（如 GNSS）获取输入，显然，时钟必须能够容忍来自 PRTC 的任何噪声。因此，输入该时钟的噪声必须设定为与允许在 PRTC 输出端产生的最大噪声水平相同。

因此，G.8273.4 规定，T-BC-A/T-TSC-A 必须能够容忍具有以下规范的输入噪声：

- max|TE| ≤ 100ns，与 PRTC 输出的 TE 限制相同。
- pktSelected2wayTE 的峰 – 峰值 <1100ns，选择窗口为 200s，选择百分比设置为 0.25%。关于 pktSelected2wayTE 和其他分组选择参数的更多细节，请参考 9.3 节。由于时间误差将被 APTS 时钟纠正，所以使用峰 – 峰值，偏移的实际值并不重要。
- 对于 APTS 网络，当 T-TSC-A 在终端应用的外部（独立设备），并且终端应用限制为 1500ns 时，T-TSC-A 在其 1PPS 输出上也应保持 max|TE$_L$| 低于 1350ns。这允许在最终应用中使用 150ns 的预算（请参阅 9.5 节）。

max|TE$_L$| 指标是指，在评估 max|TE| 之前，将带宽为 0.1Hz 的低通滤波器应用于 1PPS 输出的 TE 测量样本。

T-BC-A/T-TSC-A 的噪声传输限制主要集中在时钟可以从本地时间参考（1PPS）作为输入传输到 1PPS 和 PTP 主端口的输出最大噪声。这种噪声传输是根据相位增益的方式计算和规定的。根据 G.8273.4，相位增益应小于 0.1dB（1.1%）。

瞬态响应

对于 T-BC-A/T-TSC-A，瞬态被定义为本地时间参考在其恢复前的短暂丢失。对于 T-BC-A，瞬态响应是在 PTP 和 1PPS 输出处测量的，而对于 T-TSC-A，是在 1PPS 输出处测量的。该要求涵盖了从参考丢失到保持，再到重新获取信号并锁定的整个周期。

在此瞬态期间，时钟会经历一系列事件。G.8273.4 规定了每个主要步骤的瞬态响应，具体如下：

- 本地时间参考（如 GNSS 接收机）丢失。由于本地时间参考丢失而产生的瞬态响应应小于 22ns MTIE。
- 时钟进入保持状态，并在短期内维持在保持状态。在这种保持状态下的性能要求与时钟的常规保持状态相同。会面后讨论关于保持的内容。
- 本地时间参考恢复，时钟选择本地时间参考。由选择本地时间参考（恢复后）引起的瞬态响应应小于 22ns MTIE。

时钟锁定在本地时间参考上，并继续正常操作。

保持

当一个时钟失去所有参考信号，必须依靠自己的设备来维持相位和频率时，就会进入保持状态。由于 T-BC-A/T-TSC-A 也有一个本地时间源作为主输入，当本地源和来自网络的备份 PTP 定时信号都丢失时，它就会进入保持状态。PTP 丢失的最可能原因是一些网络故障或异常行为。

在这种情况下，没有任何参考信号存在，保持性能直接反映了振荡器的性能。这种状态被称为基于振荡器的保持，如果没有至少第 2 层级（昂贵）的振荡器，就无法实现良好的相位保持。因为网络边缘的网元通常没有这样的装备，所以相位保持不可能长时间保持在规范之内。网络时钟通常使用第 3E 层的时钟作为折中方案（在几个小时内可能超过 1μs）。

由于保持很重要，良好的设计应该确保没有可用 PTP 源的情况只允许在很短的时间内发生。因此，使用本地振荡器的保持只能是一种短期的临时措施，以在问题得到解决之前短暂维持相位／时间。

G.8273.4 规定了一个数学函数，该函数在基于振荡器的保持期间限制了 T-BC-A/T-TSC-A 的相位误差。此处我们不去关注解函数本身的数学细节，只需了解允许的相位误差是一个基于以下因素的时间函数。

- 初始频率偏移。
- 温度变化，对振荡器的稳定性有不利影响，从而影响保持性能。
- 随着保持时间的推移，振荡器也不断漂移。
- 一个恒定偏移量，规定为 22ns。

ITU-T 建议 G.8273.4 的图 7-1 说明了保持期间 TBC-A/T-TSC-A 的允许相位误差，说明了在恒温和最大观测间隔 1000s 条件下时钟的限制。该图还说明了相位的恶化速度有多快——从保持开始时的 22ns 开始，在 1000s 内超出了 1μs。

G.8273.4 为 T-BC-A/T-TSC-A 定义了另外一种保持情况，即本地时间参考输入丢失，但 PTP 输入是有效且理想的。这种情况下的保持是由 PTP 辅助的，所以称为基于 PTP 的保持。

在恒温条件和最大观测间隔 1000s 情况下，推荐的 MTIE 限制是 222ns。

9.4.5 T-BC-P 和 T-TSC-P

具有部分支持的 T-BC（T-BC-P），是一种仅从网络获得部分定时支持而没有任何本地时间参考辅助的 BC。对于此类时钟，物理频率输入信号是可选的。PTP 从端口通过 PTS 网络恢复时钟，但这就是其主时间参考信号，而不是辅助/备份。以同样的方式，具有部分支持的 T-TSC（T-TSC-P）是 T-BC-P 边界时钟的从属等效物。

不仅对于辅助时钟，G.8273.4（第 8 节）还定义了 T-BC-P 和 T-TSC-P 部分时钟的性能要求。有关此 ITU-T 建议的概述，请参阅第 8 章中 G.8273.4 相关内容。

噪声产生

T-BC-P/T-TSC-P 的噪声产生表示当锁定一个理想的（无漂移的）PTP 信号作为输入时，在时钟输出端产生的噪声量。与 T-BC-A 的情况一样，T-BC-P 的输出是在 1PPS 输出或 PTP 主端口处测量的，而 T-TSC-P 的输出是在 1PPS 输出处测量的。

ITU-T G.8273.4 表 8-1 总结了允许 T-BC-P/T-TSC-P 在时钟内部产生的 cTE 和 dTE。噪声生成的 max|TE| 有待进一步研究。

噪声容限和传输

G.8273.4 规定，T-BC-P/T-TSC-P 必须能够容忍具有以下规范的输入噪声：

- max|pktSelected2wayTE|<1100ns，选择窗口为 200s，选择百分比为 0.25%。关于 pktSelected2wayTE 和其他分组选择参数的更多细节，请参考 9.3 节。
在无辅助情况下使用最大值，因为 TE 预计在移动场景的 1100ns 相位要求的端到端定时预算范围内。然后将该值用作 G.8271.2 网络限制（意味着定时链末端的误差必须在该值内，以确保满足移动用例的要求）。同时，定时链末端的时钟必须能够容忍它作为输入。
- 与 T-TSC-A 的情况一样，对于 PTS 网络，当 T-TSC-P 位于终端应用的外部，并且终端应用的限制是 1500ns 时，T-TSC-P 也应在其 1PPS 输出处保持 max|TE_L| 低于 1350ns。这就为终端应用提供了 150ns 预算（见 9.5 节）。

指标 max|TE_L| 意味着在评估 max|TE| 之前，将带宽为 0.1 Hz 的低通滤波器应用于来自 1PPS 输出的 TE 测量样本。

T-BC-P/T-TSC-P 的噪声传输限制主要集中在时钟从输入 PTP 定时信号传输到 1PPS 和 PTP 主端口输出的最大噪声。这种噪声传输是根据相位增益计算和规定的。根据建议，相位增益应小于 0.1dB（1.1%）。

瞬态响应

对于 T-BC-P/T-TSC-P，瞬态被定义为以下任何一个事件：
1）输入 PTP 定时信号在恢复前短时间内的丢失。
2）物理层输入切换的同时仍然保持 PTP 输入。

3）物理层和 PTP 输入同时切换。

本节只讨论第 1 种情况，因为在写本书时第 2、3 种情况还有待进一步研究。对于 T-BC-P，瞬态响应是在 PTP 和 1PPS 输出处测量的，而对于 T-TSC-P，则是在 1PPS 输出处测量的。

与 T-BC-A/T-TSC-A 情况一样，在第 1 种情况中，时钟在 PTP 定时信号短暂丢失期间经历了一系列事件。G.8273.4 规定了每个主要步骤的瞬态响应：

1）输入的 PTP 定时信号参考丢失。由于 PTP 参考丢失而产生的瞬态响应应小于 22ns MTIE。

2）时钟进入同步保持状态并在短期内维持同步保持状态。这种同步保持期间的性能要求与时钟常规保持期间的性能要求相同。这将在后面保持的内容中讨论。

3）PTP 时间信号恢复，时钟选择 PTP 作为参考输入。由选择（恢复后）引起的瞬态响应应小于 22ns MTIE。

时钟锁定在 PTP 参考，并继续正常操作。

保持

当来自网络的 PTP 定时信号丢失时，T-BC-P/T-TSC-P 会进入同步保持状态，并且没有物理层频率参考的辅助。此时，在没有任何参考信号存在的情况下，保持是由振荡器的性能驱动的。T-BC-P/T-TSC-P 的基于振荡器的保持要求与 T-BC-A/T-TSC-A 的情况完全相同。详细信息请参考 T-BC-A/T-TSC-A 保持的相关内容。

另一种保持发生在 T-BC-P/T-TSC-P 失去 PTP 定时信号而物理层频率有效且理想时，即基于物理层频率辅助保持。此时的性能限制与 T-BC/T-TSC 相同。详细信息请参考 T-BC/T-TSC 保持的相关内容。

9.5 端到端时间误差预算

在定时链末端恢复的定时信号的性能取决于链中链路的组合效果，基本上，它是路径、无感知节点、传输基础设施的时钟性能之和。前述介绍了这些组件的参数，包括时钟性能的细节。下面将介绍底层分组传输本身。

定时方案设计者的基本工作是确保定时信号在到达应用时满足应用的要求。要解决定时问题，就需要一个定时方案。所有网络细节对于时间问题来说都是次要的。定时方案主要的基本目标是测量和控制定时误差，使其在误差预算范围之内。

G.8271.1 给出了一个非常具体的针对移动用例定时预算的例子。图 9-27 显示了一个使用 FTS 网络的端到端误差预算，该网络具有多达 20 个 B 类性能的 T-BC 时钟。其他行业也有类似的例子，但细节程度不同。

此示例包括以下用于分发和管理时间误差的要点（从左到右）：

- 终端应用输出的端到端预算为 ±1.5μs。这是定时方案在所有情况下都必须满足的硬限制（这是移动无线电的要求）。

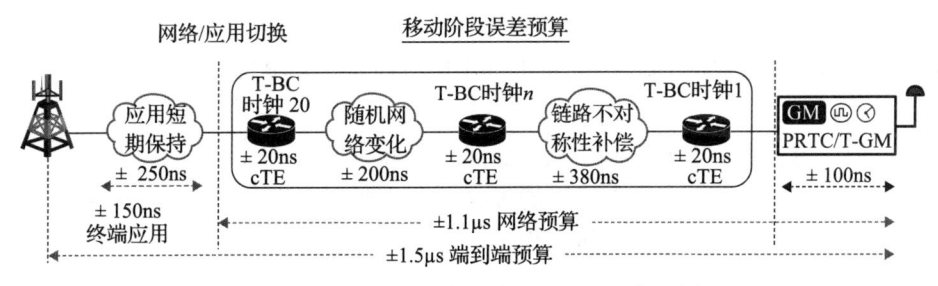

图 9-27 移动网络端到端时间误差预算示例

- 网络切换到应用的预算限制为 ±1.1µs。最终 T-TSC 可以嵌入终端的应用中（这里用无线电塔来表示），这使得切换点难以测量。这意味着终端应用允许的时间误差高达 ±400ns。
- 终端应用中的 ±400ns 分为两部分。其中，应用允许误差高达 ±150ns，短期保持允许误差为 ±250ns。当网络正在收敛或从故障或某个事件中恢复时，这 250ns 为终端应用提供了一定时间漂移的空间。
- 20 个 T-BC 和单个 T-TSC 中的每一个都可以有高达 ±20ns 的 cTE，从而在节点链中总共产生 ±420ns 的误差。
- 网络允许有高达 ±200ns 的时间来吸收随机网络变化，这种变化可由定时分发网络中的任意数量的故障或事件引起。
- 由于链路的不对称性，网元之间的链路可产生高达 ±380ns 的时间误差。
- PRTC（G.8272 中的 PRTC-A）输出的绝对时间误差可达 ±100ns。

这个预算是 G.8271.1 中的一个标准化示例，可作为在定时链中分发时间误差的指南。这些数值是基于对链组件中出现的不同类型的误差进行详尽模拟而确定的。当然，对不同的场景，将有不同的假设和结论。

9.3.3 节中解释了网络限制中 max|TE| 是通过对网络所有节点的 dTE 取平均的 RMS 方法计算的。下式总结了 TE 各个成分的贡献：

max|TE| ≤ SUM（所有节点的 cTE）+ RMS（所有节点的 dTE）

即使数学不是主要关心的问题，我们至少应该明白这三种类型的 TE 累积方式是不同的，因为有些会被过滤，有些不会。基本上，不是简单的累加，具体如何计算取决于噪声类型。

链中前面时钟的所有 cTE 成分会原封不动地通过，任何本地 cTE 都简单地添加到其中。时钟的低通滤波去除了高频 dTE，因此对高频 dTE 的贡献主要来自定时链中的最后一个网元。同时，由于无法过滤，低频 dTE 会随意累积。

高频段（或高频）dTE 是 dTE 的抖动部分。如果链中的所有网元都遵守噪声的产生和传输标准，则该抖动部分由路径中的每个网元移除/过滤。因此，dTE 的高频部分仅会来自最后一个网元。

低频段（或低频）dTE 是 dTE 的漂移部分。由于时钟使用低通滤波器，任何累积的漂移都很容易通过节点链传播，因此对于链中所有时钟，该 dTE 会累积。

总而言之：
- cTE 和任何链路不对称性以线性方式累积（相加）。
- 高频 dTE（抖动）大多在上行过滤掉，主要贡献来自链中的最后一个网元。
- 低频 dTE（漂移）可能会随机出现，一旦出现，就会在链中线性累积。

9.6 网络保持

本节首先展示以合理成本维持准确的保持是多么困难。如果保持在某些场合下很重要，那么当然需要考虑它，只是保持往往需要相当大的成本，并不是免费的。

首先，应该清楚地了解（在合理成本下）好的保持是什么样的。表 9-6 给出了满足 PRTC-B（无须花费数万美元购买铯原子钟的最好的 PRTC 等级）性能特征的 PRTC 的性能。这些性能特征取自目前可用设备的两种不同振荡器样本。

表 9-6 B 类 PRTC 的典型精度和保持规范

指标	OCXO	铷
24 小时 10MHz 频率精度（GNSS 锁定）	$< \pm 2 \times 10^{-12}$	$< \pm 1 \times 10^{-12}$
恒温下的频率保持（每天）	4×10^{-10}	2×10^{-11}
24 小时 1PPS 相位精度至 UTC（GNSS 锁定）	±40ns	±40ns
恒温下的相位保持（8 小时后）	5μs	200ns
恒温下的相位保持（48 小时后）	10μs	1μs

表 9-6 中列出的振荡器使用的是高质量 OCXO（优于 3E 级）或铷振荡器。所有保持数值是在至少 48 小时的稳定时间（锁定到 GNSS）后获取的。注意，具体数值可能会因制造商、成本和测试条件的不同而略有不同（甚至相差很大）（但该表给出了良好的估计）。

另一个需要考虑问题的是 PRTC 本身的精度。例如，当 PRTC-A 进入保持时，保持的初始误差（当保持开始时）很可能显著高于使用 PRTC-B 源时的初始误差（100ns vs 40ns）。使用 eSyncE 也有类似的优势，本节稍后将对此进行解释。

因此，如果场景需要 1ms 的保持，那么需要好的设备，例如带有温控铷振荡器的 PRTC-B 设备。通常，除了专门为特定定时应用制造的设备，常规网元组件达不到该性能级别。

当比较任意时钟的保持性能时，还需要考虑一些操作因素：
- 振荡器老化的速度（甚至包括出厂时的年龄）。
- 时钟已经运行并与 GNSS 接收机对齐的时间长度，这会影响保持数据的质量和新鲜度。
- 在保持开始之前接收到的参考信号的质量/稳定性（仅限 PTP、SyncE、eSyncE）。

这与接收机质量的影响类似。
- 环境因素，尤其是温度、光线/阴影和气流。
- 日间因素，尽管其中一些是环境因素，如温度循环。
- 保持中的时钟是否有物理频率源（尤其是 SyncE 或 eSyncE）辅助。

除了单个时钟或网元的设计，网络的拓扑结构和设计可能会对保持的质量和长度产生重大影响。对于大多数部署来说，最后一点最关键。已经提到过 SyncE 是保持性能的一个重要贡献者，下面给出了解释。

在混合模式部署中，物理频率驱动时钟的"滴答"。如果该信号在时钟进入保持后继续可用，那么时钟的行进速度将继续追溯该输入参考信号。考虑到相位来自这些振荡，相位几乎没有机会漂移。

这就是 SyncE 如何帮助实现更好的保持时间性能。一旦从时钟（slave）相位对齐，即使相位/时间参考信号（指 PTP）消失，但同步仍然可用，那么保持性能将比没有信号好几个数量级。因为没有信号时，时钟只能依赖自身振荡器的物理特性，并结合其锁定时间内获得的保持数据。

由于保持时钟可以改善接收物理信号的性能，因此在 SyncE 上使用 eSyncE 也有类似的性能优势，包括以下两个优势：
- 因为物理信号更好，所以从时钟上的振荡器最终会更稳定。
- 当使用 eSyncE 进行辅助保持时，物理频率的漂移减小，提高了保持相位对齐的能力。

粗略计算一下。保持期间，振荡器可能精确到（例如）10×10^{-9}（至少在短时间内）。1s 后，该振荡器可能与标称频率相差 10ns。2s 后，误差可能比 1s 结束时的误差再差 10ns。每秒的误差都建立在前一秒的基础上。的确在一定程度上误差可能平均化（一个增加，一个减少），但问题是，该误差是在之前的频率误差上叠加的——至少达到了自由运行性能的极限。

但是，考虑另一个精度也是 10×10^{-9} 但锁定到 SyncE 参考的振荡器。这意味着 1s 后，这个振荡器可能会偏差 10ns。但在 2s 后，振荡器仍在偏离起点（所需标称频率）10ns 的范围内。1000s 后，它仍将在（在本例中）20MHz 的 10×10^{-9} 范围内。在这种情况下，与要求相比，误差是绝对误差；在另一种情况下，误差是相对于之前测量的相对误差。

在这两种情况下，频率误差都会导致一些相位误差，而相位误差是随时间累积的频率误差。我们无须数学知识就能理解，频率偏离标称值的时间间隔越长，累积的相位误差就越多。没有频率参考的保持情况表明，没有任何手段试图可以将频率偏移恢复到平均值，因此相位误差迅速累积。

图 9-28 说明了两种情况之间的差异，并显示了频率误差（曲线）与相位误差（频率误差曲线下的阴影区域）。

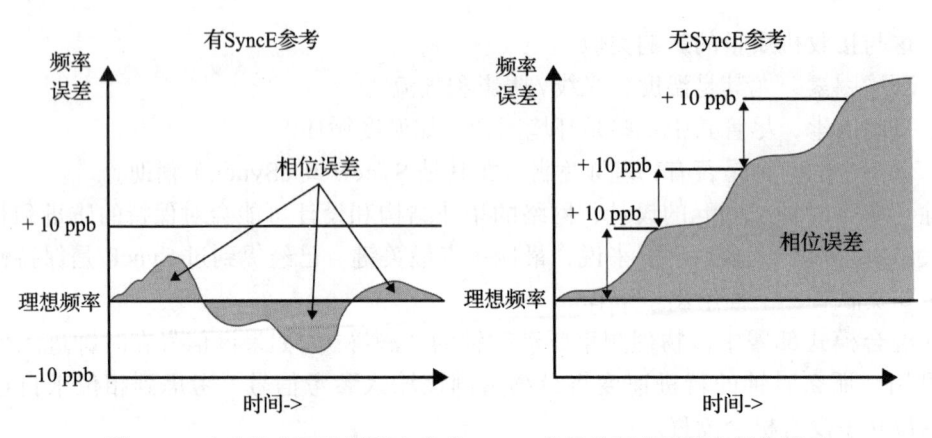

图 9-28 有和没有可追溯到主参考 SyncE 信号的频率误差和相位误差

总之，保持是一种有价格的东西，好的保持要求时钟有昂贵的振荡器、优秀的设计和良好的环境条件。对于定时方案设计者来说，保持实际上是最后的手段，应将重点放在良好的网络设计上，确保应用始终有一些可用的参考信号。

9.7 分组网络拓扑

当然，用传输网络传输定时信号时，所用传输系统的特性是关键因素。但是还要考虑另一个方面，传输的拓扑结构和封装。因此，在讨论传输本身的特性之前，需要了解一些关于拓扑的知识。前面章节中讨论过许多这方面的问题，本节将它们总结在一起。

在拓扑和部署架构的决策中，必须注意以下事项：

- 再次强调，无感知节点的 PTPoIP 允许不受控制的 PDV、不对称性和时间误差。使用逐跳拓扑可以降低这种风险，极大地提高端到端性能，并允许对时间误差进行可预测的预算。
- 使用多堆叠标签（例如 MPLS）可能会导致 PTP 消息对时间戳逻辑不可见的情况。在这种情况下，可能需要在 PTP 感知时钟之前的最后一跳弹出 MPLS 标签。
- 使用伪线和隧道转发定时信息的做法通常是错误的。对于 G.8275.1，PTP 消息流是逐跳配置在物理接口上的，且不包含 VLAN 标记。这意味着它运行在业务层以外，从而避免了这些问题。
- 同样，传输时钟可追溯信息的 ESMC 分组不应被隧道化。ESMC 的全部目的是携带有关其所承载的物理信号的 QL 信息。将 QL 信息与信号分离可能不是正确的做法。
- 在逐跳场景中，由于彼此连接，主从端口之间的接口速度不存在差异。在 PTPoIP 模型中，主端口和从端口之间的无感知节点可以改变接口速度（例如，从 1～10GE）。序列化的方法和速率差异将引入不对称性（可能有数百纳秒）。
- 路由协议可能会导致操作人员看不到的问题，最大的风险是前向路径和后向路径采用不同的路由。这种情况并不经常发生，但可能没有迹象表明出了什么问题，而且可能很难追查。
- 环是一种以最少的链路数提供冗余的好方法，但环必须允许 SyncE 和 PTP 根据最好的时间信号源反转方向。这对 SyncE 和 PTP 都提出了要求。不注意这些拓扑中的配置也会导致定时循环 [对于 SyncE 和 PTPoIP 而言，比 PTPoE（以太网的 PTP）会更多]。
- 将捆绑接口与 PTPoIP 一起使用可能会导致不对称性问题。

以上是使用 PTP 时，需要考虑的拓扑结构问题的总结。接下来要考虑的是用于传输定时信号的具体技术类型。

9.8 分组传输

构建定时分发网络的主要任务之一是确保底层传输网络不会与设计人员试图实现的目标背道而驰。前面已经提到，传输网络需要提供大力支持，具体要求总结如下：
- 能够以某种物理形式传输频率（以太网 SyncE/eSyncE）。
- 一旦 PTP 信息传输，不要引入过多的 PDV。
- 不要在前向和后向传输之间中引入不对称性。
- 定时感知，这意味着传输应优先携带 PTP，或使用一种可在传输中天然携带相位 / 时间的技术。

传输网络上的最佳定时部署是将 G.8275.1 与物理频率信号结合使用，因为这样能提供最佳和可预测的性能。为了实现这一点，首要条件是，传输必须能够在网元之间承载物理频率（以太网的 SyncE/eSyncE）。

第二个条件是理解传输对 PTP 消息流的作用。它可以像另一个分组一样以帧或分组的形式携带 PTP 消息，也可以使用 PTP 恢复相位 / 时间，并使用另一种方法携带信号。

本节将依次介绍这两种情况。

9.8.1 在传输系统中携带频率

网元上最常见的接口形式可能是某种形式的以太网。为了让接口携带可追溯的频率信号，网元、接口和光纤都需要支持 SyncE。即使在两个位置之间有一个专用的传输节点，通常也会有一条基于以太网的短接配线连接它。

如果节点到节点的连接是以太网光纤链路，那么 SyncE 是一个准确的信号，可以在另一端恢复且可追溯到参考源。然而，还有许多其他类型的传输不允许透明地传输该频率。阻断频率传输可能会出现以下问题：
- 无法从同步信号中恢复频率，使用自己的内部时钟进行传输和接收，例如，微波系统。

- 现有的同步传输可以有自己的本机时钟机制，进而不允许外部频率信号的透明传输。这可能是 SDH/SONET 光纤的一个示例问题。本章前面的"自适应时钟恢复"部分介绍了在具有不同时钟的传输上携带业务时钟的情况。
- 传输路径中至少包括一条来自第三方服务提供商的链路，该链路不允许在其网络上传输客户频率信号，或无法透明地传输客户频率信号。
- 传输本身具有硬件限制，由于缺乏某些物理连接来完成电路，因此频率无法通过某个点。一个很好的例子是在 1-GE 接口端口中使用 1000BASE-T 铜 SFP。
- 某些功能未实现或某些选项缺失。一个例子是使用一个不支持 SyncE 的以太网交换机，因为有一个节点没有 SyncE 功能会破坏频率的可追溯性。

许多不同类型传输设备的制造商正在采取行动，以减少这些问题，并更新其产品组合，引入允许频率（和相位/时间）传输的系统。当然，更换服务提供商网络中已部署设备是一个缓慢的过程。

这种迁移的一个很好的例子是移动回传网络中的微波系统。当移动系统通过 TDM 网络连接到其核心系统时，TDM 频率用来同步蜂窝无线电以及微波系统的无线电。微波将使用该参考频率传输其信号，该信号可在远端恢复。

当运营商采用基于分组技术的移动基站时，硬件设计者开发了支持分组传输的微波系统，而不需要在以太网链路上传输频率。TDM 源仍可为基站（和微波）提供频率。随着这些 TDM 链路停用，SyncE 的覆盖范围扩大，微波发展了在其输入端恢复 SyncE 的能力，并将该频率传递到远端。在链路的另一端，远程接收机可以恢复该频率，用于同步传输，将以太网承载于光纤之上。图 9-29 展示了此过程的工作原理。

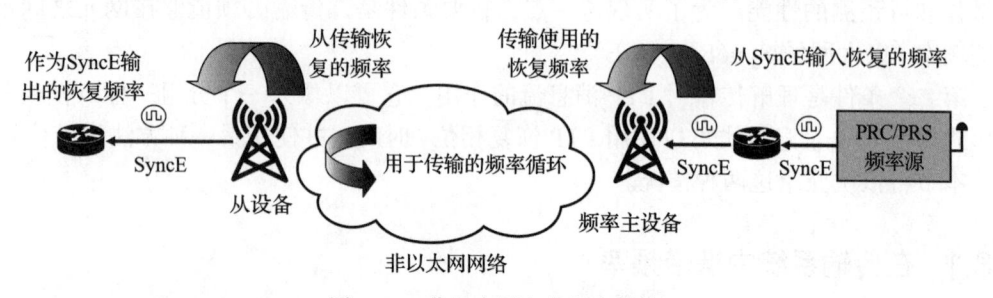

图 9-29 非以太网上的频率传输

显然，最好的结果是，传输系统可以使用某种天然携带参考频率的物理方法。这往往基于设备的二进制是/否能力。但是，当考虑到在传输网络上进行 PTP 消息传输时，情况会更加微妙，因为网络当然可以传输 PTP，但它能够传输得多好呢？

9.8.2 在传输系统中携带相位/时间

在分组传输中携带相位/时间会出现与携带频率相同的问题。PDV 仍然是一个重要因素，但不对称性会带来额外的复杂性，这意味着前向和后向之间的消息传输时间存在差异。我们已经见证过，这种不对称性也可能是由 PDV 和流量负荷引起的（见 9.3.4 节）。

这些问题的答案必须适用于两个领域：网元本身，以及网元之间的传输。9.4 节涉及第一个领域，设计者考虑了（PTP 感知）网元的性能，以及网元如何抵抗 PDV 累积和不对称性。但第二个领域，传输系统的链路呢？

当网元通过一些无源传输（如暗光纤）连接在一起时，在该链路上运行的以太网电路几乎没有能力向定时信号中注入任何 PDV 或不对称性。它实际上是一个先进先出的信道，没有用于延迟或处理 PTP 消息的有源组件。对于定时工程师来说，如果可以选择，它们是传输时间信号的理想路径。

但是，即使是看似简单的以太网可插拔光学器件，其内置的智能性也在不断增加，尤其是那些为更高接口速度和长距离通信而设计的光学器件。光学设备中可能有一些电子组件，如数字信号处理器，可表现出动态可变的延迟量。引入前向纠错（FEC）和 MACsec 等额外功能，就会增加几个可以引入额外可变延迟的点。有关 MACsec 引起的问题的详细讨论，请参阅《5G 移动网络的同步（下册）》第 11 章中的相关章节。

业界正在研究解决这些缺陷的方法，相关工作进展非常迅速，因此本书不会对任何接口或光学设备详尽描述。目前正在部署的一些设备（用于以太网）可能包含显著的缓冲区，进而引入可变的延迟，导致不对称性。这种影响的大小是有限的，但足以增加额外 cTE 和 dTE，以至于仅通过使用这些光学元件就可以将一个 C 类边界时钟转换为 A 类边界时钟。有一个很重要的原则：如果设备包含有源组件，那么规划过程的一部分就是了解该设备对定时信号的影响。

然而，有各种各样的传输技术，它们各具特色，导致难以准确传输定时信号。这是因为用于通信的方法要么在设计上天生就是不对称的，要么具有某种形式的基于时间的调度，要么包含某种动态缓冲策略。以上任一特征都使得这些传输类型无法选择将 PTP 消息作为分组帧或所谓的 over-the-top 传输。over-the-top 这个术语指的是 PTP 像其他 IP 或 L2 帧一样传输，没有任何超出普通 QoS 机制的特殊处理。

以下列举一些流行的但难以实现 over-the-top PTP 的技术。宽带接入类型的方法，往往是不对称的，因为它们是为消费者宽带设计的，消费者带宽具有不对称的流量模式（下载多于上传）。由于这些系统有多代、可选拓扑和众多版本，无法详细列举，所以这里只列举其中的重点系统：

- 电缆：从一开始，电缆就具有内在的不对称性，因为它最初是为单向视频分发而设计的。DOCSIS 数据服务的早期版本开始利用时间为上行传输分发电缆调制解调器时隙。随着时间的推移，电缆系统正在减少这种影响，DOCSIS 4.0 朝这个方向又迈进了一步。
- 光 DWDM：现代光系统具有内置的缓冲级别，会受到非静态和不对称性延迟变化的影响。这些系统的最新版本引入了 PTP/ 定时感知技术。所使用的技术包括将光网络内的光节点转换为边界时钟，在单独的链路 [如光监控信道（OSC）] 上运行 PTP，或以某种方式绕过有问题的硬件。

- 无源光网络（PON）：PON 有许多变体，但其中许多具有天然的不对称性。例如，流行的 GPON 在下行方向广播，但在上行使用 TDMA 技术。这种基于时间的调度会导致正在等待的 PTP 分组老化。一些较新的技术和后几代 PON 正在向更对称的模式发展，或者采用原生方法来传输频率、相位和时间。
- DSL：与 PON 类似，DSL 系统往往是不对称的，因为它们就是为不对称流量模式的市场而设计的（对于 ADSL，不对称就是其名称）。即使不是 DSL 本身，服务于宽带市场的网络节点和交换机也往往有大量超额认购。与 PON 一样，DSL 也有更好的版本方法来缓解这个问题。
- 微波：上一节讨论了微波频率的情况，但在携带 PTP 分组的微波系统中会出现类似的问题。将帧调制到无线信道上可能涉及基于时间的调度和时隙。可能有一些配置选项可以减轻一些最坏的影响，但微波的应用始终都需要注意。幸运的是，现代解决方案允许这些系统成功地携带高质量的 PTP 和 SyncE。

这些类别中的每一个都涉及大量细节，本书不讨论每一种可能的技术组合以及它们在承载 PTP 消息时的性能。关键是，定时设计中最重要的任务之一是发现传输 PTP 消息和频率信号所需的所有传输形式，并为每种传输形式确定针对性的补救措施。那么，补救措施会是什么样的呢？

传输系统可以使用自己的原生方法传输频率信号，相位/时间也可以使用类似的机制。图 9-30 说明了一种典型的方法，即从设备的入口恢复相位/时间，在传输中进行承载，并在出口处重新创建 PTP。在该图中，从右侧进入的参考定时信号，经过 PTP 从接口，在传输系统的输入端恢复。然后，传输系统使用该相位和时间信号，使用其他机制（甚至可能是某种形式的 PTP）将相位/时间传输到系统中的其他组件。系统上不包含 over-the-top PTP 流量，而是使用一些系统固有的其他传输机制携带。在远端，传输系统从本地固有机制中恢复相位/时间，并使用该相位/时间重新创建流向下行设备的 PTP 分组流。

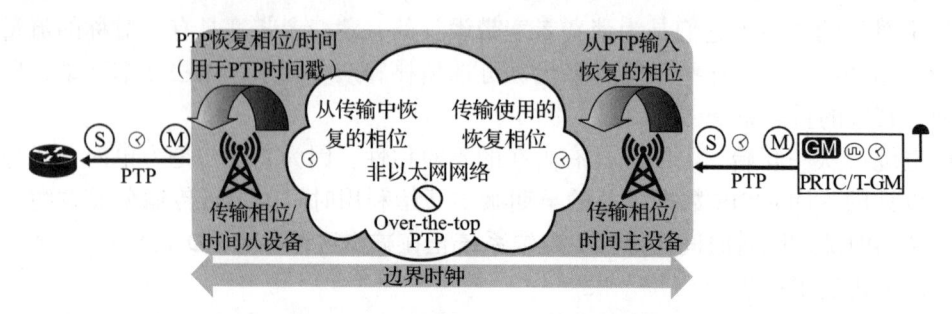

图 9-30 非以太网系统中的相位和时间传输

对于 PTP 网络来说，链路就像一个扩展的分布式边界时钟，PTP 在传输系统的入口处终止，出口侧重建。正如网元可以是具有一组性能特征的 BC 一样，传输链路也可以是 BC。这使得链路可以针对时间误差进行预算和建模，就像定时链中每个其他链路一样。电信定时分发系统中允许的定时误差限制见 ITU-T G.8273.2 第 7.1 条。

当然，相位/时间可以集中注入运输系统，并在必要时恢复；不必从数据路径获取。这正是许多 SDH/SONET 系统对频率所做的。这些传输系统中的核心节点可能配备有自己的 PRTC 输入，以便访问相位/时间和频率源以满足其自身需求。

用于传输相位/时间的传输系统的内部机制因所涉及的技术而有所不同。它甚至因系统的内部架构而有所不同——例如，读者可参阅后面的 9.9.1 节，详细了解 DOCSIS 电缆系统的新分组版本中的定时详细信息。

9.9 非移动部署

本章通过更新前面几章中提到的一些用例，并展示应用于这些特定问题的部署结尾。其他一些用例，如电路仿真，在本章前面关于使用基于分组的方法进行频率同步的讨论中已经介绍。

本节不会深入研究每个独特场景的无数细节，而是展示此前获得的知识如何应用于其他用例。无论要解决什么问题，解决方案都将涉及相同的频率传输和相位/时间校准原则。这将需要结合物理和分组方法以及频率、相位和时间源使用，如原子钟和全球导航卫星系统接收机。

9.9.1 DOCSIS 电缆和远程物理层设备

电缆运营商面临着来自用户越来越高的带宽压力，他们正在努力通过采用一种新的架构来缓解其混合光纤同轴电缆（HFC）网络的瓶颈问题，该架构使用基于分组的传输取代模拟光纤设备。在这种新设计中，聚合电缆接入平台（CCAP）的核心功能与 PHY（物理）功能分离。PHY 功能进一步移向网络边缘，并且两个系统通过 IP/以太网上的伪线通信。这种新网络称为聚合互连网络（CIN）。

这种演进将网络中电缆部分的起点推得离用户更近，并用以太网风格的设备填补了中间的空白。一种称为远程物理设备（RPD）的新设备被设置在电缆线路的前端，而现有的同轴电缆用于完成最后一英里（1 英里 =1609.344m）。这允许电缆运营商在保留其现有 HFC 设备投资的同时，能够提供光纤业务相当的更高带宽的业务。图 9-31 展示了新架构的组成部分。

为了实现数据服务，电缆行业使用了一种称为"电缆数据服务接口规范（DOCSIS）"的系统，该系统终止于客户场所的电缆调制解调器。DOCSIS 有自己的定时协议，称为

DOCSIS 时间协议或 DTP。DTP 用于为电缆调制解调器提供所需的频率和相位同步，以构建双向数据网络。

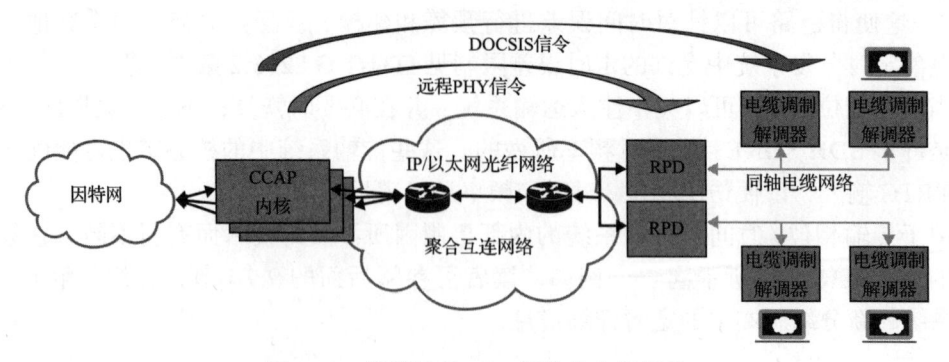

图 9-31 使用远程 PHY 架构的电缆网络

要使电缆调制解调器与同一电缆上的其他调制解调器协作（例如，使用上行链路传输的时隙），相位同步必不可少。目前，对电缆中的相位要求有所放宽，一般在 1ms 左右。然而，由于电缆运营商现在希望使用其电缆设备回传 5G 移动流量，因此要求同步性能与移动网络相当。

基本问题是，DOCSIS 以前直接用于 CCAP 核心和 CM 之间的传输，但现在已被 CIN 分组网络取代。因此，分组网络需要能够将频率和相位同步传递给 RPD 和核心设备。这使 RPD 能够在同轴电缆上重建 DTP，以同步电缆调制解调器，使 CCAP 功能通过 RPD 与 CM 相位对齐。

图 9-32 说明了如何将这种新的定时应用于远程 PHY 架构。在这个新的 CIN 网络中放置了一个带有 T-GM 的 PRTC 来提供具有（可选）SyncE 的 PTP。建议的配置文件是用于 PTS 网络的 G.8275.2 电信配置文件，使用 IP 进行传输（许多大型运营商部署 IPv6）。即使有一个无感知节点，在这种拓扑中使用 PTP 也能很容易地实现 1ms 的相位对齐。

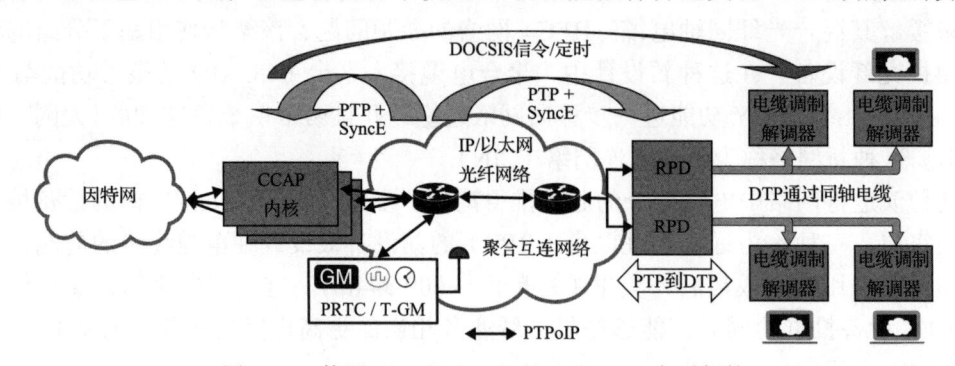

图 9-32 使用 PTP 和 SyncE 的远程 PHY 定时架构

部署架构上有一些变化，这取决于哪个设备发起了 PTP 以及它流向哪个方向。人们对高精度定时也越来越感兴趣，以支持要求微秒级定时服务的用例。这将涉及切换到使用 SyncE 的 G.8275.1（PTPoE）配置文件，反映了目前针对移动用例部署的解决方案类型。

有关远程 PHY 定时的更多信息，请参阅本章参考文献中的 CableLabs 规范，该规范是 DOCSIS 3.1 版本的一部分。有三个参考文献：R-PHY 涵盖了 RPHY、R-DTI 涵盖了 RPHY 的定时、SYNC 涵盖了通过 DOCSIS 网络提供同步和定时服务的电缆设备要求（尤其侧重于移动回传）。

9.9.2 电力行业和变电站自动化

第 2 章描述了基于分组传输的相位／时间和频率在其他行业的应用，重点关注了电力行业。电力行业长期以来一直使用精确的时间来保证其广泛分布的基础设施的正常运行，并监测全球大部分地区的交流配电网。

这些电力网络通常采用基于分布式时间源的架构。变电站中的主要信号源为 GNSS，同时可能包含许多传统的定时信号，例如量程间仪表组（IRIG）接口。电力行业有些独有的要求，因此有特定于该行业的 PTP 简介。第 7 章有支持电力行业各种配置类型的概况，包括电力配置文件。

电力行业寻求提高其在各种情况下管理配电网的能力，包括在 GNSS 全球导航卫星系统（尤其是全球定位系统 GPS）大范围停运期间。对 GNSS 故障脆弱性的担忧并非电力行业独有，也不是最近才出现，不断增大的外界压力也要求去解决这一问题。电力行业成员正在通过以下几种方法来解决这一问题：

- 提高作为 PRTC 的 GNSS 接收机的韧性和精度，以用作电网周围变电站自动化、相量测量单元（PMU）和监控与数据采集（SCADA）系统的源。
- 使用传输网络传送来自其他远程 GNSS+T-GM 站点的定时信号，以改善时间源在更大范围内的分散性，避免局部中断的影响。
- 考虑使用有限数量的原子源来提高参考时钟的保持能力，同时，这也能增加监控系统定时信号源的自主性。

如第 2 章所述，为了实施这一战略，公用事业公司正在开展项目，在广域网上部署 PTP 电信配置文件，以便在定时源局部中断的情况下提供冗余定时信号。该解决方案非常强大，并且也越来越多地部署在其他几个行业中。

需要解决的独特问题是，当使用电信配置文件的 PTP 定时信号到达变电站时，需要有一个设备来处理在广域网上使用的电信配置文件与变电站内的电力配置文件之间的互通。在电力配置文件术语中，这称为边界时钟，它可以通过广域网从远程 T-GM 恢复时钟，并向变电站内的电力配置文件透明时钟提供信号。变电站中已有的许多主源越来越多地支持作为电信配置文件的从源，这正是互通功能需要做的。详细信息见图 9-33。

电力应用中对相位／时间准确度的要求是什么？很难给出单一答案，因为这在很大程度上取决于具体的应用。客户的解释是，对齐越近越好，但精度达到微秒级是一个常规要求。因此，再次强调，理解端到端预算非常重要。

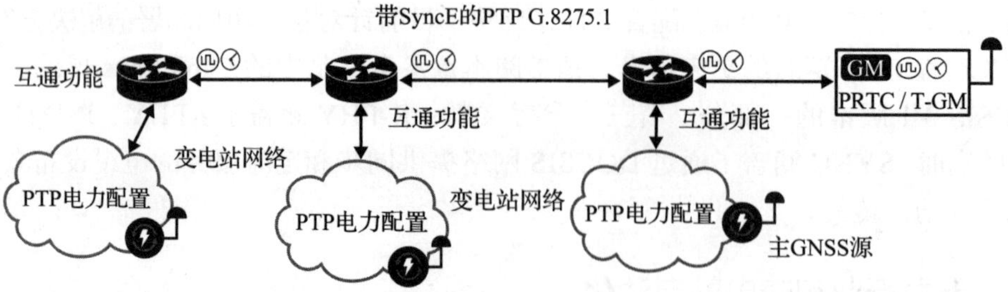

图 9-33 为变电站提供弹性备份定时

尽管电力行业尤其活跃，但在许多行业中，用类似的方法为本地 GNSS 主源提供一定快速恢复的能力是越来越普遍的项目需求。每个行业都有一些自己需要处理的特殊问题或要求，但通常有一个充满活力的供应商社区支持这些需求并理解这些权衡。他们正在寻求有经验专家的帮助，以掌握使用基于分组的技术在广域范围内传输定时信号的专业知识。通常，这两个部分的结合是一个棘手的问题。

参考文献

Cable Television Laboratories (CableLabs)

    "Remote DOCSIS Timing Interface Specification." *Data-Over-Cable Service Interface Specifications: DCA – MHAv2*, CM-SP-R-DTI-I08-200323, Version I08, 2020. https://www.cablelabs.com/specifications/CM-SP-R-DTI

    "Remote PHY Specification." *Data-Over-Cable Service Interface Specifications: MHAv2*, CM-SP-R-PHY-I15-201207, Version I15, 2020. https://www.cablelabs.com/specifications/CM-SP-R-PHY

    "Synchronization Techniques for DOCSIS Technology Specification." *Data-Over-Cable Service Interface Specifications: Mobile Applications*, CM-SP-SYNC-I01-200420, Version I01, 2020. https://www.cablelabs.com/specifications/CM-SP-SYNC

IEEE Standards Association

    "IEEE Standard for a Precision Clock Synchronization Protocol for Networked Measurement and Control Systems." *IEEE Std 1588:2002*, 2002. https://standards.ieee.org/standard/1588-2002.html

    "IEEE Standard for a Precision Clock Synchronization Protocol for Networked Measurement and Control Systems." *IEEE Std 1588:2008*, 2008. https://standards.ieee.org/standard/1588-2008.html

    "IEEE Standard for Precision Clock Synchronization Protocol for Networked Measurement and Control Systems." *IEEE Std 1588:2019*, 2019. https://standards.ieee.org/standard/1588-2019.html

International Telecommunication Union Telecommunication Standardization Sector (ITU-T)

    "G.703: Physical/electrical characteristics of hierarchical digital interfaces." *ITU-T*

Recommendation, 2016. https://handle.itu.int/11.1002/1000/12788

"G.781: Synchronization layer functions for frequency synchronization based on the physical layer." *ITU-T Recommendation*, 2020. https://handle.itu.int/11.1002/1000/14240

"G.813: Timing characteristics of SDH equipment slave clocks (SEC)." *ITU-T Recommendation*, 2003, with Corrigenda 1 (2005) and Corrigenda 2 (2016). https://handle.itu.int/11.1002/1000/13084

"G.823: The control of jitter and wander within digital networks which are based on the 2048 kbit/s hierarchy." *ITU-T Recommendation*, 2000. https://www.itu.int/rec/T-REC-G.823-200003-I/en

"G.8260: Definitions and terminology for synchronization in packet networks." *ITU-T Recommendation*, 2020. https://handle.itu.int/11.1002/1000/14206

"G.8261: Timing and synchronization aspects in packet networks." *ITU-T Recommendation*, Amendment 2, 2020. http://handle.itu.int/11.1002/1000/14207

"G.8261.1: Packet delay variation network limits applicable to packet-based methods (Frequency synchronization)." *ITU-T Recommendation*, Amendment 1, 2014. https://handle.itu.int/11.1002/1000/12190

"G.8262: Timing characteristics of synchronous equipment slave clock." *ITU-T Recommendation*, Amendment 1, 2020. https://handle.itu.int/11.1002/1000/14208

"G.8262.1: Timing characteristics of enhanced synchronous equipment slave clock." *ITU-T Recommendation*, Amendment 1, 2019. https://handle.itu.int/11.1002/1000/14011

"G.8263: Timing characteristics of packet-based equipment clocks." *ITU-T Recommendation*, 2017. https://handle.itu.int/11.1002/1000/13320

"G.8265.1: Precision time protocol telecom profile for frequency synchronization." *ITU-T Recommendation*, Amendment 1, 2019. https://handle.itu.int/11.1002/1000/12193

"G.8271: Time and phase synchronization aspects of telecommunication networks." *ITU-T Recommendation*, 2020. https://handle.itu.int/11.1002/1000/14209

"G.8271.1: Network limits for packet time synchronization with full timing support from the network." *ITU-T Recommendation*, Amendment 1, 2020. https://handle.itu.int/11.1002/1000/14210

"G.8271.2: Network limits for time synchronization in packet networks with partial timing support from the network." *ITU-T Recommendation*, Amendment 2, 2018. https://handle.itu.int/11.1002/1000/13768

"G.8272: Timing characteristics of primary reference time clocks." *ITU-T Recommendation*, Amendment 1, 2020. https://handle.itu.int/11.1002/1000/13769

"G.8272.1: Timing characteristics of enhanced primary reference time clocks." *ITU-T Recommendation*, Amendment 2, 2016. https://handle.itu.int/11.1002/1000/13325

"G.8273.2: Timing characteristics of telecom boundary clocks and telecom time slave clocks for use with full timing support from the network." *ITU-T Recommendation*, 2020. https://handle.itu.int/11.1002/1000/14213

"G.8273.3: Timing characteristics of telecom transparent clocks for use with full timing support from the network." *ITU-T Recommendation*, 2020. https://handle.itu.int/11.1002/1000/13770

"G.8273.4: Timing characteristics of telecom boundary clocks and telecom time slave clocks for use with partial timing support from the network." *ITU-T Recommendation*, 2020. https://handle.itu.int/11.1002/1000/14214

"G.8275: Architecture and requirements for packet-based time and phase distribution." *ITU-T Recommendation*, 2020. https://handle.itu.int/11.1002/1000/14016

"G.8275.1: Precision time protocol telecom profile for phase/time synchronization with full timing support from the network." *ITU-T Recommendation*, 2020. https://handle.itu.int/11.1002/1000/14215

"G.8275.2: Precision time protocol telecom profile for time/phase synchronization with partial timing support from the network." *ITU-T Recommendation*, 2020. https://handle.itu.int/11.1002/1000/14216

Internet Engineering Task Force (IETF)

Mills, D. "Simple Network Time Protocol (SNTP) Version 4 for IPv4, IPv6 and OSI." *IETF*, RFC 4330, 2006. https://tools.ietf.org/html/rfc4330

Mills, D., J. Martin, J. Burbank, and W. Kasch. "Network Time Protocol Version 4: Protocol and Algorithms Specification." *IETF*, RFC 5905, 2010. https://tools.ietf.org/html/rfc5905

Schulzrinne, H., S. Casner, R. Frederick, and V. Jacobson. "RTP: A Transport Protocol for Real-Time Applications." *IETF*, RFC 3550, 2003. https://tools.ietf.org/html/rfc3550